# 农村生活垃圾特性与全过程管理

韩智勇 刘 丹 著

U0207720

科学出版社

北 京

# 内 容 简 介

当前，随着农村社会、经济、文化的巨大变迁，生活垃圾成为农村环境最主要的污染源，导致了农村水体、大气、土壤、生态等全方位的立体污染，其治理已迫在眉睫。为此，本书基于对我国西部 6 省 18 县 59 村的现场调研和全国 25 个省(区、市)的文献调研，根据不同农村地区的特点和实际情况，系统归纳了当前我国农村生活垃圾的产生与特性；阐述了农村生活垃圾收集、运输、处理处置和管理的现状；根据存在的实际问题，并借鉴国内外农村生活垃圾管理的经验，比较选择和设计了适合我国农村现阶段生活垃圾的收集、运输、处理处置的技术路线、设计参数和实施方案；提出了基于处理技术的农村生活垃圾全过程管理模式。本书的主要特点包括：系统地总结了我国不同地区农村生活垃圾的特性；理论与实践紧密结合，介绍了国内外农村生活垃圾管理的成功案例；考虑了社会学(农村居民环保认知与环境管理参与意愿)对农村生活垃圾管理的影响。

本书可供从事农村环境保护工作的科研工作者、工程技术人员和管理人员等参考。

**图书在版编目(CIP)数据**

农村生活垃圾特性与全过程管理/ 韩智勇, 刘丹著. —北京: 科学出版社, 2019.6

　ISBN 978-7-03-061587-9

　Ⅰ. ①农…　Ⅱ. ①韩…　②刘…　Ⅲ. ①农村–生活废物–垃圾处理–研究　Ⅳ. ①X799.305

中国版本图书馆 CIP 数据核字(2019)第 111077 号

责任编辑：朱　丽　石　珺 / 责任校对：樊雅琼
责任印制：吴兆东 / 封面设计：图阅社

**科 学 出 版 社** 出版

北京东黄城根北街 16 号
邮政编码：100717
http://www.sciencep.com

**北京中石油彩色印刷有限责任公司** 印刷
科学出版社发行　各地新华书店经销

*

2019 年 6 月第 一 版　　开本：787×1092　1/16
2019 年 6 月第一次印刷　　印张：22 3/4
字数：540 000

**定价：188.00 元**
(如有印装质量问题，我社负责调换)

# 前　言

近年来，随着我国农村社会、经济、文化的巨大变迁，给农村的发展、农业的生产和农民的生活带来了翻天覆地的变化。尽管我国对农村环境保护的力度正在不断加强，农村环境治理工作也取得了显著进展，但是，在农村经济和城镇化快速发展的巨大冲击下，农村生活垃圾产生量不断增长，组分日渐复杂；农村环卫设施、固体废物管理体系和制度严重缺失；社会、经济、文化发展水平较低，相应的投资不足；再加上农村地广人稀，劳动力缺乏，收运困难，在农村已形成了点源污染与面源污染共存，生活污染、农业污染、工业污染和外源污染相互叠加的形势，给农村环境整治带来了巨大的压力，尤其是生活垃圾对农村环境的污染，已导致了农村局部地区水体、大气、土壤、生态、环境卫生等全方位的立体污染。为此，农村生活垃圾的污染已引起了从中央到地方，从学术机构到媒体，从政府到广大农村居民的高度关注——国务院召开全国改善农村人居环境工作会议，全面部署改善农村人居环境各项任务；生态环境部正在组织各地认真落实《农村人居环境整治三年行动方案》，全面推进农村生活垃圾治理。

然而，受各地社会经济发展水平、地形气候、民族文化等因素的影响，我国不同地区的农村社会经济发展水平和形态有着较大的差异。目前尚缺乏对农村生活垃圾产生量、特性、影响因素等广泛的调研、统计和监测数据，不能为农村生活垃圾的收运和处理处置设计提供合理的参数；缺乏适合农村生活垃圾特性的处理技术和设备，不能廉价高效地处理农村生活垃圾；缺乏农村生活垃圾管理体系、法律法规和政策，在政策制定过程中，未能充分考虑农村居民的认知水平和参与意愿；缺乏西部地区和经济欠发达地区行之有效的生活垃圾管理模式，这些均严重限制了农村生活垃圾治理工作的有效开展和推进。

有鉴于此，著者所带领的科研团队于 2012 年开始，对农村生活垃圾的特性、污染和管理现状等进行了广泛的实地调研和文献调研，并对农村生活垃圾的处理技术和管理模式进行了深入的研究。在本书中，著者结合当前农村生活垃圾治理的迫切需求，将前人和团队的研究成果进行系统的整理后，根据不同农村地区的特点和实际情况，归纳总结了当前我国农村生活垃圾的产生与特性；阐述了农村生活垃圾收集、运输、处理处置和管理的现状；根据存在的实际问题，并借鉴国内外农村生活垃圾管理的经验，比选和设计了适合我国农村现阶段生活垃圾的收集、运输、处理处置的技术路线、设计参数和实施方案；提出了基于处理技术的农村生活垃圾全过程管理模式。希望能为从事农村环境保护工作的科研工作者、工程技术人员和管理人员提供有价值的信息，为我国当前农村生活垃圾治理提供一定的理论支撑和技术指导。

农村生活垃圾特性与全过程管理共分为 5 章。在第 1 章绪论中，概述了我国农村固体废物产生的环境问题，重点介绍了生活垃圾的污染与危害，以及农村生活垃圾管理的发展与挑战；在第 2 章农村生活垃圾的产生与特性中，系统归纳总结了我国不同农村地区生活垃圾的产生，物理、化学和生物特性，以及其影响因素；在第3章农村生活垃圾的收集与运输中，基于当前农村生活垃圾收集与运输的现状和存在问题，对生活垃圾混合收集和分类收集系统进行了详细的讨论和设计；在第4章农村生活垃圾的资源化利用与处理处置中，对当前实际应用和尚处在研发过程中的各种生活垃圾资源化利用技术和处理处置技术的原理、优缺点、设计进行了详细的论述，并提出了相应的处理处置对策；在第5章农村生活垃圾的全过程管理中，根据当前管理现状与存在的问题，结合国内外农村生活垃圾管理的实践经验，分别从管理体制、政策法规、农村居民环保意识和参与意愿等方面对我国农村生活垃圾的管理提出了相应的建议，并基于处理技术，构建了集中管理、分散管理、组团管理和流动管理四个类型的农村生活垃圾全过程管理体系。为控制本书印刷篇幅，我们将必要的彩图、反映现状的图表以附录的形式制作成电子文件，读者可通过扫描封底二维码的方式查看。

本书由韩智勇副教授负责编写工作，刘丹教授负责审核。在本书的编写过程中，感谢徐慧、李浩和周若昕对文本的校核；在5年的调研过程中，得到了著者的工作单位成都理工大学，以及各地方单位、个人的大力支持和帮助，尤其得到了农业农村部沼气科学研究所施国中研究员的大力支持；科学出版社编辑在出版过程中也给予了许多帮助，在此一并表示衷心的感谢。同时，对本书所引用的主要参考文献的原作者也一并致谢。

最后，还要感谢中国农业科学院创新工程项目"农村生活废弃物分散处理"创新团队、中国博士后科学基金项目(2016M592646 和 2018T110953)、地质灾害防治与地质环境保护国家重点实验室自主课题(SKLGP2017Z013)、国家自然科学基金委员会青年科学基金项目(41602240)、西藏自治区科技计划重点科技项目(Z2016C01G01106)、四川省"环境科学与生态学"双一流学科建设对本书数据调研采集和出版的支持。

由于作者的学术水平和视野所限，书中难免存在不足之处，恳请广大读者批评指正，积极交流，以期在后续再版时补充更正。

著 者

2019 年 1 月

# 目　录

# 第1章 绪 论

根据《中国城乡建设统计年鉴》，截止到 2016 年，我国共设建制镇 1.81 万个，乡 1.09 万个，行政村 261.7 万个，自然村 266.9 万个；根据中华人民共和国 2017 年国民经济和社会发展统计公报显示，截至 2017 年年底村镇户籍人口 8.13 亿人，可见，绝大多数自然资源开发利用仍在农村。

近年来，随着我国农业现代化快速推进、乡镇工业化迅速发展、新型城镇化规模不断扩展，给农民的生活、农村的发展和农业的生产带来了翻天覆地的变化。尽管我国政府不断加大对农村环境保护的力度，农村环境治理工作取得了显著成效，但是，农村环境问题仍然突出。据调查，2011 年我国农村生活垃圾产生量约 2 亿 t，已超过 660 个城市生活垃圾处理的总和(He，2012)，并且目前全国大多数乡镇没有环保基础设施，大部分行政村的环境污染治理处于空白状态(黄巧云和田雪，2014)，这导致了越来越突出的农村生活垃圾污染问题。农村的卫生条件、生态环境受到了不同程度的破坏，已引起了从中央到地方，从学术机构到媒体，从政府到公众的高度关注。

然而，我国农村各地区社会经济发展水平、民族文化、自然条件等存在不同程度的差异，在农村环境保护的技术经济和管理模式上也存在着不同，因此，在农村环境保护的工作推进过程中，不能照搬固定模式，应根据不同农村的实际情况，因地制宜地组织和设计。

## 1.1 农村分类与固体废物环境问题概述

### 1.1.1 农村分类与特点

#### 1. 农村的概念与分类

根据中华人民共和国国家统计局对农村住户的解释，农村是指乡镇(城关镇除外)所辖行政管理区域，以及城关镇所辖行政村管理区域。

关于农村建设的分类，不同学者、不同实际工作部门从不同角度出发，做了不同的概括和分析，如从产业类型出发，将农村划分为资源型、工业型、生态型、城镇型、农庄型、第三产业服务型；从地理位置出发，将农村划分为都市型、近郊型、中远郊型、远郊型；从地形地貌出发，将农村划分为平原湖区型、山地丘陵型、河谷型、库区型、矿区型、坝区型、半山区型、山区型(陈润羊，2011)；从发展动力和途径出发，将农村分为城乡统筹协同发展型、传统村庄改造带动型、内生性产业提升带动型、完善区域公共产品和服务带动型(赵国锋等，2010)；从国外经验出发，将农村划分为资源带动型、旅游带动型、小城镇带动型、移民搬迁型、专业特色型、中心村落型(于战平，2006)，更多的学者主要是从社会经济发展水平出发，对农村建设进行分类。

根据农村的经济状况、基础设施和自然环境条件，将农村分为发达型、较发达型、欠发达型(赵国锋等，2010；HJ 574—2010)，其具体特征如表 1.1 所示。

**表 1.1　根据社会经济发展水平划分的农村类型**

| 农村类型 | 基本特征 | | 社会经济特征 | 农村建设模式 |
|---|---|---|---|---|
| 发达型农村 | 经济状况好，人均纯收入>6000 元/(人·a)，基础设施完备，住宅建设集中、整齐、有一定比例楼房的集镇或村庄 | 发达型 | 区域经济发展总体水平高，地区经济结构较合理，农业基础设施齐全，协作配套条件优越。农村地区非农产业比重较高，农民人均纯收入位于全国的较高水平，城市化水平较高，小城镇比较发育，乡镇企业数量较多，城乡一体化程度较高 | 中心城市郊区农村建设模式;商贸流通型建设模式;乡镇企业带动建设模式 |
| 较发达型农村 | 经济状况较好，人均纯收入3500~6000 元/(人·a)，有一定基础设施或具备一定发展潜力，住宅建设相对集中、整齐、以平房为主的集镇或村庄 | 相对发达型 | 区域经济发展水平整体较高，地区的工业化水平较高，第三产业也较发达，基础设施较为齐全。农村地区非农产业发育，农民人均纯收入高于全国水平。城市化水平较高，城乡二元结构的问题仍然存在，但不如欠发达地区突出 | 资源与产业带动建设模式;小城镇发展带动建设模式 |
| | | 发展中型 | 区域经济整体发展水平处于全国中游水平，农村居民人均纯收入相当于全国平均水平，城乡之间的差距仍然很大，乡镇企业有所发展但还不发达。该类型代表了我国农村经济发展的平均水平 | 典型示范点带动模式;现代农业带动建设模式 |
| 欠发达型农村 | 经济状况差，人均纯收入<3500 元/(人·a)，基础设施不完备，住宅建设分散、以平房为主的集镇或村庄 | 相对落后型 | 区域经济结构中第二产业比例有所增加，商品经济有所发育，具有较好的资源优势，但受经济和技术水平的制约，资源的加工能力较差。城乡二元结构明显，城市对农村的带动作用较弱，农村经济的非农产业不发育 | 劳务经济带动型发展模式;生态农业建设模式 |
| | | 落后型 | 区域经济发展整体水平比较落后，社会经济发育程度和生产力水平低下，产业结构单一，第一产业所占比例高，商品经济不发达，市场规模狭小，经济增长缓慢，自给自足的自然经济占较大比例，自身资金积累能力较弱，缺乏自我发展能力。农业机械化程度低，大部分地区城乡发展处于低水平一体化状态 | 生态畜牧业带动模式;生态旅游业发展带动模式;特色产业发展带动模式 |

由上可见，农村类型既相互区别、各有侧重，又相互联系、互有重叠。因此，不同类型的农村建设需要具体到特定时空条件下的某地区，并遵循因时、因地制宜的原则，结合实际分析、鉴别并应用。在发达型农村建设中，要全面加快建设步伐，推进农村向城镇化方向发展，建设完善的环卫基础设施，并构建完整的生活垃圾全过程管理体系；在相对发达型农村，应根据实力分重点地相继开展环卫基础设施建设和生活垃圾全过程管理体系构建；在发展中型农村，可重点加快产业发展，在产业发展中落实各项环保措施，为农村生活垃圾的管理创造建设条件并积累经验；在相对落后型农村，主要是大力发展生产，加快发展步伐，并加大国家对该类型农村环卫基础设施的投入，初步建立以村委会为主体的农村生活垃圾管理体系；在落后型农村，则应以国家投资和引导为主，通过各种渠道增加农民收入为辅，强化该类型农村环保措施的补助政策，在相对有条件的村投资建设环卫基础设施，并构建以村-户为主体的农村生活垃圾管理体系。

2. 农村的特点

与城市相比，我国农村有如下显著的特点(黎磊，2009)：

(1)农村地域广，人口密度小，住户和生产场所分散。

(2)农村主要以农业生产为主,工业和第三产业较少。

(3)农村社会、经济、文化发展水平较低。

(4)农村基础设施建设不足。

(5)农村留守儿童与空巢老人现象普遍,缺乏青壮年劳动力。

因此,随着社会高速发展,农村社会、经济、文化也发生了巨大的变迁,这不仅对农村环境保护提出了巨大的挑战,也提供了良好的机遇。

### 1.1.2 农村固体废物污染问题

农村固体废物是指在农村生产、生活和其他活动过程中产生的丧失原有利用价值或虽未丧失利用价值但被抛弃或放弃的固体、半固体和置于容器中的气态物品、物质,以及法律和行政法规规定纳入废物管理的物品、物质,主要包括生活固体废物(生活垃圾)、农业固体废物、外来固体废物及其他固体废物。

随着农村经济的发展和农民生活水平的提高,日常生活、农业生产和工业开发产生的污染物,以及外来污染源等原因造成的农村环境污染问题已十分严重。唐丽霞等对全国 141 个村进行调查(唐丽霞和左停,2008),发现有 75.9%的村落受到了不同程度的污染,其中有 14.18%的村受到严重污染,36.88%的村受到中等污染,23.44%的村受到轻度污染。在众多污染源中,生活污染源对农村环境影响最大,其次是工矿业污染源,然后是化肥、农药、畜禽粪便、作物秸秆、塑料薄膜等农业污染源,还有城市向农村转移的污染源。并且在高强度的农业生产活动,以及快速发展的农村经济的巨大冲击下,在农村形成了点源污染与面源污染共存,生活污染、农业污染、工业污染和外源污染相互叠加的形势,给农村环境带来了巨大的压力,可见固体废物对农村环境的污染,已日益凸显。

#### 1. 生活固体废物

生活固体废物也称生活垃圾,是指在日常生活中或者为日常生活提供服务的活动中产生的固体废物,以及法律、行政法规规定视为生活垃圾的固体废物[①]。农村生活垃圾主要来源于村镇居民日常生活中产生的垃圾,包括厨余、木竹等有机垃圾,纸类、塑料、金属、玻璃、织物等可回收废品,砖石、灰渣等惰性垃圾,农药包装废物、日用小电子产品、废油漆、废灯管、废日用化学品和过期药品等有毒有害的废物[①],其组分十分复杂。根据卫生部调查显示,目前农村人均生活垃圾产生量为 0.86kg/d,全国农村生活垃圾产生量每年高达 2.34 亿 t,且增长速度快于城市,但其无害化管理水平却远低于城市(黄巧云和田雪,2014)。

由于农村生活垃圾产生量不断增长,组分日渐复杂,农村环卫设施、管理体系和制度严重缺失,以及相应的投资不足、重视程度不够,已导致了农村水体、大气、土壤、生态等全方位的立体污染。因此,生活固体废物是本书讨论的重点。

---

① 中华人民共和国环境保护部. 农村生活垃圾分类、收运和处理项目建设与投资指南[Z]. 2013-11-11.

### 2. 农业固体废物

农业固体废物是指在农业生产及农作物使用后被丢弃的剩余废物,如在农业生产中不容易自行分解的化学制品,包括农药、化肥、农用薄膜等;在农业生产过程中可自行分解的作物秸秆、畜禽粪便等,其产量正在以每年 5%~10%的速度递增(孔德峰和张金流,2013)。这些废物约合 7 亿 t 的标准煤(孙永明等,2005),包含的化学需氧量、总氮、总磷年排放量也分别占全国总排放量的 43.7%、57.2%和 67.3%(高吉喜和张龙江,2013)。因此,农业固体废物加以合理利用可成为巨大的可再生资源,如若丢弃,就会变成农村主要的固体废物污染源。

#### 1) 畜禽粪便

我国畜禽粪便主要来源于牛、猪、羊和家禽等,其产生量随着畜禽养殖业的发展而迅速增长。2011 年,畜禽粪便的产生量达 25.45 亿 t,比 1978 年增加了 1.35 倍;与此同时,畜禽粪便中化学需氧量(COD)、氮、磷的量分别达到了 2.33 亿 t、1419.76 万 t 和 247.98 万 t(朱建春等,2014),2010 年畜禽养殖业主要水污染物排放量中的化学需氧量、氨氮排放量分别为当年工业源排放量的 3.23 倍、2.30 倍,其 COD 排放量已经占农业源总量的 96%,成为首要的农业污染源(高吉喜和张龙江,2013)。当前,我国大部分地区畜禽实际养殖量已经超过 50%的环境容量,尤其是东部沿海经济发达省份,存在的氮、磷污染风险较高(朱建春等,2014)。与此同时,大量化肥代替原有农家肥的使用;养殖业正在向集约化、规模化、城郊化推进,在此过程中,畜禽粪便的无害化率和综合利用率低,90%以上的畜禽养殖场没有相应的畜禽粪便处理系统(黄巧云和田雪,2014),这使大量畜禽粪便无处消纳,最终直接排放。畜禽粪便的有机物经过分解会生成二氧化碳、甲烷等温室气体,有机酸、醇类、氨、硫化物、甲胺等恶臭的有害产物,而且畜禽粪便还含有大量的病原微生物、寄生虫、抗生素、重金属等,这些污染物进入大气、水体、土壤中后,已产生严重的环境污染,危害人类以及动植物的健康(邓守明等,2010)。

在畜禽饲养户如何处理畜禽粪便的问卷中,64.1%的人选择了储存堆沤后做肥料,34.1%选择产沼气后做肥料(陈闯等,2012)。在太湖流域区,有 66.95%的畜禽粪便直接还田,30.04%的混入生活垃圾(张后虎等,2010);在对西南地区农村居民畜禽粪便的处理现状调查中,81%的调查户选择将产生的畜禽粪便直接作为农肥或经粪池收集后作为农肥使用,少部分调查户选择经堆沤或沼气池处理后农用,有近 5%的调查户则直接排放,如图 1.1 所示。可见,目前我国的家庭养殖,大部分畜禽粪便得到了合理处理和利用,但是在农村集约化的养殖中,由于产生量大,缺少处理设施和消纳的农业用地,常常存在较大的环境污染。

#### 2) 作物秸秆

农作物秸秆是农业固体废物中最主要的部分,据 2016 年全国农村可再生能源建设统计,当前我国作物秸秆产量为 9.84 亿 t,居世界首位。国际上作物秸秆的综合利用主要集中在能源化、饲料化和肥料化等方面,与发达国家相比,我国由于政策不完善,技术

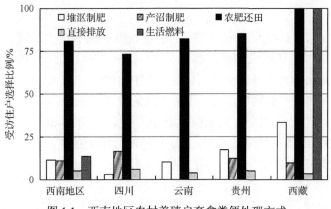

图 1.1　西南地区农村养殖户畜禽粪便处理方式

水平比较落后,研究与推广脱节等原因,秸秆的综合利用水平还比较低(邓守明等,2010)。而且随着农业生产水平和农民生活水平的不断提高,农村的生活、生产方式也在发生转变,如煤、液化气、电等因为使用方便且干净而逐渐替代秸秆成为主要能源燃料;化肥的便利性和高效性也大大降低了农民将秸秆还田的积极性。这些转变打破了传统农业中副产品的循环利用环节,导致 70%~80%的过剩秸秆被遗弃田间或付之一炬(黄巧云和田雪,2014),不仅造成资源浪费,而且秸秆的不完全燃烧会产生大量烟尘及一氧化碳等有毒有害气体,不但使空气中粉尘激增,影响大气环境质量,降低可视度,给居民出行带来不便,造成交通安全隐患,而且造成持续的雾霾天气,给当地农村居民身体健康带来危害(孟银萍等,2012)。

　　在 161 户村民对秸秆处理方式的问卷中,随意丢弃占 20.5%,田间燃烧占 32.3%,作燃料的占 27.9%,产沼气的仅为 4.4%,其他处理方式(喂牛、种植蘑菇、出售)的占 14.9%,可见秸秆的资源化利用率不到 20%(陈闯等,2012)。在对西南地区农村作物秸秆的处理现状调查中,作物秸秆主要用于牲畜饲料、直接还田和用作生活燃料。在西藏,作物秸秆利用率最高,有 90%的调查户将产生的作物秸秆用作牲畜饲料,但是在贵州,有 67.5%的调查户将产生的作物秸秆直接在田间焚烧,具体情况如图 1.2 所示。

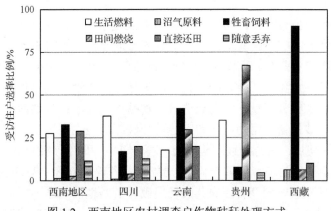

图 1.2　西南地区农村调查户作物秸秆处理方式

3) 塑料薄膜

塑料薄膜主要指农用地膜和农用棚膜(蔬菜大棚)。随着现代设施农业的发展,农膜用量不断增加,2015 年我国农膜和地膜年消费量达到 260.36 万 t,居世界之首。由于目前使用的绝大部分农膜为不可降解塑料,在土壤中自然降解需要 200~400 年的时间。因此这些农膜带来高产稳产的同时,也产生了大量的难降解残留,年残留量高达 30 万~40 万 t,残存率达 40%以上,近一半的农膜残留在土壤中(邓守明等,2010)。残留农膜主要成分为苯二甲酸酯(占薄膜总量的 60%),是一种内分泌干扰物,不但破坏土壤结构,影响水分和营养物质在土壤中的传输,使土壤中生物活性受到抑制,妨碍农作物正常的生长发育,而且对作物具有毒害作用,导致农作物减产(孟银萍等,2012)。

塑料薄膜主要以随意丢弃(45.5%)、燃烧(35.3%)为主(陈闯等,2012)。在西南地区农村,如图 1.3 所示,塑料薄膜同样以直接焚烧为主(40.3%),在贵州最为显著,焚烧比例高达 70%;塑料薄膜回收利用率(22.8%)较低,虽然云南回收利用率最高,但也只达到 52.0%;由于塑料薄膜焚烧产生的异味较大,因此,很少有农户将其用作生活燃料。

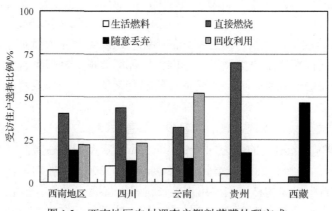

图 1.3　西南地区农村调查户塑料薄膜处理方式

4) 化肥和农药

根据国家统计局公布数据,2015 年我国农药使用量为 178.3 万 t,2017 年我国农用化肥施用折纯量为 5859 万 t。其中化肥施用量超过世界总用量的 30%,而且还在明显地逐年上升,但化肥和农药的利用率仅为 30%(黄巧云和田雪,2014)。大量未被农作物吸收的化肥和农药已导致我国至少 1300 万~1600 万 hm² 耕地受到严重污染。化肥和农药的使用,虽然增加了粮食产量,但是会造成粮食品质下降,影响到消费者饮食的质量和身体健康;而且未被作物利用的化肥和农药还会破坏当地生态环境,污染水源。除此之外,化肥的不科学使用,还会导致土地板结,进而影响土地生产效益和农业生产的发展。根据唐丽霞等对全国农村环境的调查显示(唐丽霞和左停,2008),38.3%的调查村水源受到农药的污染;21.99%的调查村因农药的使用破坏了当地的生态环境,造成环境退化;19.86%的调查村因农药的使用造成当地粮食品质下降;还有 14.89%的调查村因农药的使用使人畜安全受到了威胁。同时,大量农药包装瓶的随意丢弃或混入农村生活垃圾中,也给农村环境造成了一定的风险(扫描封底二维码见附录 1.1)。

**3. 外来固体废物**

随着工业化和城市化的推进,城市固体废物污染向农村蔓延的问题也日益严重。农村固体废物的外来污染源主要包括城市向农村转移的固体废物,污染企业从城市转移至农村产生的固体废物,产业由东部向中西部转移过程可能承接的固体废物。

首先,农村作为城市的固体废物处理处置场所,正在承接大量城市生活垃圾和工业固体废物;同时,农村也在作为城市的固体废物非法倾倒场所,接纳各类固体废物。以城市生活垃圾为例,2016 年我国城市生活垃圾产生量约 1.885 亿 t,清运量 1.868 亿 t,处理率为 99.1%。城市生活垃圾除少部分在城市垃圾场处理外,至少 85.0% 的城市垃圾被运输到农村地区,其中 76.9% 的垃圾通过卫生填埋方式处理,19.9% 被焚烧(黄巧云和田雪,2014)。这些处置场地和非法倾倒场地产生的直接污染和二次污染,正在严重污染着农村的环境。

其次,城市为改善环境质量,将高污染企业向市郊或农村转移;东部沿海地区有一定污染的产业也正在向中西部农村地区转移,很多原料性污染也伴随着企业的转移,从外地转移到农村,从东部转移到中西部农村。这些乡镇企业产生大量的工业固体废物,包括大量有毒有害物质,排放后不仅侵占大量农田,而且这些有毒有害物质往往会随着雨水和地表水流入河流和地下水中,最终进入饮用水源或灌溉用水中,长期不处理将严重影响到人畜的健康和农业生产,破坏农村生态系统。在乡镇企业集中的区域,受有毒有害的工业"三废"污染的农田达 700 万 $hm^2$,导致每年减产粮食 100 亿 kg(顾桥和梁东,2000)。

此外,由于乡村旅游的兴起,旅客产生的各类生活垃圾也给作为旅游目的地的农村带来沉重的污染负荷。因此,外来固体废物对农村环境的污染也不容小觑。

**4. 其他固体废物**

伴随着城乡统筹发展的进一步推进,农村基础设施建设步伐加快,农村集体安居工程、农村公共建设工程等项目带来了大量的建筑垃圾。同时我国巨量的建筑垃圾绝大部分也未经任何处理,被建筑施工单位运往郊外或乡村,采用露天堆放或填埋的方式进行处理(邓守明等,2010)。建设项目产生的烂砖、烂瓦、渣土、弃土、弃料、余泥等建筑垃圾随处堆放(扫描封底二维码见附录 1.2),占用大量农田,也给农村环境治理造成了很大的压力。根据余绍彬等(2012)对浙江淳安县的调查,有 41.2% 的调查村建筑垃圾被直接倒在自家承包耕地里,或小溪小河里,或山坡地上,或村道路上。

除此之外,大量的电子产品如手机、电脑、彩电、电冰箱等物品进入农村居民的日常生活中,随着产品到达使用年限,如果无法进行回收或综合利用,也会产生电子废物对农村环境的污染。

加上农村医疗保险制度的逐渐完善,就医条件的改善,农村居民就医频率增加,也会导致农村医疗机构产生的医疗废物量逐年增加。然而当前我国医疗废物的管理与无害化处置尚未普及到广大农村地区,医疗废物的不合理处置也会对农村环境造成污染。

综上所述，农村固体废物来源众多，随着农村社会经济条件的飞速发展，生活垃圾已逐渐开始取代农业固体废物和其他固体废物，成为农村固体废物污染最主要的污染源之一(董瑞和杨沈山，2014；唐丽霞和左停，2008；黄招梅，2011；王洋等，2008；郭占景等，2012)。农村生活垃圾不合理处置已经对农村生活生产环境造成了显著影响(黄开兴等，2012)。

## 1.2　农村生活垃圾的污染与危害

### 1.2.1　污染现状

当前，由于农村生活垃圾全过程管理体系的缺失，导致大量生活垃圾被随意丢弃或未得到无害化处置，使农村的环境污染日益严重。早在 20 世纪 80 年代末，就有学者报道了农村简易垃圾堆场对当地地下水和卫生环境的污染与影响。当前，根据对西南地区农村环境污染的调查显示，首要的环境污染问题是来自生活垃圾引起的固体废物污染，其中云南和西藏地区最为显著，高达 80%的调查户均认为生活垃圾污染是当前农村最主要的环境污染；其次是由生活垃圾、生活污水和规模化养殖等引起的地表水污染；然后才是由垃圾焚烧、规模化养殖等产生的大气污染(图 1.4)。在对全国 141 个村进行调查后发现，有 29.1%的乡村受到生活垃圾的严重污染，已超过了受工矿业污染和化肥农药污染的比例(唐丽霞和左停，2008)。在三峡库区，农村生活垃圾的氮排放系数达到 0.434～0.993g/(人·d)，磷排放系数达到 0.056～0.153g/(人·d)，农村生活垃圾弃置使径流增加的氮、磷浓度分别为 3.3mg/L、0.7mg/L(即面源污染贡献值)，给环境带来的氮磷污染负荷甚至超过了生活污水的污染程度，已成为农村面源污染中极为重要污染源之一(魏星等，2009；范先鹏等，2010；刘永德等，2008)。例如，2011 年江苏省对由于氮、磷排放导致的面源污染的统计数据显示，生活污染分别占到 38%和 64%，而来自农田和养殖的污染排放则分别占 49%和 32%(王金霞，2011)。

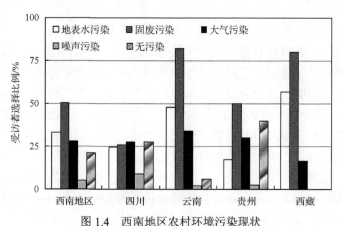

图 1.4　西南地区农村环境污染现状

被丢弃的生活垃圾不仅影响村容景观和整洁，存在传播疾病的风险，同时也使环境的自净能力受到破坏，造成包括大气、水、土地等资源受到不同程度的污染，严重威胁广大农村居民的生活质量和健康(扫描封底二维码见附录 1.3)。

## 1.2.2 污染途径

农村生活垃圾主要通过固态、液态和气态形式,以土壤、水流和空气为媒介,破坏环境质量,影响人体健康,如图 1.5 所示。

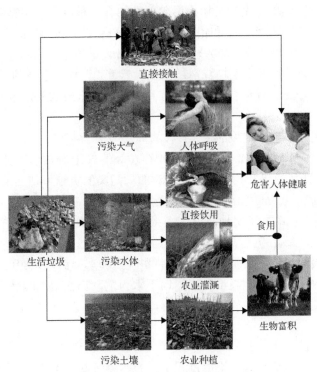

图 1.5 农村生活垃圾污染途径示意图

## 1.2.3 对农村环境的影响与危害

据中科院政策研究中心的调查,在全国约 4 万个乡镇、60 多万个建制村中,目前绝大部分农村的垃圾治理处于空白状态(杨金龙,2013)。农村垃圾的处理方式以随意丢弃为主,只有 19.4%的垃圾被扔到规定地点进行统一清运处理,49.1%的垃圾处于无人管理的裸露状态,只有 4%的垃圾被掩埋(王金霞,2011),这导致了农村水体(地表水和地下水)、大气、土壤、土地、景观、卫生、生态等全方位的污染。

### 1. 对水体的污染

农村生活垃圾对水体的污染包括直接污染和间接污染。

一方面,河畔是农村生活垃圾的主要丢弃点之一,大量成分复杂的生活垃圾丢弃在河岸会将有毒有害物质,诸如易降解的有机物、难降解污染物、过期药、农药瓶等直接带入水体,对其造成直接污染。

另一方面,生活垃圾堆场或简易填埋场产生的渗滤液进入地表水和地下水中,也会对其造成间接污染。渗滤液是生活垃圾分解产生的污水及雨水、地表水或地下水流经垃圾层溶出垃圾中污染物而产生的污水的总和，含有大量高浓度的溶解性有机物、无机物、重金属和来源于家庭的低浓度异型生物性有机化合物等。研究表明，生活垃圾渗滤液中含有有机物 77 种，其中芳烃 29 种，烷烃烯烃 18 种，酸类 8 种，酯类 5 种，醇、酚类 6 种，酮、醛类 4 种，酰胺类 2 种，其他 5 种，这些有机物中有可疑致癌物 1 种，辅致癌物 5 种，被列入我国环境优先污染物"黑名单"的有 5 种以上；渗滤液中还含有重金属 42 种，多为优先控制污染物，铬和铅的质量浓度分别高达 25.35μg/L 和 22.56μg/L（郑曼英和李丽桃，1996；张鸿郭等，2009）。渗滤液携带大量的有机物和氮磷等进入河流、湖泊和水库等水域，会导致水生生物特别是水藻大量繁殖，加重水体的"富营养化"；同时将生活垃圾中的重金属、有毒有害物质溶解并流入地表水或渗入地下水中，都会引起更严重的污染。

研究表明，进入水体中垃圾的 N、P 释放周期为 2～6 个月；沿河岸堆积垃圾的 N、P 释放周期也小于 1 年[①]。在太湖流域，每吨积存垃圾的 N、P 释放负荷分别为 14kg、2.8kg，N、P 释放总量分别为 23397t、4679t，垃圾对面源污染的贡献可使当地径流增加的 N、P 浓度分别为 3.3mg/L、0.7mg/L，均超过重富营养化的 N、P 浓度限值（刘永德等，2008）。此外，距垃圾不同距离的浅层地下水中氨氮、亚硝酸盐和大肠菌群的超标率分别为 55.6%、100.0% 和 33.3%；硫酸盐和氯化物含量也远远超过浅层地下水的平均水平，而且浅层地下水亚硝酸盐污染已波及地下水远端（翟晓光和李鸿儒，1989）。

因此，考虑农村用水以地表水和浅层地下水为主，当饮用水源受到污染后，势必会造成水资源的水质型短缺，并危害人体健康。

### 2. 对大气的污染

农村生活垃圾在运输和露天堆放过程中，有机物分解产生恶臭，并向大气释放出大量的氨、硫化物等污染物，其中含有机挥发性气体逾 100 种，这些释放物中多含致癌、致畸物（董丽丽和于玲，2013）；而且生活垃圾在农村被普遍焚烧，也会产生大量的有害气体和粉尘。这些烟尘不但导致空气能见度降低，影响正常交通和航空安全，产生的有毒有害气体还会影响当地群众的身体健康。

### 3. 对土壤的污染

由于农村的大量露天垃圾堆场和简易填埋场缺少防渗措施，垃圾中的有毒有害物质随着雨水的冲刷很容易在土壤表面漫流或渗入土壤中，不但杀死土壤中的微生物，破坏土壤的腐解能力，妨碍土壤中气、水、肥的转化流动，而且还会改变土壤的有机成分和物理性能，从而影响作物根系的生长和发育，降低农作物的品质和产量。万书明等（2012）对农村垃圾堆周边土壤硝化速率和呼吸速率变化的研究表明，垃圾堆周边土壤理化性质发生明显改变，TN、TP、氨态氮、TOC 含量显著增加，但随着与垃圾堆距离的增加，土壤中氨态氮和 TOC 的含量逐渐降低，硝化速率和呼吸速率随之发生变化，这说明外源

---

① 河网区面源污染控制成套技术项目组. 国家高技术研究发展计划（863 计划）——面源污染控制技术集成报告[R].

营养物质的输入使得土壤中功能性微生物种类和活性发生改变，从而影响土壤的 C、N 循环转化(万书明等，2012)。此外，"白色"垃圾一旦进入土壤中长期存留，很难降解，严重影响植物生长，造成粮食减产和农产品品质下降(陈恺立，2011)。

### 4. 对土地的占用

目前，农村生活垃圾主要采取简易填埋和自然堆放等处理方法，侵占了大面积的土地。据统计，美国为 200 万 $hm^2$，前苏联为 100 万 $hm^2$，英国为 60 万 $hm^2$，波兰为 50 万 $hm^2$(邓守明等，2010)。在我国，农村因固体废物堆放而侵占和损毁的耕地面积已达 13.3 万 $hm^2$ 以上，其中仅垃圾填埋场占地面积就达 5 万 $hm^2$ 左右；600 座城市近郊已堆放或填埋各类垃圾达 80 亿 t，并呈现出持续快速扩大和增加的趋势。而耕地一旦被垃圾损毁、侵占或污染，则在短期内乃至永久性难以逆转修复和再利用(杨曙辉等，2010)。

### 5. 对景观的影响

由于农村缺乏生活垃圾收运和处理设备，大量农村生活垃圾被随意堆放到道路、沟渠和河道边，以及房前屋后的低洼地、竹林或树林中。这些随意堆放的生活垃圾，遇到下雨、刮风天气，造成污水漫流、塑料袋漫天飞舞，严重影响了村容村貌。

### 6. 对环境卫生的影响

农村生活垃圾随意露天堆放，在温度、湿度适宜的条件下，不但会繁殖大量有害病菌，而且极易滋生苍蝇、蚊虫和老鼠等，成为诸多疾病的传染源；此外，农村生活垃圾的随意露天堆放会造成土壤、水体和空气的立体交叉污染，对农产品的质量安全造成直接或间接影响，进而对公众身心健康构成危害与威胁(杨曙辉等，2010)。翟晓光和李鸿儒(1989)对农村生活垃圾堆场附近的苍蝇密度进行测量后发现，垃圾堆场远近端密度分别为 319 个/h 和 562 个/h，明显高于邻村对照点 132 个/h，而且农村居民饮用受污染的污水患肠道传染病的危险性是饮用洁水居民的 15.1 倍。由此可见，农村生活垃圾对环境卫生的影响明显。

### 7. 对生态环境的影响

农村生活垃圾中部分垃圾属于危险固体废物。这些危险废物包括化学原料、医院临床废物、含汞镉电池，以及部分地方农民仍在使用的国家已经禁止使用的农药和灭鼠药等剧毒物品，这些垃圾几乎没有得到任何有效处理就随处丢弃。一些持久性有机污染物在环境中难以降解，这类废物进入水体或渗入土壤中将会严重影响当代人和后代人的健康，对生态环境也会造成长期不可低估的影响。

综上所述，农村生活垃圾对农村环境的影响是全方位的，而且随着生活垃圾产生量的增加和成分的复杂化，其污染还会日趋严重。亟待构建农村生活垃圾的管理体系，进行科学合理的处理处置，遏制生活垃圾对农村环境的进一步污染。

## 1.3　农村生活垃圾管理的发展与挑战

### 1.3.1　存在问题与面临挑战

随着农村社会经济的发展，农民生活方式与消费模式的逐渐改变，农村的生活垃圾产生量越来越多，组分越来越复杂，当前，农村生活垃圾管理所面临的问题越来越凸显，挑战越来越严峻，主要包括：

(1)农村环保工作长期被忽视，且投资不足，导致农村生活垃圾的收集、运输、处理与处置基础设施严重不足或缺失，特别是在欠发达地区，这一问题尤其突出。

(2)缺乏对农村生活垃圾产生量、特性、影响因素等广泛的调研、统计和监测，导致在农村生活垃圾收集、运输和处理处置设计中，缺乏基础的设计数据，这也限制了农村生活垃圾处理工作的开展。

(3)缺乏适合农村生活垃圾特性的处理技术和设备，高效经济的农村生活垃圾处理技术和资源化利用技术还有待进一步研究和开发。

(4)农民与决策者的环境保护意识薄弱，"先经济，后环保"的发展思想还比较普遍；而且对农村群众的参与意愿和环保认知缺乏了解，部分生活垃圾管理措施针对性不强，难以实施，且收效欠佳。

(5)地区之间发展不平衡，沿海发达地区和居住集中地区的农村生活垃圾处理模式难以应用到欠发达和偏远农村生活垃圾的处理，对政策设计要求高，尚需进一步攻克。

(6)农村生活垃圾管理体系建设的不足和缺失，使农村生活垃圾的管理尚缺乏相应的政策支撑，其运行机制和法律也尚待完善。

(7)劳动成本的上升使得可回收垃圾收集的边际成本迅速上升，挤压了利润空间；而且在可回收与不可回收垃圾的经济与环境效益开发上投入不足，致使回收垃圾的边际收益赶不上边际成本的上升；加之相关投资资金来源有限、渠道窄、融资难；管理手段单一，目前仍以行政手段为主，市场与财税手段不足，这些均导致农村经济的市场化运作困难重重(王金霞等，2011)，使农村生活垃圾的管理无人员、无经费、无组织，难以有效运行。

当前，我国农村生活垃圾的管理与处理尚处于起步阶段，因此，还面临诸多困难，尚需对其加大投入，加强调研，从技术、管理等方面进一步深入研究。

### 1.3.2　发展趋势

#### 1. 农村生活垃圾产生量增长迅速，组分日益复杂化

随着我国美丽乡村建设的逐渐普及和城乡一体化进程的提速，小城镇人口将会在今后一段时间内急剧增长，村落分布也将日趋集中化、组团化，这使小城镇生活垃圾产生总量随人口的迅速增长而增长。同时，随着农村经济的快速发展，农村居民消费水平的提高，生活习惯的改变，一方面，导致农村生活垃圾来源渠道日渐广泛和多元；另一方面，使有机生活垃圾还田率、堆肥率、饲料化利用率逐渐减少，从而使农村生活垃圾的

产生率进一步增大，且农村生活垃圾产生排放量正以每年 5.5%～16%的速度持续、快速、同步增长(杨曙辉等，2010；李玉敏等，2012)。

此外，随着农村城镇化进程的加速，工业逐渐向农村转移，以及工业化元素和城市生活方式对农民、农村、农业影响与渗透的日益加深，也使农村生活垃圾的组分正从单一化向复杂化、城市化方向发展，传统农村生活垃圾由易降解、易处置、可堆肥等特征向不可降解/难以分解、有毒有害、不宜堆肥、难以处置的现代农村生活垃圾转变。随着美丽乡村建设的进一步推进，农村日常生活中的电子产品使用寿命的结束，农村医保的普及和医疗条件的改善，农村生活垃圾中的电子垃圾、医疗废物和建筑垃圾产生量日趋上升。致使农村生活垃圾与城市生活垃圾日益趋同，农村生活垃圾中会出现越来越多的有毒有害化学物质/气体(苯、二甲苯、甲醛、氨氮、硝酸盐氮、偶氮、$SO_2$、$NO_x$、$H_2S$ 及农兽药残留等)，重金属(汞、镉、铅、铬、铜、锌、镍等)，类金属(砷等)，病源菌和一些放射性元素等(杨曙辉等，2010)，加剧了农村生活垃圾对农村生态环境的影响。

#### 2. 农村生活垃圾的污染在短时间内会持续恶化，但最终会逐渐改善

由于农村生活垃圾的管理与处理刚起步，大部分还处于空白，难以满足当前农村产生的生活垃圾的处理需求，加上农村生活垃圾处理的"历史欠账"问题，以及生活垃圾产生量的增加和成分的复杂化，使农村生活垃圾对环境的污染正在加重。根据唐丽霞等从 2003～2008 年对全国 141 个村的调查显示，农村环境污染问题日趋严重，有 49.53%的农村环境污染情况更加严重，只有 12.15%的农村环境污染情况得以减缓(唐丽霞和左停，2008)。

但是近年来，农村环境污染已影响到广大人民群众的食品安全和农业发展，各级政府开始逐渐重视农村环境的保护和污染的治理，随着投入的增加、环保基础设施的建设、运行机制的优化和完善、处理技术的研发和运行、美丽乡村示范点的推广，我国农村生活垃圾的无害化处置率和资源化利用率将会逐渐提高，由生活垃圾引起的农村环境污染的恶化趋势将会在一定程度上得以遏制，并最终逐渐好转。

#### 3. 对农村生活垃圾的研究会由点及面，全面开展

随着农村生活垃圾污染问题日益凸显，很多学者基于农村生活垃圾的管理现状和污染情况，从政策、法律、经济、社会、技术等各个方面分析了产生的原因，并从环境管理机构的设置，生活垃圾分类收集系统的建立，生活垃圾处理处置基础设施的建设，加强农村环境综合整治及环境宣传教育，加速农村人口城镇化和市场运作等方面探讨了农村生活垃圾的管理。

但是，这些研究均是以局部地区或者个别村落为研究对象，由于我国各地农村社会经济水平、民族文化、自然条件等方面的差异，因此其研究成果只在局部或个别地区适用，难以满足不同地区的需求。随着国家对农村生活垃圾管理的重视，农村连片整治的实施，科研投入的增加，对农村生活垃圾研究将会逐渐深入，其研究数量和范围均将扩大，由村落到区域，由东部到西部，由经济发达地区到经济欠发达地区，由平原集中区到山地分散区，全面展开，以此满足农村生活垃圾管理和处理的研究和实际应用的需求。

**4. 农村生活垃圾的管理模式和处理技术以城市为借鉴，因地制宜开展**

当前，我国城市生活垃圾处理以卫生填埋为主，焚烧持续发展，堆肥进一步萎缩。无论哪一种生活垃圾处理方式，均需要规模化、集中化才能产生相应的效益。但是，由于我国大部分农村尤其是西部地区，住户和村落分布分散，经济相对落后，垃圾产生量小，难以形成规模化效益，这使我国很多地区农村生活垃圾的管理和处理难以直接照搬城市生活垃圾的管理模式和处理方法，只能因地制宜地进行当地生活垃圾的管理。

当前，"村收集、镇运输、县处理"的农村生活垃圾处理模式在经济发达地区、城郊区和居住集中区得以推广，而且"集中处理与分散处理相结合"的处理模式也正在西部地区试行。但是，由于西部农村地区尤其是偏远地区，分散处理需要操作运行简单、廉价高效的处理技术作为基础，面对当前对农村生活垃圾处理技术的研发现状，尚难以实现有效的管理。并且，国内目前对农村生活垃圾处理技术的研究，尚处于起步阶段，主要集中在生物反应器填埋处理技术(包括准好氧生物反应器填埋场、厌氧-好氧联合型生物反应器填埋场、序批式生物反应器和渗滤液直接回灌型生物反应器、好氧-厌氧-准好氧循环型生物反应器等)、简易卫生填埋处理技术，有机生活垃圾和秸秆快速好氧发酵技术，有机生活垃圾厌氧发酵技术、蚯蚓堆肥等方面，这些技术均以城市生活垃圾处理为借鉴，尚有一些技术难题需攻克和讨论，方可应用到农村生活垃圾的处理上。因此，由于我国农村地区各方面的差异较大，要想实现生活垃圾的有效管理，必将综合考虑到不同农村地区的经济、社会条件，因地制宜地研究廉价、高效、便捷的生活垃圾处理技术和设备，才能进一步促进农村生活垃圾的有效管理和科学的处理与处置。

## 参 考 文 献

陈闯, 邓良伟, 陈子爱, 等. 2012. 四川省农村垃圾与污水处理现状调研与分析[J]. 中国沼气, 30(1): 42-46, 51.

陈恺立. 2011. 农村生活垃圾管理初探——青树坪镇垃圾污染现状调查分析报告[J]. 中国环境管理干部学院学报, 21(3): 35-37, 42.

陈润羊. 2011. 新农村模式分类述评及其对西部新农村经济与环境协同发展的启示[J]. 开发研究, (6): 41-44.

邓守明, 李婷, 胡建, 等. 2010. 新农村建设中的固体废物污染及其对策[J]. 贵州农业科学, 38(6): 232-235.

董丽丽, 于玲. 2013. 我国农村生活垃圾现状及处理对策[J]. 现代农业科技, (16): 223, 226.

董瑞, 杨沈山. 2014. 浙江省农村环境污染状况调查[J]. 经营与管理, (1): 36-37.

范先鹏, 董文忠, 甘小泽, 等. 2010. 湖北省三峡库区农村生活垃圾发生特征探讨[J]. 湖北农业科学, 49(11): 2741-2745.

高吉喜, 张龙江. 2013. 新时期中国农村环境保护战略研究[J]. 中国发展, 13(6): 15-20.

顾桥, 梁东. 2000. 乡镇企业污染治理途径探析[J]. 商业研究, (12): 159-161.

郭占景, 丁战辉, 赵伟, 等. 2012. 石家庄市农村垃圾与污水处理现状[J]. 职业与健康, 28(15): 1892-1893.

黄开兴, 王金霞, 白军飞, 等. 2012. 农村生活固体垃圾排放及其治理对策分析[J]. 中国软科学, (9): 72-79.

黄巧云, 田雪. 2014. 生态文明建设背景下的农村环境问题及对策[J]. 华中农业大学学报(社会科学版), (2): 10-15.

黄招梅. 2011. 河源农村垃圾污染现状调查及其处理对策[J]. 北方环境, 23(9): 132-133.

贾凤梅, 周利军, 刘海英. 2013. 黑龙江省农村城镇化与生态环境的耦合关系研究[J]. 湖南农业科学, (23): 145-148.

孔德峰, 张金流. 2013. 城镇化过程中农村固体废弃物综合利用初探[J]. 安徽农业科学, 41(15): 6838-6840.

黎磊. 2009. 村镇生活垃圾收运系统研究[D]. 武汉: 华中科技大学硕士学位论文.

李玉敏, 白军飞, 王金霞, 等. 2012. 农村居民生活固体垃圾排放及影响因素[J]. 中国人口·资源与环境, 22(10): 63-68.

刘永德, 何品晶, 邵立明. 2008. 太湖流域农村生活垃圾面源污染贡献值估算[J]. 农业环境科学学报, 27(4): 1442-1445.

孟银萍, 李洁, 黄瑞平, 等. 2012. 湖北省农村环境污染现状及保护对策研究[J]. 可持续发展, (2): 132-137.

秦小红, 彭莉, 何娟, 等. 2013. 基于城乡统筹的重庆市农村环境卫生满意度评估[J]. 西南师范大学学报(自然科学版), 38(11): 136-141.

孙永明, 李国学, 张夫道, 等. 2005. 中国农业废弃物资源化现状与发展战略[J]. 农业工程学报, 21(8): 169-173.

唐丽霞, 左停. 2008. 中国农村污染状况调查与分析——来自全国 141 个村的数据[J]. 中国农村观察, (1): 31-38.

万书明, 席北斗, 李鸣晓, 等. 2012. 农村生活垃圾长期堆放对土壤硝化速率和呼吸速率的影响[J]. 东北农业大学学报, 43(11): 67-71.

王金霞, 李玉敏, 黄开兴, 等. 2011. 农村生活固体垃圾的处理现状及影响因素[J]. 中国人口·资源与环境, 21(6): 74-78.

王洋, 曾强, 刘洪亮, 等. 2008. 天津市农村地区垃圾与污水现状调查与对策研究[J]. 现代预防医学, 35(19): 3687-3689.

王英伟, 王晓光. 2013. 农村生活垃圾环境影响分析及对策[J]. 内蒙古科技与经济, (21): 20-22.

魏星, 彭绪亚, 贾传兴, 等. 2009. 三峡库区农村生活垃圾污染特征分析[J]. 安徽农业科学, 37(16): 7610-7612, 7707.

杨金龙. 2013. 农村生活垃圾治理的影响因素分析——基于全国 90 村的调查数据[J]. 江西社会科学, (6): 67-71.

杨曙辉, 宋天庆, 陈怀军, 等. 2010. 中国农村垃圾污染问题试析[J]. 中国人口·资源与环境, 20(3): 405-408.

于战平. 2006. 论社会主义新农村建设模式[J]. 世界农业, (10): 4-7.

翟晓光, 李鸿儒. 1989. ××市生活垃圾对农村居民生活环境的影响[J]. 环境与健康杂志, (8): 39.

张鸿郭, 陈迪云, 罗定贵, 等. 2009. 垃圾填埋场渗滤液中有机与重金属污染物特征的研究[J]. 陕西科技大学学报(自然科学版), 27(1): 86-89.

张后虎, 胡源, 张毅敏, 等. 2010. 太湖流域分散农村居民对生活垃圾的产生和处理认知分析[J]. 安全与环境工程, 17(6): 13-17.

赵国锋, 张沛, 田英. 2010. 国外乡村建设经验对西部地区新农村建设模式的启示[J]. 世界农业, (7): 15-18.

郑曼英, 李丽桃. 1996. 垃圾渗液中有机污染物初探[J]. 重庆环境科学, 18(4): 41-43.

中华人民共和国住房和城乡建设部. 2017. 中国城乡建设统计年鉴(2016 年)[M]. 北京: 中国计划出版社.

朱建春, 张增强, 樊志民, 等. 2014. 中国畜禽粪便的能源潜力与氮磷耕地负荷及总量控制[J]. 农业环境科学学报, 33(3): 235-445.

He P J. 2012. Municipal solid waste in rural areas of developing country: do we need special treatment mode[J]. Waste Management, 32(7): 1289-1290.

# 第2章 农村生活垃圾的产生与特性

农村生活垃圾,是指生活在乡、镇(城关镇除外)、村、屯的农村居民在日常生活中或在为日常生活提供服务的活动中产生的固体废物,以及法律、行政法规规定视为生活垃圾的固体废物,不包括村内企业、作坊产生的工业垃圾、农业生产产生的农业废弃物,以及建筑垃圾和医疗垃圾等。

在传统的农业经济条件下,农村生活垃圾产生后,通过直接还田、作饲料等途径,几乎可全量循环,其循环途径见图2.1。但随着我国社会经济的发展,农村经济不再是纯粹的农业经济,乡镇工业、商品流通业、规模化种养殖业已渗入到我国农村经济之中,在部分农村地区甚至已替代了传统农业经济,成为农村居民经济收入的主要来源(刘永德等,2005)。此外,在中西部农村,大量青壮年劳动力外出务工,改变了传统家庭结构,形成了大量留守家庭(留守儿童和空巢老人)。这些家庭中,不但缺乏劳动力,而且消费力也不足。

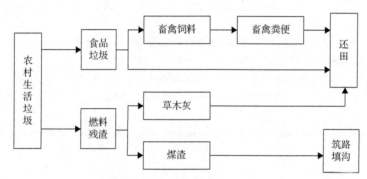

图2.1 传统的农村生活垃圾循环途径(刘永德等,2005)

这些经济模式和家庭结构的变化对农村生活垃圾的产生与特性具有以下三方面的影响。

(1)农村生活垃圾的产生量,一方面在经济发达的农村地区因消费水平的提升和人口的聚集而增加;另一方面,在经济欠发达的农村地区,因大量剩余劳动力外流,人口减少,产生量也随之减少。

(2)农村生活垃圾的组成也因工业制成品消费的增加而日趋复杂。

(3)农村生活垃圾传统的循环途径,因农村居民生产与消费模式、劳动力的变化而日渐萎缩。

研究农村生活垃圾的产生与特性,可为农村的环境规划和总量控制提供科学的决策信息,也能为农村生活垃圾的收集、运输和处理处置设计提供相应的基础数据,为其管理措施和实施方案的制订提供技术指导。

鉴于我国幅员辽阔，农村生活垃圾的产生与特性受自然、社会、经济以及其他因素的影响，在广大农村地区千差万别，因此，需结合我国农村的实际情况，分区域开展农村生活垃圾的产生与特性研究。

# 2.1　农村生活垃圾的产生

## 2.1.1　基本概念

根据全国第一次污染源普查技术规范中规定的农村生活源产排污系数概念，以"人体"系统为污染物产生界限，人体行为产生及排出人体以外的污染物即为产污，以"农户小环境"系统为污染物排放界限，排出农户小环境的污染物即为排污(万寅婧等，2012)。与生活垃圾产生特征有关的概念主要有生活垃圾产生量、生活垃圾回收量、生活垃圾排放量、生活垃圾清运量等(杨水文，2007)。

(1)生活垃圾产生量，是指人们在对产品和服务的消费中或消费后形成的废弃物的数量。

(2)生活垃圾回收量，是指生活垃圾中的部分组分可以通过回收再次使用(如啤酒瓶等)，或作为资源回收再加工利用(如废报纸等)从垃圾流中分离出来，分离出来的这部分垃圾就是生活垃圾回收量。

(3)生活垃圾排放量，是指生活垃圾的产生量减去被回收或再利用的垃圾数量，被丢弃的那部分垃圾量，如厨余作为饲料喂养家禽牲畜，废报纸、易拉罐、塑料瓶等可回收物品收集出售后剩下的量，因此生活垃圾实际排放量会比产生量低，其中太湖流域农村生活垃圾排放率为 2.04%～26.11%(万寅婧等，2012)，广西农村生活垃圾排放率为27.27%～56.25%(陈志明等，2013)。

(4)生活垃圾清运量，是指进入垃圾清运系统的那部分垃圾，不包括直接进入废品回收系统的可回收物品，以及自行处理或非法倾倒的部分垃圾。此部分垃圾除了包括"农户小环境"系统产生的生活垃圾，还包括农村公共区域和社会服务区域环卫清扫产生的生活垃圾。

文中未特别说明的生活垃圾特性均为湿基特性。

## 2.1.2　来源

当前，在农村地区，生活垃圾的来源主要有以下五个方面：

1)餐饮来源

主要包括日常餐饮产生的过剩食材，包括变质丢弃食材，如剩饭菜等；加工丢弃食材，如菜叶、菜皮、菜梗、鸡蛋壳等；消费副食品产生的残余物，如果皮、果核等。

2)日常用品消费产生的包装和残余物来源

家庭生活所需物品的包装物，包括包装塑料袋、纸盒、玻璃瓶、易拉罐等；日常生活消费中产生的剩余物品，如烟头、过期药品、燃煤(柴)灰渣；日常生活因个人卫生所需，使用后丢弃的物品，包括尿不湿、卫生巾、湿巾、卫生纸等。

3）生活用品淘汰来源

日常生活用品废旧、损坏、更新过程中淘汰下来的物品，包括旧衣物、废电池、废弃的小型电子产品、儿童玩具等，但不包括大型家具、家电及其他大型电子产品等物品。

4）清扫来源

家庭室内、室外，以及村镇公共区域清扫产生的垃圾。

5）农业生产来源

农业生产过程中混入的少部分生产资料包装物（农膜、农药包装袋/瓶等）、作物秸秆、畜禽粪便、产业经济附属产品等。

### 2.1.3 产生量

1. 产生量

根据文献和现场调研，我国农村生活垃圾产生率平均值为 0.649kg/（人·d），中位值为 0.521kg/（人·d），描述性统计分析见表 2.1。根据国家统计局公布的 2014 年各省乡村人口和各省（市）农村生活垃圾调研的平均产生率计算，我国农村生活垃圾产生量为 1.48 亿 t/a，这介于 2014 年《人民日报》中报道的 1.10 亿 t/a 到《国家农村环境污染保护规划》（2007～2020 年）中报道的 2.80 亿 t/a 之间（Chao et al.，2015）。

表 2.1 我国农村生活垃圾产生量描述性统计量

| 地区 | $N^*$ | 均值 /[kg/（人·d）] | 标准差 /[kg/（人·d）] | 极小值 /[kg/（人·d）] | 极大值 /[kg/（人·d）] | 百分位/[kg/（人·d）] | | |
|---|---|---|---|---|---|---|---|---|
| | | | | | | 第25个 | 第50个（中值） | 第75个 |
| 全国 | 359 | 0.649 | 0.437 | 0.034 | 3.000 | 0.360 | 0.521 | 0.820 |
| 华北地区 | 45 | 1.061 | 0.617 | 0.290 | 3.000 | 0.502 | 1.000 | 1.500 |
| 东北地区 | 31 | 0.940 | 0.418 | 0.310 | 2.290 | 0.740 | 0.890 | 1.030 |
| 华东地区 | 154 | 0.571 | 0.288 | 0.087 | 1.900 | 0.400 | 0.510 | 0.710 |
| 华中地区 | 14 | 0.958 | 0.611 | 0.225 | 2.010 | 0.493 | 0.744 | 1.539 |
| 华南地区 | 21 | 0.527 | 0.331 | 0.160 | 1.630 | 0.319 | 0.440 | 0.618 |
| 西南地区 | 54 | 0.397 | 0.307 | 0.034 | 1.400 | 0.177 | 0.328 | 0.571 |
| 西北地区 | 22 | 0.357 | 0.305 | 0.094 | 1.500 | 0.186 | 0.272 | 0.455 |

注：$N^*$为统计样本量，实际调查样本量全国为 17220 个。

Huang 等预测，在中国，当农民纯收入达到 17446 元/a 时，会出现生活垃圾产生量的 Kuznets 曲线拐点（Huang et al.，2013），因此，当前中国农村生活垃圾产生量还处于上升阶段。以浙江省为例，慈溪市 2000 年全市农村生活垃圾年产生量约为 29 万 t，2005

年年底已超过 36 万 t，5 年间递增 25%（管蓓等，2013）；诸暨市草塔镇 2006 年农村生活垃圾年产生量大约为 11909t，到 2011 年年底产生量已达 16329t，6 年间增长了将近 37%（图 2.2）（虞维，2013）。

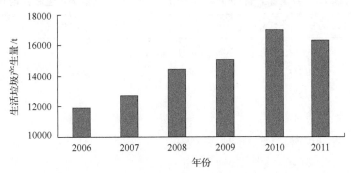

图 2.2　诸暨市草塔镇农村生活垃圾年产生量变化趋势（虞维，2013）

### 2. 产生量特征

#### 1）地区差异

由图 2.3 可知，我国农村生活垃圾产生率华北地区最高，西北地区最低；华北、东北和华中地区明显高于华东、华南、西南、西北地区。但是由于农村人口总数影响，农村生活垃圾产生量华东地区最高，西北地区最低，华东、华中和华北地区明显高于东北、华南、西南和西北地区。

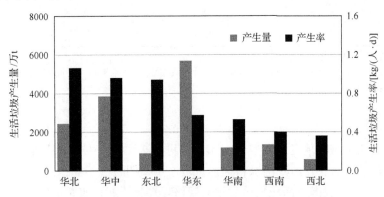

图 2.3　我国不同地区农村生活垃圾产生率和产生量比较

#### 2）城乡差异

表 2.2 为我国部分省（市）城市与农村生活垃圾的产生率统计值。当前对农村生活垃圾产生率统计的中位值 0.521kg/（人·d）低于梁斯敏和樊建军（2014）对我国城市生活垃圾产生率的统计值 0.685kg/（人·d），而且农村与城市生活垃圾产生率之间具有极显著的差异[$T$ 检验 Sig.（双侧）=0.0006＜0.05]，如南京、杭州、合肥、长沙、广州、成都、泸州、拉萨、贵州、甘肃等地，农村生活垃圾产生率均明显低于城市；而在天津、辽宁等地，

农村生活垃圾产生率明显高于城市；在济南、北京、重庆等地，农村生活垃圾产生率与城市相当。这主要是由于农村与城市社会经济发展水平及燃料结构差异所致。

**表 2.2　我国部分省(市)城市与相应农村地区生活垃圾产生率比较**

| | 城市垃圾产生率/[kg/(人·d)] | 统计年份 | 农村垃圾产生率/[kg/(人·d)] | 统计年份 |
|---|---|---|---|---|
| 全国 | 0.680 | 2011 | 0.540 | 2003~2015[1] |
| 南京 | 0.724 | 2012 | 0.359 | 2012 |
| 杭州 | 0.956 | 2013 | 0.467 | 2011 |
| 合肥 | 0.746 | 2005 | 0.528 | 2007 |
| 济南 | 0.790 | 2004 | 0.810 | 2011 |
| 北京 | 0.860 | 2012 | 0.743 | 2006~2010[1] |
| 天津 | 0.360 | 2012 | 0.750 | 2012 |
| 长沙 | 0.972 | 2005 | 0.365 | 2011 |
| 广州 | 0.880 | 2012 | 0.488 | 2012 |
| 重庆 | 0.310 | 2012 | 0.328 | 2012 |
| 成都 | 0.931 | 2008 | 0.342 | 2011~2012[1] |
| 泸州 | 0.950 | 2014 | 0.189 | 2015 |
| 拉萨 | 1.370 | 2010 | 0.099 | 2012 |
| 贵州[2] | 0.679 | 2012 | 0.093 | 2012 |
| 甘肃[2] | 1.160 | 2006 | 0.500 | 2012 |
| 辽宁[2] | 0.700 | 2013 | 0.943 | 2013 |

1)数值差异较大，故取年限内平均值；

2)贵州城市数据来自毕节地区，农村数据来自遵义市；甘肃城市数据来自兰州市，农村数据来自陇南县；辽宁城市数据来自丹东市，农村数据来自抚顺市。

3) 国际差异

图 2.4 是我国与其他发达和发展中国家农村生活垃圾产生率的比较。由图可知，在发达国家，除爱沙尼亚外，我国农村生活垃圾产生率明显低于其他发达国家；在发展中国家，除墨西哥外，我国生活垃圾产生率与经济发展处于相似水平的发展中国家相当(如巴西、智利、南非)，略高于其他发展中国家(Madadian et al.，2012；Abduli et al.，2008；Shah et al.，2012；Edjabou et al.，2012；Taboada-González et al.，2010；Mohammadi et al.，2012；Enayetullah et al.，2005；Lal et al.，2007；Miranda et al.，2015；Abdrabo，2008；Taghipour et al.，2016；Safa，2007；Bernardes and Günther，2014；Garfì et al.，2009；Vahidi et al.，2016；Hiramatsu et al.，2009；van der Merwe and Steyl，1997；Kerdsuwana et al.，2015；Passarini et al.，2011)。

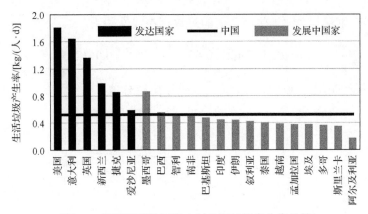

图 2.4　我国和其他国家农村生活垃圾产生率比较

美国、墨西哥、印度、伊朗、泰国、越南取各文献的平均值；南非取范围值的平均值；英国为户产率

#### 3. 产生量预测模型

目前，生活垃圾产生量的预测模型研究集中在城市生活垃圾管理中，主要是根据社会经济特征(产值、人口等)和数理统计方法(回归分析、灰色预测方法等)对城市生活垃圾产生量进行预测，包括产生系数法、简单趋势预测法、多元回归分析法、灰色系统模型分析法、人工神经网络法、综合分析法等(褚巍等，2007；文涛等，2008；吴晓红，2015；何强等，2011)，每个模型从某种角度提供了相应的有效信息，但均存在缺陷，表现为信息源广泛性不足。其中使用较为普遍的方法有产生系数法、多元回归分析法和灰色系统模型分析法。

1) 产生系数法

如果有准确可靠的生活垃圾人均产生系数，就可以根据某地区的人口统计数据和人均产生系数来计算该地区的生活垃圾总产生量，并根据生活垃圾增长率和人口预测数据，预测该地区生活垃圾的产生量，如式(2.1)、式(2.2)所示。

$$w_n = w_0(1+r)^n \tag{2.1}$$

式中，$w_0$ 为基准年人均生活垃圾产生系数，kg/(人·d)；$w_n$ 为第 $n$ 年人均生活垃圾产生系数，kg/(人·d)；$r$ 为生活垃圾增长率。

$$W_n = 365 w_n P_n \tag{2.2}$$

式中，$W_n$ 为第 $n$ 年生活垃圾产生量，kg；$P_n$ 为第 $n$ 年某地区人口数，人。

该方法简单便捷，在工程实践中广泛使用，但是需要有准确的基础数据。

2) 简单趋势法

简单趋势法是根据多年生活垃圾产生量的统计，或垃圾产生量与相关影响因子的统计值，进行简单的回归分析，获得生活垃圾产生量与相关影响因子的相关关系，并进行预测。如图 2.5 所示，根据乔启成等(2008)对江苏省南通市农村生活垃圾产生量的研究表明，垃圾年产生量与乡镇年生产总值的对数存在线性关系：

$$y = 0.1914\ln x - 0.4624 \qquad (r^2 = 0.9612) \tag{2.3}$$

式中，$y$ 为垃圾产生量，$kg/(人 \cdot d)$；$x$ 为乡镇年生产总值，百万元。

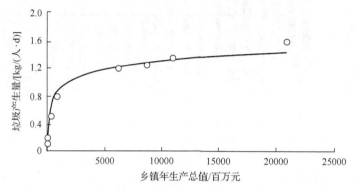

图 2.5  乡镇生活垃圾产生量与年生产总值的回归预测(乔启成等，2008)

3) 多元回归分析法

多元回归分析预测法，是指通过对两个或两个以上的自变量与一个因变量的相关分析，建立预测模型进行预测的方法。当自变量与因变量之间存在线性关系时，称为多元线性回归分析。多元线性回归分析法在进行预测时，把预测对象作为被解释变量，把那些与预测对象密切相关的影响因素作为解释变量，根据被解释变量和解释变量的统计资料，建立回归模型，模型经过经济理论、数理统计和经济计量三级检验后，确定经济计量方程形式，并用于预测(徐荣菊，2013；常方强等，2011)。

$$y = b_0 + b_1 x_1 + b_2 x_2 + \cdots + b_k x_k + u \tag{2.4}$$

式(2.4)为 $y$ 关于 $x_1$，$x_2$，$\cdots$，$x_k$ 的多元线性回归模型，其中 $y$ 为生活垃圾产生量；$x_1$，$x_2$，$\cdots$，$x_k$ 为影响生活垃圾产生量的因素，如国内生产总值、工业总产值、农村人口数量、消费性支出和清扫面积等；$b_0$，$b_1$，$b_2$，$\cdots$，$b_k$ 为模型参数；$u$ 为随机误差项(徐荣菊，2013)。

4) 灰色系统模型分析法

灰色预测模型多采用 GM(1，1)模型，灰色预测模型的优点是可利用较少数据获得较高预测准确度，利用垃圾实测数据逐渐迭代求得。

罗华伟等(2011)以中国农村地区人均垃圾产生量为研究对象，通过开 $n$ 次方变换法、对数变换法、弱化算子变换法、原始 GM(1，1)模型等 4 种不同的灰色模型进行比较分析，表明开平方变换法灰色模型更加适合对农村人均生活垃圾产生量进行中长期预测。

各改进的灰色模型及原始 GM(1，1)模型预测的结果见附录 2.1(扫描封底二维码获取)。各种方法的预测精度都较高，其中弱化缓冲算子变换法预测的平均相对误差最低(0.36447%)，但是其预测的趋势偏离实际情况要比前三者大，说明即使拟合误差相对较小，但是预测趋势可能更多地偏离实际情况。只有开平方变换法灰色模型预测的趋势与中国实际垃圾产生量的走势几乎一致，经计算可知其 2009 年的预测值(0.3268)也与实际值(0.3264)只差 0.0004，且开平方变换法灰色预测模型的精度高达 99.53%，精度等级为 1 级。根据开平方变换法建立的模型发展系数 $a$=0.0545<0.3，可用式(2.5)的时间响应函数做中长期预测。

$$x(k+1) = 23.2489e^{0.0210k} - 22.7650 \tag{2.5}$$

5) 人工神经网络法

人工神经网络结构有多种，应用最广的一种是 BP 神经网络，该法具有误差反向传播算法。同时具有多个节点的输入层、隐藏层和多个或一个输出节点的输出层，相邻两层节点之间单向互联，其学习过程由正向和反向传播过程组成。

该法同样以影响垃圾产生量的因素为输入层参数，通过网络学习过程，比较输出层(预测值)与期望值(实际垃圾产生量)之间的误差，然后将误差信号原路返回，通过学习来修改各层神经元的权值，使误差信号最小(常方强等，2011)。

在开展农村生活垃圾产生量计算和预测时，也可以参考《生活垃圾产生量计算及预测方法》(CJ/T 106)。

综上所述，当前中国农村生活垃圾产生量和排放量的特点如下：

(1)来源渠道多元化，而且产生源分散；

(2)产生、排放量巨大，而且处于迅速增长阶段；

(3)产生量分布不均，地方差异显著，呈现南方低于北方，西部低于东部的特征；

(4)我国农村生活垃圾产生量低于城市和发达国家农村，与发展中国家相当。

## 2.2　农村生活垃圾的特性

### 2.2.1　物理特性

1. 组分

1)总体特征

我国当前农村生活垃圾组分特征描述性统计信息见表 2.3。我国生活垃圾主要组分包括厨余类、灰土类、橡塑类和纸类，其湿基质量百分比均值累计比例达到了 83.61%；剩余组分比例为 0.25%～4.40%。值得一提的是其他类中包含了有毒有害垃圾，主要为废电池、过期药品、农药和杀虫剂等，其湿基质量百分比为 0～7%，均值为 0.96%，中位值为 0.5%，所占比例很小。根据 Kolmogorov-Smirnov 检验显示，由于垃圾组分受诸多因素影响，因此，全国各垃圾组分变化很大，均不符合正态分布，建议湿基质量百分比取值首先参考中位值，或选取各地区相应的数值。

表 2.3　中国农村生活垃圾组分特征描述性统计量

| 垃圾组分 | N | 均值/% | 标准差/% | 极小值/% | 极大值/% | 百分位/% | | |
| --- | --- | --- | --- | --- | --- | --- | --- | --- |
| | | | | | | 第 25 个 | 第 50 个(中值) | 第 75 个 |
| 厨余类 | 280 | 43.58 | 20.43 | 1.75 | 86.26 | 28.36 | 42.98 | 59.70 |
| 纸类 | 280 | 7.77 | 6.35 | 0.00 | 53.00 | 3.61 | 6.30 | 9.70 |
| 橡塑类 | 280 | 8.78 | 6.59 | 0.00 | 45.48 | 3.83 | 8.05 | 12.19 |
| 纺织类 | 280 | 2.75 | 3.10 | 0.00 | 19.40 | 0.54 | 1.89 | 3.66 |
| 木竹类 | 280 | 2.15 | 3.94 | 0.00 | 25.00 | 0.00 | 0.40 | 2.70 |
| 灰土类 | 280 | 23.48 | 24.12 | 0.00 | 97.20 | 2.32 | 15.87 | 40.83 |
| 砖瓦陶瓷类 | 280 | 3.10 | 6.64 | 0.00 | 36.00 | 0.00 | 0.00 | 2.91 |
| 玻璃类 | 280 | 2.45 | 3.65 | 0.00 | 35.25 | 0.13 | 1.58 | 3.20 |
| 金属类 | 280 | 1.28 | 2.80 | 0.00 | 21.40 | 0.08 | 0.37 | 1.18 |
| 其他类 | 280 | 4.40 | 7.77 | 0.00 | 64.10 | 0.00 | 0.94 | 5.89 |
| 混合类 | 280 | 0.25 | 1.19 | 0.00 | 10.00 | 0.00 | 0.00 | 0.00 |

注：混合类在《生活垃圾采样和分析方法》(CJ/T 313—2009)之前的标准中未单独列出，大量统计调研中没有此项数值，因此，在统计中，将缺省值全部赋值 0。

根据上述可见，由于在我国广大农村地区，工业和塑料制成品消费的增加，使农村生活垃圾组成复杂化，组分特征日趋城市化；同时由于农村居民生产与消费模式的变化，使农村生活垃圾传统的循环途径受阻并日渐萎缩(邱才娣，2008)，如农户传统的庭院养殖萎缩，有机垃圾就地消纳的方式逐渐消失，也使农村生活垃圾中厨余组分增大；秸秆还田的减少和煤块燃料的普遍使用，也成为灰土等无机垃圾产生的主要来源。此外，电子产品的使用和淘汰，农村医保的兴起，以棉花、小麦、玉米为主的种植结构也造成过期药品和农药瓶(袋)等有害垃圾的丢弃(于晓勇等，2010)。

2) 区域特征

A.华北地区

我国华北地区当前农村生活垃圾组分特征描述性统计信息见表 2.4。华北地区生活垃圾主要组分包括厨余类、灰土类、橡塑类和其他类，其湿基质量百分比均值累计比例达

表 2.4　中国华北地区农村生活垃圾组分特征描述性统计量

| 垃圾组分 | N | 均值/% | 标准差/% | 极小值/% | 极大值/% | 百分位/% | | |
| --- | --- | --- | --- | --- | --- | --- | --- | --- |
| | | | | | | 第 25 个 | 第 50 个(中值) | 第 75 个 |
| 厨余类 | 12 | 40.36 | 19.85 | 8.83 | 75.01 | 27.40 | 36.42 | 56.17 |
| 纸类 | 12 | 3.50 | 3.13 | 0.00 | 12.00 | 1.41 | 3.37 | 4.16 |
| 橡塑类 | 12 | 7.30 | 6.13 | 0.30 | 21.69 | 2.64 | 5.57 | 11.68 |
| 纺织类 | 12 | 1.34 | 2.23 | 0.00 | 6.00 | 0.00 | 0.19 | 2.02 |
| 木竹类 | 12 | 1.38 | 2.78 | 0.00 | 9.74 | 0.00 | 0.25 | 1.19 |
| 灰土类 | 12 | 34.55 | 24.03 | 0.00 | 63.98 | 5.98 | 37.99 | 55.93 |
| 砖瓦陶瓷类 | 12 | 1.86 | 3.70 | 0.00 | 11.52 | 0.00 | 0.26 | 1.30 |
| 玻璃类 | 12 | 1.54 | 2.25 | 0.00 | 7.10 | 0.01 | 0.27 | 2.98 |
| 金属类 | 12 | 0.81 | 1.90 | 0.00 | 6.70 | 0.00 | 0.12 | 0.81 |
| 其他类 | 12 | 5.93 | 18.43 | 0.00 | 64.10 | 0.00 | 0.00 | 0.05 |
| 混合类 | 12 | 0.00 | 0.00 | 0.00 | 0.00 | 0.00 | 0.00 | 0.00 |

到了 88.14%；剩余组分比例为 0~3.50%。根据 Kolmogorov-Smirnov 检验显示，除其他类外，其余各组分均符合正态分布。

B.东北地区

我国东北地区当前农村生活垃圾组分特征描述性统计信息见表 2.5。东北地区生活垃圾主要组分包括灰土类和厨余类，其湿基质量百分比均值累计比例达到了 78.72%；剩余组分比例为 0.08%~4.73%。根据 Kolmogorov-Smirnov 检验显示，除厨余类、纸类、橡塑类、纺织类、灰土类和玻璃类外，其余各组分均不符合正态分布。

表 2.5 中国东北地区农村生活垃圾组分特征描述性统计量

| 垃圾组分 | N | 均值/% | 标准差/% | 极小值/% | 极大值/% | 百分位/% | | |
| --- | --- | --- | --- | --- | --- | --- | --- | --- |
| | | | | | | 第 25 个 | 第 50 个(中值) | 第 75 个 |
| 厨余类 | 54 | 29.64 | 18.90 | 1.75 | 81.25 | 20.25 | 28.43 | 34.05 |
| 纸类 | 54 | 3.40 | 2.50 | 0.05 | 11.08 | 0.90 | 3.05 | 5.22 |
| 橡塑类 | 54 | 4.16 | 3.24 | 0.12 | 11.64 | 1.33 | 3.51 | 6.88 |
| 纺织类 | 54 | 1.83 | 1.77 | 0.00 | 7.00 | 0.13 | 1.44 | 3.50 |
| 木竹类 | 54 | 0.81 | 1.59 | 0.00 | 5.68 | 0.00 | 0.00 | 0.65 |
| 灰土类 | 54 | 49.08 | 25.61 | 0.00 | 97.20 | 36.05 | 49.10 | 60.15 |
| 砖瓦陶瓷类 | 54 | 1.90 | 4.39 | 0.00 | 17.45 | 0.00 | 0.00 | 0.44 |
| 玻璃类 | 54 | 2.37 | 2.21 | 0.00 | 8.90 | 0.41 | 2.00 | 3.28 |
| 金属类 | 54 | 2.11 | 2.56 | 0.00 | 15.20 | 0.00 | 1.84 | 2.95 |
| 其他类 | 54 | 4.73 | 5.93 | 0.00 | 34.60 | 0.51 | 3.00 | 7.29 |
| 混合类 | 54 | 0.08 | 0.45 | 0.00 | 2.89 | 0.00 | 0.00 | 0.00 |

C.华东地区

我国华东地区当前农村生活垃圾组分特征描述性统计信息见表 2.6。华东地区生活垃圾主要组分包括厨余类、灰土类、橡塑类、纸类和砖瓦陶瓷类，其湿基质量百分比均值累计比例达到了 84.97%；剩余组分比例为 0.13%~4.21%。根据 Kolmogorov-Smirnov 检验显示，除厨余类和橡塑类外，其余各组分均不符合正态分布。

表 2.6 中国华东地区农村生活垃圾组分特征描述性统计量

| 垃圾组分 | N | 均值/% | 标准差/% | 极小值/% | 极大值/% | 百分位/% | | |
| --- | --- | --- | --- | --- | --- | --- | --- | --- |
| | | | | | | 第 25 个 | 第 50 个(中值) | 第 75 个 |
| 厨余类 | 80 | 47.19 | 19.58 | 3.00 | 86.26 | 32.13 | 48.80 | 64.96 |
| 纸类 | 80 | 8.02 | 6.84 | 1.00 | 53.00 | 3.52 | 7.10 | 9.95 |
| 橡塑类 | 80 | 9.54 | 6.31 | 0.00 | 31.15 | 4.29 | 8.78 | 12.57 |
| 纺织类 | 80 | 3.24 | 3.61 | 0.00 | 17.00 | 1.02 | 2.29 | 4.40 |
| 木竹类 | 80 | 3.85 | 5.54 | 0.00 | 25.00 | 0.00 | 1.77 | 5.93 |
| 灰土类 | 80 | 13.29 | 15.61 | 0.00 | 68.50 | 0.00 | 9.79 | 17.20 |
| 砖瓦陶瓷类 | 80 | 6.93 | 10.32 | 0.00 | 36.00 | 0.00 | 1.10 | 10.28 |
| 玻璃类 | 80 | 2.53 | 2.97 | 0.00 | 15.00 | 0.00 | 2.00 | 3.26 |
| 金属类 | 80 | 1.06 | 3.42 | 0.00 | 21.40 | 0.00 | 0.20 | 0.65 |
| 其他类 | 80 | 4.21 | 6.00 | 0.00 | 23.30 | 0.12 | 1.01 | 6.23 |
| 混合类 | 80 | 0.13 | 1.12 | 0.00 | 10.00 | 0.00 | 0.00 | 0.00 |

D. 华中地区

我国华中地区当前农村生活垃圾组分特征描述性统计信息见表 2.7。华中地区生活垃圾主要组分包括厨余类、灰土类、橡塑类和纸类，其湿基质量百分比均值累计比例达到了 89.02%；剩余组分比例为 0～3.79%。根据 Kolmogorov-Smirnov 检验显示，除厨余类、纸类、橡塑类、纺织类、灰土类和砖瓦陶瓷外，其余各组分均不符合正态分布。

表 2.7　中国华中地区农村生活垃圾组分特征描述性统计量

| 垃圾组分 | N | 均值/% | 标准差/% | 极小值/% | 极大值/% | 百分位/% | | |
| --- | --- | --- | --- | --- | --- | --- | --- | --- |
| | | | | | | 第 25 个 | 第 50 个（中值） | 第 75 个 |
| 厨余类 | 22 | 43.43 | 26.77 | 5.43 | 79.36 | 14.27 | 46.66 | 67.89 |
| 纸类 | 22 | 5.99 | 2.13 | 2.40 | 11.23 | 4.86 | 6.26 | 7.15 |
| 橡塑类 | 22 | 8.54 | 3.20 | 3.60 | 15.80 | 6.80 | 8.49 | 8.82 |
| 纺织类 | 22 | 1.88 | 2.38 | 0.00 | 9.10 | 0.00 | 1.44 | 3.15 |
| 木竹类 | 22 | 0.94 | 1.47 | 0.00 | 5.00 | 0.00 | 0.00 | 2.07 |
| 灰土类 | 22 | 31.06 | 29.97 | 0.00 | 85.02 | 6.15 | 15.27 | 61.05 |
| 砖瓦陶瓷类 | 22 | 3.79 | 3.78 | 0.00 | 11.20 | 0.00 | 3.13 | 7.10 |
| 玻璃类 | 22 | 1.84 | 2.81 | 0.00 | 11.10 | 0.00 | 0.28 | 3.65 |
| 金属类 | 22 | 0.93 | 1.75 | 0.00 | 6.90 | 0.00 | 0.01 | 1.42 |
| 其他类 | 22 | 1.11 | 3.59 | 0.00 | 17.00 | 0.00 | 0.04 | 0.99 |
| 混合类 | 22 | 0.00 | 0.00 | 0.00 | 0.00 | 0.00 | 0.00 | 0.00 |

E. 华南地区

我国华南地区当前农村生活垃圾组分特征描述性统计信息见表 2.8。华南地区生活垃圾主要组分包括厨余类、橡塑类和纸类，其湿基质量百分比均值累计比例达到了 81.67%；剩余组分比例为 0.24%～4.42%。根据 Kolmogorov-Smirnov 检验显示，除厨余类、橡塑类、纺织类和玻璃类外，其余各组分均不符合正态分布。

表 2.8　中国华南地区农村生活垃圾组分特征描述性统计量

| 垃圾组分 | N | 均值/% | 标准差/% | 极小值/% | 极大值/% | 百分位/% | | |
| --- | --- | --- | --- | --- | --- | --- | --- | --- |
| | | | | | | 第 25 个 | 第 50 个（中值） | 第 75 个 |
| 厨余类 | 34 | 55.75 | 9.50 | 37.60 | 70.23 | 47.98 | 58.33 | 63.50 |
| 纸类 | 34 | 10.90 | 8.25 | 2.45 | 36.47 | 5.73 | 7.63 | 12.60 |
| 橡塑类 | 34 | 15.02 | 3.77 | 8.40 | 23.13 | 12.36 | 14.30 | 18.33 |
| 纺织类 | 34 | 4.05 | 2.34 | 0.18 | 9.00 | 2.08 | 3.84 | 5.96 |
| 木竹类 | 34 | 1.05 | 2.05 | 0.00 | 8.94 | 0.00 | 0.00 | 1.22 |
| 灰土类 | 34 | 4.42 | 7.70 | 0.00 | 29.10 | 0.00 | 1.88 | 3.96 |
| 砖瓦陶瓷类 | 34 | 0.43 | 1.35 | 0.00 | 6.53 | 0.00 | 0.00 | 0.00 |
| 玻璃类 | 34 | 3.51 | 3.93 | 0.08 | 21.16 | 1.32 | 2.71 | 4.31 |
| 金属类 | 34 | 0.67 | 0.61 | 0.00 | 2.56 | 0.27 | 0.49 | 0.89 |
| 其他类 | 34 | 3.90 | 4.85 | 0.00 | 20.31 | 0.00 | 2.58 | 5.59 |
| 混合类 | 34 | 0.24 | 1.09 | 0.00 | 6.12 | 0.00 | 0.00 | 0.00 |

F.西南地区

我国西南地区当前农村生活垃圾组分特征描述性统计信息见表 2.9。西南地区生活垃圾主要组分包括厨余类、灰土类、纸类和橡塑类，其湿基质量百分比均值累计比例达到了 84.23%；剩余组分比例为 0.59%～5.17%。根据 Kolmogorov-Smirnov 检验显示，除厨余类和纸类外，其余各组分均不符合正态分布。

表 2.9 中国西南地区农村生活垃圾组分特征描述性统计量

| 垃圾组分 | N | 均值/% | 标准差/% | 极小值/% | 极大值/% | 百分位/% | | |
|---|---|---|---|---|---|---|---|---|
| | | | | | | 第 25 个 | 第 50 个(中值) | 第 75 个 |
| 厨余类 | 66 | 43.02 | 18.08 | 4.98 | 82.49 | 28.63 | 44.76 | 56.94 |
| 纸类 | 66 | 11.02 | 5.96 | 1.00 | 22.08 | 5.61 | 9.67 | 18.05 |
| 橡塑类 | 66 | 8.89 | 8.28 | 0.00 | 45.48 | 3.00 | 6.64 | 10.28 |
| 纺织类 | 66 | 2.82 | 3.77 | 0.00 | 19.40 | 0.75 | 1.50 | 3.22 |
| 木竹类 | 66 | 2.60 | 4.00 | 0.00 | 15.08 | 0.00 | 0.80 | 3.47 |
| 灰土类 | 66 | 21.30 | 15.40 | 0.00 | 61.50 | 11.28 | 20.10 | 33.19 |
| 砖瓦陶瓷类 | 66 | 1.30 | 2.83 | 0.00 | 15.26 | 0.00 | 0.00 | 1.57 |
| 玻璃类 | 66 | 2.33 | 5.43 | 0.00 | 35.25 | 0.08 | 0.81 | 1.86 |
| 金属类 | 66 | 1.18 | 2.87 | 0.00 | 17.36 | 0.27 | 0.42 | 0.80 |
| 其他类 | 66 | 5.17 | 9.46 | 0.00 | 42.10 | 0.00 | 0.72 | 4.88 |
| 混合类 | 66 | 0.59 | 1.82 | 0.00 | 9.87 | 0.00 | 0.00 | 0.00 |

G.西北地区

我国西北地区当前农村生活垃圾组分特征描述性统计信息见表 2.10。西北地区生活垃圾主要组分包括厨余类、灰土类、橡塑类和纸类，其湿基质量百分比均值累计比例达到了 91.14%；剩余组分比例为 0.52%～2.21%。根据 Kolmogorov-Smirnov 检验显示，各组分均符合正态分布。

表 2.10 中国西北地区农村生活垃圾组分特征描述性统计量

| 垃圾组分 | N | 均值/% | 标准差/% | 极小值/% | 极大值/% | 百分位/% | | |
|---|---|---|---|---|---|---|---|---|
| | | | | | | 第 25 个 | 第 50 个(中值) | 第 75 个 |
| 厨余类 | 9 | 59.73 | 22.99 | 20.10 | 83.77 | 42.24 | 67.99 | 73.35 |
| 纸类 | 9 | 6.74 | 3.65 | 3.09 | 13.93 | 3.79 | 4.90 | 9.51 |
| 橡塑类 | 9 | 8.20 | 5.81 | 0.50 | 16.28 | 1.97 | 11.61 | 12.21 |
| 纺织类 | 9 | 2.21 | 1.77 | 0.35 | 6.48 | 1.17 | 1.70 | 2.63 |
| 木竹类 | 9 | 0.52 | 0.58 | 0.00 | 1.51 | 0.00 | 0.28 | 1.10 |
| 灰土类 | 9 | 16.47 | 25.49 | 0.22 | 61.70 | 0.99 | 1.62 | 35.53 |
| 砖瓦陶瓷类 | 9 | 0.59 | 1.23 | 0.00 | 3.50 | 0.00 | 0.00 | 0.91 |
| 玻璃类 | 9 | 1.08 | 0.63 | 0.00 | 1.90 | 0.55 | 1.23 | 1.60 |
| 金属类 | 9 | 1.53 | 2.02 | 0.15 | 6.07 | 0.23 | 0.40 | 2.70 |
| 其他类 | 9 | 1.93 | 3.28 | 0.00 | 9.00 | 0.03 | 0.28 | 3.75 |
| 混合类 | 9 | 0.99 | 1.32 | 0.00 | 4.24 | 0.09 | 0.77 | 1.25 |

H. 区域间比较

根据对我国农村生活垃圾中主要组分厨余类、纸类、橡塑类和灰土类的 $K$ 个独立样本的非参数检验可知(表 2.11),各主要组分的渐进显著性都远小于 0.01,因此,我国各地区农村生活垃圾的主要组分均不是全部来自具有相同分布的总体,具有极其显著性的地区差异。

表 2.11　我国不同地区农村生活垃圾主要组分显著性差异分析

| 垃圾组分 | 分区秩均值 | | | | | | | $K$ 个独立样本的非参数检验渐进显著性 | |
| --- | --- | --- | --- | --- | --- | --- | --- | --- | --- |
| | 华东 | 西北 | 西南 | 华南 | 华北 | 东北 | 华中 | Kruskal-Wallis 检验 | Jonckheere-Terpstr 检验 |
| 厨余类 | 154.02 | 204.67 | 137.57 | 190.81 | 127.50 | 84.85 | 143.30 | $5.03 \times 10^{-8}$ | $6.59 \times 10^{-5}$ |
| 纸类 | 147.28 | 136.72 | 188.70 | 177.43 | 67.58 | 69.71 | 130.18 | $4.41 \times 10^{-15}$ | $6.24 \times 10^{-3}$ |
| 橡塑类 | 153.19 | 140.39 | 131.57 | 230.03 | 118.88 | 76.80 | 150.41 | $2.25 \times 10^{-14}$ | $2.81 \times 10^{-6}$ |
| 灰土类 | 106.32 | 113.17 | 148.89 | 67.07 | 174.92 | 216.40 | 161.30 | $8.85 \times 10^{-18}$ | $2.23 \times 10^{-11}$ |

由图 2.6 可知,我国农村生活垃圾中厨余类和纸类含量呈现由南向北逐渐递减的趋势;橡胶类含量有着明显的由南向北逐渐递减的趋势,呈现一定的由东向西逐渐递减的趋势;灰土类含量有着明显的由北向南逐渐递减的趋势。生活垃圾中主要组分的上述变化趋势主要是由于我国各地区不同的经济发展水平、燃料结构,以及生活习惯等因素造成的。

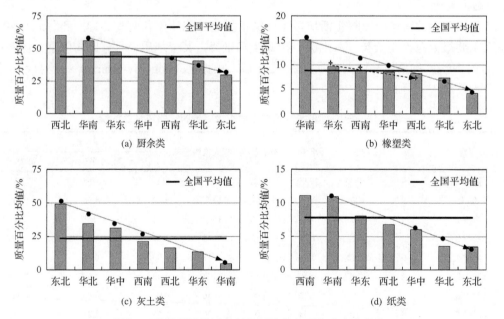

图 2.6　我国不同地区农村生活垃圾主要组分变化趋势

3)城乡差异

我国典型城市与农村生活垃圾组分见表 2.12。我国农村与城市生活垃圾组分的差异较大，主要体现在以下两方面。

**表 2.12 我国典型城市与农村生活垃圾组分比较** （单位：%）

| 地点 | 厨余类 | 纸类 | 橡塑类 | 纺织类 | 木竹类 | 灰土类 | 砖瓦陶瓷类 | 玻璃类 | 金属类 | 其他类 | 混合类 | 备注 |
|---|---|---|---|---|---|---|---|---|---|---|---|---|
| 青岛城市 | 69.00 | 9.50 | 8.40 | 3.00 | 0.30 | 6.30 | 0.30 | 2.20 | 0.90 | 0.10 | 0.00 | 卞荣星等(2014)；曲旭朝(2011)；姜震等(2011) |
| 青岛农村 | 32.80 | 3.20 | 5.40 | 1.30 | 0.90 | 39.20 | 14.50 | 2.30 | 0.20 | 0.20 | 0.00 | |
| 上海城市 | 72.49 | 6.01 | 13.79 | 2.14 | 1.88 | 0.00 | 0.28 | 3.09 | 0.24 | 0.09 | 0.00 | 梁斯敏和樊建军(2014)；贾悦等(2013) |
| 上海农村 | 50.00 | 2.00 | 5.00 | 10.00 | 3.00 | 15.00 | 0.00 | 15.00 | 0.00 | 0.00 | 0.00 | 程远(2004) |
| 杭州城市 | 61.52 | 7.18 | 14.52 | 2.01 | 1.31 | 9.13 | 1.49 | 1.94 | 0.81 | 0.05 | 0.07 | 倪娜和洪国才(2005) |
| 杭州农村 | 43.71 | 8.13 | 14.48 | 3.73 | 4.10 | 11.98 | 5.46 | 4.69 | 0.62 | 3.07 | 0.00 | 陈昆柏(2008)；蔡传钰(2012)；屠翰等(2013)；张明玉(2010) |
| 拉萨城市 | 20.45 | 23.74 | 14.84 | 4.50 | 2.76 | 22.83 | 0.00 | 4.73 | 5.12 | 1.03 | 0.00 | 旦增和韩智勇(2012) |
| 拉萨农村 | 12.77 | 10.73 | 20.77 | 5.91 | 10.26 | 33.12 | 2.04 | 1.83 | 1.54 | 1.02 | 0.00 | 韩智勇等(2014) |
| 成都城市 | 47.06 | 15.76 | 14.98 | 1.72 | 0.00 | 6.45 | 0.97 | 0.73 | 1.01 | 11.32 | 0.00 | 陶雪峰等(2009) |
| 成都农村 | 60.92 | 13.59 | 7.19 | 1.56 | 0.81 | 11.69 | 0.00 | 0.95 | 0.37 | 0.00 | 2.95 | 曾秀莉等(2012) |
| 泸州城市 | 59.60 | 10.30 | 16.80 | 1.80 | 2.87 | 5.50 | 0.00 | 1.60 | 1.53 | 0.00 | 0.00 | 王林和徐丽萍(2015) |
| 泸州农村 | 57.55 | 8.35 | 8.30 | 0.47 | 6.95 | 7.31 | 0.50 | 2.55 | 0.67 | 0.75 | 6.63 | 韩智勇等(2015)(调研) |
| 绵阳城市 | 60.20 | 10.30 | 21.90 | 3.60 | 1.01 | 1.90 | 0.00 | 0.90 | 0.00 | 0.90 | 0.00 | 黄明星和刘丹(2012) |
| 绵阳农村 | 65.17 | 10.28 | 7.40 | 10.13 | 2.60 | 0.00 | 0.06 | 0.86 | 0.44 | 1.45 | 1.62 | 2015 年(调研) |
| 重庆城市 | 72.97 | 9.34 | 8.40 | 3.16 | 1.91 | 1.48 | 0.92 | 1.46 | 0.36 | 0.00 | 0.00 | 张鹏等(2014) |
| 重庆农村 | 31.97 | 5.38 | 6.92 | 1.74 | 1.99 | 34.27 | 3.51 | 1.45 | 0.46 | 12.44 | 0.00 | 伍溢春(2007)；马曦(2006)；张曼丽等(2015) |
| 广东城市 | 47.75 | 13.66 | 13.91 | 10.28 | 2.86 | 5.82 | 3.35 | 1.72 | 0.65 | 0.00 | 0.00 | 罗涛(2006) |
| 广东农村 | 57.80 | 12.02 | 15.83 | 4.38 | 0.95 | 2.52 | 0.15 | 2.93 | 0.60 | 2.57 | 0.23 | 王志国(2013)；文国来等(2011)；李俊飞等(2011)；桂莉(2014) |

续表

| 地点 | 厨余类 | 纸类 | 橡塑类 | 纺织类 | 木竹类 | 灰土类 | 砖瓦陶瓷类 | 玻璃类 | 金属类 | 其他类 | 混合类 | 备注 |
|---|---|---|---|---|---|---|---|---|---|---|---|---|
| 海南城市 | 47.44 | 5.94 | 12.46 | 1.92 | 0.00 | 0.00 | 6.53 | 2.84 | 2.56 | 20.31 | 0.00 | 杨水文 (2007)；武攀峰 (2005) |
| 海南农村 | 54.12 | 10.76 | 10.10 | 0.18 | 2.98 | 0.00 | 2.08 | 5.00 | 0.53 | 14.53 | 0.00 | |
| 北京城市 | 63.39 | 11.07 | 12.70 | 2.46 | 1.78 | 5.87 | 0.62 | 1.76 | 0.27 | 0.08 | 0.00 | 陈仪等 (2010) |
| 北京农村 | 26.28 | 3.94 | 5.48 | 1.16 | 3.05 | 57.47 | 1.50 | 0.90 | 0.16 | 0.06 | 0.00 | |
| 大连城市 | 57.02 | 2.96 | 11.54 | 2.36 | 1.85 | 16.82 | 2.73 | 3.66 | 1.06 | 0.00 | 0.00 | 李爱民 (2008) |
| 大连农村 | 53.50 | 6.50 | 10.10 | 0.00 | 0.00 | 23.20 | 2.50 | 0.00 | 0.00 | 4.20 | 0.00 | 赵阳 (2013) |
| 沈阳城市 | 59.77 | 7.85 | 12.85 | 3.61 | 2.52 | 2.23 | 3.69 | 5.40 | 2.01 | 0.06 | 0.00 | 梁斯敏和樊建军 (2011)；马铮铮 (2010) |
| 沈阳农村 | 19.37 | 1.92 | 2.08 | 0.22 | 0.16 | 74.60 | 0.42 | 0.65 | 0.38 | 0.23 | 0.00 | 吉崇喆等 (2006)；郭睿 (2013)；陈军 (2007) |
| 合肥城市 | 48.33 | 13.08 | 20.19 | 3.38 | 3.37 | 4.94 | 3.25 | 2.66 | 0.82 | 0.00 | 0.00 | 邴常远等 (2014) |
| 合肥农村 | 28.26 | 17.85 | 23.65 | 2.59 | 5.74 | 13.72 | 5.93 | 2.13 | 0.14 | 0.00 | 0.00 | |

注：缺省值取 0；有多个样本的取平均值。

一方面，根据独立样本 $T$ 检验，我国农村与城市生活垃圾组分中，厨余类[Sig.(双侧)=0.025]、灰土类[Sig.(双侧)=0.016]和金属类[Sig.(双侧)=0.045]具有显著性差异，农村生活垃圾中厨余和金属含量显著低于城市，相反，灰土类显著高于城市。

另一方面，在我国不同地区，农村与城市生活垃圾组分差异程度也不尽相同。在城乡差距不大或城乡一体化进程进展较快的地方，农村与城市生活垃圾组分差别不明显，农村生活垃圾组分正逐渐趋于城市化，如绵阳、广东、海南、大连等，而在城乡差距较大的地方，农村生活垃圾中的可降解有机物(厨余+木竹)和可回收物(纸+橡塑+织物+金属+玻璃)明显低于城市，惰性物质(灰土+砖瓦陶瓷)明显高于城市，如青岛、重庆、北京、沈阳等；在一些回收途径不畅或群众回收观念不强的地方，农村生活垃圾中的可降解有机物低于城市，可回收物和惰性物质同时高于城市。

4) 时间变化趋势

随着农村社会、经济发展水平的不断提高，农村生活垃圾组分也在不断发生改变。以陕西省西安市乡镇(华西镇和蓝关镇)的生活垃圾为例，如图 2.7 所示，(李小萍，2008)，厨余类组分呈显著的直线上升趋势，纸类也呈显著的曲线上升趋势；相反，灰土类和木竹类呈显著的直线下降趋势。此外，橡塑类也有上升趋势，而砖瓦陶瓷类和玻璃类则呈下降趋势；剩余其他组分没有明显的变化趋势。

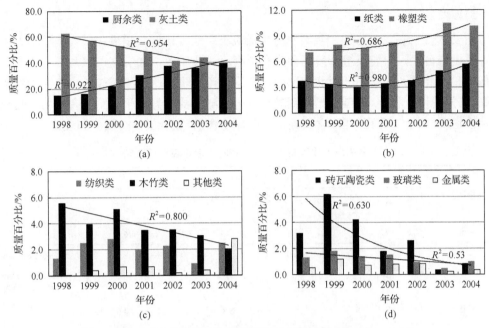

图 2.7　陕西西安某小城镇生活垃圾组分变化趋势(李小萍，2008)

　　Bumley(2007)和 Bridgwater(1986)分析了英国从 1935~1980 年生活垃圾成分的变化情况：塑料的使用率在持续上升，垃圾中塑料的含量从原来的 1%上升到 8%，纸的含量在上升后又随经济的继续增长开始有所下降，有机垃圾的含量呈明显上升趋势，垃圾中灰土的含量呈稳定下降趋势，从 60%下降到 20%左右，而且垃圾的成分逐渐复杂化，有害垃圾的含量开始增大(图 2.8)。与之相比，我国农村生活垃圾主要组分的变化趋势与发达国家曾经的垃圾组分变化趋势类似，这主要与社会、经济发展因素有关。

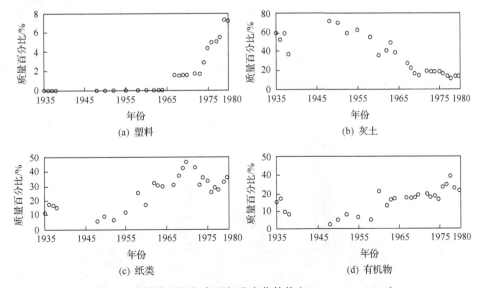

图 2.8　英国生活垃圾主要组分变化趋势(Bridgwater，1986)

5) 国内外差异

由表 2.13 和图 2.9 可知，我国农村生活垃圾单组分比例与发展中国家差距不大，其差距主要来自各国的垃圾组分统计种类和口径不一致所致，如有些国家并未将灰土、砖瓦陶瓷和混合类列入其中，因此相比而言我国的可回收物比例相对较低，惰性物质比例更高。与发达国家相比，我国农村生活垃圾组分最显著的差异在于可降解有机物(如厨余)和惰性物质(灰土、砖瓦陶瓷)含量高、可回收物含量(如纸类、金属类和玻璃类等)低。

表 2.13　我国与其他国家农村生活垃圾组分比较

| 国家 | | 生活垃圾组分质量百分比/% | | | | | | | | | | 参考文献 |
|---|---|---|---|---|---|---|---|---|---|---|---|---|
| | | 厨余类[1] | 纸类 | 橡塑类 | 纺织类 | 木竹类 | 灰土类 | 砖瓦陶瓷类 | 玻璃类 | 金属类 | 其他类[2] | 混合类 | |
| 中国 | | 43.6 | 7.8 | 8.8 | 2.7 | 2.1 | 23.5 | 3.1 | 2.5 | 1.3 | 4.4 | 0.3 | — |
| 发达国家 | 美国 | 25.0 | 38.0 | 8.0 | 0.0 | 6.0 | 0.0 | 0.0 | 7.0 | 8.0 | 8.0 | 0.0 | Bert and Peter, 2004 |
| | 新西兰 | 25.8 | 17.1 | 13.4 | 4.8 | 10.3 | 0.0 | 10.3 | 5.2 | 11.1 | 1.1 | 0.0 | Taranaki Regional Council, 2005 |
| | 捷克 | 11.7 | 7.8 | 9.7 | 2.3 | 9.4[3] | 31.5[4] | 6.8[5] | 4.9 | 2.6 | 0.6 | 12.7[6] | Doleẑalová et al., 2013 |
| | 意大利 | 30.0 | 25.0 | 12.0 | 0.0 | 5.0 | 4.0[7] | 0.0 | 6.0 | 3.0 | 15.0 | 0.0 | Passarini et al., 2011 |
| 发展中国家 | 斐济 | 69.9 | 6.4 | 7.5 | 1.7 | 0.0 | 0.0 | 0.0 | 1.0 | 4.1 | 9.3 | 0.0 | Lal et al., 2007 |
| | 泰国 | 45.3 | 6.9 | 14.2 | 2.1 | 25.5 | 0.0 | 0.0 | 2.2 | 0.7 | 3.1 | 0.0 | Hiramatsu et al., 2009 |
| | 墨西哥 | 32.4 | 19.5 | 14.3 | 17.7 | 4.2 | 0.0 | 0.7 | 4.8 | 3.1 | 0.5 | 2.8 | Paúl et al., 2010 |
| | 尼日利亚 | 8.0 | 2.0 | 6.0 | 4.0 | 25.0 | 51.0 | 0.0 | 2.0 | 2.0 | 0.0 | 0.0 | Akpu and Yusuf, 2011 |
| | 伊朗 | 49.5 | 7.9 | 13.7 | 5.3 | 2.8 | 0.0 | 3.3 | 4.5 | 6.3 | 6.7 | 0.0 | Taghipour et al., 2016; Madadian et al., 2012; Abduli et al., 2008; Mohammadi et al., 2012; Vahidi et al., 2016 |

　1)可降解垃圾或/和有机物；2)有害垃圾及其他类；3)可燃垃圾；4)<8mm 的混合垃圾，大部分为煤渣和草木灰渣；5)矿物垃圾；6)粒径为 20-40mm 和 8-20mm 的混合垃圾；7)惰性物质。

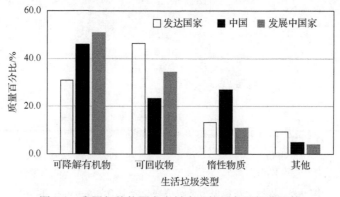

图 2.9　我国与其他国家农村生活垃圾主要组分比较

### 2. 容重与可压缩性

我国农村生活化垃圾的容重为 $40\sim650$kg/m$^3$，平均值为 263kg/m$^3$，根据样本 Kolmogorov-Smirnov 检验，符合正态分布。部分地区农村生活垃圾容重见表 2.14，部分单组分垃圾容重见表 2.15。

表 2.14　我国部分地区农村生活垃圾容重统计表

| 地点 | 容重 /(kg/m$^3$) | 参考文献 | 地点 | 容重 /(kg/m$^3$) | 参考文献 |
|---|---|---|---|---|---|
| 江苏省昆山市巴城镇 | 72 | 黄芸等，2013 | 四川省阿坝州勿角乡、脚木足乡 | 73~75 | |
| 江苏省宜兴市大浦镇 | 210~320 | 刘永德等，2005 | 四川省广元市元坝镇、柳桥乡、卫子镇、紫云乡 | 92~130 | |
| 浙江省杭州市径山镇 | 130 | 蔡传钰，2012 | 四川省泸州市云龙镇、江北镇 | 111~225 | |
| 安徽省 | 255 | 安徽省财政厅，2013 | 四川省眉山市双桥镇 | 122~138 | |
| 江西省兴国县高兴镇 | 126~314 | 周颖，2011 | 四川省绵阳市青义镇 | 69~192 | |
| 湖北省巴东县 | 432 | 范先鹏等，2010 | 四川省凉山州马道镇和川兴镇 | 129~160 | |
| 湖北省兴山县 | 321 | 范先鹏等，2010 | 四川省广安市万善镇 | 107~122 | |
| 湖北省宜昌市夷陵区 | 265 | 范先鹏等，2010 | 贵州省遵义市阳溪镇、玉溪镇 | 40~89 | |
| 湖北省秭归县 | 455 | 范先鹏等，2010 | 西藏山南扎塘镇、拉萨才纳乡 | 41~112 | |
| 广东省广州市大石镇 | 493 | 文国来等，2011；李俊飞等，2011 | 云南省红河州西庄、曲江、青龙镇 | 91~156 | |
| 海南省松涛水库农村 | 226~243 | 杨水文等，2007；杨水文，2007 | 云南呈贡县大渔乡 | 210 | 陈燕和杨常亮，2005 |
| 辽宁省沈阳市东陵街道、大民屯镇、佟沟乡、东关屯镇 | 110~520 | 吉崇喆等，2006 | 重庆市垫江县长大村 | 324 | 卢金涛，2012 |
| 辽宁省抚顺市大孤家镇 | 326~470 | 满国红和任飞荣，2013；吉崇喆等，2006 | 重庆市三峡库区乡镇 | 442~650 | 伍溢春，2007 |
| 辽宁省大连市城山镇 | 262 | 满国红和任飞荣，2013 | 新疆塔城地区沙湾县 | 114~264 | |
| | | | 甘肃省平凉市泾川县 | 58~74 | |

表 2.15　部分垃圾组分容重一览表　　　　（单位：kg/m$^3$）

| 组分名称 | 容重 | 组分名称 | 容重 |
|---|---|---|---|
| 轻的黑金属 | 100 | 铝 | 38 |
| 杂纸 | 61 | 报纸 | 99 |
| 硬纸板 | 30 | 玻璃 | 295 |
| 橡胶 | 238 | 塑料 | 37 |
| 食物 | 368 | 庭院废物 | 71 |
| 灰土类[1] | 471 | 纺织类[1] | 124 |
| 混合类[1] | 383 | 砖瓦陶瓷类[2] | 1480 |

1)实测数据平均值，样本量 7；2)颗粒级配为 5~31.5 级配的堆积密度，网络数据来源于 http://www.zybang.com/question/3caaf4235d7029186c8b5e6bf26afc33.html；其余组分据聂永丰等（2000）。

结合农村生活垃圾各组分的容重和组分比例可知，我国农村生活垃圾中，厨余、橡塑类和纸类会占据很大部分的收运体积，因此，其可压缩性好，采取压缩措施后，能够显著降低生活垃圾的收运体积，如图 2.10 所示。

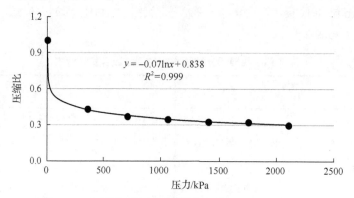

$$y = -0.07\ln x + 0.838$$
$$R^2 = 0.999$$

图 2.10　农村生活垃圾可压缩性(据 Han et al.，2015)

### 2.2.2　化学特性

**1. 工业分析(含水率、灰分、可燃物)与热值**

1) 综合统计分析

受垃圾组分和气候差异等因素的影响，我国农村生活垃圾含水率、灰分、可燃物和低位热值变化幅度大(表 2.16)，含水率和灰分含量较高，因此农村生活垃圾热值偏低，有 62%的热值统计值低于 5000kJ/kg，无法满足不添加助燃物的焚烧要求。

表 2.16　我国农村生活垃圾工业分析与热值统计表

| 指标 | N | 均值 | 标准差 | 极小值 | 极大值 | 百分位 | | |
| --- | --- | --- | --- | --- | --- | --- | --- | --- |
| | | | | | | 第 25 个 | 第 50 个(中值) | 第 75 个 |
| 含水率 | 64 | 53.31% | 14.58% | 6.75% | 80.35% | 46.34% | 51.91% | 63.06% |
| 灰分 | 64 | 18.03% | 13.08% | 1.45% | 89.90% | 9.32% | 15.71% | 23.88% |
| 可燃物 | 64 | 28.67% | 10.75% | 2.06% | 56.09% | 23.14% | 28.07% | 34.16% |
| 低位热值[*] | 60 | 5368kJ/kg | 2853kJ/kg | 308kJ/kg | 11784kJ/kg | 3402kJ/kg | 4464kJ/kg | 7654kJ/kg |

*非正态分布，建议取中位值；注：工业分析指标统计中已排除了同时缺省两个指标的数据。

当前，我国部分城市生活垃圾含水率、灰分、可燃物和低位热值的平均值分别为 49.72%、21.20%、29.08%和 5224kJ/kg。与城市生活垃圾相比，我国农村生活垃圾的工业分析与低位热值平均值已与城市平均水平相当，但是考虑显著的地区差异，因此，农村生活垃圾总体上仍然表现为灰分偏大，低位热值偏低等特征。

结合我国各地区农村生活垃圾组分和单组分特征，根据式(2.11)～式(2.14)计算得到各地区农村生活垃圾的工业分析与热值。如图 2.11 所示，我国农村生活垃圾含水率和可燃物总体上呈现由南向北逐渐减少的趋势，灰分则正好相反；虽然南方含水率比北方偏高，但是由于可燃物更多，灰分更少，因此，低位热值同样呈现出由南向北逐渐降低的趋势。

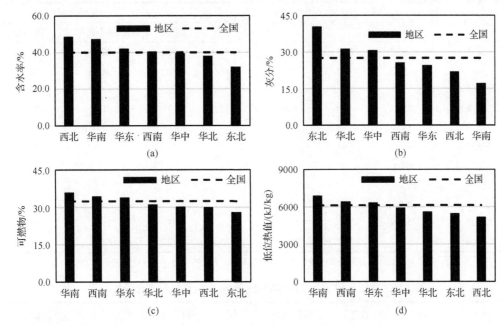

图 2.11　我国各地区农村生活垃圾的工业分析与热值

2) 单组分统计分析

我国农村生活垃圾各组分的含水率、(干基)灰分、(干基)高位热值和氢含量分别见表 2.17～表 2.19。

表 2.17　我国农村生活垃圾单组分含水率统计表

| 垃圾组分 | $N$ | 均值/% | 标准差/% | 极小值/% | 极大值/% | 百分位/% | | |
|---|---|---|---|---|---|---|---|---|
| | | | | | | 第 25 个 | 第 50 个(中值) | 第 75 个 |
| 厨余类[*] | 80 | 65.12 | 14.35 | 14.08 | 87.63 | 57.13 | 68.18 | 74.00 |
| 纸类 | 79 | 29.23 | 15.31 | 0.63 | 57.46 | 17.17 | 25.00 | 43.12 |
| 橡塑类 | 77 | 25.69 | 14.72 | 0.79 | 58.11 | 13.67 | 25.00 | 38.37 |
| 纺织类 | 60 | 29.67 | 18.71 | 1.05 | 59.04 | 10.83 | 27.56 | 49.44 |
| 木竹类 | 56 | 31.59 | 13.50 | 4.76 | 68.48 | 22.63 | 30.27 | 37.06 |
| 灰土类 | 37 | 16.34 | 9.53 | 0.33 | 44.37 | 9.94 | 13.56 | 21.00 |
| 砖瓦陶瓷类 | 36 | 5.88 | 3.58 | 0.00 | 19.75 | 4.05 | 5.63 | 7.77 |
| 玻璃类[*] | 52 | 2.83 | 5.27 | 0.00 | 25.51 | 0.11 | 1.30 | 2.32 |
| 金属类 | 55 | 4.54 | 4.99 | 0.00 | 33.33 | 1.20 | 4.35 | 7.10 |
| 其他类 | 25 | 19.87 | 18.92 | 0.00 | 69.95 | 4.20 | 14.26 | 31.85 |
| 混合类 | 19 | 28.42 | 13.84 | 6.79 | 52.56 | 15.92 | 27.47 | 38.89 |

*非正态分布，建议取中位值。

### 表 2.18 我国农村生活垃圾单组分(干基)灰分统计表

| 垃圾组分 | $N$ | 均值/% | 标准差/% | 极小值/% | 极大值/% | 百分位/% | | |
| --- | --- | --- | --- | --- | --- | --- | --- | --- |
| | | | | | | 第25个 | 第50个(中值) | 第75个 |
| 厨余类 | 75 | 29.87 | 11.42 | 4.66 | 61.86 | 24.05 | 29.56 | 36.06 |
| 纸类 | 75 | 16.79 | 5.93 | 4.42 | 32.63 | 13.25 | 16.14 | 21.32 |
| 橡塑类 | 71 | 17.78 | 12.02 | 1.73 | 38.30 | 6.91 | 13.02 | 30.15 |
| 织物类 | 51 | 10.47 | 4.69 | 0.10 | 20.07 | 7.75 | 10.46 | 13.22 |
| 木竹类* | 56 | 15.16 | 10.35 | 1.61 | 43.54 | 6.92 | 11.04 | 23.44 |
| 灰土类 | 30 | 71.93 | 14.04 | 23.73 | 100.00 | 65.13 | 72.98 | 81.63 |
| 砖瓦陶瓷类 | — | 70.00[1) ] | — | — | — | — | — | — |
| 玻璃类 | — | 98.00[1) ] | — | — | — | — | — | — |
| 金属类 | — | 98.00[1) ] | — | — | — | — | — | — |
| 其他类 | 14 | 23.29 | 20.34 | 5.43 | 77.21 | 8.33 | 17.69 | 29.35 |
| 混合类 | 14 | 48.57 | 17.76 | 19.36 | 73.82 | 33.67 | 52.07 | 63.11 |

*非正态分布,建议取中位值;1)据聂永丰等(2000)《三废处理工程技术手册——固体废物卷》。

### 表 2.19 我国农村生活垃圾单组分(干基)高位热值和氢含量统计表

| 热值 | 厨余类 | 纸类 | 橡塑类[1)] | 纺织类 | 木竹类 | 灰土类 | 砖瓦陶瓷类 | 玻璃类 | 金属类 | 其他类[2)] | 混合类[2)] |
| --- | --- | --- | --- | --- | --- | --- | --- | --- | --- | --- | --- |
| 干基高位热值/(kJ/kg) | 4650 (12252[3)]) | 16600 | 32570 | 17450 | 18610 | 6980 (2281[4)]) | 6980 | 140 | 700 | 6980 | 6980 |
| 干基含氢量/% | 6.40 | 6.00 | 7.20 | 6.60 | 6.00 | 3.00 | 3.00 | 0.00 | 0.00 | 3.00 | 3.00 |

1)按(CJ/T313—2009)中塑料类取值;2)按(CJ/T313—2009)中灰土类取值;3)实测平均值,样本量 17 个,为 7157～15376kJ/kg;4)实测平均值,样本量13 个,为 0～7396kJ/kg,0 为未点燃;注:根据《生活垃圾采样和分析方法》(CJ/T313—2009)取值。

生活垃圾单组分干基可燃物按式(2.6)计算:

$$C'_{Ki} = 100 - C'_{Hi} \tag{2.6}$$

生活垃圾单组分灰分按式(2.7)计算:

$$C_{Hi} = C'_{Hi} \times \frac{100 - C_{Wi}}{100} \tag{2.7}$$

生活垃圾单组分可燃物按式(2.8)计算:

$$C_{Ki} = 100 - C_{Wi} - C_{Hi} \tag{2.8}$$

生活垃圾单组分高位热值按式(2.9)计算:

$$Q_{Hi} = Q'_{Hi} \times \frac{100 - C_{Wi}}{100} \tag{2.9}$$

生活垃圾单组分氢含量按式(2.10)计算:

$$H_i = H'_i \times \frac{100 - C_{Wi}}{100} \tag{2.10}$$

生活垃圾含水率、灰分、可燃物和低位热值按式(2.11)~式(2.14)计算：

$$C_{(W)} = \sum_{i=1}^{n} C_{Wi} \times \frac{C_i}{100} \tag{2.11}$$

$$C_{(H)} = \sum_{i=1}^{n} C_{Hi} \times \frac{C_i}{100} \tag{2.12}$$

$$C_{(K)} = 100 - C_{(W)} - C_{(H)} \tag{2.13}$$

$$Q_{(L)} = \sum_{i=1}^{n} \left( Q_{Hi} - 22.4 \times \left( \frac{C_{Wi} + 9 \times H_i}{100} \right) \right) \times \frac{C_i}{100} \tag{2.14}$$

式中，$C'_{Ki}$、$C'_{Hi}$、$H'_i$ 分别为 $i$ 组分的干基可燃物、干基灰分、干基氢含量，%；$Q'_{Hi}$ 为 $i$ 组分的干基高位热值，kJ/kg；$C_i$ 为 $i$ 组分的质量百分比，%；$C_{Wi}$、$C_{Hi}$、$C_{Ki}$、$H_i$ 分别为 $i$ 组分的含水率、灰分、可燃物、氢含量，%；$Q_{Hi}$ 为 $i$ 组分的高位热值，kJ/kg；$C_{(W)}$、$C_{(H)}$、$C_{(K)}$ 分别为生活垃圾的含水率、灰分和可燃物，%；$Q_{(L)}$ 为生活垃圾的低位热值，kJ/kg。

根据上述统计值和计算公式，可得出我国农村生活垃圾单组分的工业分析和热值，如表 2.20 所示。

表 2.20　我国农村生活垃圾单组分工业分析与热值

| 项目<br>组分 | 厨余类 | 纸类 | 橡塑类 | 纺织类 | 木竹类 | 灰土类 | 砖瓦陶瓷类 | 玻璃类 | 金属类 | 其他类 | 混合类 |
|---|---|---|---|---|---|---|---|---|---|---|---|
| 含水率/% | 68.18 | 29.23 | 25.69 | 29.67 | 31.59 | 16.34 | 5.88 | 1.30 | 4.54 | 19.87 | 28.42 |
| 灰分/% | 10.31 | 11.79 | 11.95 | 7.12 | 7.39 | 60.50 | 65.88 | 96.73 | 93.55 | 19.23 | 36.73 |
| 可燃分/% | 21.52 | 58.98 | 62.36 | 63.21 | 61.02 | 23.16 | 28.24 | 1.97 | 1.91 | 60.90 | 34.85 |
| 干基灰分/% | 29.87 | 16.79 | 17.78 | 10.47 | 11.04 | 71.93 | 70.00 | 98.00 | 98.00 | 23.29 | 48.57 |
| 干基可燃物/% | 70.13 | 83.21 | 82.22 | 89.53 | 88.97 | 28.07 | 30.00 | 2.00 | 2.00 | 76.71 | 51.43 |
| 干基高位热值/(kJ/kg) | 4650 | 16600 | 32570 | 17450 | 18610 | 6980 | 6980 | 140 | 700 | 6980 | 6980 |
| 低位热值/(kJ/kg) | 1460 | 11732 | 24186 | 12256 | 12717 | 5831 | 6563 | 138 | 667 | 5584 | 4986 |

结合我国农村生活垃圾的组分比例和单组分特征可知：

(1) 生活垃圾的含水率主要由厨余类垃圾控制，其贡献率达到了样品含水率的 63%~83%。

(2) 生活垃圾的灰分主要由灰土类、厨余类垃圾控制，其贡献率达到了样品灰分的 49%~81%，此外，部分地区砖瓦陶瓷类和玻璃类也对样品灰分有较大影响。

(3) 生活垃圾的可燃物主要由厨余类、灰土类、橡塑类和纸类垃圾控制，其贡献率达到了可燃物的 73%~88%，此外，部分地区的其他类垃圾也对可燃物有较大影响。

(4) 生活垃圾的低位热值主要由橡塑类、灰土类、纸类和厨余类控制，其贡献率达到了低位热值的 75%~89%。这主要是由于一方面，橡塑类和纸类热值高，组分比例较高，因此能够明显影响垃圾的低位热值；另一方面，虽然厨余类含水率高，灰土惰性物质高，但是由于它们组分比例很高，因此，同样能够明显影响垃圾的低位热值。

3）实测值与计算值差异性分析

为分析我国农村生活垃圾工业分析与热值按公式计算的准确性，因此对其实测值和计算值进行了配对样本 $t$ 检验，结果如表 2.21 所示。检验结果表明，含水率的计算值与实测值虽然具有极显著的相关性，但是计算值均值偏小，与实测值具有显著的差异；灰分和热值的计算值与实测值也具有极显著的相关性，但是计算值均值偏大，与实测值也具有显著的差异；可燃物的计算值与实测值无显著的相关性，计算值均值偏大，与实测值具有显著的差异。因此，在采用单组分比例与特性对垃圾样品特性进行估算时，应谨慎使用，并进行保守估值。

表 2.21　我国农村生活垃圾工业分析与热值的实测值与计算值配对样本 $t$ 检验分析

| 垃圾特性 | 样本量 | 实测值均值 | 计算值均值 | 相关系数 | $t$ 检验 Sig. |
|---|---|---|---|---|---|
| 含水率 | 111 | 52.18% | 41.66% | 0.63 | $4.39 \times 10^{-18}$ |
| 灰分 | 68 | 18.02% | 21.92% | 0.59 | $4.07 \times 10^{-3}$ |
| 可燃物 | 68 | 28.61% | 31.70% | 0.074 | $2.58 \times 10^{-2}$ |
| 热值 | 54 | 5602kJ/kg | 7026kJ/kg | 0.52 | $9.63 \times 10^{-5}$ |

2. pH 与有机物

如表 2.22 所示，我国农村生活垃圾的 pH 为 6.5～8.1，呈正态分布，平均值近乎中性。但随着堆放时间延长，有机组分厌氧降解产生有机酸会迅速降低生活垃圾的 pH。

表 2.22　我国农村生活垃圾 pH 和有机物（干基）统计分析

| 指标 | $N$ | K-S 渐近显著性（双侧） | 均值 | 标准差 | 极小值 | 极大值 | 百分位 | | |
|---|---|---|---|---|---|---|---|---|---|
| | | | | | | | 第 25 个 | 第 50 个（中值） | 第 75 个 |
| pH | 22 | 0.79 | 7.09 | 0.41 | 6.50 | 8.10 | 6.82 | 6.99 | 7.25 |
| 有机质 | 40 | 0.50 | 39.05% | 20.75% | 0.26% | 80.33% | 20.43% | 35.55% | 60.30% |

我国农村生活垃圾有机质含量为 0.26%～80.33%，平均值为 40.45%，其标准差明显高于其他指标，变化较大（表 2.22），这主要受生活垃圾组分差异性的影响。根据相关性显著性分析可知（扫描封底二维码见附录 2.2），在 0.01（双侧）水平上，有机质与厨余类显著正相关；在 0.05（双侧）水平上，有机质与砖瓦陶瓷类和金属类显著负相关。由于厨余类为农村生活垃圾的主要有机组分，因此生活垃圾中的有机质主要来源于厨余类，故可根据我国农村生活垃圾厨余类（湿基）质量百分比，利用式（2.15）和式（2.16）粗略预测有机质（干基）含量，其回归关系如图 2.12 所示。

$$y = 8.225x^{0.49} \tag{2.15}$$

$$y = 0.775x + 18.17 \tag{2.16}$$

式中，$y$ 为农村生活垃圾有机质（干基）含量，%；$x$ 为农村活垃圾厨余类（湿基）含量，%。

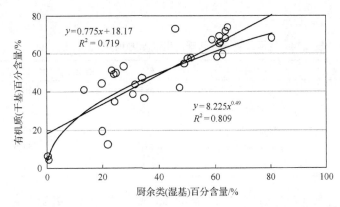

图 2.12　我国农村生活垃圾有机质(干基)与厨余类(湿基)质量百分比回归分析

### 3. 营养元素

我国农村生活垃圾营养元素统计分析如表 2.23 所示,垃圾中全氮、全磷、全钾含量平均值分别为 1.02%、0.50% 和 1.42%,可见农村生活垃圾中含有丰富的营养元素。

**表 2.23　我国农村生活垃圾营养元素(干基)统计分析**

| 指标 | $N$ | K-S 渐近显著性(双侧) | 标准差/% | 均值/% | 标准差/% | 极小值/% | 极大值/% | 百分位/% | | |
| --- | --- | --- | --- | --- | --- | --- | --- | --- | --- | --- |
| | | | | | | | | 第 25 个 | 第 50 个(中值) | 第 75 个 |
| 全氮 | 57 | 0.29 | ≥0.5 | 1.02 | 0.66 | 0.01 | 2.66 | 0.65 | 0.86 | 1.61 |
| 全磷 | 46 | 0.51 | ≥0.3 | 0.50 | 0.30 | 0.11 | 1.25 | 0.28 | 0.45 | 0.66 |
| 全钾 | 16 | 0.98 | ≥1.0 | 1.42 | 0.36 | 0.80 | 2.11 | 1.21 | 1.37 | 1.66 |

注:标准值据《城镇垃圾农用控制标准》(GB8172—87)。

在三峡库区,农村生活垃圾的氮排放系数达到 0.434~0.993g/(人·d),磷排放系数达到 0.056~0.153g/(人·d)(魏星等,2009;范先鹏等,2010),在广西,农村生活垃圾的氮、磷排放系数更大,其中氮排放系数达到 1.0~2.8g/(人·d),磷排放系数达到 0.4~1.0g/(人·d)(陈志明等,2013)。

武攀峰(2005)以江苏省宜兴市渭渎村为例,模拟了生活垃圾在河床水流中,总氮、总磷的溶出量随时间变化的趋势(扫描封底二维码见附录 2.3),浸泡时间对有机样全氮、全磷的溶出均有较大的影响。在前三周,全氮和全磷的溶出量迅速减少,最大养分溶出量出现在浸泡后 12h,而后趋于平缓;混合垃圾也有类似的变化特征。有机物前八周全氮、全磷累积释放量为 15.03g/kg 和 2.82g/kg,占垃圾中含量的 81.2% 和 83.4%;混合样为 10.91g/kg 和 1.93g/kg,占垃圾中含量的 84.2% 和 81.4%。

垃圾进入水体后,总氮、总磷的累积释放量随时间的推移在较长时期内呈幂函数或对数函数关系持续增加,其中全氮全部释放时间为 28 周;氨氮、硝态氮累积释放量随时间变化过程与全氮、全磷的变化趋势相似,溶出量占全氮释放量的 80% 以上。经预测,有机样中干垃圾氨氮、硝态氮一年的累积释放量分别为 5.06g/kg 和 7.46g/kg,占全氮量的 69.0%,因此,预测垃圾进入水体后氮、磷等营养元素的释放,可以忽略无机垃圾的贡献。

杨水文(2007)以海南省松涛水库流域农村生活垃圾为例,开展生活垃圾换水溶出实验，其结果如表 2.24 所示。

**表 2.24　生活垃圾营养元素溶出速率方程**（据杨水文，2007）

| 序号 | 污染物名称 | 溶出速率方程 | $R^2$ | 溶出速率均值/中位值/[mg/(kg·d)] |
|------|-----------|-------------|-------|------------------------------|
| 1 | $COD_{Cr}$ | $q=2168.53\exp(-0.059t)$ | 0.635 | 882.24 |
| 2 | $BOD_5$ | $q=1416.06\exp(-0.084t)$ | 0.797 | 325.88 |
| 3 | TP | $q=42.62-9.67\ln(t)$ | 0.707 | 14.95 |
| 4 | TN | $q=208.16-58.49\ln(t)$ | 0.781 | 40.78 |
| 5 | $NH_3-N$ | $q=93.50-27.01\ln(t)$ | 0.828 | 16.20 |

可见，由于农村生活垃圾中含量丰富的氮、磷、钾等营养物质，有机物经分类收集后，可考虑制成有机肥还田，实现综合利用；但倘若处理不当，垃圾进入水体后，会增加水体中的营养元素，易导致水体的富营养化。

### 4. 元素分析

根据桂莉（2014）对广东惠州农村生活垃圾的元素分析调查可知，农村生活垃圾 C、H、O、N、S、Cl 等元素的含量平均值分别为 35.90%、4.54%、25.73%、0.44%、0.12%、0.10%，与城市生活垃圾的元素分析相比，除 O 元素存在显著性差异外[均值方程的 $t$ 检验 sig.（双侧）=0.001<0.05]，其余元素均无显著性差异，详见表 2.25。

**表 2.25　部分农村与城市生活垃圾元素（干基）分析比较**　　　　　　（单位：%）

| 地点 | | 元素名称 | | | | | | 文献 |
|------|------|------|------|------|------|------|------|------|
| | | C | H | O | N | S | Cl | |
| 农村 | 广东龙华 | 33.60 | 4.47 | 20.86 | 0.48 | 0.09 | 0.15 | 桂莉，2014 |
| | 广东麻榨 | 31.55 | 4.00 | 23.21 | 0.54 | 0.08 | 0.11 | |
| | 广东永汉 | 30.29 | 3.76 | 26.75 | 0.62 | 0.16 | 0.10 | |
| | 广东南昆山 | 40.31 | 5.15 | 30.82 | 0.55 | 0.13 | 0.13 | |
| | 广东龙潭 | 26.59 | 3.21 | 26.27 | 0.48 | 0.14 | 0.12 | |
| | 广东地派 | 37.86 | 4.96 | 22.55 | 0.27 | 0.10 | 0.05 | |
| | 广东蓝田 | 35.64 | 4.14 | 25.04 | 0.45 | 0.14 | 0.14 | |
| | 广东龙田 | 42.36 | 5.56 | 32.92 | 0.20 | 0.09 | 0.09 | |
| | 广东平陵 | 33.65 | 4.26 | 24.41 | 0.27 | 0.09 | 0.09 | |
| | 广东龙江 | 47.16 | 5.86 | 24.47 | 0.49 | 0.15 | 0.07 | |
| 城市 | 四川成都 | 35.75 | 4.33 | 14.11 | — | 0.20 | 0.07 | 陶雪峰等，2009 |
| | 辽宁大连 | 35.36 | 4.80 | 19.34 | 1.46 | 1.16 | 0.05 | 赵蔚蔚，2006 |
| | 浙江杭州 | 30.46 | 3.72 | 17.82 | 1.10 | 0.74 | — | 倪娜和洪国才，2005 |
| | 西藏拉萨 | 27.34 | 2.97 | — | 2.23 | 0.34 | 1.09 | 旦增和韩智勇，2012 |
| | 四川绵阳 | 18.50 | 2.60 | 15.30 | 0.60 | 0.00 | 0.80 | 黄明星和刘丹，2012 |

注："—"为缺省值。

结合垃圾组分比例，根据 Cherubini 等（2008）对不同垃圾组分的元素分析测定（表 2.26）可知，碳、氢、氧等元素主要由厨余、纸类、橡塑类提供，氮元素主要由厨余类提供，硫元素主要由厨余、纸类和其他类提供。

表 2.26　生活垃圾单组分元素分析(干基)　　　　(单位：%)

| 垃圾组分 | 元素名称 | | | | |
|---|---|---|---|---|---|
| | C | H | N | S | O |
| 厨余 | 48 | 6.4 | 2.6 | 0.4 | 37.6 |
| 纸 | 43.5 | 6 | 0.3 | 0.2 | 44 |
| 纸板 | 44 | 5.9 | 0.3 | 0.2 | 44.6 |
| 塑料 | 60 | 7.2 | 0 | 0 | 22.8 |
| 橡胶 | 10 | 2 | 0 | 0 | 10 |
| 皮革 | 8 | 10 | 0.4 | 11.6 | 10 |
| 织物 | 55 | 6.6 | 4.6 | 0.2 | 31.2 |
| 木竹 | 49.4 | 5.7 | 0.2 | 0 | 42.3 |
| 玻璃 | 0.5 | 0.1 | 0.1 | 0 | 0.4 |
| 金属 | 4.5 | 0.6 | 0.1 | 0 | 4.3 |
| 其他 | 26.3 | 3 | 0.5 | 0.2 | 2 |

### 5. 重金属

1) 概况

随着我国农村群众生活水平的提高，生活消费种类剧增，生活垃圾中重金属的来源也日趋多样化，如食物链的富集，电池、日光灯、电子电器产品、电镀金属，以及含重金属的纸张、油漆、油墨、染料与橡塑类等生活物资与材料的使用、丢弃，均成为农村生活垃圾重金属的来源。分析农村生活垃圾中重金属的来源，可有效指导垃圾的分类和收运，解决垃圾的处理处置问题(银燕春等，2015)。

我国农村生活垃圾典型重金属含量如表 2.27 所示。农村生活垃圾中重金属 Mn、Ni、Cu、Zn、As、Se 均呈正态分布，其平均值均未超标；农村生活垃圾中 Cr、Cd、Hg、Pb 含量为非正态分布，其中位值均未超过相关标准；但 Cr 和 Hg 平均值超标，这主要是由于样本量相对较少，各地区差异较大，桂莉(2014)测定的广东地区的生活垃圾中重金属样本的含量明显偏高所致。

表 2.27　我国农村生活垃圾典型重金属含量统计分析(干基)

| 重金属 | $N$ | K-S 渐近显著性(双侧) | 均值/(mg/kg) | 标准值/(mg/kg) | 标准差/(mg/kg) | 极小值/(mg/kg) | 极大值/(mg/kg) | 百分位/(mg/kg) | | |
|---|---|---|---|---|---|---|---|---|---|---|
| | | | | | | | | 第 25 个 | 第 50 个(中值) | 第 75 个 |
| Cr | 29 | 0.02 | 356.51 | 300[1] | 420.32 | ND | 1503.35 | 56.85 | 114.21 | 587.27 |
| Mn | 8 | 0.63 | 211.39 | — | 169.78 | 32.71 | 575.56 | 108.69 | 164.76 | 294.90 |
| Ni | 11 | 0.45 | 26.23 | 200[2] | 17.80 | 7.82 | 68.62 | 14.86 | 20.73 | 30.27 |
| Cu | 14 | 0.97 | 99.41 | 400[2] | 46.31 | 24.86 | 187.00 | 66.33 | 105.04 | 125.14 |
| Zn | 17 | 0.84 | 102.00 | 500[2] | 70.75 | 4.83 | 203.77 | 29.01 | 103.90 | 172.68 |
| As | 18 | 0.40 | 5.84 | 30[1] | 4.93 | ND | 18.55 | 2.28 | 3.55 | 9.91 |
| Se | 8 | 1.00 | 0.68 | — | 0.28 | 0.31 | 1.09 | 0.43 | 0.63 | 0.95 |
| Cd | 20 | 0.00 | 0.85 | 3[1] | 1.21 | ND | 4.93 | 0.35 | 0.49 | 0.76 |
| Hg | 26 | 0.01 | 51.00 | 5[1] | 86.07 | ND | 330.58 | 0.09 | 0.24 | 77.16 |
| Pb | 30 | 0.02 | 75.52 | 100[1] | 89.91 | ND | 405.95 | 19.98 | 35.22 | 123.75 |

1)标准值据《城镇垃圾农用控制标准》(GB8172—87)；2)标准值据《土壤环境质量标准》(GB15618—1995)。
注：ND 为低于检测限。

2) 来源与影响因素分析

重金属的种类及含量直接受生活垃圾的物理组分影响。研究表明，塑料中的 Cd 和 Pb，印刷品中的 Cd、Cr 和 Cu，干电池中的 Cu、Zn 和 Pb，蓄电池中的 Ni 和 Cd 的含量明显高于其他垃圾组分相应元素的含量(杨淑英等，2005；杜锋等，2011)。生活垃圾不同组分重金属含量如表 2.28 所示，结合全国垃圾组分比例，可计算出 Cd 主要来源于橡塑类和粒径小于 15mm 的厨余尘土，约占 Cd 含量的 84%；Pd 主要来源于粒径小于 15mm 的厨余尘土、橡塑类和粒径大于 15mm 的厨余尘土，约占 Pd 含量的 93%；Cu 和 Zn 主要来源于粒径小于 15mm 的厨余尘土和橡塑类，分别占 Cu 含量的 83%，Zn 含量的 77%；Cr 主要来源于粒径小于 15mm 的厨余尘土、植物类(叶)和橡塑类，约占 Cr 含量的 79%。同时，Long 等(2011)对浙江省城市生活垃圾的研究结果也表明，生活垃圾中 76.3%的 Zn 和 82.3%的 Cu 主要来源于餐厨垃圾、灰尘、塑料和纸这 4 种组分。

**表 2.28　不同垃圾组分中重金属含量(干基)　　　　(单位：mg/kg)**

| 垃圾组分 | Cd | Pb | Cu | Zn | Cr | Hg | As | Ni |
|---|---|---|---|---|---|---|---|---|
| 厨余类 | 0.412 | 29.981 | — | — | 25.010 | 0.535 | 1.327 | 2.750 |
| 橡塑类 | 0.578 | 111.351 | 21.103 | 73.620 | 18.165 | 0.418 | 1.174 | 6.730 |
| 纸类 | 0.236 | 15.264 | 3.377 | 6.509 | 9.821 | 0.378 | 0.546 | 2.810 |
| 纺织类 | 0.491 | 45.419 | 3.752 | 17.809 | 14.865 | 0.445 | 1.050 | 10.800 |
| 木竹类 | 0.353 | 10.106 | 0.353 | 6.431 | 7.235 | 0.529 | 0.767 | 4.000 |
| 厨余尘土粒径>15mm | 0.034 | 7.888 | 7.754 | 21.290 | 2.611 | — | — | — |
| 厨余尘土粒径<15mm | 0.164 | 47.578 | 71.606 | 140.390 | 15.299 | — | — | — |
| 蔬菜果皮 | 0.027 | 1.812 | 3.950 | 13.605 | 4.104 | — | — | — |
| 灰土类 | 0.520 | 2.480 | 30.100 | 16.800 | 41.200 | — | 9.570 | 26.000 |
| 其他类 | 0.630 | 10.600 | 23.200 | 37.900 | 24.400 | — | 5.740 | 9.850 |

注：据郑曼英等(2003)、贾悦等(2015)和 Han 等(2011)。

生活垃圾中重金属的含量不但与垃圾组分有关，而且和地域也有关系。

根据银燕春等(2015 年)对四川成都的生活垃圾研究表明(表 2.29)，成都市区、城郊

**表 2.29　不同区域生活垃圾重金属含量(干基)　　　　(单位：mg/kg)**

| 区域 | 季节 | Pb | Zn | As | Cd | Hg | Cr | Cu | Ni | Mn | Se |
|---|---|---|---|---|---|---|---|---|---|---|---|
| 农村 | 冬季 | 31.27~32.52 | 4.83~4.95 | ND~0.28 | 0.26~0.38 | 0.06~0.07 | 93.31~105.51 | 28.72~38.46 | 9.73~14.86 | 161.84~167.67 | 0.98~1.09 |
| | 夏季 | 42.48~47.42 | 72.34~103.9 | 2.21~3.13 | 0.67~0.8 | 0.19~0.28 | 157.95~217.72 | 122.85~152.55 | 19.52~23.41 | 32.71~324.65 | 0.41~0.86 |
| 城郊 | 冬季 | 29.36~54.59 | 4.92~5.12 | ND~2.3 | 0.36~0.54 | 0.01~0.09 | 48.62~97.6 | 24.86~102.07 | 24.77~68.62 | 105.85~575.56 | 0.31~0.68 |
| | 夏季 | 19.89~25.45 | 52.9~68.8 | 0.66~1.87 | 0.44~0.52 | 0.28~0.58 | 39.63~119.63 | 75.62~122.58 | 7.82~20.73 | 117.2~205.63 | 0.5~0.58 |
| 市区 | 冬季 | 22.62~32.62 | 4.84~5.06 | ND~0.53 | 0.36~0.37 | ND~0.01 | 47.77~75.65 | 11.13~32.23 | 22.89~44.61 | 35.18~162.21 | 0.32~0.48 |
| | 夏季 | 30.05~65.29 | 1.10~159.01 | 2.40~2.55 | 0.39~0.86 | 0.04~0.35 | 70.74~85.52 | 89.37~125.76 | 13.98~15.36 | 119.55~172.82 | 0.44~0.62 |

注：ND 为低于检测限。据银燕春等(2015)。

和农村生活垃圾中 Cd 主要来自于餐厨、尘土和塑料；Se 可能来自于废弃的电子产品；Cu 和 Zn 可能来自于尘土和印刷制品。城郊垃圾中 Cr、Se 主要来源于尘土，而 Hg 主要来源于餐厨和尘土。市区垃圾中 Pb 主要源于尘土、塑料和印刷制品。

此外，Pb、Zn 和 Cd 三种重金属在 95% 的置信水平上正相关，很可能有着相同的来源；除 Hg 外，Cu 与其他重金属均有一定相关性（相关系数 0.544～0.719）；Cr 和 Se 分别与其他重金属相关性均较差，Hg 与其他重金属均是负相关，因此它们可能与其他重金属来源差异较大；Cr 在农村混合垃圾中的含量比城郊高一倍多，但在餐厨、尘土等组分中含量却很低，所以餐厨和尘土不是农村混合垃圾中的 Cr 的主要来源。橡塑类和纸类均为农村生活垃圾的主要组分，故在缺乏直接实验数据支持的情况下，可定性地认为塑料或包装纸是重金属（如 Cd、Cr 和 Pb 等）的主要来源之一（银燕春等，2015）。

由表 2.29 还可知，生活垃圾重金属污染呈现夏季高于冬季的总体趋势（尤其是 Hg）。

3）浸出特性分析

虽然郑曼英（2003）的研究表明（表 2.30）：有机类垃圾的重金属浸出率高于含大量尘土的粒径＞15mm、＜15mm 类物质，生活垃圾中只有约 5% 的重金属较易通过浸滤释放迁移。但是，银燕春等（2015）发现，生活垃圾中的重金属含量普遍超过土壤背景值，夏季成都地区垃圾重金属污染已达中度或较强污染程度，因此，倘若农村生活垃圾大量长期露天堆放，在降解和雨水冲刷过程中，会产生大量渗滤液并溶出重金属，当地的土壤、地表水和地下水存在重金属污染的风险。

表 2.30　不同垃圾组分的重金属浸出率　　　　　（单位：%）

| 项目 | Cd | Pb | Cu | Zn | Cr |
|---|---|---|---|---|---|
| 厨余尘土粒径＞15mm | 12.49 | 32.32 | 69.02 | 48.35 | 57.34 |
| 厨余尘土粒径＜15mm | 31.21 | 49.43 | 57.28 | 53.32 | 49.21 |
| 植物类(叶) | 6.84 | 5.27 | 35.02 | 26.71 | 42.61 |
| 织物类 | 26.31 | 20.63 | 47.46 | — | 63.61 |
| 纸类 | 24.52 | 11.69 | 33.22 | 61.99 | 13 |
| 木竹类 | 17.13 | 0.92 | 66.32 | 30.53 | 29.18 |
| 橡塑类 | 3.4 | 4.7 | 15.57 | 42.81 | 30.77 |
| 合计 | 11.67 | 39.3 | 48.42 | 50.54 | 45.41 |

注：据郑曼英等（2003）。

## 2.2.3　生物特性

我国南方城市南宁的混合燃料居民区生活垃圾的细菌总数为 $1.6 \times 10^8$ cfu/mL，北方城市沈阳的单气居民区细菌总数为 $3.33 \times 10^7 \sim 2.89 \times 10^8$ cfu/mL（何品晶等，2003），水电工程施工区生活垃圾细菌总数在 $9.0 \times 10^6 \sim 9.12 \times 10^8$ cfu/mL（Han et al.，2011）。通过上述生活垃圾类比，农村生活垃圾细菌总数也应该在 $1.0 \times 10^6 \sim 1.0 \times 10^8$ cfu/mL 数量级上。

综上所述，我国农村生活垃圾特性呈现如下特点：

(1)生活垃圾来源多样化。

(2)相比城市生活垃圾，农村生活垃圾产生量小，但总量大，分布分散。

(3)生活垃圾厨余类、灰土类、橡塑类和纸类含量高，而且区域差异显著。

(4)生活垃圾容重小，可压缩性好。

(5)生活垃圾的含水率、灰分、可燃物和低位热值变化幅度大，含水率和灰分含量较高，低位热值偏低，尚有 2/3 无法满足不添加助燃物的焚烧要求。

(6)生活垃圾有机物含量和营养物质(N、P、K)含量高。

(7)生活垃圾重金属含量总体不高，浸出率低，但是如果长期积累，污染不容忽视。

(8)生活垃圾细菌总数在 $1.0 \times 10^6 \sim 1.0 \times 10^8$ cfu/mL 数量级上。

我国农村生活垃圾特性将呈现如下变化趋势：

(1)煤改气和柴改气地区，生活垃圾产生量会显著降低，而经济发达地区，则会逐渐升高。

(2)生活垃圾组分日趋城镇化，这会导致可回收利用物质逐渐增多，生活垃圾容重逐渐下降，热值逐渐上升，有机物逐渐增长。

(3)电子垃圾和其他有毒有害物质增多，如果不能实现分类收集，垃圾中重金属含量将会逐渐增大。

(4)粗大垃圾会出现，一次性用品废弃物将会增多。

# 2.3　农村生活垃圾特性的影响因素

由于农村生活垃圾中的厨余、灰渣等主要组分占据了垃圾总量的 2/3 以上，因此，这些垃圾组分对农村生活垃圾综合特性的影响显著，生活垃圾特性的影响因素，如社会、经济、自然、个体、其他等因素，也主要是通过改变垃圾组分比例，从而影响垃圾的整体特性，其影响因素如图 2.13 所示。

## 2.3.1　社会因素

1. 人口

1)人口数量

根据生活垃圾产生量的计算式(2.2)可知，生活垃圾的产生量受人口数量和排放系数的影响。如图 2.14 所示，发展中国家的农村生活垃圾产生量随着农村人口数量的减小而减小，排放量不与人口数量呈正比。

当生活垃圾排放系数一定时，生活垃圾排放量随着人口的增多而增加。在浙江农村，农业人口和农村生活垃圾总量之间的相关系数高达 0.9596($P < 0.0001$)(陈蓉等，2008)，也证实了在人口较多的地区垃圾总体排放量高的结论。

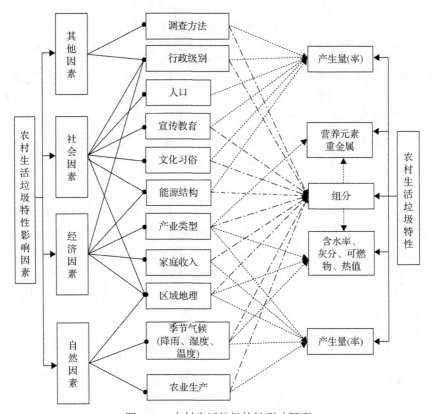

图 2.13　农村生活垃圾特性影响因素

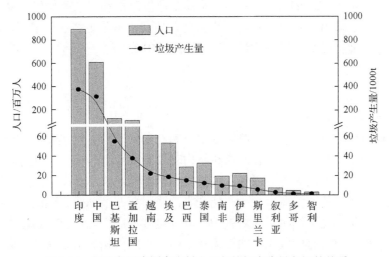

图 2.14　部分发展中国家农村人口与垃圾产生量之间的关系

2) 家庭结构

家庭结构包括家庭成员数量和人口类型。根据我国西部农村 504 户的调查显示，家庭生活垃圾日产生量与家庭成员数量呈正比 ($R^2$=0.94)：

$$y = 70.767x + 277.23 \qquad (2.17)$$

式中，$y$ 为生活垃圾产生量，g/(d·户)；$x$ 为家庭成员数量，人。

此外，生活垃圾排放系数还受家庭人口类型的影响，如在有婴幼儿的家庭，由于婴幼儿的日常生活物资消耗更大，会产生大量如尿不湿、包装物等一次性的生活垃圾，会比留守老人的家庭产生更多的生活垃圾。同时，由于以务工为主的家庭成员白天大部分时间都在外工作，而以务农、养殖等为主的家庭三餐基本上都在家消费，因此以就近务工为主的家庭的生活垃圾的排放系数也会低于以务农、养殖等为主的家庭。

3）住房面积

研究表明，人均住房面积与生活垃圾日产生量呈近似正相关，但不是等比例增加，这说明当地居民居住面积的增加对生活垃圾产生量具有增量效应(孙宏伟等，2012)详见扫描封底二维码见附录 2.4。这主要是由于住房面积较大的家庭，人口数量相对更大，通常也是经济水平相对更好的家庭，消费水平更高，所以使生活垃圾产生系数也相应提高。

此外，Iakovos Skourides 等(2008)研究也表明，如住房面积、收入和小孩比例等社会经济因素也会影响厨余垃圾的产生和特性。

2. 宣传教育

由于宣传和教育均会提高大家的环境保护认知和意识，因此，农村居民的生活垃圾排放量与宣传教育也存在一定的关系。

调查表明，接受过生活垃圾相关培训的农户垃圾排放量[0.85kg/(人·d)]要明显低于没有接受过培训的农户[1.07kg/(人·d)]。尤其是垃圾总量和厨余类垃圾，受过培训的比没受过培训的分别低 0.22kg 和 0.1kg。因为通过培训，可使更多农户了解如何对垃圾加以循环利用，因而会减少垃圾排放量(李玉敏等，2012)。

3. 文化习俗

1）传统与民族文化

文化习俗对生活垃圾特性的影响，主要反映在勤俭节约、物尽其用、道法自然等观念对人们行为的指导和影响，饮食习惯和结构对餐厨垃圾产生量与比例的影响等方面。

如在广大农村地区，大部分老年人均崇尚勤俭节约，物尽其用的原则，因此，有留守老人的家庭，丢弃的残羹剩饭较少，能回收的塑料瓶、玻璃瓶、金属、废纸等物品均被回收，因此，生活垃圾产生量相对较少，组分也会相应变化；但是当前大部分年轻人崇尚消费与便捷，也没有回收垃圾的意识和习惯，因此，相比留守家庭，会产生更多的生活垃圾。

在一些少数民族地区，如在藏区，有崇尚自然，遵循自然的习俗，大部分生活垃圾均能物尽其用，而且餐饮以面食和肉食为主，因此，菜叶果皮等有机垃圾产生量少，大部分厨余和作物秸秆等均会被用作饲料喂牲畜，人畜粪便和剩余有机物也会作为有机肥还田，这些行为习惯使生活垃圾中有机物组分含量只有 12.77%，远低于其他农村地区有机物的含量。但是西藏地区有利用牛粪作为生活燃料的习惯，因此，其生活垃圾中灰土量高达 33.12%(韩智勇等，2014)，高于全国平均水平，与华北地区相当。

此外，如在四川省阿坝州农村地区，少数民族偏好饮酒，会产生大量的啤酒瓶、白酒瓶等玻璃类垃圾(扫描封底二维码见附录 2.5)，因此，导致生活垃圾中的玻璃类物质达35.25%(韩智勇等，2014)，远高于国内其他农村地区的玻璃含量。

在华东相对发达的农村地区，生活垃圾组分含量与城市相当，也说明城市化会影响周围农村地区的生活方式，从而影响生活垃圾的特性(Zeng Chao et al.，2015)，如吃快餐食品代替家庭烹饪等(Iakovos Skourides et al.，2008)。

2) 生活与消费习惯

农村生活垃圾的产生量和组分特性也与农村居民的生活和消费习惯有关。通常生活垃圾产生量明显存在夏、冬两个季节高峰，原因之一是夏季居民大量消费水果，特别是西瓜的上市对有机物含量(于晓勇等，2010)和垃圾含水率都会有明显的影响。在冬季，春节大量农民工返乡过年，节日生活消费剧增，也增加了生活垃圾的产生量，如图 2.15所示(魏星等，2009)，同样也会增加生活垃圾中纸类、塑料、玻璃、金属等包装物的含量，改变生活垃圾特性。

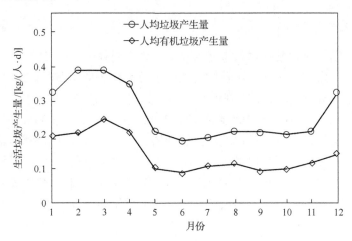

图 2.15　农村生活垃圾产生量受春节影响变化趋势(魏星等，2009)

### 2.3.2　经济因素

1. 能源结构

随着我国天然气和液化气在经济发达的农村地区的普及，形成了在经济发达的农村地区以电、天然气和液化气等燃料为主，经济欠发达地区以及北方农村地区生活燃料主要以原煤、林材为主的能源结构。例如，在经济发达的太湖流域农村地区，液化气灶使用率高达 65%以上，而单独柴草灶使用率仅占 1.28%，混合使用的占 30%(张后虎等，2010)；但是在东北地区，农村家庭使用薪柴和秸秆的消耗量最多，占能源消耗量的68.8%～78.3%，煤炭的消耗量只占 16.0%～29.0%，液化天然气和电力的消耗很少，仅占总能源消耗量的 2.9%～6.9%(宁亚东等，2012)。

王俊起等(2004)对 3 户农民冬季用煤的入户调查显示：每人每天耗煤 10kg，煤渣的产率为 20%～40%，即每人每天产生灰渣 1.2～4.0kg。由此可见，一方面，大量原煤和林材在北方和欠发达的农村地区使用，导致生活垃圾中灰渣组分比例很大，增加了生活垃圾容重和产生量，降低生活垃圾热值(表 2.31)(吉崇喆等，2006)；另一方面，随着柴草灶逐步退出经济发达的农村地区，使得传统的高位热值垃圾的消纳途径断裂，增加了农村生活垃圾的清运量和可燃垃圾含量(扫描封底二维码见附录 2.6)(刘永德等，2005)。因此，农村能源结构的改变，会直接影响到农村地区生活垃圾的产生量与物化特性。

表 2.31　农村不同燃料结构生活垃圾特性对比

| 能源结构 | 产生量 /[kg/(人·d)] | 有机物/% | 无机物/% | 可回收物/% | 容重 /(kg/m³) | 含水率/% | 有机质/% | 灰分/% | 热值 /(kJ/kg) |
|---|---|---|---|---|---|---|---|---|---|
| 燃煤和林材 | 0.82～2.29 | 2.34～7.22 | 91.70～96.19 | 0.06～1.62 | 210～520 | 5.41～20.84 | 0.17～0.59 | 78.00～90.60 | 23.28～307.85 |
| 天然气 | 0.66～0.82 | 70.67～90.00 | 0 | 10.00～29.24 | 80～180 | 67.57～80.85 | 12.00～25.00 | 12.40～29.50 | 4365.57～4424.74 |

注：据吉崇喆等，2006。

### 2. 家庭收入与支出水平

大量研究表明，农村家庭收入与支出水平，会影响到生活垃圾的产生与特性。

对浙江省各市农村和太湖流域农村人均生活垃圾排放量和农村人口平均收入统计分析表明，两者之间有正相关关系，在浙江农村，其相关系数为 0.9157(P<0.0001)；在太湖流域农村，其相关系数为 0.7268(陈蓉等，2008；刘永德等，2005)，可见农村居民收入水平的提高，会导致农村生活垃圾产生量的增加。此外，从孙宏伟等(2012)对江苏省镇江市村镇生活垃圾特性研究也表明，人均年支出与生活垃圾日产生量呈近似正相关，这也说明当地居民消费能力的提升对生活垃圾的产生具有一定的增量效应(陈昆柏等，2010)，如图 2.16 所示。可见，随着农村居民生活水平的提高，大大刺激了消费需求，从而导致生活垃圾产生量增加。

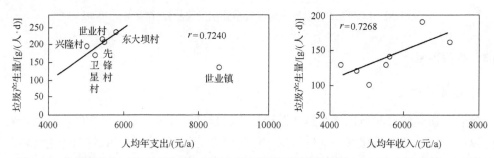

图 2.16　人均年收入、支出与生活垃圾日产生量的关系(孙宏伟等，2012；刘永德等，2005)

但是当收入到达一定的水平以后，生活垃圾排放会随着经济的进一步增长而有所降低。农村生活垃圾排放总量与收入之间存在 Kuznets 倒"U"形曲线关系(黄开兴等，2012；李玉敏等，2012)。由图 2.17 可以看出，在人均纯收入 0.87 万～1.07 万元的时候，人均生活垃圾排放量最高。

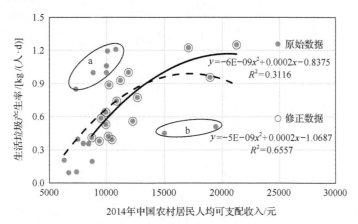

图 2.17　人均可支配收入与生活垃圾产生率的倒 "U" 形关系
a 为北方以燃煤为主的部分省份农村地区，包括山西、内蒙古、吉林、河南
和青海；b 为东部以燃气为主的部分省份农村地区，包括浙江和江苏

　　此外，如图 2.18 所示，收入水平对农村生活垃圾中的有机垃圾、可回收垃圾组分，以及有机垃圾 TN、TP 产污系数也具有极显著($P<0.01$)影响，具体表现为高收入农户＞中收入农户＞低收入农户，但对有害垃圾产污系数无显著性影响($P>0.05$)。这主要是因为收入水平越高，用于衣食方面的消费越高，导致有机垃圾和可回收垃圾产生量越大(万寅婧等，2012)。

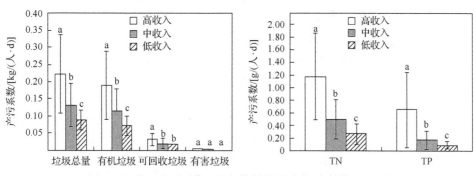

图 2.18　收入水平对生活垃圾特性的影响(万寅婧等，2012)

### 3. 产业结构(手工业、农业、旅游业、畜禽养殖)

　　农村不同的产业结构对生活垃圾的产生量、组分及其消纳方式均会产生不同的影响，尤其是对有机垃圾的影响显著。在农村，有机垃圾的主要成分为菜叶、剩饭剩菜和瓜皮果壳等，其中务农户比例与有机垃圾日产生量呈正相关，但家庭养殖户比例与有机垃圾日产生量呈负相关(图 2.19)(孙宏伟等，2012；刘永德等，2005)。这主要是由于务农户农副产品以自给为主，洗菜过程中产生的弃置菜叶较多，但家庭养殖对弃置的菜叶、剩饭剩菜等有明显消纳作用。

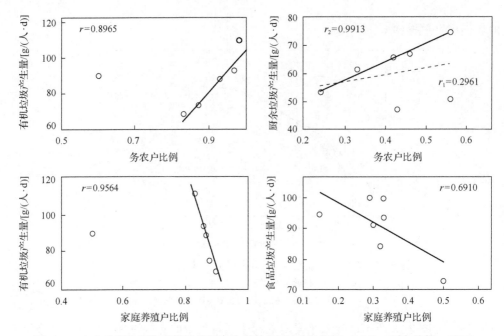

图 2.19　农户类型比例与有机垃圾日产生量的关系(孙宏伟等，2012；刘永德等，2005)

此外，在旅游村，人流量较大，餐饮业较发达，因此与普通村相比，旅游村生活垃圾人均产生量、餐厨垃圾量均明显更高(图 2.20)(郑玉涛等，2008)，旅游接待户与非接待户生活垃圾产生量差异极显著($P<0.01$)(陈仪等，2010)。

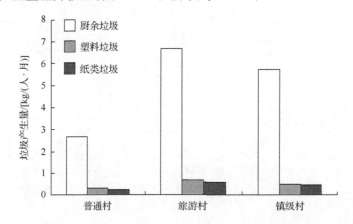

图 2.20　普通村、旅游村与镇级村生活垃圾产生量比较(郑玉涛等，2008)

处于工业区的农村，由于受到产业经济的影响，因此，垃圾组分与其他农村相比，差异也较大，如青岛开发区农村，厨余垃圾明显偏低，只有 37.89%，而橡塑类和织物类显著偏高，分别达到了 35.83%和 10.51%(夏欢和王文林，2014)；又如江西修水县农村，厨余、塑料、纸类、金属等组分明显偏低,分别只有 4.29%～5.85%、0.75%～1.57%、0.75%～1.14%、0.03%，其农业废物高达 32.65%～62.75%(刘春英，2009)；在西藏山南地区扎囊县扎塘镇达杰林村，以民族纺织手工艺闻名，也导致织物组分高达 10.36%，明显高于其他农村地区(韩智勇等，2014)。

因此，由于农村不同的产业类型，会导致不同的生活垃圾产生与消纳途径，从而影响生活垃圾的产生与特性。

### 2.3.3　自然因素

1. 季节气候

季节气候对农村生活垃圾产生量与特性的影响主要是由于不同的降水、湿度、温度和不同季节的农业活动造成的，主要表现在以下两个方面。

1) 降水、湿度、温度

气候差异一方面会因为降水量的高低导致生活垃圾含水率的不同，如图 2.21、图 2.22 所示，从气候带来看，南方热带、亚热带农村生活垃圾含水率(47.16%)要比北方温带和寒带农村生活垃圾的含水率(31.95%)高；从季节来看雨季降水量大，也会增加生活垃圾的含水率；另一方面，温度差异导致不同生活习惯和燃料结构，也改变生活垃圾的组分比例，如表 2.4、表 2.8 和图 2.21 所示，我国华北农村地区生活垃圾中有机物和可回收物明显低于华南农村地区，相反，华北惰性物质明显高于华南。此外，在能源结构以燃煤和林材为主的农村地区，冬季通过燃烧原煤和林材取暖，也会产生大量灰渣，增加惰性无机物的组分比例，降低生活垃圾含水率和可燃物(李鹏，2011；陈昆柏等，2010)，如图 2.22 所示。

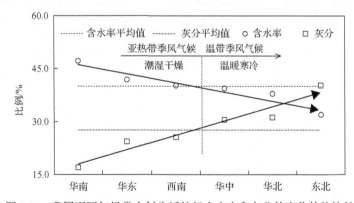

图 2.21　我国不同气候带农村生活垃圾含水率和灰分的变化趋势比较

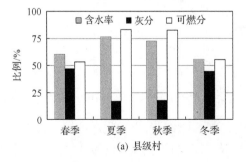

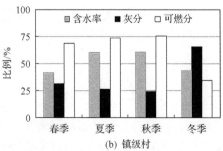

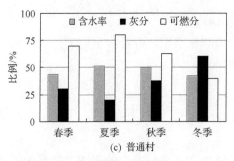

图 2.22　季节对农村生活垃圾工业分析的影响(李鹏，2011)

2) 农业活动

在农忙或收获季节，如每年 9～10 月作物收割时节，部分农民返乡务农会增加生活垃圾产生量，大量农作物秸秆混入生活垃圾中也会增加垃圾产量(图 2.23)(管蓓等，2013)，同时也增加了有机物的组分比例(图 2.24)(于晓勇等，2010)。

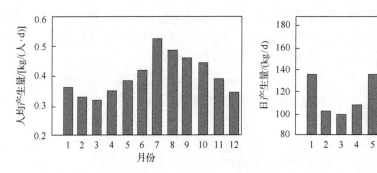

图 2.23　农村生活垃圾产生量随季节的变化趋势(管蓓等，2013)

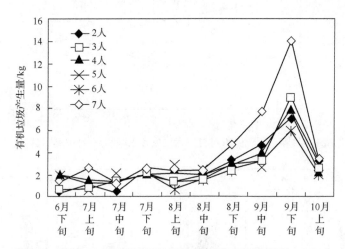

图 2.24　季节对农村生活垃圾有机物的影响(于晓勇等，2010)

在农村，部分经济作物或特种养殖，也会在收获季节对当地生活垃圾的特性产生显著影响，如江苏昆山的巴城镇，濒临阳澄湖，是著名的阳澄湖大闸蟹的原产地，所以每年的 9～12 月,螃蟹成熟上市,大量的螃蟹虾壳会显著改变当地生活垃圾的成分(黄芸等,2013);四川泸州的江阳镇,是著名的桂圆产地,每年的夏季,大量的桂圆果壳混入生活垃圾显著改变当地生活垃圾的成分,其厨余和木竹类比例高达 77.64%,主要为桂圆果壳和果枝(扫描封底二维码见附录 2.7);陕西省延安市隆坊镇,是以苹果业为主的典型乡镇,在苹果、蔬菜等收获秋季,有机垃圾和塑料膜的产生量增加明显,其他时间段垃圾量变化不明显(高意和马俊杰,2011)。

### 2. 区域地理位置

区域地理位置对农村生活垃圾产生量和特性的影响,主要体现在不同地区居民的消费饮食习惯、风俗民情、气候环境等不同,在这些因素的综合影响下,生活垃圾特性会有较大的差异。

在沿海农村地区,生活垃圾中的海鲜类食物废弃物比较多,如贝壳、蟹壳和虾壳等(陈蓉等,2008)。根据表 2.32,与云贵高原和四川盆地相比,在青藏高原农村地区,群众生活简朴,而且有机垃圾被广泛作为饲料或有机肥回收利用,因此其厨余、秸秆等有机物含量很少;但是由于农村住户分散,缺乏回收途径,因此,可回收垃圾含量较高;而且在高寒地区普遍采用牛粪取暖,其灰土等惰性物质含量也更高(Han et al.,2015)。

**表 2.32　不同地区农村生活垃圾产生与特性比较**(据 Han et al.,2015)

| 地区名称 | 产生量/[(kg/人·d)] | 容重/(kg/m³) | 含水率/% | 灰分/% | 可燃物/% | 低位热值/(kJ/kg) | 厨余类/% | 纸类/% | 橡塑类/% | 纺织类/% | 木竹类/% | 灰土类/% | 砖瓦陶瓷类/% | 玻璃类/% | 金属类/% | 其他类/% |
|---|---|---|---|---|---|---|---|---|---|---|---|---|---|---|---|---|
| 青藏高原 | 0.093 | 65 | 19.2 | 44.9 | 35.9 | 10538 | 16.2 | 11.3 | 21.3 | 4.7 | 6.2 | 20.1 | 3.1 | 14.9 | 1.4 | 0.8 |
| 云贵高原 | 0.149 | 106 | 39.2 | 18.9 | 41.9 | 7615 | 52.0 | 10.0 | 11.5 | 2.6 | 7.4 | 12.6 | 0.0 | 2.3 | 0.7 | 0.9 |
| 四川盆地 | 0.267 | — | 52.4 | — | — | 5176 | 60.9 | 13.6 | 7.2 | 1.6 | 0.8 | 11.7 | 0.0 | 1.0 | 0.4 | 2.8 |

## 2.3.4　其他因素

### 1. 村类型

村镇生活垃圾产生量及组分特性等与该地区的社会经济因素有关,村镇差异较为明显(Abu Qdais et al.,1997)。

由图 2.25 可见,村镇生活垃圾的产生密度远低于城市建成区(中位值大于 4000t/(km²·a),除建成区面积比例高的直辖市和江苏、浙江等个别省(区)外,其他省(区)镇(集镇)生活垃圾产生密度低于 30t/(km²·a),村庄生活垃圾产生密度低于 100t/(km²·a);两者的全国省级行政区中位值分别为 10t/(km²·a)和 40t/(km²·a),村镇合计的生活垃圾产生密度中位值仅为城市建成区的 1%(何品晶等,2014)。

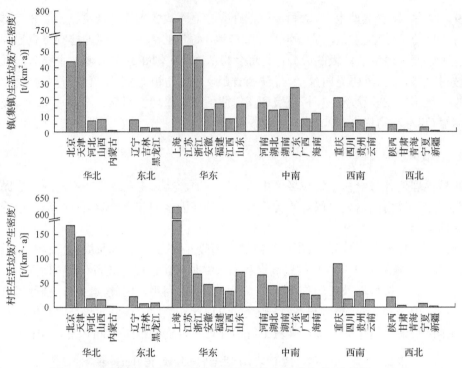

图 2.25　我国各省(区)镇、村生活垃圾产生密度分布(何品晶等，2014)

此外，县城、集镇、农村生活垃圾组分也存在明显差异，以上海郊区农村为例，集镇生活垃圾组分与县城差异不大，但是与农村生活垃圾差异明显，主要表现在集镇厨余、纸、金属、玻璃、布类等都明显高于农村，但是塑料明显低于农村(表 2.33)，一方面由于塑料薄膜大量使用，增加了塑料产生量；另一方面则由于塑料价格低、体积大、质量轻、杂物多、分散等因素，导致农村塑料回收价值不高，回收途径受阻所致(李鹏，2011；郑玉涛等，2008；陈仪等，2010)。

表 2.33　县城、集镇、农村生活垃圾组分特性差异　　　　　　　(单位：%)

| 村类型 | 厨余类 | 纸类 | 橡塑类 | 纺织类 | 木竹类 | 灰土类 | 玻璃类 | 金属类 | 其他类 |
|---|---|---|---|---|---|---|---|---|---|
| 县城 | 73.74 | 10.15 | 2.38 | 7.97 | 1.32 | — | — | 2.42 | 2.02 |
| 集镇 | 72.96 | 9.31 | 1.70 | 7.48 | 1.04 | 0.04 | 2.03 | 4.29 | 1.78 |
| 农村 | 59.67 | 5.88 | 22.24 | 4.58 | 3.10 | — | 0.62 | 1.39 | 2.42 |

注：数据引自程远，2004。

### 2. 回收物流网络建设

回收物流网络的建设，一方面，能充分回收生活垃圾中的可回收物品，减少垃圾产生量；另一方面，如 5.3.3 节所述，也间接在公众对可回收垃圾的环保认知方面起到一定的宣传作用，直接影响公众的垃圾分类回收行为。

在云南农村地区，虽然受气候影响，大量使用农膜保水，但由于农膜回收途径顺畅，生活垃圾中的塑料组分含量只有 8.28%，还略低于西南地区和全国的平均水平；但是在藏区,尽管生活垃圾中纸类、塑料类、玻璃类含量分别达到 11.29%、21.34%和 14.94%,明显高于国内其他农村地区。由于农村住户太分散,可回收垃圾的回收物流网络也因经济因素难以建立,因此,藏区大量的可回收垃圾被直接丢弃(扫描封底二维码见附录 2.8)。

### 3. 调查方法

在对农村生活垃圾产生与特性的研究中,目前尚无规范的调查方法,常用的方法包括问卷调查法、数据统计调查法、入户采样调查法、垃圾收运点采样调查法。这些方法由于操作和实施方式不同,其调研结果的客观性和准确性也各有差异,如表 2.34 所示。

**表 2.34  农村生活垃圾产生与特性调查方法比较**

| 调查方法 | 方法简述 | 优势 | 不足 | 备注 |
|---|---|---|---|---|
| 问卷调查 | 通过设计问卷调查内容,采用发放或访谈的方式,针对生活垃圾的产生与特性进行调查 | 操作简单,成本低,样本量大 | 数据未实际测定,主观性强 | 不宜作为生活垃圾产生与特性的调研方法,宜作为环保认知与意识方面的调研 |
| 数据统计 | 根据生活垃圾产生与特性的经验值或类比值,对相应地区的生活垃圾产生与特性进行计算 | 操作简单,成本低 | 结果直接受经验值和类比值的选取影响,主观性强 | 可用于粗略估算与评价 |
| 入户采样 | 通过抽样选择具有代表性的农户或随机选择农户,收集固定时间段内农户产生的生活垃圾样品,进行采样分析调查 | 操作较简单,样本量大,成本较低,客观性强,代表性较好 | 户样本差异性较大,易受农户理解和配合程度影响,未能包括公共区域的生活垃圾 | 宜用于生活垃圾产生量的调研;只能表征住户生活垃圾的产生量和排放量,可作为相关设计、评价和规划依据 |
| 垃圾收运点采样 | 通过抽样或随机选择垃圾集中收集、中转或处理场地,根据国家规范要求采集生活垃圾样品,进行采样分析调查 | 客观性强,样本差异性相对较小,代表性较好 | 操作复杂,成本高,样本量较小,未能包括收运范围外的生活垃圾 | 宜用于生活垃圾特性的调研;只能表征清运量,可作为相关设计、评价和规划依据 |

受这些差异的影响,入户采样调查法调研的生活垃圾产生量,明显低于采用垃圾收运点采样调查方法;而且入户采样调查法调查的生活垃圾组分中,厨余要高于垃圾收运点采样,灰土要低于垃圾收运点采样(表 2.35)。这主要是由于入户采样调查法未能包括公共区域的生活垃圾,而公共区域清扫产生的垃圾含有的灰土类物质更多。

**表 2.35  不同调研方法对农村生活垃圾产生与组分的影响**

| 地名 | 调查方法 | 产生量 /[kg/(人·d)] | 厨余类/% | 纸类/% | 橡塑类/% | 纺织类/% | 木竹类/% | 灰土类/% | 砖瓦陶瓷类/% | 玻璃类/% | 金属类/% | 其他类/% | 文献编号 |
|---|---|---|---|---|---|---|---|---|---|---|---|---|---|
| 江苏大浦镇 | 入户采样 | 0.270 | 51.7 | 8.8 | 14.6 | 3.2 | 2.2 | 4.3 | 11.8 | 2.1 | 0.4 | 0.9 | 刘永德等,2005 |
| 浙江横畈镇 | 收集点采样 | 0.700 | 36.40 | 9.70 | 16.30 | 2.90 | 2.90 | 18.70 | 5.60 | 6.10 | 0.30 | 1.00 | 张明玉,2010 |
| 浙江太湖源镇 | 中转站采样 | 0.600 | 53.40 | 5.20 | 14.00 | 2.20 | 0.00 | 17.20 | 1.90 | 4.70 | 0.30 | 0.90 | 何品晶等,2014 |
| 四川丹棱[1] | 收集点采样 | 0.350 | 56.16 | 19.23 | 2.34 | 1.43 | — | 19.77 | — | 0.07 | 0.47 | 0.56 | 王志国,2013 |
| 四川丹棱[1] | 入户采样 | 0.116 | 73.72 | 8.94 | 7.80 | 5.26 | 0.78 | 0.11 | 0.00 | 0.05 | 0.85 | 2.49 | |

1)取平均值。

有鉴于此，本书数据只选用按入户采样调查法和垃圾收运点采样调查法获取的数据，同时，根据笔者调研经验，建议今后农村生活垃圾产生与特性调查可按如下原则开展：

(1)生活垃圾产生量可通过多样本入户采样调查法调查，通过单样本垃圾收运点采样调查法校核。

(2)生活垃圾组分可基于行政单元(自然村、行政村、乡、镇等)，合并多样本入户采样调查样品，根据合并后的单元样本垃圾组分比例采集相应样品，开展生活垃圾特性研究实验；并通过单样本垃圾收运点采样调查法校核。

综上所述，我国农村生活垃圾产生量和特性受社会、经济、自然，以及其他因素的影响，相互作用复杂，在农村生活垃圾基础设施设计时，应根据各地区的社会、经济、自然及其他实际情况，因地制宜地选择和校核与设计相关的生活垃圾特性参数，使实施与管理的设计更加科学合理。

# 参 考 文 献

蔡传钰. 2012. 农村生活垃圾分类与资源化处理技术研究[D]. 杭州: 浙江大学硕士学位论文.

常方强, 涂帆, 罗才松, 等. 2011. 城市生活垃圾产量的组合预测[J]. 福建工程学院学报, 9(1): 51-53, 57.

陈昆柏, 何闪英, 冯华军. 2010. 浙江省农村生活垃圾特性研究[J]. 能源工程, (1): 39-43.

陈蓉, 单胜道, 吴亚琪. 2008. 浙江省农村生活垃圾区域特征及循环利用对策[J]. 浙江林学院学报, 25(5): 644-649.

陈燕, 杨常亮. 2005. 滇池沿岸农村固体废物污染调查研究——呈贡县大渔乡案例分析[J]. 云南环境科学, 24(增刊): 122-124.

陈仪, 夏立江, 于晓勇, 等. 2010. 不同类型农村住户生活垃圾特征识别[J]. 农业环境科学学报, 29(4): 773-778.

陈志明, 谢鸿, 林华, 等. 2013. 广西区农村生活垃圾产排污系数研究[J]. 大众科技, 15(2): 43-45.

褚巍. 2007. 农村中生活垃圾管理与处理处置研究——基于合肥地区农村的调查[D]. 合肥: 合肥工业大学硕士学位论文.

旦增, 韩智勇. 2012. 青藏高原地区旱季城市生活垃圾特性研究[J]. 中国沼气, 30(6): 33-36.

杜锋, 程温莹, 程艳茹, 等. 2011. 对生活垃圾焚烧产物中重金属的探讨[J]. 环境科学与管理, 36(9): 72-74.

范先鹏, 董文忠, 甘小泽, 等. 2010. 湖北省三峡库区农村生活垃圾发生特征探讨[J]. 湖北农业科学, 49(11): 2741-2745.

高意, 马俊杰. 2011. 黄土高原地区村镇生活垃圾处理研究——以陕西省隆坊镇为例[J]. 安徽农业科学, 39(28): 17389-17391.

管蓓, 刘继明, 陈森. 2013. 农村生活垃圾产生特征及分类收集模式[J]. 环境监测管理与技术, 25(3): 26-29.

桂莉. 2014. 农村生活热解污染物排放特征研究[D]. 广州: 华南理工大学硕士学位论文.

韩智勇, 旦增, 孔垂雪, 等. 2014. 青藏高原农村固体废物处理现状与分析——以川藏 5 个村为例[J]. 农业环境科学学报, 33(3): 451-457.

何品晶, 冯肃伟, 邵立明. 2003. 城市固体废物管理[M]. 北京: 科学出版社.

何品晶, 章骅, 吕凡, 等. 2014. 村镇生活垃圾处理模式及技术路线探讨[J]. 农业环境科学学报, 33(3): 409-414.

何强, 朱姝, 吴正松, 等. 2011. 基于综合分析法的重庆市生活垃圾产量预测研究[J]. 中国给水排水, 27(1): 72-74.

黄开兴, 王金霞, 白军飞, 等. 2012. 农村生活固体垃圾排放及其治理对策分析[J]. 中国软科学, (9): 72-79.

黄明星, 刘丹. 2012. 四川省城市生活垃圾的组成及特性[J]. 中国环境监测, 28(5): 121-123.

黄芸, 曾苏, 杨顺生. 2013. 小城镇生活垃圾产量及成分分析——以江苏省巴城镇为例[J]. 资源节约与环保, (9): 152-153.

吉崇喆, 张云, 隋儒楠. 2006. 沈阳市典型农村生活垃圾调查及污染防治对策[J]. 环境卫生工程, 14(2): 51-54.

贾悦, 王震, 夏苏湘, 等. 2015. 上海市生活垃圾重金属来源分析及污染风险评价[J]. 环境卫生工程, 23(4): 31-34.

李俊飞, 文国来, 王德汉, 等. 农村生活垃圾生物稳定预处理对渗滤液产生及污染潜力的影响[J]. 农业环境科学学报, 2011, 30(4): 774-781.

李鹏. 2011. 沿江农村生活垃圾污染控制技术研究[D]. 南昌: 南昌大学硕士学位论文.

李小萍. 2008. 西安市小城镇生活垃圾资源化利用无害化处置的研究[D]. 西安: 西安建筑科技大学硕士学位论文.

李玉敏, 白军飞, 王金霞, 等. 2012. 农村居民生活固体垃圾排放及影响因素[J]. 中国人口·资源与环境, 22(10): 63-68.

梁斯敏, 樊建军. 2014. 中国城市生活垃圾的现状与管理对策探讨[J]. 环境工程, (11): 123-126, 136.

刘春英. 2009. 新农村建设中垃圾污染防治对策[J]. 广东农业科学, (11): 154-156.

刘一威. 2012. 畜禽粪便、污泥、农村垃圾中温联合厌氧消化技术研究[J]. 可再生能源, 30(6): 59-62.

刘永德, 何品晶, 邵立明. 2005. 太湖流域农村生活垃圾产生特征及其影响因素[J]. 农业环境科学学报, 24(3): 533-537.

刘永德, 何品晶, 邵立明, 等. 2005. 太湖地区农村生活垃圾管理模式与处理技术方式探讨[J]. 农业环境科学学报, 24(6): 1221-1225.

楼斌. 2008. 序批式生物反应器处理农村生活垃圾中试研究[D]. 杭州: 浙江大学硕士学位论文.

卢金涛. 2012. 农村生活污水与垃圾调查及其处理技术选择——以垫江县长大村为例[D]. 重庆: 重庆大学硕士学位论文.

罗华伟, 谯小霞, 吴光卫. 2011. 几种灰色模型在农村生活垃圾产量预测中的应用[J]. 中国农学通报, 27(32): 320-324.

马曦. 2006. 三峡库区中小城镇生活垃圾处理技术政策研究[D]. 重庆: 重庆大学硕士学位论文.

满国红, 任飞荣. 2013. 辽宁省乡镇及农村居民生活垃圾现状调查[J]. 环境卫生工程, 21(1): 44-45.

倪娜, 洪国才. 2005. 杭州市城市生活垃圾物理化学特性及处置对策[J]. 环境卫生工程, 13(5): 31-36.

宁亚东, 李延庆, 丁涛, 等. 2012. 中国东北地区农村家庭能源消费结构调查分析[J]. 可持续能源, (2): 76-81.

乔启成, 顾卫兵, 顾晓丽, 等. 2009. 分类收集效益模型在农村生活垃圾处理处置中的应用[J]. 环境污染与防治, 31(5): 101-103.

邱才娣. 2008. 农村生活垃圾资源化技术及管理模式探讨[D]. 杭州: 浙江大学硕士学位论文.

孙宏伟, 李定龙, 杨彦, 等. 2012. 镇江市村镇生活垃圾产生特征及影响因素研究[J]. 常州大学学报(自然科学版), 24(1): 59-61.

陶雪峰, 黄涛, 杨海静, 等. 2009. 成都市中心城区生活垃圾调查与分析[J]. 广东农业科学, (1): 94-96.

万寅婧, 王文林, 唐晓燕, 等. 2012. 太湖流域农村生活垃圾产排污系数测算研究[J]. 农业环境科学学报, 31(10): 2046-2052.

王俊起, 王友斌, 李筱翠, 等. 2004. 乡镇生活垃圾与生活污水排放及处理现状[J]. 中国卫生工程学, 3(4): 202-205.

魏星, 彭绪亚, 贾传兴, 等. 2009. 三峡库区农村生活垃圾污染特征分析[J]. 安徽农业科学, 37(16): 7610-7612, 7707.

文国来, 王德汉, 李俊飞, 等. 2011. 处理农村生活垃圾装置的研制及工艺[J]. 农业工程学报, 27(6): 283-287.

文涛, 袁兴中, 李莲, 等. 2008. 灰色相关性分析和长沙市城市生活垃圾产生量预测[J]. 城市环境与城市生态, 21(2): 42-44.

吴晓红. 2015. 基于 BP 神经网络与灰预测方法的杭州市城市生活垃圾产量预测研究[J]. 杭州师范大学学报(自然科学版), 14(4): 433-437.

伍溢春. 2007. 三峡库区小城镇生活垃圾特性研究[D]. 重庆: 重庆大学硕士学位论文.

武攀峰. 2005. 经济发达地区农村生活垃圾的组成及管理与处置技术研究——以江苏省宜兴市渭渎村为例[D]. 南京: 南京农业大学硕士学位论文.

夏欢, 王文林. 2014. 关于农村生活垃圾分类处理的调研报告——走进青岛市经济技术开发区[DB/OL]. http://www.cn-hw.net/html/31/201209/35609_5.html. 2014-8-3.

徐荣菊. 2013. 深圳城市生活垃圾产生量预测及南山区垃圾处理路线设计[D]. 武汉: 华中师范大学硕士学位论文.

亚洲开发银行, 安徽省财政厅. 安徽省农村环境保护与治理研究[J]. 经济研究参考, 2013, (64): 3-13.

杨淑英, 刘晓红, 张增强, 等. 2005. 杨凌城市生活垃圾中重金属元素的污染特性分析[J]. 农业环境科学学报, 24(1): 148-153.

杨水文. 2007. 海南省松涛水库流域生活垃圾污染特性研究[D]. 重庆: 重庆大学硕士学位论文.

杨水文, 王里奥, 岳建华, 等. 2007. 海南省松涛水库流域生活垃圾产生特征和现状[J]. 重庆大学学报(自然科学版), 30(9): 123-126.

银燕春, 王莉淋, 肖鸿, 等. 2015. 成都市区、城郊和农村生活垃圾重金属污染特性及来源[J]. 环境工程学报, 9(1): 392-400.

于淼, 张增强. 2014. 丹东市城市生活垃圾组成及处理对策[J]. 环境卫生工程, 22(1): 72-74, 77.

于晓勇, 夏立江, 陈仪, 等. 2010. 北方典型农村生活垃圾分类模式初探——以曲周县王庄村为例[J]. 农业环境科学学报, 29(8): 1582-1589.

张后虎, 张毅敏. 2009. 农村生活垃圾现状及处置技术初探——以太湖流域为例[J]. 环境卫生工程, 17(4): 9-10, 14.

赵蔚蔚. 2006. 大连市城市中心区生活垃圾调查与分析[J]. 环境卫生工程, 14(6): 29-31.

郑曼英, 叶晓玫, 曾智, 等. 2003. 垃圾各组分中重金属对环境二次污染的贡献值[J]. 环境卫生工程, 11(1): 31-32, 45.

郑玉涛, 王晓燕, 尹洁, 等. 2008. 水源保护区不同类型村庄生活垃圾产生特征分析[J]. 农业环境科学学报, 27(4): 1450-1454.

周颖. 2011. 农村生活垃圾分类焚烧处理的环境效益分析—以江西省兴国县高兴镇为例[D]. 南昌: 江西农业大学硕士学位论文.

Abduli M A, Samieifard R, Jalili Ghazi Zade M. 2008. Rural Solid Waste Management[J]. International Journal of Environmental Research, 2(4): 425-430.

Abu Qdais H A, Hamoda M F, Newham J. 1997. Analysis of residential solid waste at generation sites[J]. Waste Management & Research, 15: 395-406.

Akpu B, Yusuf R O. 2011. A rural-urban analysis of the composition of waste dumpsites and their use for sustainable agriculture in Zaria [J]. Nigerian Journal of Scientific Research, 9&10(3): 1-8.

Bert E. 2004. Emswiler MPH REHS and Peter M. Crimp. Burning garbage and land disposal in rural Alaska[R]. Alaska: State of AlaskaAlaska, Energy Authority, Alaska Department of Environmental Conservation.

Bridgwater A V. 1986. Refuse composition projections and recyclingtechnology[J]. Resources and Conservation, 12(3-4): 159-174.

Burnley S J. 2007. A review of municipal solid waste composition in the United Kingdom[J]. Waste Management, 27(10): 1274-1285.

Carolina Bernardes, Wanda Maria Risso Günther. 2014. Generation of Domestic Solid Waste in Rural Areas: case Study of Remote Communities in the Brazilian Amazon[J]. Human Ecology 42(2): 617-623.

Cherubini F, Bargigli S, Ulgiati S. 2008. Life cycle assessment of urban waste management: Energy performances and environmental impacts. The case of Rome, Italy[J]. Waste Management, 28(12): 2552-2564.

Dolezˇalová M, Benešová L, Závodská A. 2013. The changing character of household waste in the Czech Republic between 1999 and 2009 as a function of home heating methods[J]. Waste Management, 33(9): 1950-1957.

Edjabou M E, Moller J, Christensen T H. 2012. Solid waste characterization in Ketao, a rural town in Togo, West Africa [J]. Waste Management & Research, 30(7): 745-749.

Enayetullah I, Maqsood S A, Akhter K S. 2005. Urban Solid Waste Management Scenario of Bangladesh[R]. Waste Concern Technical Documentation, 52-57.

Garfì M, Tondelli S, Bonoli A. 2009. Multi-criteria decision analysis for waste management in Saharawi refugee camps[J]. Waste Management, 29(10): 2729-2739.

Han Z Y, Liu D, Lei Y H, et al. 2015. Characteristics and management of domestic waste in the rural area of Southwest China[J]. Waste Management & Research, 33(1): 39-47.

Han Z Y, Liu D, Li Q B, et al. 2011. A study on the integrated MSW management technologies of work zone in the hydropower station of Yangtze basin: 2011 International Conference on Computer Distributed Control and Intelligent Environmental Monitoring, Changsha, Feb.19-20, 2011[C]. IEEE Computer Society, 2416-2419.

Hiramatsu A, Hara Y, Sekiyama M, et al. 2009. Municipal solid waste flow and waste generation characteristics in an urban–rural fringe area in Thailand[J]. Waste Management & Research. 27(10): 951-960.

Huang K X, Wang J X, Bai J F, et al. 2013. Domestic solid waste dischargeand its determinantsin rural China[J]. China Agricultural Economic Review, 5(4): 512-525.

Kerdsuwana S, Laohalidanonda K, Jangsawangb W. 2015. Sustainable Development and Eco-friendly Waste Disposal Technology for the Local Community[J]. Energy Procedia, 79: 119-124.

Lal P, Tabunakawai M, Singh S K. 2007. Economics of rural waste managementin the Rewa Province and development of a rural solid waste management policy for Fiji[R]. Samoa:Pacific Islands Forum Secretariat, Secretariat of the Pacific Regional Environment Programme and Government of Fiji.

Long Y Y, Shen D S, Wang H T, et al. 2011. Heavy metal source analysis in municipal solid waste(MSW): case study on Cu and Zn[J]. Journal of Hazardous Materials, 186(2-3): 1082-1087.

Madadian E, Amiri L, AliAbdoli M, et al. 2012. Energy Production From Solid Waste In Rural Areasof Tehran Province By Anaerobic Digestion:proceedings of the 6th International Conference on Bioinformatics and Biomedical Engineering, Shanghai, May 17-20, 2012[C]. Irvine:Scientific Research Publishing.

Miranda P A, Blazquez C A, Vergara R, et al. 2015. A novel methodology for designing a household wastecollection system for insular zones[J]. Transportation Research Part E, 77: 227-247.

Mohamed Abdel-Karim Abdrabo. 2008. Assessment of economic viability of solid waste service provisionin small settlements in developing countries: case study Rosetta, Egypt[J]. Waste Management, 28 (12) : 2503-2511.

Mohammadi A, Amouei A, Asgharnia H, et al. 2012. A survey on the rural solid wastes characteristics in North Iran (Babol) [J]. Universal Journal of Environmental Research and Technology, 2 (3) : 149-153.

Passarini F, Vassura I, Monti F, et al. 2011. Indicators of waste management efficiency related to different territorial conditions[J]. Waste Management, 31 (4) : 785-792.

Paúl T G, Carolina A D V, Quetzalli A V, et al. 2010. Household solid waste characteristics and management in rural communities [J]. The Open Waste Management Journal, 3 (7) : 167-173.

Safa M. 2007. Development strategy of solid wastes managementin rural areas[A]. In: 1st Conference on environment and village[C]. Environmental Protection Organization, Iran.

Shah R, Sharma US, Tiwari. 2012. Sustainable solid waste management in rural areas[J]. International Journal of Theoretical & Applied Sciences, 4 (2) : 72-75.

Taghipour H, Amjad Z, Aslani H, et al. 2016. Characterizing and quantifying solid waste of rural communities[J]. Journal of Material Cycles and Waste Management, 18 (4) : 790-797.

Taranaki Regional Council. 2005. Investigation into Taranaki's Rural Waste Stream-2004[R]. New Zealand:Taranaki Regional Council.

Vahidi H, Nematollahi H, Padash A, et al. 2016. Comparison of rural solid waste management in two central provinces of iran[J]. Environmental Energy and Economics International Research, 1 (3) : 209-220.

van der Merwe J H, Steyl I, 1997. Rural solid waste in the Western Cape [A]. In: 23rd WEDC Conference, water and sanitation for all: partinerships and innovations[C]. Durban, South Africa, 201-203.

# 第3章 农村生活垃圾的收集与运输

## 3.1 农村生活垃圾收运现状与存在问题

### 3.1.1 收运概述

根据《中国城乡建设统计年鉴》,截止到2016年末,我国63.98%的行政村设有生活垃圾收集点,48.18%的行政村对生活垃圾进行了不同程度的处理50.24%的行政村开展了村庄整治。我国18099个建制镇拥有生活垃圾中转站32914座(4934人/座),环卫专用车辆设备120376台(1349人/台);10883个乡拥有生活垃圾中转站9678座(2886人/座),环卫专用车辆设备25020辆(1116人/辆)。农村每百人拥有的垃圾箱数量为0.57个,垃圾池和垃圾房数量分别为0.23个和0.01个(黄开兴等,2011)。农村生活垃圾收集覆盖率总体上呈现东部大于西部,平原大于山区,郊区大于偏远区,人口密集农村大于人口分散农村的现状。

近年来,虽然国家加大了对农村生活垃圾收运体系的投资,但是根据最大隶属度原则对城乡生活垃圾统筹处理的转运模式的分析表明,村镇生活垃圾处理的整体情况仍处于较差水平。其中好和较好的占9%,情况一般的占14%,这些村镇大多属于沿海经济较为发达、城乡一体化程度较高的区域(张黎,2011),如北京市和浙江省,收运服务覆盖面达100%(黄开兴等,2011);生活垃圾处理现状为较差和差的村镇分别为34%和43%,这些村镇经济都欠发达;公共基础设施尚未覆盖或覆盖不足的地区(张黎,2011),如河北省,提供收运服务的村只有22%(黄开兴等,2011)。

### 3.1.2 垃圾收运设施

当前,农村生活垃圾在收集和转运过程中涉及的收集设施主要有:垃圾坑/堆,垃圾收集容器(垃圾桶、垃圾箱、垃圾池、垃圾房),垃圾收集车(手推车、人力三轮车和机动三轮车等);转运设施主要有:垃圾运输车(改装汽车、垃圾收集车、垃圾运输车),垃圾中转站(压缩和非压缩)等。

1. 收集设施

1)垃圾坑/堆

生活垃圾坑/堆为当前农村最常见的垃圾收集及处置方式,即将垃圾直接堆放于地面或用砖石简单砌筑围栏。该收集设施无防雨、防渗、防臭功能,对景观、环境卫生影响较大,但操作简单,常作为住户处置生活垃圾的方式。

2)垃圾收集容器

A. 自制垃圾桶

农村很多地区的住户利用包装容器作为盛放垃圾的垃圾桶,如利用油漆桶、塑料桶、水桶等；自制垃圾桶虽然不密封，易滋生蚊蝇，但节约费用，可实现废旧物品综合利用，在农村较常见。

B. 垃圾筐

在部分农村地区，垃圾筐常被用于盛放家庭垃圾的容器，材质分为塑料和金属，无密封，易滋生蚊蝇，不能较长时间储存垃圾。

C. 垃圾桶

当前，垃圾桶是我国农村生活垃圾收集容器的主要类型之一，以直接购买城市环卫垃圾桶作为公用生活垃圾收集容器为主。垃圾桶形状有多种，容器的上口有盖，上部配有吊钩或翻盖装置，底部一般设有活动滚轮。在已构建收运系统的示范村，尤其是近郊区的农村，普遍使用容积为 120L 以上的塑料或金属环卫垃圾桶。

D. 垃圾箱

当前，垃圾箱也是我国农村生活垃圾收集容器的主要类型之一，分为小容积垃圾箱和大容积垃圾箱，均是直接购买城市环卫垃圾箱作为公用生活垃圾收集容器。但在调查中发现，小容积垃圾箱和分类垃圾箱在农村并没有得到很好的使用。

E. 垃圾池

由于垃圾池造价相对较低，经久耐用，而且在建造时容积和造型均可根据实际情况进行设计和调整，因此广泛用于农村生活垃圾的集中收集。但前期修建的垃圾池无防雨防渗设施，而且清运困难，造成了相应的二次污染，产生的臭气受群众诟病。

F. 垃圾房

在吸取了垃圾池建设和使用的经验后，垃圾房经历了由垃圾池简单加盖，到投放口和收集口分离，再到贴瓷砖美化，设置垃圾分类投放口，并进一步通过造型设计，成为新农村建设的文化宣传和景观美化的一道风景线，最终成为当前农村最广泛使用的垃圾收集容器。垃圾房不仅有垃圾池的优势，而且还可防雨防渗，造型设计多样；不但可作为公用收集设施，而且还可作为村或聚居区的集中或中转收集设施。但是不易清洁，如果清运不及时，易造成二次污染，而且不能移动。

3) 垃圾收集车

当前，尚无针对农村实际情况和生活垃圾特性而设计的专用垃圾收集车，主要是直接利用现有的一些简易的运输工具，包括手推车、人力三轮车和机动三轮车。

2. 转运设施

1) 垃圾运输车

当前，无针对农村实际情况和生活垃圾特性而设计的专用垃圾运输车，主要是在现有运输工具(如拖拉机、汽车等)的基础上进行改装的设备，在经济和道路条件较好以及有完善的收运体系的农村地区，直接利用城市生活垃圾收集车。

2) 垃圾转运站

在"村收集-镇转运-县处理"模式的推广过程中，一部分乡镇已建设了垃圾转运站，在部分经济条件较好、人口密度大、有完善收运体系的农村地区，其转运站还设置了压缩装置。但是由于投资不足，而且无长效的运行机制，因此仍有部分转运站修建后并未正常运行。

本节设施照片详见扫描封底二维码见附录3.1～附录3.10。

### 3.1.3　收集方式

当前，农村地区环卫资金投入不足，环卫基础设施建设滞后，大部分农村地区处于"无序丢弃+部分运输+露天堆放处理"的现状，部分地区是"露天收集+统一运输+简易处理"，只有少部分地区开展了较好的"户收集-村运输-镇转运-县(市)处理"的示范工程。在这些已建成或部分建成收运体系的农村，收集方法较为单一，主要有保洁员上门收集、住户自主收集，以及上门与自主收集相结合的方法，具体如下。

1. 混合收集

混合收集是指将未经任何处理的各种垃圾混杂在一起进行收集的方式。这种方式简便易行，在发展中国家应用广泛，目前我国绝大部分地区(包括城市和农村)均使用这种收集方式(卢金涛，2012)，在我国农村，混合收集在前端收集上主要包括入户收集和住户投放，在运输上主要是直接运输和中转运输的方式。

1) 入户收集

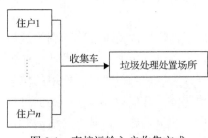

图3.1　直接运输入户收集方式

A. 直接运输

"入户收集+直接运输"收集方式是首先由住户将各自产生的生活垃圾利用垃圾桶(箱、袋)在家中收集存放，再由村保洁人员利用人力三轮/机动车/垃圾车定时、逐一入户收集，然后直接运往处置场所的方式，如图3.1所示。例如，在黑龙江省方正镇城郊农村，由镇政府采用垃圾收集车直接收集沿路住户的垃圾，运往镇处理场(王志国，2013)。

B. 村(镇)转运

"入户收集+村(镇)一级转运"收集方式是首先由住户将各自产生的生活垃圾在家中收集存放，再由村保洁人员定时、逐一入户收集，然后运往村(镇)收集点或转运站，最后再运到处置场所的方式，如图3.2所示。例如，福建省莲花镇后埔村(张黎，2011)、安徽巢湖流域农村地区(邴常远等，2014)、海南南沙新区部分农村地区就是采用的这种方式(赖志勇，2014)。

C. 村暂存-镇转运

"入户收集+村一级暂存+镇二级转运"收集方式是首先由住户将各自产生的生活垃圾在家中收集存放，再由村保洁人员定时、逐一入户收集，然后运往村垃圾桶/箱/池/房暂存，再由机动车/垃圾车运往镇转运站，最后再运到处置场所的方式，如图3.3所示。例如，海南南沙新区部分农村地区(赖志勇，2014)就是采用的这种方式。

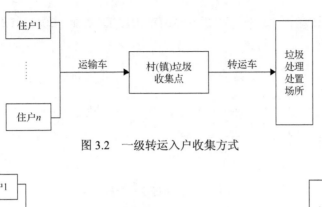

图 3.2　一级转运入户收集方式

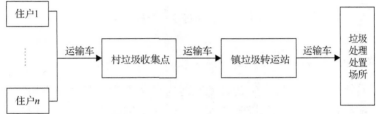

图 3.3　二级转运入户收集方式

2) 住户投放

A. 村(镇)转运

"住户投放+村(镇)一级转运"收集方式是首先由住户将各自产生的生活垃圾投放到邻近的公共垃圾桶/箱/池/房或者村垃圾收集点，再由村保洁人员利用人力三轮/机动车/垃圾车将公共垃圾桶/箱/池/房中的垃圾运往村(镇)收集点或转运站，最后再运到处置场所的方式，如图 3.4 所示。例如，福建省延平区大横镇(张黎，2011)、眉山市丹棱县[①]、江苏省苏州市太仓市[①]、三峡库区小城镇(刘元元等，2009)等地方就是采用的这种方式。

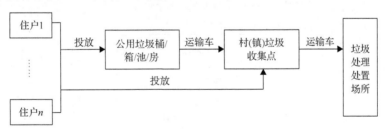

图 3.4　一级转运住户投放方式

B. 村暂存-镇转运

"住户投放+村一级暂存+镇二级转运"收集方式是首先由住户将各自产生的生活垃圾投放到邻近的公共垃圾桶/箱/池/房或者村垃圾收集点，再由村保洁人员将公共垃圾桶/箱/池/房中的垃圾运往村收集点，然后将村收集点的垃圾运输到镇转运站，最后再运到处置场所的方式，或直接由村收集站运到垃圾处理处置场所，如图 3.5 所示。例如，广东省中山市黄浦镇大岑村、安徽省黄山市黄山区农村、天津市东丽区(任蓉，2011)、广东

---

① 中国城市建设研究院环境卫生工程技术研究中心. 2015. 不同地区农村生活垃圾转运的典型模式[J]. 城乡建设, (1): 17.

省东城街农村(王志国，2013)、江苏省昆山市巴城镇(张黎，2011)等经济发达的地方就是采用的这种方式。

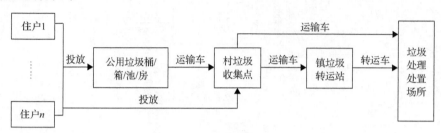

图 3.5　二级转运住户投放方式

### 2. 分类收集

分类收集是指居民在垃圾产生初始或收运人员在收运环节就将生活垃圾进行分类，然后按类别投放到垃圾箱，或垃圾收集人员上门按类别收集运输，然后按类处理，这种方法在发达国家应用广泛，是生活垃圾收集处理的最好方式(卢金涛等，2012)。在我国农村，分类收集主要包括如下方式。

A. 户分类收集投放+村统一运输/处理

"户分类收集投放+村统一运输/处理"是住户首先按照规定的垃圾种类进行分类收集，然后分类投放到公共分类收集容器(垃圾桶/箱/池/房)中，由村保洁员分类进行收集，再运往相应的处理处置场地，分别进行资源化利用和无害化处理。如图 3.6 所示，河北王庄村生活垃圾示范点收集方式(于晓勇等，2010)即采用此种分类收集方式。

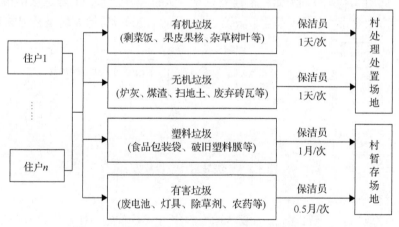

图 3.6　河北王庄村生活垃圾示范点分类收集方式

B. 户混合收集投放+村(镇)集中分拣/处理

"户混合收集投放+村(镇)集中分拣/处理"是住户混合收集家庭产生的生活垃圾，并投放到公共生活垃圾收集容器(垃圾桶/箱/池/房)中，由村保洁员收集到村集中分拣场地，通过人工分拣，将混合垃圾分类为规定的垃圾种类，并分别进行资源化利用和无害化处理，如图 3.7 所示，海南中洞村生活垃圾示范点收集方式(张静等，2010)即采用此种分类收集方式。南京华家村分类收集模式与中洞村类似，不同之处在于二次分拣时，由四类变为六类，分别为：有机垃圾、塑料袋/包装袋、尿不湿/厕纸、废纸/烟盒/报纸、旧衣服/鞋/布料和玻璃瓶/塑料瓶/易拉罐（程花，2013）。

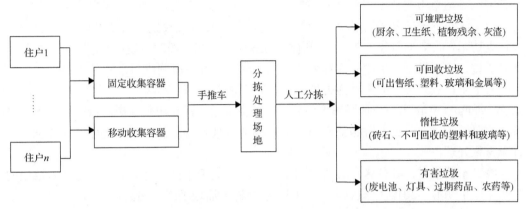

图 3.7　海南中洞村生活垃圾示范点分类收集方式

C. 户一次分类收集投放+村（镇）二次分拣/处理

"户一次分类收集投放+村（镇）二次分拣/处理"是住户首先在家中进行粗分类，然后分类投放到公共分类收集容器（垃圾桶/箱/池/房）中，由村保洁员分类进行收集，运到村集中分拣场地，再通过人工进行二次分拣，将粗分类的垃圾细分为规定的垃圾种类，并分别进行资源化利用和无害化处理。

a. 案例分析一：成都市农村分类收集试点

图 3.8 为成都市农村生活垃圾的分类收集试点的分类收集示意图（张剑等，2014）。

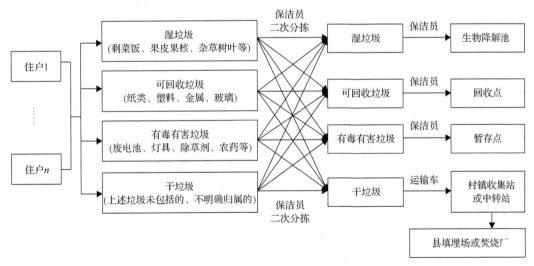

图 3.8　成都市农村生活垃圾分类收运方式

2011 年成都市在 14 个郊区（市）县开展了农村生活垃圾分类收运处理试点工作。在"户集、村（组）收、镇运、县处理"的基础上，农户在家中对垃圾进行分类后，投放到收集点的分类垃圾桶中，保洁员对收集点的生活垃圾进行二次分拣，主要挑选出可回收垃圾。保洁员将可堆肥的树叶、杂草、菜叶等送往就近的生物降解池掩埋，可回收垃圾送往回收点，干垃圾运至垃圾收集站或转运站转再运至填埋场或焚烧厂无害化处理，有毒有害垃圾运至指定地点统一存放。

分类收集容器通常采用多个垃圾桶或分格垃圾房；分类收集车大多仍是人力三轮车，少量电动车，收集车内分出 3～4 个仓位，对应存放不同种类的垃圾；各郊区(市)县基本建立了村、镇两级再生资源回收体系，实现了村村(社区)有回收点，镇乡有回收站。

对于湿垃圾，用生物降解池处理。生物降解池是在林间空地上挖出长宽高均为 1m 的土坑，每填入 30cm 餐厨垃圾回填 1 层薄土，利用土壤自净作用使餐厨垃圾得到降解，降解后的腐殖土可作为林业种植的底料。对于其他垃圾，各区县均建有填埋厂或焚烧厂进行无害化处理。

经过不断推进，各郊区(市)县农村生活垃圾分类工作已初见成效，农村生活垃圾的减量化效果明显，2012 年成都市各区(市)县农村生活垃圾减量比例达到 5%～40%，全市农村生活垃圾平均减量 18%。

b. 案例分析二：南京市农村分类收集试点

图 3.9 为南京固城镇设计的生活垃圾分类收集方式(程花，2013)。南京市农村生活垃圾分类收集与成都市的不同之处在于，住户只是粗分两类，再由保洁人员人工细分。在该分类收运方式中，每户配备两个颜色不同的垃圾桶(绿色和灰色)，收集易腐有机垃圾和其他垃圾，分别在每个垃圾桶上标明包含的垃圾组分，配上图片，便于村民投放。根据村庄具体的情况，每 8～10 户放一组垃圾桶，居民将分类好的垃圾送至指定垃圾箱格，由保洁人员每天早上负责用分类保洁车分类收集，收集后送往分拣房进行进一步分拣。除此之外，每个自然村在村口或者人流集中处设置一个专门的红色大垃圾桶，用于投放有毒有害垃圾。

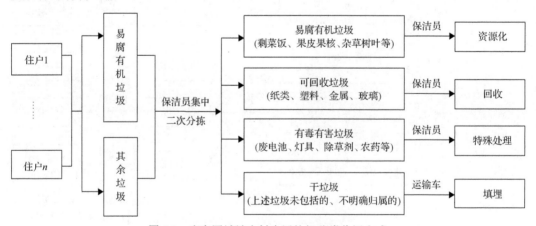

图 3.9　南京固城镇农村生活垃圾分类收运方式

D. 户分类收集+回收商入户收购

当前，在交通便利、人口密集的大多数农村均存在可再生资源回收商入村入户收集可回收物品的现象，但回收种类有限，一般为可回收价值较高的垃圾，具体如图 3.10 所示。

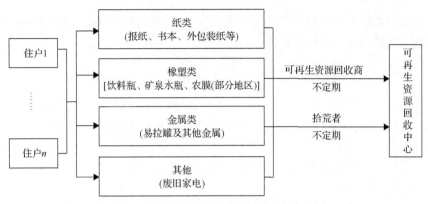

图 3.10　可再生资源回收商分类收集方式

但是由于可再生资源回收价格波动大，且持续下降，回收系统逐渐萎缩(杨宏毅，2016)，通过可再生资源回收商分类收集农村生活垃圾的方式进一步减少。根据闵师等(2011)的调查，2005～2010 年，回收商开展农村生活垃圾分类回收的状况并没有得到改善，而且不同可回收垃圾的回收率地区差异明显(扫描封底二维码见附录 3.11)。

E. 其他分类收集方式

图 3.11 是山东即墨上泊村基于养殖业发展的农村生活垃圾收运模式(孟凡彤，2011)。在该模式中，设计住户将生活垃圾分为有机垃圾、可回收垃圾和惰性垃圾，该模式充分结合了养殖业有机垃圾多的特点，并依托处理养殖废物的沼气工程，用于处理有机垃圾。

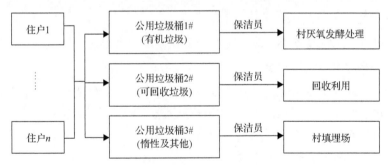

图 3.11　山东即墨上泊村农村生活垃圾分类收运模式

实际上，当前我们农村生活垃圾分类收集尚处于起步和探索阶段，大多数地区还停留在理论研究和设计阶段，很多分类收集试点由于多方面的原因，沦为形式和宣传，分类收集真正理顺机制，成功运行，还有待进一步实践。

### 3.1.4　收运存在的问题分析

1. 生活垃圾随意投放

农村生活垃圾随意投放主要表现在以下两个方面。

(1)部分群众将不属于生活垃圾的农业垃圾、畜禽粪便、建筑垃圾、大件垃圾等均混入生活垃圾中，增加了垃圾收集、处理负荷(扫描封底二维码见附录 3.12)。

(2)部分群众尚未形成投放生活垃圾的习惯，投放不积极，或投放不入池，导致明显的二次污染(扫描封底二维码见附录3.13)。

**2. 生活垃圾收运设备缺乏，建设标准低**

农村生活垃圾收运方式较为落后，人力运输仍是多数农村主要的收运方式；收运工具也不配套且数量不足，西部地区表现尤为明显，而且收运过程密闭化和机械化程度低，具体表现在：

(1)垃圾清理和运输基本以留守的中老年人为主，以人力、手工作业为主，不仅劳动强度大，收运也不及时。

(2)尚有一半的农村地区没有开展村庄整治，垃圾收运基础设施几乎为零；在已开展村庄整治的地区，也存在垃圾收集点不足，缺乏配套的垃圾桶、运输车和转运站。

(3)由于资金缺乏，导致垃圾收运基础设施建设标准低，主要体现在收集、运输和转运设施不配套；收集设施未采取有效的密封和清洁措施，没有任何防渗措施；大部分的生活垃圾清运设备多为各类型的改装车，在安全性、环保性等方面均存在隐患，也不符合农村实际情况；小型转运站一般用垃圾桶或敞开式垃圾坑代替，由于容积有限、无专人管理，又成为新的污染源(扫描封底二维码见附录3.14)。

由于以上原因，使农村生活垃圾的收运设施和运力严重不足，导致清运不及时，尤其是在春节及农忙季节，农村生活垃圾大量积存，抛洒堆弃路边等现象普遍发生。

**3. 生活垃圾收集和转运设施规划不合理**

垃圾收集点的规划设置不合理，主要表现在以下三个方面。

1)缺乏或无总体的规划和建设标准

农村生活垃圾收集点和转运站的选址与布点过于随意，缺乏系统、科学的规划，导致一部分已建设施利用率不高，另一部分已建设施负荷又严重超标；加上已建设施因管理不善导致明显的二次污染，以及设施周边居民对新建设备的反对，很大程度上也限制了设施的新建，使新建设施选址困难。

由3.1.2节可知，各地区农村生活垃圾收集和转运设施的建设标准各异，差异很大，这一方面是由于城市生活垃圾收集与转运设施的建设标准在大部分农村地区因规模的差异，并不适合农村的实际情况；另一方面，各地区又没有及时制定适合当地农村生活垃圾收集和转运设施的建设标准，加上管理、技术、资金的欠缺等原因，因此，多数农村地区的生活垃圾收集和中转设施配套设施不足、标准各异、运转不良。

2)收运设施服务半径不合理

农村生活垃圾收运设施的服务半径不合理主要表现在：收集设施主要沿路设置，路况越好，垃圾收集点数量越多(陈闯等，2012)；主要布设在集镇和行政村，以及村委会所在地，距离集镇、行政村和村委会越远，布设越少；主要布设在人口密度较大的村庄，农村居民居住越分散，布设越少；距离垃圾集中收集站点越远，布设也越少。这些导致部分群众因投放距离过远或不便，而选择自行处理或随意倾倒。

3)收运路线随意，无优化；

由于农村地区生活垃圾收运系统缺乏科学的规划与设计，而且收运路线也相对简单，因此，绝大部分地区生活垃圾的收运均较随意，导致部分地区出现收运不及时，或路线重复、不合理等现象(曾建萍，2012)。

### 4. 生活垃圾收运设备设计不合理

生活垃圾收运设备设计不合理主要体现在：生活垃圾收集箱/池/房缺少异味、渗滤液、景观、环境卫生等二次污染的防护措施；投放口和清运口设计不合理，使用不便；无合理的分类收集设计；外观设计与当地环境和文化相符性也不高；缺乏对农村地区生活垃圾的收集、运输和中转设备的研发，无适合农村地区的成套混合和分类收运设施(扫描封底二维码见附录 3.15)。

### 5. 收运模式尚需探索

当前，"村收集-镇转运-县处理"的垃圾收运模式在全国广泛推广，但是该模式并不适合人口分散，经济欠发达的中西部地区，以及山地、丘陵、高原等偏远地区。该模式在西部推行过程中遇到了极大的困难，因此，尚需在西部地区探索分散处理、组团处理、集中与分散处理相结合的多种模式，以适应不同农村地区的实际情况。

### 6. 缺乏长效运行机制

1)生活垃圾收运缺乏专人负责，清理不及时

通常情况下，在垃圾集中收集的农村，乱扔生活垃圾的现象要明显少于无垃圾集中收集的农村(丁逸宁等，2011)。但是，一方面，镇、村一级没有专门的环保管理人员；另一方面，聘请当地的清运工人人数有限，经常超负荷工作，而且收入低，导致清运工人怨言多，积极性不高，且不易聘用。因此，大多农村地区，存在垃圾清理不及时、垃圾池成为蚊蝇滋生地、环境卫生状况差等问题。

2)收运市场化运营机制尚未建立

部分农村地区的生活垃圾收运推行市场化运作，然而由于市场化运作的不规范导致一系列问题的出现，如部分农村生活垃圾运输工作由私人单位低价承包，由于受利益驱逐，这些不具备相应资质的私人单位往往将垃圾直接偷排，这在很大程度上促使"垃圾围村"现象的产生，影响了农村环境(陈群等，2012)。

3)收运设施缺乏运行和维护经费

当前农村生活垃圾收运设施主要是政府投资进行建设，由于缺乏甚至没有收运设施的运行费用，使这些设施缺乏保养和维修，很多建设较早和使用较久的垃圾桶箱/池/房破损严重，而且中转集中处理费用太高，缺少就地处理的设施与技术(陈闯等，2012)，使中转站只建设不运行，从而导致垃圾收集后的后续处理能力跟不上，不能做到及时清运，难以满足生活垃圾的收集、运输需求。

4) 分类收集成为口号和形式

由于缺乏可回收生活垃圾的回收途径、管理制度，加上市场价格波动大，利润低，使很多开展分类收集试点的农村，其分类收集无法长效运行，加上部分分类收集设施并无实质的分类隔离空间，因此，生活垃圾分类收集设备形同虚设，无群众进行分类投放，也鲜有农村进行分类收集和运输，最终分类收集和运输沦为宣传口号和形式。

## 3.2 农村生活垃圾收运方式的比较与分析

农村生活垃圾的收运方式主要涉及收集方式(混合收集、分类收集)，收集方法(上门收集、定点收集和定时收集)，清运方式(移动容器清运、固定容器清运)的选择与设计，此节主要针对收集方式进行分析，具体设计需根据当地的实际情况，因地制宜地组合选择。

### 3.2.1 混合收集

1. 混合收运方式的优势

混合收集是当前我国农村生活垃圾普遍使用的收集方式，它无须分类投放、分类收集、分类运输和分类处理，比较符合当前农村居民的认知与习惯，易于接受。而且此类收运方式具有操作运行简单、设备需求量较少、投资低廉、运输种类单一、频率低以及易于规划和运行，易实现生活垃圾规模化处理效应等优点。

2. 混合收运模式的弊端

1) 清运成本高

由于农村区域面积大，生活垃圾分散给清运工作带来较大困难。为实现无害化处理，农村垃圾往往要经过远距离运输才能到达规范化处理场，特别是在山区农村，垃圾由产生地到处理场单程运距可达 100km 以上，单位垃圾运输费用远高于城市(李海莹，2008)，因此，无减量化效果的混合收集，清运成本很高。

2) 混合收集增加了垃圾的复杂性，限制了垃圾的减量化、资源化和无害化

混合收集后各种垃圾相互混杂、黏结，降低了垃圾中可回收物质的纯度和再利用价值，也降低了可生化处理有机物资源化和焚烧能源化的价值。例如，由于厨余等湿垃圾的存在，增加了生活垃圾的机械分选的难度，污染了其他可回收垃圾；由于橡塑、金属、电池等有毒有害物质的混入，会降低有机质垃圾堆肥的品质；而且由 2.2.2 节可知，由于灰土、厨余、惰性物质的混入，会降低生活垃圾的低位热值，使其无法满足焚烧的热值需求。

因此，混合收运的农村生活垃圾未经分类，仅适合填埋，制约了处理方式的选择，不利于垃圾处理减量化、资源化和无害化目标的实现。

3) 混合收集易造成收运和处理过程中的二次污染

生活垃圾混合收集后，厨余等易腐垃圾若未及时清运，易产生异味和渗滤液，并在大气、水、土中迁移和扩散，不但影响收集点附近的环境卫生，而且在运输和处理过程

中渗滤液的跑冒滴漏和异味的扩散也会造成收运路线沿途和处理场地的二次污染。此外少量有毒有害物质如废弃的电池、过期的药品、农药包装等混入，会增加重金属、持久性有机污染物等含量，从而增加垃圾的污染性，加重其二次污染对环境的影响。

4)增加当地城市生活垃圾处理设施负荷

大部分县(市)级垃圾填埋场，原来的选址与建设规模都是以中心城区的生活垃圾量为设计依据，当实行"村收集、镇转运、县处理"这种方式后，大量的农村生活垃圾向县(市)填埋场集中，填埋场的处理负荷加大，其使用年限大大缩短，面临着新建与扩建的沉重压力(高庆标和徐艳萍，2011)。

### 3.2.2 分类收集

1. 分类收集的必要性分析

生活垃圾分类收集与混合收集最大的不同在于分类收集强调源头控制，重视垃圾的资源价值。通过源头控制，将混乱无序的垃圾按照属性分类，实现垃圾处理全过程的资源有序输入，提高了垃圾资源的纯度和价值，减少了垃圾成分过于复杂造成的处置成本高、难度大的问题(崔兆杰等，2006)，同时，分类收集还可以减少和避免相应的二次污染问题，减少垃圾处理总量，有利于垃圾的进一步处理处置和再生利用，是实现垃圾综合治理的重要步骤和关键环节，其必要性体现在如下四个方面。

1)垃圾减量化、资源化和无害化的需求

农村生活垃圾产量大，分布广，组分特征明显，而且对农村生态环境污染严重，成为当前我国农村环境污染治理的一大挑战，因此，其减量化、资源化、无害化管理成为必然选择。

首先，农村生活垃圾中的厨余和灰土比例总和高达70%，这些垃圾混入后会降低其他垃圾的可回收品质，限制垃圾的资源化利用。但是通过分类收集，有机垃圾得到利用，可产生优质有机肥，并减少了末端处理设施的负荷。而且当厨余垃圾被回收后，低位热值会增加36.8%(Alexandre and Viriato，2008)，提升垃圾的焚烧热值。因此，垃圾分类收集后，在减量化和资源化上，都能取得很好的效果，还具有较高的环境效益。

其次，农村生活垃圾中橡塑类、纸类、金属类、玻璃类等可回收物约占20%。如果废塑料随意丢弃，不但会造成白色污染，还会使土壤受到污染，导致农作物减产。但如果回收，实现资源化利用，则可创造良好的社会、经济和环境效益。例如，回收1t废塑料可回炼600kg的柴油；回收1500t废纸，可免于砍伐用于生产1200t纸的林木；1t易拉罐熔化后能结成1t很好的铝块，可少采20t铝矿。

最后，农村垃圾中废弃的电池、电子产品等含有金属汞、镉等有毒物质，以及一些有毒有害产品的包装都会对生态环境产生危害，因此分类收集回收后也可以减少这类污染物对环境的危害。

2)减少收运和处理处置费用的需求

由于农村地区地域面积大，人口密度低，因此垃圾的收集和运输费用很高，有时甚至能达到垃圾管理总费用的 80%(He，2012)，通过分类收集，可以有效减少收运和处理处置费用。

农村地区生活垃圾分类收集具有很大优势，首先，农村生活垃圾分类收集后，延长了垃圾的收集时间，降低了垃圾的收集频率，极大地减少了垃圾的收集和运输费用；其次，垃圾源头分类可以通过垃圾产生者的分散劳动取代混合收集后的集中分选工作，省去了垃圾分选等预处理环节，简化了后续处理，降低了运行成本；再次，垃圾分类收集后，将资源化的垃圾分离，减少了垃圾的处理量，从而减少填埋场地的使用面积，延长了垃圾填埋场的使用寿命，提高填埋效率，极大地减少了处理处置费用；最后，可回收物资的出售，也能在一定程度上补贴生活垃圾的收运支出。

纳入城市生活垃圾收运体系的农村实践表明，基于分类收集的垃圾体系，包括有机物堆肥或其他生物处理后农用、灰渣就地填埋、可回收物品回收利用等，能比混合收集降低大约 33%的费用(He，2012)。在太湖流域村镇，通过分类收集与有机垃圾堆肥处理后，收运、处理费用也只有混合收集的 80%(滕菊英和兰吉武，2009)。与混合收集及填埋处理相比，分类收集及资源化处理的工程投资仅为 1/10～1/8，运行费用为 1/12～1/10，占地量为 1/120～1/100(何惠君，1997)。鉴于我国大部分农村地区的集体经济薄弱，政府财源短缺，对公共事业的投入乏力，因此，以建设成本"省"和运行费用"低"为特点的垃圾分类收集应当成为农村生活垃圾收运体系建设的首选和必然。

3)促进农村资源利用产业经济发展的需求

生活垃圾分类收集是垃圾资源利用产业链的起点，该点具有裂变活性，能够衍生出其他支链，创造出更多的经济增长点。首先，农村生活垃圾的分类收集需要解决人员、设备、设施等的投入，相应地能够解决农村的剩余劳动力转移、闲置资源利用等问题；其次，分类收集的实现需要配套的垃圾资源化产业，需要农村配套建设废品回收、交易、加工等经济实体，从而带动服务、商贸、物流、加工等多种行业的共同发展，有利于改变以农业为主的单一经济结构，创造更多的就业机会和经济增长点，拓展农村经济的增长空间(崔兆杰等，2006)。因此，为促进农村垃圾资源利用产业的发展，生活垃圾分类收集成为必然。

4)响应国家政策的需求

近年来垃圾分类收集问题日益得到党中央和国务院的重视。2016 年中央财经领导小组第十四次会议中，习近平总书记强调了从解决好人民群众普遍关心的突出问题入手，推进全面小康社会建设，普遍推行垃圾分类制度，将农村生活垃圾分类收集提上议事日程。与此同时，国务院办公厅《关于创新农村基础设施投融资体制机制的指导意见》，国家发改委《战略性新兴产业重点产品和服务指导目录》(2016 版)，以及 2017 年中央 1 号文件提出，深入开展农村人居环境治理和美丽宜居乡村建设，推进农村生活垃圾治理专项行动，促进垃圾分类和资源化利用，这些文件的颁布进一步推动了农村生活垃圾分类收集，使其成为今后农村生活垃圾收运模式的必然。

## 2. 分类收集可行性分析

上述分析表明，要真正实现生活垃圾处理的"三化"原则，垃圾分类必须从整个系统的源头进行。虽然在农村地区进行的垃圾分类试点工作尚存在一定推广难度，但通过对农村地区的调研发现，农村地区的特点使其具备开展家庭垃圾分类的优势(李海莹，2008)。

1)群众基础较好

目前农村地区仍保持将可售废品分类存放的良好分类习惯。与城市居民相比，农村居民往往具备较大的居住空间，含有院落的住宅为村民垃圾分类投放提供了场所。农村居民对暂时存放垃圾的排斥心理也低于城市居民。

此外，与城市上班族相比，村民具有较多的空闲时间。收入水平和闲暇时间成本较低，使村民面对同样经济鼓励时比城市居民具有更强的支付意愿(李海莹，2008)。

根据戴晓霞(2009)对发达农村地区的居民调查显示，虽然对于厨余等有机物和橡塑类垃圾，有 67.84%和 61.31%的受访者都直接倒入垃圾桶，但是对于易拉罐、罐头盒、塑料瓶等和报纸、书本、包装纸等纸制品，约 73%的居民会进行分类并卖给废品回收商，在西部，这一比例达到 78.7%。

可见，在农村，生活垃圾的分类收集具有较好的基础。

2)主要垃圾组分有广阔的减量空间和消纳途径

农村生活垃圾中的易腐垃圾主要是厨余和木竹类有机物，约占农村生活垃圾总量的一半，惰性垃圾主要是灰土与砖瓦陶瓷，约占农村生活垃圾总量的 1/4。由于良好的节俭传统，而且农村居民家中多喂养牲畜，易腐垃圾中剩饭菜少，含盐量较低，如果进行分类收集，可制成品质较优的有机肥；加上农村地区对有机肥料的广泛需求，易腐垃圾堆肥处理、回用农田的方式有较好适用性。此外，随着沼气技术在农村的发展和推广，易腐垃圾作为原料进入沼气系统也是其资源化途径之一。惰性垃圾较稳定，便于存放，目前仍有很大一部分农村居民将灰土还田或用于庭院种植。

因此，针对农村生活垃圾的主要组分灰土和厨余，具有较大的减量化空间和就地消纳途径。在社区合作的基础上，开展纸类的分类收集可以具有环境可行性，但是在农村开展有机物的集中收集处理缺乏经济性和环境可行性(Jana，2015)。

3)已存在粗放的废品回收途经

现有的农村废品回收网络主要由固定回收站、上门回收人员和拾荒者组成。包括居民在家中回收部分经济价值较高的废品，将这些废品交售给上门回收人员和附近的固定回收站；上门回收人员走街串巷，上门回收经济价值较高的废品，然后再交售给较大的固定回收站；拾荒者在各村垃圾收集点分拣回收混入垃圾中的部分废品，其中上门回收人员回收是废品进入回收市场的主要渠道(张明玉，2010)。可见，在经济利益的驱动下，在人口密集、交通便捷的广大农村地区，已存在粗放的生活垃圾回收网络，这也为生活垃圾的分类收集提供了有利条件。

3. 分类收集的难点

当前，垃圾分类收集主要受到农村居民的分类认知和意愿、垃圾特性、垃圾分类收集设备、国家政策等方面的影响，进而限制了垃圾分类收集。

1) 公众垃圾分类认知和分类意愿不足，限制了分类收集

根据对西部农村地区居民的生活垃圾分类认知调查显示，农村居民对有毒有害垃圾的认知不足，对可回收垃圾的认知主要取决于当地的废品回收商的收购行为，只有 23.93% 的群众了解生活垃圾分类，38.12% 的群众了解一些，37.95% 的群众不了解。在对发达地区农村居民的调查中，也只有 26.13% 的居民知道垃圾分类收集，51.6% 的居民愿意在丢弃垃圾时对垃圾进行分类收集，大大低于城市居民对垃圾分类收集的意识（戴晓霞，2009）。加上公众环保意识不高，随手乱扔垃圾的习惯难以改变，而且经济收入低，对分类收集设施的支付意愿低，这些都极大地降低了垃圾分类的主观积极性以及分类的正确性。

2) 垃圾特性限制了其回收利用

农村生活垃圾主要组分为厨余、灰土、橡塑和纸类，织物、金属、玻璃含量较少。其中塑料质差、量轻、分散、价低；玻璃密度大，运输成本高，回收价格低；织物质差、量少、分散、价低，这些因素均限制了对塑料袋、玻璃、织物的回收利用。这些均导致一方面，可再生资源回收商不愿意回收；另一方面，群众也不愿意分类收集，仅 10.05% 的群众将塑料袋分类收集后卖给废品回收者（戴晓霞和季湘铭，2009）。因此大量塑料袋、玻璃、织物等使用后被随意丢弃。

3) 分类收集设施的设计与建设限制了垃圾分类收集

分类收集设施不足，或设计上缺乏分类引导，分类收集配套设施和系统不完善，群众无法开展分类收集，或使本已源头分类收集的垃圾又被混合在一起（武攀峰等，2006；武攀峰，2005），这些均降低了公众开展垃圾分类的积极性。

4) 回收市场限制了分类回收

目前我国缺乏鼓励分类收集的政策和资金支持，使回收再利用企业数量少，规模小，收购可回收垃圾的利润低，处理难度大，没有显著的经济利益驱动和有效的激励机制（闵师等，2011；裴亮等，2011），导致废品再利用出路受限，挫伤了分类收集的积极性。根据闵师等（2011）对我国农村固体废物回收的调查结果表明，农户对金属类垃圾销售比例最高（91.04%），其次为纸类（63.33%）、塑料类（59.20%）和玻璃类（52.62%），而且 2005～2011 年，其比例基本上没有变化。可见，除金属类垃圾外，其他可回收垃圾没能得到充分的回收利用，而且通过销售的方式进行农村生活垃圾回收的状况并没有得到改善。

### 3.2.3　收运方式影响因素

#### 1. 垃圾收集密度

垃圾收集密度是指单位土地面积（$hm^2$）上垃圾的收运量（t），与区域人口密度和产生率呈正相关，对垃圾收集半径影响很大（李颖和许少华，2007）。由 2.3.4 节可知，村镇生活垃圾的产生密度远低于城市建成区，村镇合计的生活垃圾产生密度中位值仅为城市建成区的 1%。

## 2. 收运经济性

在农村开展垃圾收集，最主要的费用和环境负荷直接来自收集运输，即垃圾收运车行驶的里程和耗费的时间(Jana，2015)。

经济性评价指标是指收运单位质量垃圾的市场价格，主要以吨垃圾费用来评价。吨垃圾费用主要取决于完成一定垃圾收运量时所配备的车辆的性能、运输距离及装备、设施的折旧等因素。由于农村居民居住分散，地形复杂，尤其是在山区和丘陵地区，如果采用"村收集-镇转运-县处理"模式，吨垃圾费用要显著高于城市。

## 3. 环境影响

垃圾收运过程对环境的影响主要有以下几个方面：收集过程中的垃圾飞扬，污水、臭气污染，运输过程中封闭不良导致的垃圾散落、滴漏等对道路的污染，收集、运输作业中各种设备产生的噪声污染以及车身不洁造成的视觉污染等。由于农村生活垃圾收运设备建设标准低，少有密封设备，且缺乏维护和维修，因此更易造成二次污染，影响环境。

## 4. 处置设施选址

对农村来说，一般情况下，区域内是否规划处置设施将直接导致不同的运输距离，因此合理的垃圾处置设施选址和建设规划至关重要。当前，绝大多数农村均缺乏生活垃圾处置设施的总体规划。

## 5. 农村居民意愿

根据 5.3.2 节可知，农村居民生活垃圾的分类收集意愿、投放意愿、支付意愿也直接影响生活垃圾收运的设计。

综上所述，混合收集和分类收集各有优势与不足(表 3.1)。虽然生活垃圾分类收集在农村和城市推广还需时日，但是随着社会的发展，生活垃圾分类收集是必然趋势。

表 3.1　混合收集与分类收集比较

| 项目 | 混合收集 | 分类收集 |
|---|---|---|
| 配套环卫设施要求 | 使用设施少，单一容器即可满足要求 | 使用设施多，按分类类别需多种垃圾容器，还需与之配套的收集、运输和中转设施，分类收集设施投入大 |
| 操作管理 | 垃圾混合收集投放，操作简单易行，农村居民易于接受 | 操作复杂，需按类别进行分类收集、分类运输和分类中转，需对农村居民和分类工人开展宣传教育和培训，才能正确分类 |
| 减量化、资源化 | 无减量效益、资源浪费 | 减量化效果好、资源化程度高 |
| 运行成本 | 垃圾量大，运输和处理费用高 | 减量化程度高，运输和处理费用少，而且可回收垃圾的变卖可补偿一定的运行成本 |
| 环境效益 | 填埋量高，在运输和处理过程中，对环境负荷大 | 分类收集利用，减少垃圾污染，实现资源化利用，对环境友好 |
| 社会效益 | 可提高群众环保意识，改变垃圾处理习惯 | 可进一步提高群众环保意识，增强参与意愿，改变垃圾处理习惯 |

# 3.3　农村生活垃圾混合收运系统的设计

生活垃圾收运系统包括收集、运输、转运 3 个部分。其中垃圾的收集，是指从垃圾产生源到垃圾收集容器或集装点的过程；垃圾的运输，通常指垃圾的近距离运输，即清运车辆沿一定路线收集容器中的垃圾，并运至垃圾转运站或直接运至就近的处置场；垃圾的转运，特指垃圾由转运站到处理厂(场)的中远距离运输(黎磊，2009)。垃圾收集系统的目标是实现垃圾收集的分类化、容器化、密闭化和机械化(黎磊，2009)。该系统的运转效率主要取决于收运系统的科学性和合理性。结合农村的实际情况，其收运系统设计应满足经济环保、操作便捷、因地制宜的原则。

在设计过程中，收集部分主要包括收集设备、收集方式、收集路线及其优化等；运输部分主要包括运输车辆(机械)、运输方式、运输路线及其优化等；中转部分主要包括转运设备、中转站工艺选择及其优化等(李颖和许少华，2007)。

农村生活垃圾收运体系的设计内容和步骤主要包括如下六方面。

(1)整体规划：结合当地的实际情况和既有规划，从镇、县辖区范围，或打破行政区划以区域整体布局为基础，整体规划农村生活垃圾的收运模式与范围。

(2)收运量计算：根据设计区域内的人口数、经济生活水平等相关因素进行生活垃圾产生量、成分统计及预测，以及生活垃圾分布及预测。

(3)收集方式确定：按照整洁、卫生、经济、方便、协调原则确定生活垃圾收集方式。

(4)中转站设计：按照经济、协调原则确定是否采用中转站，以及中转站的作业方式、运输费用和经济性分析等。

(5)系统配置：根据经济、协调原则及区域基本情况(如道路情况)配置收运设备如收集容器、收集车辆、运输车辆等。

(6)作业规程制订：根据经济、协调及收运设备的特性制订垃圾收运作业规程。

## 3.3.1　整体规划

垃圾收运系统是垃圾处理系统中的第一环，耗资大、操作过程复杂，收运费用占垃圾全过程处理费用的一半甚至更多。垃圾收运的规划设计，应在达到各项环境卫生目标的前提下，尽可能降低收运费用。因此，对收运系统进行科学合理的规划，优化收运路线，提高收运效率是非常必要和关键的(黎磊，2009)。

### 1. 农村生活垃圾收运基本特点

与城市相比，农村生活垃圾收运存在如下显著特点：

(1)生活垃圾产生量大，人均产生率低且分散。

(2)生活垃圾有机物和灰土含量大，有价值的可回收物含量低，危险废物含量很少。

(3)农村主要以种植业、养殖业生产为主，部分农业废弃物会混入生活垃圾中，且季节性变化规律明显。

(4)农村地域广泛，环境容纳能力较强，部分垃圾可以在农户庭院内、户外或农业生产过程中就地消纳。

(5)村镇环卫投资少，基础设施建设不足。

(6)村镇环境管理体系薄弱，无向下延伸的环卫管理部门。

(7)农民环境保护意识较弱，固守旧习，但经济激励性高，参与意愿强。

(8)农村空巢和留守现象明显，劳动力不足。

### 2. 规划选址理论

选址问题是根据服务对象的特点，在规划区域内选定一个或多个空间位置，在达到满足服务对象要求的同时，使得既定目标最优的问题。选址问题概括起来有两类问题：一是单纯选择合适的设施位置，不考虑已有其他设施的影响；二是在原有的设施布局中，加入新的设施布局点，加入的布局点会对整个布局带来影响。

选址核心理论是区位理论，重心法是一种常用的选址方法，其原理是假设需求区域与供应区都集中于一个点(要素的几何中心)上，在约束条件下，通过计算求解规划区域内的最佳设置点(刘敏，2014)。

在选址过程中，区域的人口数量、居民聚居区的分布情况、交通状况，以及用地类型等均会对其产生影响。垃圾收集点需求区域的面积大小、聚合和离散程度对垃圾收集点的选址结果也有重要影响。位于规划区域内的大量的居民聚居点会在地理空间上形成一个或多个自然聚类。将聚类分析用于重心法垃圾收集点选址研究，GIS 分组分析工具中的聚类分析工具可通过查找在空间上尽可能相似的要素进行分组和区划，挖掘组内要素相似性和不同组间要素的差异最大化，从而降低聚合偏差。

### 3. 农村生活垃圾收集点防护距离

农村的生活垃圾收集池(房、站)等，需设置相应的防护距离，具体如下：①根据专家建议和对现场情况的调研，对垃圾产生气味影响距离的测算，拟定距离居民区以外 20m 作为防护距离(黎磊，2009)，并根据群众的投放意愿调查，收集点距离住户不超过 400m；②农田、河流选取 50m 作为缓冲区；③对于饮用水源保护区，以及其他敏感地区，不设置垃圾收集点。

### 4. 小城镇生活垃圾区域联合处理规划与管理

根据魏俊(2006)对小城镇生活垃圾区域联合处理规划与管理的研究表明：随着区域半径的增加，吨区域联合费用出现最小值，对应的收运最优半径值为 25.3km，如图 3.12 所示。

这说明在目前的城镇分布密度和城镇规模下，县辖小城镇联合处理的区域应限于县域(我国县域平均半径 38.73km)范围内；而对于市辖小城镇，由于市辖区面积远远小于县域面积(如上海市辖区折合平均半径为 10.0km)，因此，应突破区界范围。

城镇分布密度和城镇规模对最优联合半径值，以及吨区域联合费都有负向影响。因此，城镇分布密集以及城镇平均规模大的经济发达地区适宜实施联合，而小城镇分散、平均规模小的经济中度发达和欠发达地区则不适宜实施联合。

此外，最优联合半径也受小城镇规模等级差异的影响。按照目前我国对小城镇发展的指导意见，一般在县域范围内培养 3～5 个区域中心镇，在以县为单位组织实施生活垃垃区域联合处理时，以区域中心镇为组团核心比较适宜，考虑处理场地的选址可行性，一个县划分为2~3个片区比较合理。

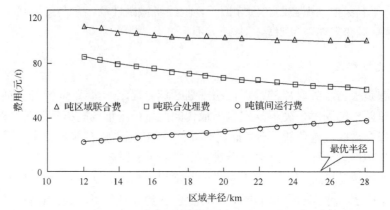

图3.12　我国小城镇吨区域联合费用最优半径(魏俊，2006)

同一地域内区位对生活垃圾区域联合费用并不构成明显影响。我国小城镇生活垃圾的区域联合处理适宜度随东、中、西部地带的迁移而逐渐降低。这主要是由于在东部地区城镇虽然分布分散，但城镇自身发育情况较好，起到了区域中心的辐射带动作用，具有一定的极核效应；而其他地区虽然城镇分布密集，但小城镇空壳化现象严重，不具有应有的辐射功能。

### 3.3.2　收运量计算

(1)基于垃圾产生率的计算：

$$W_c = w \cdot P \cdot t \cdot \eta \tag{3.1}$$

式中，$W_c$ 为单次生活垃圾收运量，kg/次；$w$ 为人均生活垃圾产生系数，kg/(人·d)；$P$ 为收运范围内的人口数，人；$t$ 为收运频率，d/次；$\eta$ 为收运率，%。

(2)基于垃圾产生密度的计算：

$$W_c = w_a \cdot A \cdot t \cdot \eta \tag{3.2}$$

式中，$W_c$ 为单次生活垃圾收运量，kg/次；$w_a$ 为生活垃圾产生系数，kg/(km²·d)；$A$ 为收运面积，km²；$t$ 为收运频率，d/次；$\eta$ 为收运率，%。

### 3.3.3　收集方式设计

1. 集中处理

集中处理模式适用于平原型村庄,服务半径大于或等于20km，人口密度大于66人/km²,且总服务人口达80000人以上，建立可覆盖周边村庄的区域性垃圾转运、压缩设施，该设施与周边村庄间的运输道路60%可达到县级以上公路标准[①]。

① 中华人民共和国环境保护部. 农村生活垃圾分类、收运和处理项目建设与投资指南[Z]. 2013-11-11.

1) 户投-村收-镇转运-县(市)处理

对于经济较发达、人口密度较大，垃圾产生量较大，收集点与处理厂(场)有一定距离的农村地区(如东部经济较发达地区、平原地区，以及县(市)郊区、大型集镇区域的农村)，生活垃圾收运方式可选择"居民主动投放+村垃圾箱(房)定点收集+镇机动车定时运输+县处理厂(场)集中处理"，如表 3.2 和图 3.13 所示。

表 3.2　我国农村生活垃圾集中处理收运方式

| 序号 | 处理模式 | 集中处理序号流程图 | 备注 |
| --- | --- | --- | --- |
| 1 | 户投-村收-镇转运-县(市)处理 | (1)→(3)→(4)→(5)<br>(1)→(2)→(3)→(4)→(5) | 采用人工投放 |
| 2 | 户集-村收-县(市)处理 | (1)→(3)→(5) | 采用人工或运输车入户收集 |
| 3 | 户集-镇转运-县(市)处理 | (1)→(4)→(5) | |
| 4 | 户集-县(市)处理 | (1)→(5) | |

在该收集方式中，住户直接将生活垃圾投放到村镇指定的垃圾收集点(垃圾收集桶/箱/池/房)，然后通过小型垃圾收集车(1~2t 位车型)对沿途投放点的垃圾装车运输至镇中转站，生活垃圾经转运站填装压缩后再由较大的垃圾运输车(多采用 5~8t 位车型)转运到县垃圾处理厂(场)进行处理。满载后的运输车转运的距离一般不超过 20km。为了降低劳动强度，提高清运效率，防止生活垃圾在收集转运过程中对沿途环境造成二次污染，运输车辆可选择密闭性带自装卸装置和压缩功能的转运车，车辆的大小和类型可根据农村的垃圾量、道路和经济条件确定(史旭东，2013)。

2) 户集-村收-县(市)处理

在收集点与处理厂(场)距离不远的已基本城镇化的农村地区，可选择"保洁员主动收集+村垃圾箱(房)定点收集+村(镇)转运车定时运输+县(市)处理厂(场)集中处理"。

如表 3.2 和图 3.13 所示，在该收集方式中，不设置中转站，由较大的垃圾收集转运车对沿途收集点的垃圾装车，直接运输到县垃圾处理厂(场)进行处理。浙江嘉兴、湖州等 20 多个市(县)农村生活垃圾均采用该模式进行收运，这种模式收集效率高，处理效果好，但对运转设施要求高，运转费用大，一个县一年的运转费用需 3000 万左右(祝美群，2011)。

3) 户集-镇转运-县(市)处理

在与转运站距离不远的已基本城镇化的农村地区，生活垃圾收运方式可选择"村(镇)垃圾收集车入户收集+村(镇)转运车定时运输+县(市)处理厂(场)集中处理"。

如表 3.2 和图 3.13 所示，在该收集方式中，不设置收集点，住户产生的垃圾由当地垃圾收集车定时上门收集，满载后直接运输至镇中转站，生活垃圾经转运站填装压缩后再转运到县垃圾处理厂(场)进行处理。

根据对"户集-村收-县(市)处理"(桶装车载直运，61.55 元/t)和"户集-镇转运-县(市)处理"(集中转运方式，105.24 元/t)的经济分析表明，前者更经济(吴秀莲等，2014)。

4) 户集-县(市)处理

在城乡一体化或近郊区农村，生活垃圾收运方式还可选择"村(镇)转运车定时收集+县(市)处理厂(场)集中处理"。

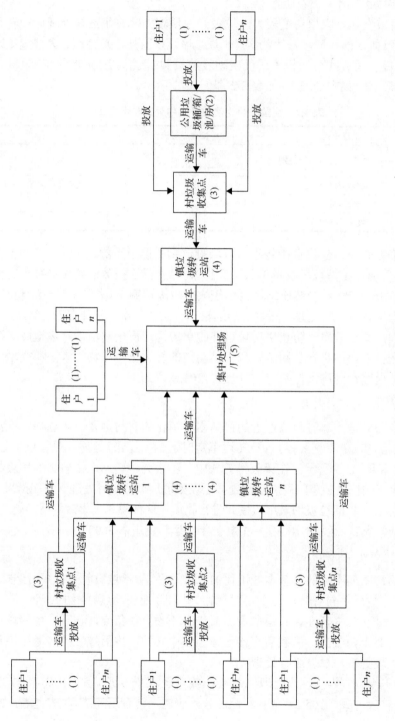

图 3.13 农村生活垃圾集中处理收运方式示意图

如表 3.2 和图 3.13 所示，在该收集方式中，不设置收集点和中转站。住户产生的垃圾纳入市政生活垃圾收运体系，由当地垃圾收集车定时上门收集，满载后直接运输至县垃圾处理厂(场)进行处理。

2. 分散处理

分散式处理模式适用于布局分散、经济欠发达、交通不便，人口密度小于或等于 66 人/km²，与最近的县级及县级以上城市距离大于 20km，且与城市间运输道路 40% 以上低于县级公路标准，推行垃圾分类的分散型村庄，提倡对分选后的有机垃圾进行就地及时资源化处理[①]。

1) 户集-户处理

在交通不便的偏远地区，独居或与外界相对隔离的住户，或住户之间非常分散的农村，可选择"户集-户处理"方式，如表 3.3 和图 3.14，即不对垃圾进行收集，由住户自行处理。

**表 3.3　我国农村生活垃圾分散处理收运方式**

| 序号 | 处理模式 | 分散处理序号流程图 | 备注 |
|---|---|---|---|
| 1 | 户集-户处理 | (1)→(6) | 适合住户分散的农村 |
| 2 | 户集-村收-村处理或户投-村收-村处理 | (1)→(3)→(4)<br>(1)→(2)→(3)→(4) | 适合村庄分布分散的农村 |
| 3 | 户集-村收-镇处理或户投-村收-镇处理 | (1)→(3)→(5)<br>(1)→(2)→(3)→(5) | 适合村庄集中的农村 |

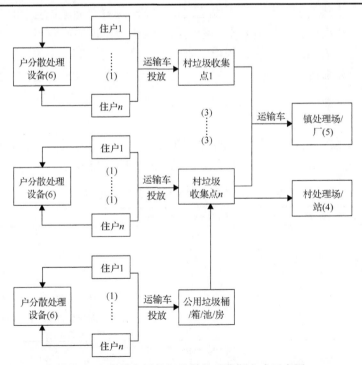

图 3.14　农村生活垃圾分散处理收运方式示意图

---

① 中华人民共和国环境保护部. 农村生活垃圾分类、收运和处理项目建设与投资指南[Z]. 2013-11-11.

2) 户集/投-村收-村处理

在交通不便的偏远地区，或与外界相对隔离但住户居住相对集中的农村，可选择"户集/投-村收-村处理"收集方式，如表 3.3 和图 3.14 所示，即由村集中收集后在当地进行处理，或由住户直接将生活垃圾投放到村处理场地/站进行处理，或由住户将生活垃圾投递到公用垃圾桶/箱/池/房，再由人工或垃圾车将公用垃圾桶/箱/池/房中的垃圾运到村垃圾处理场/站进行处理。

3) 户集/投-村收-镇处理

在交通不便，但镇域村庄分布相对集中的农村地区，可以选择"户集/投-村收-镇处理"收集方式，如表 3.3 和图 3.14 所示，即由村集中收集后再转运到镇处理场地/站进行处理，或者由镇直接到村的生活垃圾收集点收集垃圾后运到镇处理场地/站进行处理。

3. 组团式处理

组团处理收运方式是以当前路网为基础，按就近优化和总体规划原则，打破现有的行政区划，在优化组团覆盖范围内建设相应规模的垃圾收运站。生活垃圾由住户直接投放或由村保洁人员收集到村垃圾收集点，再经由村或组团收集车运往就近规划的组团转运站，然后集中运到当地垃圾处理厂(场)。组团转运站可由县(市)相关部门或片区所辖的相关镇区联合建设。运营期间可由县(市)主管部门直接管理，这样强化了县(市)主管部门的责任，使得整个收运系统管理更为直接有效。同时，也可采取商业模式，由专业垃圾处理公司负责运营和管理。由于收运线路、车辆选择等问题由县(市)或商业公司直接管理，能最大程度的提高运输效率，避免跨镇运输中出现的问题。

在我国农村，人口密度和乡镇规模互有高低，区域组团联合费用取决于服务的总人口数，一般规律是服务人口数越多，单位费用越低(魏俊，2006)。通常有如下集中组团收运方式。

1) 村收集-村(组团)转运-集中处理

在相对偏远地区，人口聚居区域性比较明显，距离县(市)处理厂(场)适中的农村，采用"村收集-村(组团)转运-集中处理"，如表 3.4 和图 3.15 所示。

**表 3.4 我国农村生活垃圾组团处理收运方式**

| 序号 | 处理模式 | 组团处理序号流程图 | 备注 |
|---|---|---|---|
| 1 | 村收集-村(组团)转运-集中处理 | (1)→(2)→(3)←(1)<br>↓<br>(4)<br>↓<br>(5) | 适合区域聚居明显，距离县处理场地不远的农村 |
| 2 | 村收集-村(组团)转运-村组团分散处理 | (1)→(2)→(3)←(2)←(1)<br>↓<br>(6) | 适合区域聚居明显，聚居明显的相邻几个村 |
| 3 | 村收集-村(组团)转运-镇组团分散处理 | (1)→(2)→(3)←(2)←(1)<br>↓<br>(4)<br>↓<br>(7) | 适合区域聚居明显，聚居明显的相邻几个镇 |

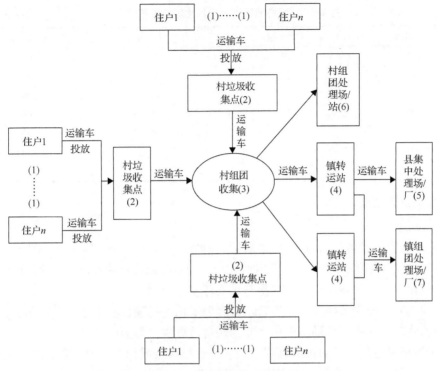

图 3.15　农村生活垃圾组团处理收运方式示意图

2) 村收集-村(组团)转运-组团分散处理

在偏远地区,人口聚居区域性比较明显,但距离县(市)处理厂(场)远的农村,或县(市)处理厂(场)处理处置规模有限时,可采用"村收集-村(组团)转运-组团分散处理",如表 3.4 和图 3.15 所示。

在该收集方式中,组团收集的生活垃圾不再集中处理,而是由相邻的几个村或者镇联合在一起进行处理,这样可以打破行政区划,最大程度优化运输距离,节省运输费用。

### 3.3.4　收运设施的设计

#### 1. 收集设施

农村生活垃圾收集是农村生活垃圾经住户收集,投放到公用垃圾桶/箱/房/池;或由村内相关环境保洁人员,利用专用垃圾收集车,将垃圾由户或公用收集设施收集到指定垃圾集中站/房/箱/池的过程。收集设施的选择可根据生活垃圾的收集方式、产生量、经济条件、工人的劳动强度、收集效率和垃圾二次污染防治等情况综合考虑。

1) 户用垃圾桶

由于垃圾混合收集,易腐垃圾容易变质腐烂,产生异味,因此,可结合当地实际情况选择收集频率,建议可采取日产日清,一周两清或一周一清的设计。其中夏季宜采取高频率收集,冬季可采取低频率收集。我国农村地区户用垃圾桶选型如表 3.5 所示。

**表 3.5　我国各地区农村户用垃圾桶容积选型**　　　　　　　　（单位：L）

| 地区名称 | 日产日清 | 一周两清 | 一周一清 |
|---|---|---|---|
| 华北 | 20 | 70 | 120 |
| 东北 | 15 | 60 | 100 |
| 华东 | 10 | 40 | 70 |
| 华中 | 20 | 70 | 120 |
| 华南 | 10 | 40 | 70 |
| 西南 | 10 | 30 | 50 |
| 西北 | 10 | 30 | 50 |

2) 公用垃圾收集设备

A. 一般要求

公用垃圾收集设备包括垃圾桶、垃圾箱、垃圾池、垃圾房，一般要求如下 (程花，2013)：

(1) 易投放、清洁，不造成二次污染，建议采用带盖或能封闭且设有滑轮的垃圾桶/箱。

(2) 收集容器应美观、耐用，尽量与周围环境相协调。

(3) 收集容器应无破损，密闭性好，具有便于识别的项目标志和公益告示等。

(4) 收集容器的容积须满足使用需要，避免垃圾溢出而影响环境。

鉴于垃圾房更能激发农民的环保意识，促进垃圾投放行为，改变以前随处乱扔的习惯 (袁惊柱，2013)，因此不宜采用露天的垃圾池，建议设置防雨和防渗的垃圾房。如果选用塑料垃圾桶，容器内表面应光滑，材质宜为抗老化性能较好的高密度聚乙烯；若选择塑制带盖垃圾收集箱，可防止下雨天雨水进入或者垃圾味道外逸 (程花，2013)。

在欠发达地区，村屯之间的距离一般较远，公用垃圾收集设备不宜分散设置，建议在自然村或聚居区的主要出、入口附近设置收集设备，便于住户投放和垃圾收集。

在发达地区，对于临近的农户，在村庄公共场所、巷道等处设立公用垃圾桶/箱，服务农户数量 10 户左右、服务半径 50～100m、容积以 300～500L 为宜[①]。

每辆专用垃圾收集车需要给环卫工人配备 1 套垃圾收集时的清扫工具[①]。

B. 容积计算

我国各地区农村生活垃圾收集设备容积计算公式见如表 3.6 所示。

**表 3.6　我国各地区农村生活垃圾收集设备容积计算**　　　　（单位：L）

| 地区名称 | 计算公式 | 备注 |
|---|---|---|
| 华北 | $V=4.57\times\eta\times p$ | |
| 东北 | $V=4.05\times\eta\times p$ | |
| 华东 | $V=2.46\times\eta\times p$ | $V$：垃圾收集设施体积，L； |
| 华中 | $V=4.13\times\eta\times p$ | $\eta$：垃圾收集频率，d/次； |
| 华南 | $V=2.27\times\eta\times p$ | $p$：垃圾收集覆盖范围内人口数量，人； |
| 西南 | $V=1.71\times\eta\times p$ | 收集率取 100% |
| 西北 | $V=1.54\times\eta\times p$ | |

① 中华人民共和国环境保护部. 农村生活垃圾分类、收运和处理项目建设与投资指南[Z]. 2013-11-11.

C. 设施选型

不同生活垃圾收集容器的比选见表 3.7。

**表 3.7　不同类型生活垃圾收集容器比选**

| 设施名称 | 类型 | 特点 | 投资 |
|---|---|---|---|
| 垃圾桶(箱) | | 容积标准化，移动灵活，密闭性较好，易与运输设备配套，便于分类收集，但使用寿命有限 | 中 |
| | 金属 | 质量较大，不耐腐蚀，耐热，内部需进行防腐处理 | 高 |
| | 塑料 | 质量小，较经济，不耐热，寿命短 | 较高 |
| | 复合材料 | 综合了金属材质及塑料材质的优点，性能较好 | 高 |
| 集装箱 | | 容积大，移动较灵活，易与运输设备配套 | 高 |
| | 垃圾吊斗 | 运输时加盖帆布，密闭性差，正逐步淘汰 | 较高 |
| | 普通垃圾集装箱 | 密封性较好，与钩臂车配套使用 | 高 |
| | 联体式垃圾压缩集装箱 | 可通过压缩垃圾，提高集装箱内垃圾装载量 | 高 |
| 垃圾池 | | 设计灵活，容积大，投放方便，但密封性差，易造成二次污染，且清运和清理困难 | 低 |
| 垃圾房 | | 设计灵活，容积大，投放方便，密封性较好，但清运和清理困难 | 中 |

3) 运输设施

农村垃圾收集过程中的运输主要是指将各户用和公用垃圾收集设施中的垃圾收集至当地指定的垃圾集中收集设施的过程。由于距离较短、垃圾量较少，此类垃圾车辆选择人力三轮垃圾车或电动三轮车(关法强和马超，2009)；每辆车服务人口为 500～600 人，垃圾收集半径小于 2km[①]。

与人力三轮车相比，电动三轮车机动性能更好，能显著降低环卫工人的劳动强度，提高工作效率；但投资和运行费用更高，而且当前电动三轮车主要针对城市路况，对农村路况的适应性较差。

4) 设施投资

农村生活垃圾收集设施投资参考《农村生活垃圾分类、收运和处理项目建设与投资指南》，并根据当地实际市场价确定。处理能力小于 0.5t/d 收集项目年运行成本为 0.72 万～0.96 万元，处理能力 0.5～1.0t/d 收集项目年运行成本为 1.44 万～2.40 万元，处理能力大于 1.0t/d 收集项目年运行成本为 2.16 万～24.0 万元。

村镇生活垃圾收集的单位成本较高，占总成本比例大于 30%。这是由于收集支出主要由收集区域的居住社区面积决定，一定面积内垃圾量(产生密度)大，单位成本低；通常村镇居住社区垃圾产生密度主要决定于村镇居民的人均垃圾产生量和人口密度(何品晶等，2010)。

2. 转运设施

农村生活垃圾转运是将收集到垃圾集中站/房/箱/池的垃圾，通过预处理装箱后直接运输至垃圾集中处理厂(场)的过程；在设有中转站的地区，将收集到垃圾集中站/房/箱/

① 中华人民共和国环境保护部. 农村生活垃圾分类、收运和处理项目建设与投资指南[Z]. 2013-11-11.

池的垃圾运到中转站，再通过预处理装箱运输至垃圾集中处理厂(场)的过程。中转系统的建设内容主要包括垃圾转运集装箱、垃圾运输车、转运站，对于转运过程中运输距离大于 5km 的转运站，原则上需要设立与垃圾收集量相适应的垃圾压缩装置。

1) 集装箱

垃圾转运集装箱容积 5~8m³，服务人口小于或等于 4000 人，需与垃圾转运车配套使用。

2) 垃圾运输车

运输设施主要包括清运车辆和转运车辆，运输设施的选择与农村地区的道路情况、经济水平、转运技术和后续的垃圾处理技术密切相关，必须根据转运系统或转运压缩设备情况配套使用，因此在选择时需对各类型运输设施作综合评价(史旭东，2013)。

A. 清运车辆

将各村垃圾收集容器中的垃圾运至垃圾转运站常选用清运车辆，运输距离一般较短，各村垃圾产量也较少，因此，此类垃圾车辆可选择额定载重 1.5t 左右的密封式自卸垃圾车(关法强和马超，2009)。

B. 转运车辆

将垃圾转运站中的垃圾运至垃圾集中处理厂(场)常选用转运车辆，每辆垃圾转运车服务人口为 3000~5000 人，服务运输距离 20km 以内，垃圾转运车的吨位以 5t 左右为宜。

在直接转运系统中，转运车辆可选择后装式压缩垃圾车、侧装式压缩垃圾车或自装卸式垃圾车，这能更好保证垃圾在收运过程中的密封性，防止运输过程中垃圾的二次污染，同时自动化程度高，能提高工作效率，降低工人的劳动强度(史旭东，2013)。

在一级转运系统中，转运车辆需与压缩设备和垃圾集装箱体配套使用，如钩臂式垃圾车常与压缩转运站配套；而且车辆的运载能力与转运站的规模和箱体的装载容积有关(史旭东，2013)。

C. 垃圾车选型

垃圾车按照车型不同分为微型垃圾车、小型垃圾车、中型垃圾车、重型垃圾车、单桥垃圾车、双桥垃圾车、平头垃圾车、尖头垃圾车等；按照用途不同分为拉臂式垃圾车、摆臂式垃圾车、密封自卸式垃圾车、挂桶式垃圾车、压缩式垃圾车和餐厨垃圾车等(表 3.8)(乔启成等，2009)。

表 3.8　按用途分类的垃圾车类型与功能

| 类型 | 结构 | 功能 | 图片 |
|---|---|---|---|
| 拉臂式 | 拉臂式垃圾车又叫车箱可卸式垃圾车、勾臂式垃圾车，由液压系统、操作系统组成 | 拉臂式垃圾车具有结构简单，带自卸功能，倾倒方便，可一车配多个垃圾斗，装卸及运输过程中可有效避免二次污染 |  |

续表

| 类型 | 结构 | 功能 | 图片 |
|---|---|---|---|
| 摆臂式 | 摆臂式垃圾车由底盘、垃圾箱、摆臂减速缓冲油缸等组成,其垃圾箱有方形和船形之分,方形箱用于地坑,船形箱用于地面 | 垃圾箱能与车体分开,实现一车与多个垃圾箱的联合使用,循环运输 |  |
| 自卸式 | 自卸式垃圾车是指装有液压举升机构,能将车箱倾斜一定角度,用于实现垃圾依靠自重能自行卸下的专用自卸运输车 | 具有密封自卸功能,液压操作,倾卸垃圾方便,可有效避免收运过程中的二次污染;体积小,自重轻 |  |
| 挂桶式 | 挂桶式垃圾车采用链条和液压油缸联动装置,实现对垃圾桶的提升和翻转,将多处垃圾桶内的垃圾自动收入车厢内,运到目的地后将垃圾一次性自卸出来 | 能实现一台车与多个垃圾桶联合作业,循环运输,充分提高了车辆的运输能力,尤其适用于短途运输 |  |
| 压缩式 | 压缩式垃圾车采用机、电、液联动电脑控制系统,通过填装器和推铲等装置实现垃圾倒入,压碎或压扁,并将垃圾挤入车厢并压实和推卸 | 压缩挤出的污水全部进入污水箱,解决了垃圾运输过程中的二次污染问题;具有自动反复压缩以及蠕动压缩功能,作业自动化,垃圾收集压缩比高、装载量大 |  |
| 餐厨式 | 餐厨式垃圾车又称泔水车,将桶装餐厨垃圾经输送带上输至车顶部倒入车厢内,经推板挤压,在罐体内实现固液分离 | 具有装、卸垃圾自动化程度高、工作可靠、密封性好、装载容积大、操作简便、作业过程密闭,无污水泄露和异味的散发,环保性好等特点 |  |

图片来源：http://image.baidu.com。

由表 3.8 可知，这些垃圾车虽形式多样，但均是针对城市生活垃圾收运设计的，总体尺寸偏大，而适合农村使用的垃圾车品种少、功能简单，甚至当前很多地方农村的生活垃圾收运车是由货车改装而成。

农村地形复杂，有些村庄道路崎岖、交通不便，加上农村地区分散，生活垃圾产量有限，这使得大中型的垃圾转运车不适合大多数农村生活垃圾的收运，小型、轻便的垃圾转运车更适宜(乔启成等，2009)。

从技术角度来看，当前多数环卫车辆存在着大车亏载、二次污染解决不到位，以及锈蚀严重、工作可靠性差和使用寿命短等问题。从垃圾车技术来看，环卫车的关键技术集中在电-液驱动及控制技术、密封技术、防腐蚀技术和耐磨损技术等方面。结合当前农村的实际情况，农村生活垃圾收集和运输车辆需满足如下需求：

(1)轻便灵活，引进或研发机动性好、载重量合适的小微型垃圾车，以适应农村生活垃圾量少、分散、路口复杂的实际情况。

(2)经久耐用，引进或研发防腐、耐磨、自控性能好、操作简单的垃圾车，以适应农村技术人员匮乏，维修不便的实际情况。

(3)功能多样，引进或研发既可自动装卸，拥有收集、压缩、转运功能，又方便驾驶者随时停车捡拾零散垃圾的车型，以满足农村生活垃圾收运一体化、节省劳动力成本的需求。

(4)绿色环保，引进或研发密封的，能源多样化(电动、天然气、汽油、柴油)的小微型垃圾车，避免垃圾收运过程的二次污染，实现农村生活垃圾的清洁、环保、节能要求。

(5)体系多样，引进或研发与农村户或村垃圾收集、中转设备配套的垃圾车，并针对不同类型的农村，研发不同体系的垃圾成套收运设备，以适应农村多样化的体系需求。

根据生活垃圾收运发展的动向，长远来看，随着农村社会的发展与用户需求不断提高，智能化、高效率、高性能及节能环保型的产品将成为农村环卫类专用车未来的发展趋势。

3) 转运站

A. 选址原则

垃圾转运站的选址过程，应同时遵守适应性原则、协调性原则、经济性原则、战略性原则和生态性原则(杨永健，2008)。

(1)适应性原则：垃圾转运站的选址应与国家、省(市)的经济发展方针相适应，并要符合国家与省(市)相关法律法规的规定。

(2)协调性原则：垃圾转运站的选址应将地区的垃圾处理作为一个大系统来考虑，打破行政区划的束缚，使垃圾转运的设施设备，在地域分布、技术水平及转运模式等方面互相协调。

(3)经济性原则：选址时应着重考虑经济因素，在环境允许的条件下，降低成本是转运站选址的最重要目标之一。

(4)战略性原则：垃圾转运站的选址，应具有战略眼光，既要考虑目前的实际需要，又要考虑日后发展。因此，垃圾转运站的选址应与该地区农村发展总体规划和地区环境卫生专业规划相适应。

(5)生态性原则：生态性原则就是指在进行垃圾转运站的选址过程中，一定要做到环境友好，生态和谐，绝不能为了换取短期的经济效益而以牺牲环境为代价。

农村人口分散，垃圾产量一般较小，垃圾转运站宜建在合理的位置，以服务周围多个乡镇，同时还需满足以下条件(关法强和马超，2009；李颖等，2007)：

(1)符合当地的大气防护、水土资源保护、生态保护的要求。

(2)交通方便，运距合理，满足供水供电等要求；农村生活垃圾转运站位置要距离主要交通干道比较近，既便于居民倾倒垃圾也便于垃圾收集车的运输。

(3)人口密度、土地利用价值及征地费用均较低，最好在原有垃圾池位置处改造建设，以节约用地和减少施工。

(4)选址应位于居民集中点季风主导风向的下风向。

B. 选型

考虑到农村地区生活垃圾的特点和垃圾的转运效率，乡镇垃圾转运站一般规模较小，宜采用小型卧式压缩式垃圾中转站，可以降低垃圾的处理成本，延长车辆的使用年限(关法强和马超，2009)。农村地区转运站也可选择非常成熟的直接压缩式转运站，如可根据当地的实际情况选择联体型直接压缩转运站或分体型直接压缩转运站(史旭东，2013)。

C. 建设要求

垃圾处理厂(场)周边 5km 以内的村庄垃圾直接收集运输进场，5km 以上需建立垃圾转运站，垃圾转运站的覆盖范围一般为 5km 以内，面积不小于 100m$^2$，且能够满足储存每日产生的全部垃圾。压缩装置与垃圾收集站配套建设(转运运输距离大于 5km)，压缩能力应与垃圾量相适应。对于日处理能力小于 5t 的转运站，原则上需配备单次压缩能力为 5t 左右的压缩装置 1 套，对于日处理能力为 5~30t 的转运站，配备日压缩能力与其相配套的压缩装置[①]。

研究表明，当农村生活垃圾量为 150t/d 时，一级转运距离大于 34km 时适合建设二级转运站；当垃圾量为 450t/d 时，一级转运距离超过 28km 时适合建设二级转运站；当垃圾量为 1000t/d 时，一级临界转运距离为 24km(张黎，2011)。

由于农村生活垃圾厨余含量高，含水率大，因此，在混合收集的转运站设计过程中，需考虑渗滤液的处理问题，可参考《生活垃圾填埋场渗滤液处理工程技术规范(试行)》(HJ564—2010)。考虑农村的经济发展水平，优先考虑投资和运行费用较低的处理技术，如可以采用"厌氧发酵沼气池+人工湿地"或"厌氧-准好氧生物反应器+人工湿地"等相结合的处理方式。

4)设施投资

农村生活垃圾收集设施投资参考《农村生活垃圾分类、收运和处理项目建设与投资指南》，并根据当地实际市场价确定。

处理能力小于 5t/d 转运项目年运行成本为 3.54 万~6.62 万元，处理能力 5~30t/d 转运项目年运行成本为 14.35 万~153.37 万元[①]。

———————————

① 中华人民共和国环境保护部. 农村生活垃圾分类、收运和处理项目建设与投资指南[Z]. 2013-11-11.

运输成本与村、镇间的交通距离有关，通常，山区村、镇交通距离大于平原。转运成本既是距离的函数，也与转运技术方式有关，通常采用压缩后非密闭转运方式，成本低于压缩后全密闭转运。以浙江省杭州市为例，村镇生活垃圾收运及处理总费用为253.5~276.6 元/t，其中收集费用为 81.9~104.8 元/t，占所有费用的 32.3%~37.9%；运输费用为 34.8~101.9 元/t，占所有费用的 13.7%~36.8%；转运费用为 50.9~81.8 元/t(单价 2.5~5 元/(t·km)，占所有费用的 18.4%~32.3%(何品晶等，2010)。此外，在浙江，垃圾中转费用为 4.14 元/t，垃圾清运费可到 202 元/(t·km)(江淑梅，2008)，在山区和偏远地区，费用会更高。

## 3.4　农村生活垃圾分类收运系统的设计

### 3.4.1　垃圾分类概述

#### 1. 国内外垃圾分类

垃圾分类是指按照垃圾的不同成分、属性、利用价值，以及对环境的影响，并根据不同处置方式的要求，分成属性不同的若干种类(何晓晓等，2012)。

1) 我国部分农村地区垃圾分类实践和设计类型

当前，我国农村生活垃圾分类收集尚处于理论设计和试点阶段，主要是根据生活垃圾的可回收性、可利用性、生物降解特性、危害性等性质，对生活垃圾进行分类，详见表 3.9。

表 3.9　我国农村生活垃圾分类实践和设计类型

| 分类 | 分类类型 | 备注 |
| --- | --- | --- |
| 二分类 | 湿垃圾、干垃圾 | (陈在铁，2011) |
| | 有机垃圾、无机垃圾 | (陈蓉等，2008；滕菊英和兰吉武，2009) |
| | 包装类垃圾、可生物降解(非动植物类垃圾) | 海南蓝洋镇农场(王芳，2011) |
| 三分类 | 可回收垃圾、可堆肥垃圾、惰性垃圾 | 海南琼海市龙江镇中洞村(张静等，2010) |
| | 可回收垃圾、可堆肥垃圾、有毒有害垃圾 | (李妍等，2012) |
| | 可回收垃圾、可堆肥垃圾、不能综合处理垃圾 | 海南省海南万宁市石梅湾(魏俊，2006) |
| | 可回收垃圾(或包装垃圾)、可降解垃圾、其他垃圾 | 成都龙泉万兴乡(曾建萍，2012)；海南省儋州市蓝洋镇农场(付倩情，2013) |
| | 可回收垃圾、不可回收垃圾、厨余垃圾 | 安徽省(马香娟和陈郁，2005；叶诗瑛等，2007) |
| | 可回收垃圾、不可回收垃圾、危险废物 | 成都温江万春镇(曾建萍，2012) |
| | 可回收垃圾、不可回收垃圾、可利用垃圾 | 成都市蒲江县、新都区、都江堰(张剑等，2014；严勃和蒋宇，2014) |
| | 可回收垃圾(废品)、湿垃圾、干垃圾 | 江西兴国县高兴镇(周颖，2011) |
| | 可回收垃圾、惰性垃圾(灰土)、其他垃圾 | 1) |
| | 可回收垃圾、有毒有害垃圾、其他垃圾 | 成都市龙泉驿区、温江、大邑县(张剑等，2014；严勃和蒋宇，2014) |

续表

| 分类 | 分类类型 | 备注 |
|---|---|---|
| 四分类 | 可回收垃圾、可堆肥(或厨余)垃圾、有毒有害垃圾、其他垃圾 | (周纬, 2012)、安徽蚌埠市乡镇(邓泽华, 2014)、成都市新津县(张剑等, 2014; 严勃和蒋宇, 2014) |
| | 可回收垃圾、可堆肥(有机物)垃圾、有毒有害垃圾、惰性(无机物)垃圾 | (牛俊玲等, 2007) |
| | 可回收垃圾、可堆肥垃圾、惰性(灰土)垃圾、其他垃圾 | 1) |
| | 可回收垃圾、可堆肥垃圾、可燃垃圾、其他垃圾 | (杨莉等, 2008) |
| | 可回收垃圾、可利用垃圾、有毒有害垃圾、其他垃圾 | 成都市双流、新津县(张剑等, 2014; 严勃和蒋宇, 2014) |
| | 有机垃圾、无机垃圾、塑料垃圾、有害垃圾 | (张剑等, 2014; 严勃和蒋宇, 2014) |
| | 厨余垃圾、废弃物品、有害垃圾、其他垃圾 | (关法强和马超, 2009) |
| 五分类 | 可回收垃圾、可堆肥(降解)/有机垃圾、惰性(灰土)/无机垃圾、有毒有害垃圾、其他垃圾 | (乔启成等, 2009; 徐海云, 2013)、北京市门头沟王平镇西马各庄村 1) |
| 六分类 | 可回收垃圾、不可回收垃圾、可利用垃圾、餐厨垃圾、有毒有害垃圾、其他垃圾 | 成都市郫县、崇州、邛崃市、金堂县、青白江区、彭州市(张剑等, 2014; 严勃和蒋宇, 2014) |

注: 1)城市管理与科技编辑部. 2009. 扮靓美丽家园——北京新农村垃圾治理调查报告[J]. 城市管理与科技, (3): 11-17.

2)部分发达国家垃圾分类类型

国外发达国家生活垃圾分类收集起步早，已建成完善的城、乡生活垃圾分类收集、运输体系，如表 3.10 所示。

表 3.10　部分发达国家生活垃圾分类类型

| 国家名称 | 分类 | 备注 |
|---|---|---|
| 日本东京都涩谷地区(编辑部, 2015) | 可燃垃圾、不可燃垃圾、粗大垃圾、资源垃圾 | 每一类还会细分为若干小项目，如长度小于 50cm 的树枝可归为"可燃垃圾"。在日本，相关部门会对怎么扔垃圾，何时扔垃圾，到哪里扔垃圾等问题做详细的说明 |
| 德国(编辑部, 2015) | 日常生活类垃圾、塑料包装类垃圾、纸类垃圾、生物类垃圾 | 实际操作中还会细化，如玻璃瓶和电子类垃圾需要单独处理，纸巾属于生物类垃圾而非纸类，摔碎的镜子和红酒瓶不属于同一种类。灯泡、酒杯、茶杯和玻璃瓶子不能扔到同一个垃圾箱 |
| 美国 | 可回收垃圾、不可回收垃圾、庭院垃圾 | 可回收垃圾包括洁净的包装纸、玻璃、塑料、金属等; 不可回收包括厨余及受污染的其他物品; 庭院垃圾包括庭院清理的草和树枝等 |
| 英国(程宇航, 2011) | 普通生活垃圾、有机垃圾、可回收垃圾 | 通常配备一个黑色垃圾箱，装普通生活垃圾; 一个绿色垃圾箱，装花园及厨房的有机垃圾; 一个黑色小箱子，装玻璃瓶、易拉罐等可回收物。社区会安排三辆不同的垃圾车每周收集 1 次。垃圾回收中心会回收 42 种垃圾 |
| 澳大利亚(程宇航, 2011) | 庭院垃圾、可回收垃圾、其他垃圾 | 配备 3 个深绿色大塑料垃圾桶，盖子的颜色分别为红、黄、绿。绿盖垃圾桶放庭院垃圾，黄盖垃圾桶放可回收垃圾，红盖垃圾桶放其他垃圾 |
| 瑞典(程宇航, 2011) | 废纸、废金属、废玻璃瓶、废纤维、其他垃圾 | 每户居民有四种纤维袋，分别盛放四种可回收垃圾，每月收集 1 次; 其他垃圾每周收集 1 次 |

欧盟法令规定，欧盟成员必须采取措施确保垃圾进行回收利用，并发展与之配套的必要的收集系统。到 2015 年，必须至少对纸类、金属、塑料和玻璃类垃圾开展分类收集，到 2020 年，至少对于纸类，要回收不低于 50%的产生量。针对有机垃圾，要求从 2020 年 6 月开始，处置的垃圾中有机物含量不能超过 20%，同时禁止填埋没有处理的垃圾。但是，在欧盟农村地区，没有有机物分类收集和集中处置的法律压力。

此外，通过国外对有机物分类收集的计算得到，对于 $0.14m^3$ 的厨余垃圾桶，最小平均收集费用为 2.7 欧元/次(不计管理费用)，高于当前平均收集费用。因此，与混合收集相比，在农村开展有机物的集中收集处理没有经济和环境可行性，除非在距离厌氧发酵设施相对较近的、有更高人口密度的农村或乡镇(Jana，2015)。

分类收集的纸类集中处理的经济可行性主要受到运输费用和二次原材料市场价格的限制。在爱沙尼亚，纸类的平均价格从 2009 年的 87.3 欧元/t 波动到 2011 年的 162.9 欧元/t，再降低到 2013 年的 132 欧元/t。在消极的情况下(大部分收运公司离开)，收集每个垃圾桶收入大约 0.22 欧元，在其他情况下，收入为 12.42 欧元/桶，因此分类回收纸类在经济上是可行的。此外，分类收集纸类在二次原材料市场能够得到很好的回收，因此其处理费用是零，甚至有销售收入，加上有法律压力，因此，即使在没有实施纸类分类收集的家庭，纸类仍然被分类收集并投放到公共收集容器或垃圾站中(Jana，2015)。

### 2. 农村生活垃圾分类原则

结合当前我国农村生活垃圾分类收集的设计与实践，以及发达国家的生活垃圾分类收集经验，农村生活垃圾分类收集设计应遵循以下四个原则。

#### 1) 因地制宜原则

我国不同地区农村生活垃圾特性、社会经济发展水平、自然气候方式等均有差异，因此，无法采用统一的生活垃圾分类标准，应根据实际情况，因地制宜地制定垃圾分类类型。

#### 2) 宜粗不宜细原则

一方面，当前大多数农村居民对生活垃圾特性、分类等认知有限，如果分类太细，不但难以实现准确分类，降低可操作性，而且会增加分类难度，降低群众参与热情；另一方面，分类太细，不但会增加收集、运输的设备投资，而且生活垃圾量少，分散，难以实现规模效益，因此，当前农村生活垃圾分类收集设计宜粗不宜细。

#### 3) 优先分类原则

我国农村生活垃圾中厨余类垃圾约占一半，而且易产生二次污染并降低可回收垃圾品质，灰土约占 1/4，真正具有回收价值的垃圾比例不足 20%，有毒有害垃圾比例甚微，有鉴于此，在农村生活垃圾分类收集设计中，应优先分类厨余，然后分离惰性垃圾(灰土和砖瓦陶瓷)，再次考虑可回收垃圾，最后考虑有毒有害垃圾。

#### 4) 分散与集中处理相结合原则

我国农村人口分布严重不均，通常东部大于西部，平原大于山区，郊区大于偏远区，而且村落十分分散，尤其在西部山区和高原地区，如果集中收集，农村很难承担高昂的收运费用，因此，在生活垃圾分类收集设计时，应结合当地的人口和村落分布情况，采取分散和集中处理相结合的方式，优化农村生活垃圾的收运体系和模式，从而降低收运费用。

## 3.4.2　垃圾分类方式设计

### 1. 基于处理方式的垃圾分类

基于当前农村生活垃圾分类收集实践的经验，结合农村居民分类收集认识和意愿的情况，遵循农村生活垃圾分类收集设计宜粗不宜细的原则，提出基于处理方式的农村生活垃圾分类，如表 3.11 所示。

表 3.11　基于处理方式的农村生活垃圾分类

| 处理方式 | 垃圾分类 | 特点 | 组成成分 | 处理处置途径 |
|---|---|---|---|---|
| 焚烧处理 | 易燃垃圾 | 热值高，含水率低 | 纸类、橡塑类、木竹类、织物类、混合类、其他类 | 焚烧处理。达到一定规模后，可考虑焚烧发电或热电联产利用热能 |
| | 其他 | 热值低，含水率高 | 厨余、灰土类、砖瓦陶瓷类、玻璃类、金属类 | 城镇化的农村，填埋；其余农村，厨余、灰土等均可以还田还地，其余惰性物质堆埋 |
| 堆肥和生物反应器处理 | 可堆肥垃圾 | 易降解和可降解；有毒有害物质含量低；性质稳定 | 厨余类、灰土类、纸类、木竹类、混合类 | 堆肥和生物反应器制有机肥；厌氧发酵产生的沼气可以发电或为周围居民提供清洁能源 |
| | 其他 | 性质稳定，不易降解，其他类可能含有有毒有害物质 | 砖瓦陶瓷类、玻璃类、金属类、橡塑类、织物类、其他类 | 填埋处理 |
| 厌氧发酵处理 | 易腐垃圾 | 易降解 | 厨余类 | 户用沼气池或中小型沼气工程 |
| | 其他 | 组分复杂，不易降解 | 灰土类、纸类、木竹类、混合类、砖瓦陶瓷类、玻璃类、金属类、橡塑类、织物类、其他类 | 填埋 |

由 2.2.1 组分可知，生活垃圾中的有毒有害垃圾含量很少，因此，一方面，混合收集后不会有明显的危害；另一方面，分类收集从认知、经济和收运体系的构建上均无基础，故可以不予考虑分类收集。但是在农村居民认知和意愿达到一定程度后，垃圾分类收集体系成熟后，在有条件的地区，生活垃圾中的有毒有害垃圾收集也可以与废旧电子垃圾（废旧家用电器、废旧计算机、废旧收音机、电视机、VCD、录像带、废旧冰箱、空调等）回收体系和废旧物资的回收体系联合设立。在对有机物有消纳能力的农村，可通过农户分散自行处理；在对有机物无消纳能力的农村可在村镇集中收集处置。对于纸类、金属等价值较高的垃圾，在有条件的农村可分类收集。

2. 垃圾分类收集方式设计

通常，农村生活垃圾分类收集可分为一次分类收集和二次分类收集。其中一次分类收集是指由住户直接进行生活垃圾分类，再通过相应的垃圾分类收运体系进行回收和运输；二次分类是指首先由住户对生活垃圾进行粗分类；然后在收运环节或垃圾资源化处理的预处理环节再次进行分类。总体发展趋势是从混合收集到一次和二次分类收集。

我国农村生活垃圾分类收集经历了图 3.16 所示的发展过程。

1）一次分类

A. 户收集+村分类+集中收运

根据笔者对西部地区农村居民环保认知和意愿的调研，虽然农村居民对垃圾分类收集的意愿较强（有 78.7% 的受访者愿意开展分类收集），但是对垃圾分类的认知不足（只有23.93% 的受访者了解分类收集），对生活垃圾的可回收性、有毒有害性和污染特性缺乏普遍和深入了解，主要通过可再生资源回收商的收购行为、自身经验和直观感受获知，而且 60% 以上农村居民认为很难做到分类投放，当前从源头进行分类收集的确有很大困难（武攀峰等，2006；武攀峰，2005）。因此可考虑"村分类+集中收运"模式，对农村生活垃圾进行分类收运（图 3.17），即农村居民对生活垃圾仍然进行混合收集，主动投递到村

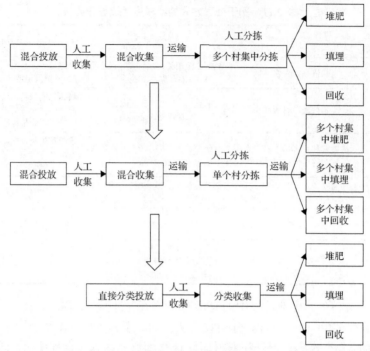

图 3.16　我国农村生活垃圾分类回收发展过程(裴亮等，2011)

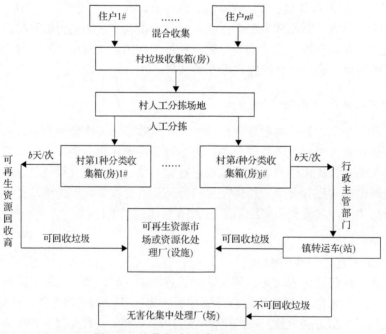

图 3.17　户收集-村分类-集中收运方式

生活垃圾收集点(垃圾收集桶/箱/池/房)，可以单个村或多个相邻的村建设集中分拣点，由环卫人员对这些生活垃圾进行人工分类，然后再按"户分类+集中收运"中的收运流程进行收运。

在浙江山区、海岛和交通不便的地区，如衢州、丽水及其他地处偏远的县(市)正在推行该模式。即以村或乡镇为单位设立垃圾分拣场，聘请专门的分拣员或由保洁员对垃圾进行分拣，对金属、纸、塑料等资源性垃圾进行回收，对剩饭菜、瓜果皮壳等有机物垃圾进行堆肥处理并回田，对砖瓦、渣土、沙石等建筑垃圾进行就地堆埋，对废电池等有害垃圾以及破旧衣服等不可回收分解的垃圾，由镇或县环卫部门统一处理。

这种方式运转费用低，适合行政范围广、经济条件差的山区、海岛等。根据刘永德等(2005)对太湖地区农村生活垃圾的分拣成本测算，垃圾收集示范系统成本为 3.4 元/(户·月)。但"户收集-村分类-集中收运"方式要求分拣场地大，以镇为单位处理往往难以保证处理标准(祝美群，2011)。

生活垃圾人工分拣分流过程中，源头分拣分流的质量可以用可回收垃圾的有效分拣率来表征，主要受垃圾组分、回收市场、劳动力成本和管理因素等的影响。根据邵立明等(2007)对太湖地区农村示范村的研究表明，基准有效分拣率为 0.603，但采取向分拣人员按固定标准支付分拣工时工资后(相当于降低或免除了劳动力成本)，实际有效分拣率可达 0.8~0.9。以当地农村的基准条件为基础，影响有效分拣率的各因素敏感性排序为：劳动力成本>垃圾中可回收垃圾含量>废品回收单位价格>垃圾处置成本>垃圾中可堆肥垃圾含量。基于此，为刺激有效分拣率的提高，一方面，可引导在当地发展相关废品回收产业，从可回收种类扩展和单价提高两方面增加单位垃圾量中的废品回收收益；另一方面，可对农村生活垃圾处置单价进行调控，当垃圾处置价格为 121 元/t(接近周边城市包含运输费用的现状垃圾处置成本)时，可达到 90% 的有效分拣率。

B. 户分类+集中收运

分类集中处理模式原则上适用于处于城市周边 20~30km 范围以内、与城市间运输道路 60% 以上具有县级以上道路标准的村庄，生活垃圾通过户分类、村收集、乡/镇转运，纳入县级以上垃圾处理系统。生活垃圾分类集中处理方式如图 3.18 所示。

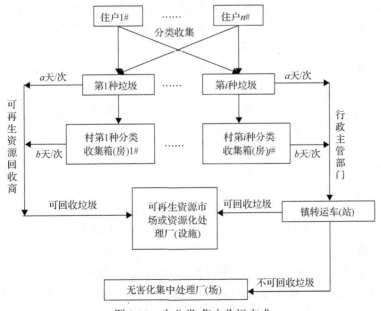

图 3.18  户分类-集中收运方式

在该收集方式中，住户直接将生活垃圾按照分类要求进行分类收集，然后主动投放到村镇指定的垃圾分类收集点(垃圾收集桶/箱/池/房)。针对不可回收垃圾，按照混合垃圾的收运体系进行收集，即通过小型垃圾收集车($1\sim2t$位车型)对沿途投放点的不可回收垃圾进行收集，生活垃圾经转运站填装压缩后再由较大的垃圾运输车(我国现多采用$5\sim8t$位车型)转运到县垃圾处理厂(场)进行处理。针对可回收垃圾，可按以下途径进行收运。

(1)由可再生资源回收商定期对沿途可回收垃圾桶中的垃圾进行有偿或无偿收运回收，回收商通过可再生资源市场、有偿回收费用或政府补贴获利。

(2)由可再生资源回收商定期入户对可回收垃圾进行无偿或有偿收运回收，回收商通过可再生资源市场、有偿回收费用或政府补贴获利。

(3)由政府主管部门通过县镇分类收运系统进行集中回收处理，通过可再生资源市场或政府补贴或有偿回收费用平衡成本。

最佳途径是通过市场运作收运农村可回收垃圾，如果可再生资源市场无法获利，可由政府对回收商进行相应补贴；同时充分鼓励和依托现有的拾荒人员和个体回收商参与农村生活垃圾的分类回收。

由于农村可回收垃圾的数量有限，且分布广，因此回收频率应根据当地实际情况进行确定。针对易腐垃圾，由于产生量相对较多，而且考虑垃圾二次污染对环境卫生的影响，可采取相对较高的回收频率；针对其他可回收垃圾，频率可适当降低，尽可能避免或减少分类收运设备的空载率。

在对农村生活垃圾中易腐垃圾进行分类处理时，应遵循统筹规划、资源共享原则，充分利用各地区条件优势，如与区域内规模种植业、养殖业等产生的秸秆、落叶、禽畜粪便等垃圾共同处理，以形成一定规模，降低管理、运行成本和保证处理效果(李海莹，2008)。

C. 户分流+集中收运

在农村将灰土和有机垃圾分类收集、处理或资源化利用对于降低清运、处理成本，节约生活垃圾填埋场库容具有重要意义。例如，将农村生活垃圾中的厨余类和灰土源头分流，垃圾收运减量比例能达到70%，能节省大量的收运费用和垃圾填埋库容。基于此，"户分流+集中处理"收集方式如图3.19所示。

在该分类收集方式中，住户首先将可降解垃圾(厨余、木竹)和惰性垃圾(灰土、砖瓦陶瓷)直接从生活垃圾中分离，依托农村环境本身的消纳能力采用多种方式进行处理：

(1)如果采取户堆沤方式，可将厨余、木竹、灰土等易腐垃圾和惰性垃圾混合堆沤，然后农用；或直接用于庭院绿化。

(2)如果采用沼气池，可将易降解的有机垃圾作为沼气池原料产沼气，沼渣沼液农用或用于庭院绿化；将灰土、砖瓦陶瓷等惰性垃圾就近堆放庭院或低洼处，或将灰土还田或用于庭院绿化。

(3)除可降解垃圾和惰性垃圾之外的剩余垃圾，可依托可再生资源回收商或相关行政主管部门，通过收运系统集中回收，根据实际情况开展上门收集或"住户主动投递+定点收集"的方式收集。

鉴于农村生活垃圾分流后，可回收和不可回收垃圾产量较少，为实现规模化收集效应，避免或减少空载率，建议可根据实际情况延长回收频率，扩大收集范围，以镇、县或组团为集中处理单元进行资源化和无害化处理。

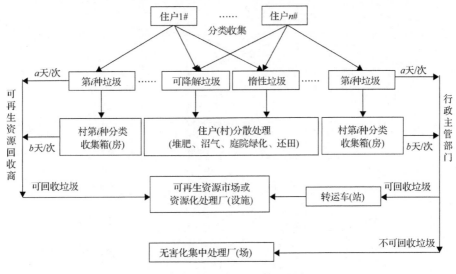

图 3.19　户分流-集中收运方式

2) 二次分类

考虑现阶段农村居民对分类收集的认识缺乏，而且尚未形成分类收集的习惯，因此在住户首次分类无法实现有效分类的情况下，可开展二次分类。二次分类包括在收运环节二次分类和在资源化处理的预处理环节二次分类。与一次分类相比，二次分类提高了分类效率，更有利于生活垃圾的资源化利用；但是二次分类由于增加了分类收运的环节，因此将增加分类收集的费用。

A. 收运环节二次分类

在收运环节二次分类方式中，住户首先将生活垃圾按照分类要求进行粗分类收集，然后主动投放到村镇指定的垃圾分类收集点(垃圾收集桶/箱/池/房)，或由村环卫工作人员上门收集，然后再在村(镇)集中点进行人工二次分类。分类后的垃圾，可按一次分类中的集中收集模式开展，如图 3.20 所示。

比较"户混合投放+村集中分类"和"户初分类+村二次分类"两种模式，前者模式收集时间比较短，收集更方便，但是分拣时间长，分拣需要较大场地，垃圾集中起来容易产生交叉污染，分拣环境恶劣；后者尽管需要克服村民的意识和教育问题和收集工具的改装问题(程花，2013)，但是通过源头村民的粗分类，加强了村民对垃圾分类的意识，很好地起到了垃圾分类的宣传作用，而且保洁员边收集边分拣，无须额外的分拣场地，避免了垃圾的交叉污染和对场地的二次污染。再次，边收集边分拣，每次需要分拣的垃圾比较少，分拣容易，总的收集分拣时间比较少，工作效率高。

B. 预处理环节二次分类

在预处理环节二次分类中，农村居民先按可降解垃圾(厨余、木竹)、惰性垃圾(灰土、砖瓦陶瓷、混合类)和其他垃圾进行分类，并依托农村强大的消纳能力，对可降解垃圾和惰性垃圾通过就地利用或处理进行分流，将其他垃圾集中收集后，在资源化处理的预处理环节，进行人工或机械分类，具体如图 3.21 所示。垃圾的分类收运过程可按一次分类中的"户分流+集中收集"模式开展，如图 3.19 所示。

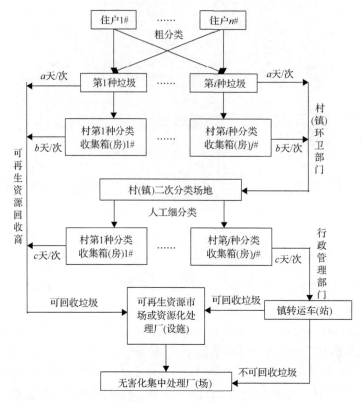

图 3.20　户分类-村(镇)二次分类收集方式

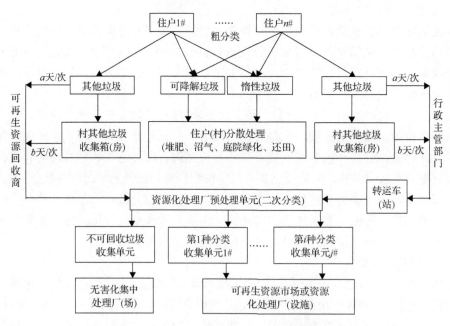

图 3.21　户分流-预处理二次分类收集方式

### 3.4.3　垃圾分类收运设施的设计

#### 1. 分类收集设备设计

我国各地区基于处理技术的农村生活垃圾分类收集设备容积计算公式如表 3.12 所示。

表 3.12　我国各地区基于处理技术的农村生活垃圾分类收集容器体积计算　（单位：L）

| 地区名称 | 处理方式 | | | | | |
| --- | --- | --- | --- | --- | --- | --- |
| | 焚烧处理 | | 堆肥和生物反应器处理 | | 厌氧发酵处理 | |
| | 易燃垃圾 | 其他 | 可堆肥垃圾 | 其他 | 易腐垃圾 | 其他 |
| 华北 | $V=3.17\times\eta\times p$ | $V=2.10\times\eta\times p$ | $V=2.74\times\eta\times p$ | $V=2.53\times\eta\times p$ | $V=1.16\times\eta\times p$ | $V=4.10\times\eta\times p$ |
| 东北 | $V=1.93\times\eta\times p$ | $V=2.02\times\eta\times p$ | $V=2.35\times\eta\times p$ | $V=1.60\times\eta\times p$ | $V=0.76\times\eta\times p$ | $V=3.19\times\eta\times p$ |
| 华东 | $V=2.72\times\eta\times p$ | $V=1.03\times\eta\times p$ | $V=1.93\times\eta\times p$ | $V=1.82\times\eta\times p$ | $V=0.73\times\eta\times p$ | $V=3.02\times\eta\times p$ |
| 华中 | $V=3.42\times\eta\times p$ | $V=1.93\times\eta\times p$ | $V=2.80\times\eta\times p$ | $V=2.56\times\eta\times p$ | $V=1.13\times\eta\times p$ | $V=4.23\times\eta\times p$ |
| 华南 | $V=3.36\times\eta\times p$ | $V=0.95\times\eta\times p$ | $V=1.84\times\eta\times p$ | $V=2.46\times\eta\times p$ | $V=0.80\times\eta\times p$ | $V=3.51\times\eta\times p$ |
| 西南 | $V=1.95\times\eta\times p$ | $V=0.73\times\eta\times p$ | $V=1.49\times\eta\times p$ | $V=1.18\times\eta\times p$ | $V=0.46\times\eta\times p$ | $V=2.21\times\eta\times p$ |
| 西北 | $V=1.29\times\eta\times p$ | $V=0.77\times\eta\times p$ | $V=1.12\times\eta\times p$ | $V=0.94\times\eta\times p$ | $V=0.58\times\eta\times p$ | $V=1.48\times\eta\times p$ |

注：$V$ 为垃圾收集设施体积，L；$\eta$ 为垃圾收集频率，d/次；$p$ 为垃圾收集覆盖范围内人口数量，人；收集率取 100%。

每个保洁人员一辆保洁车，保洁车需根据实际情况改装，应该满足能够分开收集垃圾的要求。确保村民源头粗分类的垃圾不被二次混合，避免重复劳动。

#### 2. 分拣房设计

##### 1）分拣房的建设要求

一般要求：交通便捷，管理容易。

特殊要求：分拣房与周围建筑物的间隔不小于 5m；分拣房内应设污水排水沟；配备必要的通风装置，保证室内通风良好；附设围墙，地坪需水泥硬化；分拣房外形应美观，有自来水，同时配备必要的冲洗地坪装置，其飘尘、噪声、臭气、排水等对周边环境无显著的不利影响（程花，2013）。

##### 2）分拣房的设计

垃圾分拣房建筑面积按照每户 0.12m² 计算，在满足以上一般和特殊条件的基础上，以 25m²/间的标准建立，每个分拣房分成 2～4 间，面积 50～100m²，分别为垃圾分拣间、垃圾堆放间等。分拣房内应配备相应的磅秤和篓筐用于称量分好的垃圾。

分拣房内还必须设置垃圾渗滤液收集管道，收集垃圾渗滤液。整个分拣房建立时，地面应设置坡度，方便渗滤液的收集。

#### 3. 垃圾分类运输

分类收运的运输设备选择，目前可采取两种方式收集。

##### 1）普通生活垃圾收集车

采用与垃圾混合收运相同的运输设备，根据不同种类垃圾的收运频率各异，每次只收集一种类型的生活垃圾。

2）分类生活垃圾收集车

设计与生活垃圾分类相匹配的分类生活垃圾收集车，在同一收运设备中设计不同的收集单元，同时分类收运不同的生活垃圾。

国外农村生活垃圾分类收集经验表明，在爱沙尼亚农村地区，平均每日能源消耗是城市地区的 2～4 倍，能源消耗的大小取决于沿收集路线房屋的密度，在农村地区收集 1kg 垃圾所需能耗大概是城市的 5～6 倍。对于垃圾收运车的燃油消耗，约为 0.7L/km；分类共同收集垃圾车和常用的压缩式垃圾车能耗分别为 1.8L/km 和 1.26L/km（Jana，2015）。

Kreiger 等（2013）利用生命周期评价方法，比较了 HDPE 垃圾的收运方式。在农村的案例研究比较中，传统的每月收集运输和每两周收集运输分别需要能耗 28.4MJ/kg HDPE 和 48.9MJ/kg HDPE，与传统的集中收集回收相比，分散回收利用所需能耗只有 8.74MJ/kg HDPE，能够减少 69%～82%的传统电能消耗。如果距离回收中心的距离超过 1.6km（1mile）（1mi=1.609344km），为节约运输能耗，最好 2 周一次；如果距离回收中心的距离超过 3.2km（2mile），最好 1 月一次。因此，如果使用传统的集中收集运输方式，最好是尽可能减少运输频率并尽可能增加单次运输量。

### 3.4.4　分类收集的运行模式

#### 1. 废品回收站模式

农村生活垃圾中可回收成分的收集由两大主体来完成，其一是农民即垃圾产生者，其二是废品回收站（崔兆杰等，2006）。其中，废品回收站是实现可回收垃圾由废物向资源转变的一个关键因素，是连接资源与市场的枢纽。一方面，废品回收站具有前向控制作用，它可以通过价格手段促使农民进行源头细分类，并将分散的可回收资源集聚起来；另一方面，废品回收站具有后向带动作用，它实现了废物的资源化转变，使得可回收垃圾以资源的形式进入生产流通领域，从而带动起新兴产业的发展。

废品回收站的建设可采用 BTO（建设-转让-经营）的方式，由政府投资，在地理位置优越、服务设施比较齐全的集镇、中心村建设高标准的废品回收站，以承包、租赁等方式转让给个体业主经营，收购周边村庄产生的废纸、塑料、金属、玻璃、织物等可回收资源。

废品回收站可以进行特种经营，单纯进行废品的收购和销售；也可以采取复合经营，在废品回收业务的基础上，发展废塑料造粒等加工业，发展废物交易市场等服务业，带动后续资源再生产业的发展。

#### 2. 农村社区自治模式

在可堆肥垃圾、不可回收垃圾和有害垃圾的收集过程中，发挥农村的社区自治机制，让农民参与到垃圾收集活动中。首先，在垃圾分类投放环节，通过分类收集教育后，由村民相互监督、相互提醒，确保垃圾的正确分类。其次，每个分类收集点的垃圾收集环节，采取"以劳代资"等方式，由该收集点覆盖的村民自行运送到指定的垃圾集中点，农民通过付出劳动减少需缴纳的垃圾处理费，这样不但可以培育农民对垃圾分类收集的认同感和参与意识，促进垃圾的源头削减，而且也可以减少保洁员的人数，降低垃圾收集成本(崔兆杰等，2006)。

# 3.5　农村生活垃圾收运的优化与管理

## 3.5.1　收运路线的设计与优化

根据《中华人民共和国国家标准物流术语》(GBT18354—2001)，废弃物物流是指将经济活动中失去原有使用价值的物品，根据实际需要进行收集、分类、加工、包装搬运、储存，并分送到专门处理场所时所形成的物品实体流动，属于逆向物流中的一种类型。

在农村地区，由于路网较简单，交通量小，基本没有单双行线、禁止转弯、禁止调头等交通限制，除了场镇等人口较为集中的地区，没有收集时间限制，也没有交通拥挤时间限制(曾建萍，2012)。因此，农村生活垃圾收运路线的设计主要考虑：

(1)合理且灵活的收运频率。考虑农忙、赶集、春节等因素，合理调整收运频率，使各收集点的垃圾在一个收运周期内能及时清运，同时在夏季也不因有机物的腐烂而造成严重的二次污染。

(2)覆盖范围广，在经济可行的前提下，尽可能将主要自然村和聚居地纳入生活垃圾的收运范围。

(3)每个作业日每条收运路线尽可能紧凑、不零散、不重复，路线上最后一个收集点应离中转站或处置点最近。

(4)工作量平衡，使每辆运输车、每条路线的收运时间大致相等。

(5)低成本。

## 3.5.2　运输系统与运行管理体系

由于包装类垃圾特别是塑料袋垃圾是生活垃圾污染的主要来源，可根据不同农村地区的实际情况，减小收运频率，这样才能显著降低运输成本，也才能适应村镇的生产力水平。此外，由于需要集中的生活垃圾量少而分散，分别建立独立的运输系统，将使运输成本明显增高，且不利于专业化维护；因此需要按照物流管理，优化运输流程，如建立统一的运输体系，进一步降低运输成本，适应村镇的支付能力。

具体可以参照下述内容构建收运系统(徐海云，2013)。

### 1. 各县按照各自行政区域划分，进行规划

以县级生活垃圾处理场为中心，以包装类垃圾为重点(逐步建立家庭有毒有害垃圾，其他工业品类垃圾)进行集中收集、运输和处理；对于农户，可腐烂的有机垃圾就地资源化利用，渣土、砖瓦等惰性垃圾就地填坑；对于乡镇(街道)居民，剩饭剩菜等可腐烂垃圾，以及渣土等惰性垃圾进行集中收集，在乡镇垃圾处理点进行处理。达到户有垃圾桶，村(组)有垃圾收集房，乡(镇)有垃圾站和垃圾处理点的建设要求。

### 2. 组建环卫队伍，制定作业标准，实施制度化，经常化环卫作业

各县(市、区)要加强对农村垃圾收集处理工作的组织领导，建立健全乡村环境卫生保洁人员和必要的清扫保洁运输工具。

村组人员配备：每1000口人配1名垃圾收集保洁人员。

主要职责：将村(组)垃圾房中收集的垃圾运送到乡(镇)垃圾站，收集频次1～2周/次；村(组)范围内的保洁(收集路边、野外等处包装类垃圾)；指导垃圾分类和保洁，并负责家庭宣传监督。

乡镇街道人员配备：每500口人配1名垃圾收集保洁人员。

主要职责：将乡(镇)垃圾站中收集的垃圾运送到县级垃圾处理场，收集频次1～2周/次；街道范围内的包装类垃圾收集；指导垃圾分类和保洁，并负责家庭宣传监督。

全国村镇生活垃圾收运系统的建立，可解决100万人以上就业，这部分就业人员主要来自当地农民工。总之，建立村镇垃圾收运体系重点是人员机构建设，目标是首先对包装类垃圾进行集中收集、运输和处理，方法是建立类似目前废品收购体系的企业化模式。

### 3.5.3　分类收集的影响因素与激励措施

#### 1. 分类收集的影响因素

#### 1) 回收价格

从图3.22可看出，回收价格对于农户销售可售垃圾的比例具有明显的影响，特别是对于纸类垃圾和塑料类垃圾，农户销售比例随回收价格的提高明显上升，如果这两类垃圾的回收价格提高0.1元/kg，会促进纸类和塑料类垃圾的出售量分别提高0.0025kg和0.0014kg，这表明销售回收价格对于农户垃圾销售的决策有着重要的影响(闵师等，2011)。

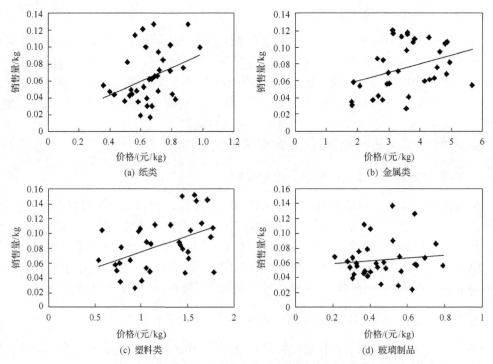

图3.22　我国农村可回收生活垃圾销售价格与销售量的关系(闵师等，2011)

农户金属类和玻璃类垃圾的销售量并没有受到自身市场价格的显著影响。这意味着目前我国农村居民家庭对金属制品垃圾的销售回收已经达到了较为稳定的状态,金属制品垃圾的销售量对价格的反应已经相对不敏感。与金属相似,玻璃制品垃圾的销售回收量受价格的影响也不显著,这很可能与玻璃制品易碎、利润低、收集困难的特点有关。现实的情况是,除了某些比较特殊的玻璃瓶,如啤酒瓶、高价白酒瓶等能够得到回收外,其他农药瓶、废玻璃、罐头瓶等玻璃制品垃圾在废品市场中少有回收。

2) 家庭收入

除价格之外,农户对可回收生活垃圾的销售还受到其他因素的显著影响。例如,除纸制品外农户对其他垃圾的销售量都受到了农户家庭人均纯收入的显著影响,表现为随着收入的增长,农户家庭销售的金属类、塑料类和玻璃类生活垃圾数量会显著增加,但增加速度呈递减趋势,这可能与不同收入群体的垃圾排放量有关(闵师等,2011)。

3) 宣传教育

家庭户主的受教育年限也显著影响着农户家庭对纸制品、塑料制品垃圾的销售,教育水平越高的户主,其家庭销售的纸制品、塑料制品垃圾更多(闵师等,2011)。

政策变量对农户垃圾销售比例的影响也比较显著,如对于金属制品、塑料制品垃圾,农户参加垃圾相关项目工程可以有效提高金属制品、塑料制品垃圾的回收量(闵师等,2011)。

4) 社群管理

垃圾分类收集给农民带来的效用主要包括对环境和个人形象的改善,其行为取决于农民闲暇的价值,农民分类收集行为引起的“环境收益”,以及农民分类收集行为的外在社群压力和对压力的服从(即农民“面子”的价值)。因此,农村居民的分类收集行为在政策上意味着“零成本”,但如果收紧环境约定,需要居民减少自身的“闲暇”价值,“零排放”并非“零成本”;通常,群众自愿的分类收集是基于“道德驱动”的个人行为,但实际促成农村居民自发的分类收集主要是变卖可回收物品的经济激励,以及形成“内化”的分类收集的社群强制;此外,通常认为群众自愿的分类收集对农村居民效用的影响一定是正面的,但如果只是简单提高社群的环境约定,未让群众真正认可“内化”,存在降低而非增加农村居民效用的可能。

上述分析表明,群众分类收集的决策机制和一般的消费决策并无不同,如果农村居民在环境保护方面的自觉投入获得的“环境成果”——减少了垃圾清运、处置的成本等不能得到补偿,群众会减少在垃圾分类收集上的投入;而且目前农村分类收集行为不足,除了认知和配套设施不足外,还源于缺乏激励分类收集的有效的社群治理(程远,2004)。

2. 分类收集的激励措施

1) 充分发挥政府的主导作用

在一个有效的垃圾回收与处理系统中,政府通常发挥着至关重要的作用,这与垃圾回收较强的外部正效应和较低的私人投资回报率有关。垃圾回收的外部正效应使得提供垃圾回收与处理服务的投资主体往往很难对其服务进行收费或收费水平不能弥补服务成本，加之较低的私人投资回报率使得垃圾回收缺乏对社会资金的吸引力。因此，在各个国家的垃圾回收与处理中，政府不约而同地发挥重要的作用。例如，瑞士政府为了资助收集、分拣和循环利用塑料瓶，对生产使用每个塑料瓶增加 4 个生丁(约合 0.24 元人民币)的税收，所获资金由瑞士一个回收塑料瓶的非营利机构管理，作为支持回收废塑料瓶的专用基金(李金文，2014；闵师等，2011)。

2)灵活应用经济措施

处罚与征税：在垃圾管理体系中，政府可以对随意排放垃圾进行处罚或征收排放税，这两种方法本质上是通过增加居民垃圾排放的成本来达到总体上减少垃圾产生量的目的，但这些方法在操作中往往存在执行成本过高或难以有针对性等缺点。

价格补贴：政府可以通过对可回收垃圾收购价格进行补贴，从而鼓励居民更多地销售垃圾，从而减轻对环境的压力。尽管这种方法有其缺点，但也有其操作性强、针对性强的优点。

政府在制定农村垃圾回收、处理等政策时，除了加强各种垃圾相关的政策性项目引导外，还可以考虑通过对回收品的价格补贴等手段，来增加纸制品、塑料制品垃圾回收量，以达到减少这类垃圾由于不合理的处理对农村生活与生产环境造成污染的目的。价格补贴可以采用两种方式：一种是直接补贴给出售垃圾的农户，政府可根据一定时期内农户出售垃圾的数量通过财政转移的手段对农户给予一定金额的财政补贴；另一种是补贴给垃圾销售企业，这种补贴可以按照比例将补贴分为企业和农户两类，一类是将一定比例的补贴直接补贴给企业以降低其回收成本，另一类是将一定比例的补贴用于提高回收价格，实际上就是补贴给了农户。具体采用哪种方式，可以根据不同区域的社会经济特征及不同回收企业的经营状况来决定(闵师等，2011)。

物质奖励措施：通过物质奖励手段且经常改变发放物质奖励的种类，可明显提高农村居民参与垃圾分类的积极性；而且以日常生活消耗品作为奖励措施，对于农村垃圾源头分类是切实可行的且具有积极的促进作用；同时要建立严格的奖励办法，并建立工作团队，明确责任与任务(李妍等，2012)。

3)加强分类收集的宣传教育

由于大多数农村居民对可回收垃圾的认知还很薄弱，因此，在进行分类收集之前，需面向农村居民大力开展"变废为宝"的绿色环保行动，认识生活垃圾分类处理的重要意义，大力倡导生活垃圾分类投放，促使农村社区居民养成自觉分类的习惯，努力营造农村社区居民关心环保、参与环保的浓厚氛围(陈在铁，2011)，提高居民的环保意识及其分类收集的积极性。在宣传过程中，可把垃圾分类的科学知识编写成农民喜闻乐见、通俗易懂的知识，通过广播宣传、召开各级动员会、印制宣传挂历和手册、举办垃圾分类讲座等多种形式进行宣传，同时在学校开展垃圾分类活动，并让学生回家带动家长一起进行垃圾分类收集。

4)建立健全垃圾回收系统

首先，应建立与生活垃圾分类收集配套的收集设备和运输设备。其次，为了便于可回收垃圾的回购，政府应该依托现有的"可再生资源"静脉物流网络，合理规划和分配可再生资源收购点，构建覆盖面广泛的静脉物流体系；并加大对利用可再生资源进行生产的企业的支持；加强可再生资源利用技术的研发，扩大可再生资源的利用途径，从而提高群众的分类收集垃圾的积极性(宋薇等，2013)。

5) 抓紧制定适合本地农村的有关垃圾分类收集的标准

由于农村居民知识文化和认知水平有限，加上人力、财力限制细致的培训和宣传，因此，各地区可以根据当地的实际情况，制定不同的农村生活垃圾分类标准，分类方式宜粗不宜细，并做好分类收集的引导工作，使农村居民能更好地开展生活垃圾的分类收集。

6) 建立生活垃圾分类处理长效机制

首先是建立资金保障机制。各级财政不断加大度农村垃圾收集处理的投入，采取财政补一点、集体出一点、村民拿一点的办法，建立农村垃圾集中收集处理的经费筹措机制(祝美群，2011)和垃圾分类回收处理的补偿机制(裴亮等，2011)。还要出台科学合理垃圾处理收费政策，按照"谁产生、谁依法负责"的原则，要求垃圾生产者根据其垃圾分类收集情况、产生数量支付垃圾收集、清运和处理费用，以收费方式引导垃圾分类收集和源头减量化。对于收入水平较低、无力支付垃圾费的农村社区居民，可以实行以分类收集情况给予减免垃圾费的政策，引导他们自觉分类收集和正确投放垃圾。

其次是完善村庄的分类保洁制度。各地普遍建立了门前三包、分区包干、定责定薪、联合考核的长效保洁机制，外聘或聘请本村老年农民担任保洁员，制定保洁员岗位职责、工作流程、考核办法等制度调动村民的参与积极性(祝美群，2011)；鼓励保洁员二次分拣，补贴保洁员收入，充分发挥保洁员的关键作用(严勃和蒋宇，2014)，保证环卫工人自觉做到分类收集、分类运输、分类回收、分类处理。

最后还要建立跨部门的管理机构和考核的督促机制。为了保持分类收运处理系统的正常运行，更好地落实环卫主管部门制订的分类实施方案和措施，避免责权不匹配的矛盾，有必要建立一个跨部门的专职管理机构，明确各级政府部门的职责，协调和理顺部门之间的各种关系，建立统一的目标责任体系，才能推动和保障分类收运处理的长期正常运行(严勃和蒋宇，2014)。此外，将农村垃圾收集纳入"千村示范万村整治"和美丽乡村建设考核体系，督促各地落实经费、建立制度、完善体系，在全面清除陈年垃圾的基础上，建立有效运转的农村垃圾收集处理体系，让村庄整治建设的成果惠及全体村民(祝美群，2011)。

7) 加强对分类收集的收集、运输、中转等配套设施的设计与研发

考虑当前尚无针对农村生活垃圾分类收集、运输、中转的配套设施，因此，应在混合收集、运输、中转设施的基础上，加快开发适合农村地区的生活垃圾分类收运设施。

8) 有效的社群管理

农村居民的分类收集决策机制可以参考一般的消费决策。在当前的农村环境和居民收入水平下，可通过提升群众认可的"环境约定"——村规民约等，激励群众自愿地增加分类收集行为；此外，在制度上需要推进的社区建设(社区自治)，设计高效的农村社群管理，在社群层面上低成本地形成"面子压力"，并从效率和福利角度，认真开展"有所为、有所不为"的最优化选择(程远，2004)。

同时政府要鼓励废品收购，社区可以组织下岗待业人员从事废品收购工作，促进农村社区居民再就业，政府要出台废品收购优惠政策，适当降低废品收购的税收标准或免税，使废品收购者有较大的利润空间，也能适当提高废品收购价格，刺激农村社区居民分类收集、出售可回收废品(陈在铁，2011)。

# 3.6 案 例 分 析

### 3.6.1 国内生活垃圾收运案例分析

1. 案例一：北京市菩萨鹿村混合收运

1) 背景

菩萨鹿村属于北京市昌平区流村镇，地处昌平西北部的浅山区，为典型的以农业为主的山村，属于北京市的贫困山村。该村目前尚没有生活垃圾处理设施。随着生活水平的提高和人口的迅速增长，垃圾产生量大幅度增加使当地明显受到了生活垃圾的污染(李颖等，2007)。

菩萨鹿村正处于规划建设的初始阶段，生活垃圾主要呈现以下特点：①由于旧村改造建设，产生了大量建筑垃圾，对生活垃圾的收运产生了一定程度的影响；②该村规划为旅游生态村，正在大力发展旅游业，在发展的同时也会伴随产生许多旅游垃圾，设计垃圾收运模式时应考虑在内；③垃圾组成以无机物为主，但成分日趋复杂；④生活垃圾产生量逐年增加；⑤垃圾无人管理，随处可见。

2) 收运系统设计

A. 垃圾产生量预测

该村生活垃圾主要是由农民家庭生活所产生的，成分一般包括粪便、纸类、玻璃、剩饭等。表 3.13 是 2005～2015 年菩萨鹿村生活垃圾产生量预测表。

表 3.13　2005～2015 年菩萨鹿村生活垃圾产生量预测表

| 项目 | 2005 年 | 2006 年 | 2007 年 | 2008 年 | 2009 年 | 2010 年 | 2011 年 | 2012 年 | 2013 年 | 2014 年 | 2015 年 |
|---|---|---|---|---|---|---|---|---|---|---|---|
| 人均生活垃圾量/ [kg/(人·d)] | 0.70 | 0.71 | 0.72 | 0.73 | 0.74 | 0.75 | 0.76 | 0.77 | 0.78 | 0.79 | 0.80 |
| 总常住人口/人 | 201 | 205 | 208 | 210 | 214 | 217 | 221 | 224 | 227 | 231 | 235 |
| 生活垃圾产量/(kg/d) | 140.70 | 145.55 | 149.76 | 153.30 | 158.36 | 162.75 | 167.96 | 172.48 | 177.06 | 182.49 | 188.00 |
| 人均旅游垃圾量/ [kg/(人·d)] | 0.03 | 0.03 | 0.03 | 0.03 | 0.03 | 0.03 | 0.03 | 0.03 | 0.03 | 0.03 | 0.03 |
| 旅游人口/人 | 1000 | 1072 | 1149 | 1232 | 1321 | 1416 | 1518 | 1627 | 1744 | 1870 | 2000 |
| 旅游垃圾产量/(kg/d) | 30.00 | 32.16 | 34.47 | 36.96 | 39.63 | 42.48 | 45.54 | 48.81 | 52.32 | 56.10 | 60.00 |

B. 垃圾特性与处理方式分析

在菩萨鹿村生活垃圾成分中，其他(37%)、灰土(36%)、厨余(15%)为主要成分，木竹、植物、玻璃、橡塑、纸类组分很少，导致菩萨鹿村生活垃圾热值较低，小于 3350kJ/kg，所以该村的垃圾收集后不适合用焚烧来做最终处理方式。

该村旅游垃圾组成与生活垃圾类似，主要成分是废纸、零食、果皮、烟头、塑料等。随着当地旅游业的大力发展，旅游垃圾总量会有所增加，但其组成基本保持不变。

考虑到该地区的经济条件，卫生填埋应该是最合适的处置方式。

C. 收运方式设计

菩萨鹿村生活垃圾设计参数如下：垃圾容重取 300kg/m³，容重变动系数取 0.8，收集周期为 3d/次，容器填充系数取 0.50。2005 年生活垃圾产生量 140.7kg/d，生活垃圾日产体积为 0.586m³/d，设计中用 2015 年垃圾产生量校核，设计垃圾桶的数量为 18 个 0.2m³，保洁车的数量为 4 辆 0.7m³(计算过程略)。同理旅游垃圾容器设计为 38 个 0.1m³ 的树墩形垃圾桶，收集周期为 6d/次。根据菩萨鹿村垃圾日产量以及设计收集周期，并考虑到可能会有部分旅游垃圾和建筑垃圾的投入，选择 YB-8 型摇臂式全封闭落地式垃圾中转站一个(有效容积 8m³)，并配 5t 摇臂式垃圾车。垃圾装满后直接用垃圾车上的摇臂装置将箱体从低坑中吊出，直接运往垃圾处理场。

D. 菩萨鹿村垃圾中转站选址

根据中转站的选址原则以及菩萨鹿村地形和交通位置条件，选择在镇级公路经过的村庄主入口位置设置垃圾中转站。

E. 菩萨鹿村生活垃圾作业规程制定

由村委会安排专人负责村内垃圾的收集清扫和中转站的维护工作，保证垃圾处理设施的正常运转，菩萨鹿村生活垃圾作业流程为"生活垃圾→垃圾桶→人力收集车→全封闭地埋式垃圾中转站→大型垃圾运输车→垃圾处理厂集中处理"。

### 2. 案例二：甘肃省静宁县威戎镇混合收运

1) 背景

威戎镇位于甘肃省东部静宁县以南，105°20′～106°06′E，35°01′～35°45′N 之间，总面积 74km²，交通条件便利。2009 年威戎镇总人口为 33294 人，其中镇区人口 10273 人，农村人口 23021 人，镇区人口综合增长率为 47‰、农村人口综合增长率取县域综合增长率 8%(张贺飞等，2011)。

2) 收运系统设计

A. 垃圾产生量预测

设计收运服务范围为威戎镇镇区及周边位于河谷地带的 10 个村，垃圾预测如表 3.14 所示。

表 3.14　威戎镇镇区及邻近农村生活垃圾产量预测

| 设计参数 | 2012 年 | | 2026 年 | |
| --- | --- | --- | --- | --- |
| | 镇区 | 农村 | 镇区 | 农村 |
| 规划人口/人 | 11791 | 19441 | 22429 | 21736 |
| 人均垃圾产生率/(kg/d) | 1.25 | 1.30 | 1.12 | 1.16 |
| 设计年限内平均处理量/(t/d) | 45 | | | |
| 累计总量 | 24.47 万 t，压实后容积(容重按 0.80t/m³ 计)31 万 m³ | | | |

B. 收运方案总体布置

乡镇垃圾收运分为两个部分：一是镇区垃圾收运；二是农村垃圾收运。

(1)镇区主、次干道过往行人产生垃圾拟采用道路两边设置果皮箱的方法进行收集，设置原则为：镇区主干道每 80m 设置 1 个，次干道每 100m 设置 1 个。

(2)镇区商业区、居民聚居区生活垃圾采用塑料袋装，以定时、定点投放收集的方式进行，每个投放收集点按服务半径 250m、服务面积 19.6 万 m² 计。

(3)杨桥、下沟等 10 个村的垃圾根据各村人口数相应配置数个 0.3t 垃圾桶进行收集，其垃圾投放收集点布置见图 3.23。

图 3.23　威戎镇垃圾投放收集点布置图

C. 垃圾转运设计

(1)城镇街道果皮箱垃圾利用人力三轮车就近定时转运至垃圾投放收集点，再由新增后装压缩式垃圾运输车运往填埋场。

(2)城镇商业区、居民聚居区定时、定点投放垃圾，利用新增后装压缩式垃圾运输车运往填埋场。

(3)工业园区垃圾经垃圾箱，由新增侧装垃圾运输车运往填埋场。

(4)杨桥、下沟等 10 个村的垃圾经垃圾桶，由新增侧装式垃圾运输车运往填埋场。

D. 农村垃圾收运能力计算

设计额定日运转时间 $T$ 为 8h(5:00～9:00，18:00～22:00)，平均行车速度 30km/h，垃圾桶之间的行车时间按照 0.08h 计，在填埋场时间为 0.133h。根据生活垃圾收运运力公式计算，结合现场调查对杨桥等 10 个村庄的垃圾收运车辆选用 2.5t 与 3.5t 的侧装式垃圾车。计算结果见表 3.15。

**表 3.15　威戎镇收运系统计算结果**

| 区域 | 杨桥 | 下沟 | 梁马 | 李沟 | 张齐 | 武高 | 寨子 | 新胜 | 新华 | 上磨 |
|---|---|---|---|---|---|---|---|---|---|---|
| 人口数/人 | 2124 | 1418 | 2970 | 2749 | 1033 | 3124 | 2256 | 1715 | 1722 | 1758 |
| 垃圾产量/(t/d) | 2.53 | 1.67 | 3.50 | 3.24 | 1.22 | 3.69 | 2.66 | 1.97 | 2.03 | 2.07 |
| 公社数量/个 | 7 | 2 | 7 | 9 | 3 | 6 | 7 | 3 | 1 | 2 |
| 垃圾桶数量/个 | 14 | 6 | 14 | 18 | 6 | 14 | 14 | 8 | 8 | 8 |
| 到填埋场距离/km | 11 | 9 | 11 | 9 | 7.8 | 10.2 | 11.4 | 9.8 | 8.2 | 2.8 |
| 收运车辆吨位/t | 2.5 | 2.5 | 3.5 | 3.5 | 2.5 | 3.5 | 3.5 | 2.5 | 2.5 | 2.5 |
| 每周需要收运次数/次 | 7 | 5 | 7 | 7 | 4 | 7 | 6 | 6 | 6 | 6 |
| 每次收运需要的时间/h | 2.45 | 2.9 | 3.06 | 2.91 | 2.2 | 3 | 3.1 | 2.36 | 2.24 | 1.82 |
| 每周需要作业时间/h | 17.15 | 14.5 | 21.42 | 20.37 | 8.8 | 21 | 18.6 | 14.16 | 13.44 | 10.92 |
| 全部村庄每周作业时间/h | | | | | 160.36 | | | | | |
| 每周工作天数/天 | | | | | 20.045 | | | | | |
| 需要车辆数/辆 | | | | 3(1 辆 3.5t, 2 辆 2.5t) | | | | | | |

村庄垃圾收运根据每个村庄人口数(设计年限内平均人口),以周为时间单位计算垃圾产生总量。具体操作如下:

(1)参考每个村庄公社数量、垃圾产生量来设计垃圾桶(0.3t)的个数,垃圾桶总容量要至少容纳该村庄一天产生垃圾量,也要保证每周至少收运一次,还要保证每个公社设置两个及以上垃圾桶。

(2)垃圾日产量在 2.5t 以上的村庄用 3.5t 侧装式垃圾车,垃圾日产量低于 2.5t 的采用 2.5t 垃圾车收运。

(3)根据图 3.23 的运输路线计算出每个村庄与垃圾填埋场之间的距离,再根据垃圾车的平均运速可以得到往返一次所用时间。威戎镇农村垃圾收集采用 0.3t 的垃圾桶收集,侧装式垃圾车进行收运,依据村庄产生的垃圾量与道路的实际情况选择合适的垃圾车(威戎镇是采用 2.5t 与 3.5t 的侧装式垃圾车)及数量。

**3. 案例三:四川省成都市温江区万春镇分类收集**

1)背景

万春镇位于成都平原腹地,温江区中心城区北部,属岷江冲积平原。全镇辖区面积 56km²,人口 5.2 万人,辖 12 个行政村,花卉园艺企业 1000 多家。2009 年,农民人均纯收入 8753 元。

根据调查,万春镇生活垃圾人均产量、含水率、BDM 和热值分别为 0.34kg/(人·d)、45.18%、52.13%和 6200kJ/kg,其组分含量见扫描封底二维码见附录 3.16。

万春镇垃圾组成相对单一,以厨余、灰土砖陶、纸类、橡塑类为主。农户自发回收金属、塑料、玻璃等可回收物品,丢弃的比例较少。垃圾中纸类主要为包装纸盒、卫生纸等;橡塑类主要是塑料袋、零食包装袋,可回收性较低。

通过调查发现,万春镇村民环保意识较高,92%的村民了解垃圾随意堆放会污染环境,能够清晰地认识到垃圾对当地水质、土壤、大气及周围生态环境的危害;46%的村民愿意支付合理的垃圾收运处理费用；37%的村民对于垃圾分类有一定了解，并且具备一定条件后，83%的村民不排斥分类收集垃圾；23%的村民能够接受堆肥并用于种植绿色农产品，近50%的村民认为堆肥和化肥搭配使用效果更好(曾建萍，2012)。

万春镇于2006年开始建立农村生活垃圾收运体系，全镇共建有122个垃圾屋，125个垃圾桶，采用市场化管理，按照"户集+村收+镇运+区处理"模式运行，收集和运输环节均承包给固定的保洁公司，1~3个组配1个垃圾屋和1名保洁员，村民将垃圾袋装后置于路边，保洁员于上午和下午各收集1次至垃圾屋，保洁公司的垃圾车定期到每个垃圾屋将垃圾收运至区垃圾处理站(中转站)，再由区统一转运至长安填埋场(图3.24)。

图3.24  万春镇生活垃圾现有混合收运模式

万春镇于2011年下半年在红旗村和罗家院子开始试点农村生活垃圾前端分类，将生活垃圾分为可回收、不可回收和危险废物三类。通过发放分类垃圾桶给居民，保洁员上门收集时按类投入分类垃圾车，将可回收物运到预约收购点并进一步细化分类为塑料、玻璃、钢铁类、纸类等。不可回收垃圾运至垃圾屋堆放，垃圾车定期清运至填埋场进行无害化处理(图3.25)。

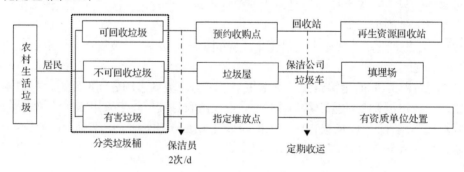

图3.25  万春镇生活垃圾现有分类收运模式

2) 路线优化设计

A. 基本参数

万春镇的垃圾收运系统优化可为：车库1个，收集点105个，垃圾中转站1个，收运车辆为1辆5t的自卸式侧装垃圾车，万春镇垃圾收集点(屋)分布见图3.26。优化模型仅考虑垃圾运输成本，以收运路线最短为目标函数来反映收运系统的经济性指标。

B. 垃圾分类收集设计

万春镇现有生活垃圾的最终处置场为长安生活垃圾填埋场，温江区已规划建设区餐厨垃圾回收站，成都市规划远期将在温江区兴建第四垃圾焚烧发电厂。万春镇地处成都平原，交通发达，生活垃圾适于集中处理。根据各类垃圾组分相比，其中厨余类>灰土类>纸类>塑料类>其他，灰土类通常都作为生活垃圾的一部分进入垃圾袋，占20%以上，仅次于厨余类垃圾。因此可在分类收集试点现有的分类模式中，将不可回收垃圾分出厨余类和灰土类垃圾两类，故提出如图 3.27 所示的分类收集模式。

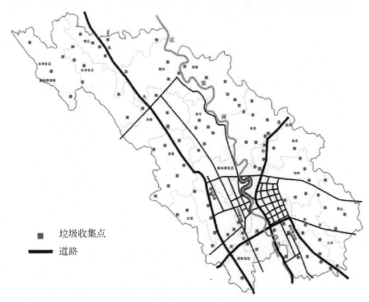

图 3.26　万春镇垃圾收集点分布图

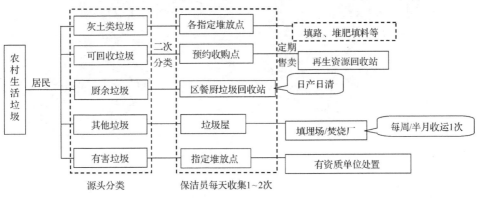

图 3.27　万春镇生活垃圾分类收集收运模式

根据万春镇生活垃圾产生量和现有人口数量，在混合收集模式下，收集频率为 1d/次，每次 4 车次；在分类收集模式下，确定厨余类垃圾收集频率为 1d/次，每次 2 车次，其他垃圾收集频率为 3d/次，每次 5 车次。

C. 分类收集 K-means 算法分族

为减少每条车辆路径重叠区域，并便于管理，利用 K-means 法将万春镇生活垃圾收运区域分类，将收运路线问题由 VRP 分解为较简单的 SP 问题。基于分类收集模式下的厨余类垃圾 2 族结果见图 3.28(a)，其他垃圾 5 族结果如图 3.28(b) 所示。

D. 基于 Dijkstra 算法的路线优化

在 ArcGIS 中确定车库位置作为道路起点，确认中转站(此处为计算方便，选取各收运路线至垃圾中转站的重叠路线的起点)作为道路终点,分别对混合收集和分类收集模式下的族群收集点利用已建道路网络图进行最短路径分析,得出混合收集模式下的 4 条道路的最短路径分析结果如图 3.29 所示。

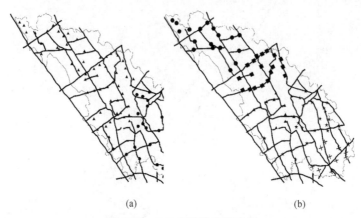

(a)　　　　　　　　　　　　(b)

图 3.28　GIS 中聚类分析结果

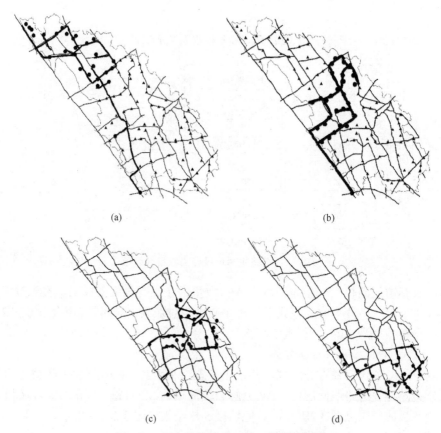

(a)　　　　　　　　　　　　(b)

(c)　　　　　　　　　　　　(d)

图 3.29　混合收集模式下的 4 条优化路径

　　分类收集模式下，其他垃圾分为五条道路进行收运，最短路径分析结果如图 3.30 所示；厨余类垃圾分两条道路进行收集，最短路径分析结果如图 3.31 所示。

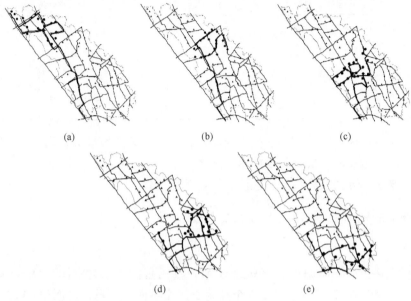

图 3.30　分类收集模式下其他垃圾的 5 条优化路径

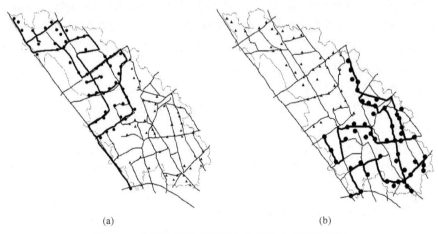

图 3.31　分类收集模式下厨余垃圾的 2 条优化路径

　　对成都市郊区农村生活垃圾路线收运的研究表明（曾建萍，2012），在混合收集模式下，以运输路线长度表征的运输成本降低了 28%；在分类收集模式下，由于每次要收集所有收集点的厨余类垃圾，导致分类收集的路线优化空间较混合收集的小，所以运输路线长度表征的运输成本只降低了 10%（表 3.16）。

表 3.16　　万春镇生活垃圾收运路线优化结果

| 项目 | 现状(混合收集) | 优化(混合收集) | 优化(分类收集) | |
| --- | --- | --- | --- | --- |
| | | | 厨余类垃圾 | 其他垃圾 |
| 收集频率 | 1d/次 | | 1d/次 | 3d/次 |
| 收运量/(t/d) | 17.8 | | 7.0 | 7.2 |
| 车次/收运日 | 6 | 4 | 2 | 5 |
| 行车路线/(km/3d) | 498.27 | 358.68 | 447.12 | |
| 优化结果/% | — | 28 | 10 | |

但在分类收集模式下，在温江区中转站进行二次转运的垃圾减量化达 59.7%，相应地减少了二次转运成本和最终处置成本，加之约 39%的厨余类垃圾资源化所产生的经济收益，总体来说，分类收集模式下经济、环境效益更佳。

4. 案例四：湖南省安化县东坪镇收集点选址分析

1) 背景

安化县东坪镇位于益阳市安化县北部(111°12′~111°23′E，28°16′~28°32′N)是安化县城所在地。全镇共有 37 个村庄、6 个社区及 1 个茶园示范场，总面积 434.26km²，辖区内有政府机关、事业单位、医疗机构、企业、商铺、学校、住宅小区及分散的居民点。东坪镇属于山区，2011 年全镇实现国民生产总值 16.8 亿元，农民人均收入 3663 元。

区域内有 S308 省道横穿东坪镇，东南侧为 207 国道，北侧为常安公路、资江路、迎春路、沿江路、黄江路、柏杨路、柳溪西路、建设路，构成了东坪镇所在社区的交通路网，村村通路，加强了行政村之间的交通关联。

东坪镇相对集中的有沿资水南北两岸分布的各村，其余行政村的居民点大多分散。全镇的所有行政村和社区中，超过 40%的行政村人口数量为 500~2000 人，东坪镇建城区人口约占全镇人口总数的 1/3，总人口 20.62 万，按产生生活垃圾 0.8kg 计算，生活垃圾产生量 165.01t/d，其中有机物占 79%，无机物占 20%，其他成分占 1%。

全镇除了资江社区、黄合社区、民主社区及建设社区等集中居住区已有少量垃圾收集装置，其余大部分村庄没有垃圾桶、垃圾池等专门的垃圾收集转运、处理系统，生活垃圾的主要处理与处置方式仍旧为露天分散堆放、家庭堆沤池、简易焚烧等。

2) 选址优化分析过程

选用 ArcGIS10.0 作为分析平台，基于人口密度、居民点、道路、地类 4 个影响因子，对所获取的数据进行缓冲区分析、叠加分析、空间统计分析和邻域分析，从而优化垃圾收集点分布位置(刘敏等，2015；刘敏，2014)。

安化县东坪镇图形文件来自二调数据库，按属性选择导出行政区划图(村界)、居民点分布图、道路分布图、地类图斑作为专题图层，部分相关属性通过计算几何、Excel统计表导入方式生成。东坪镇行政区划图以村(社区)为单位，把整个行政区划图分为 41 个分析区域(东坪镇所在的资江、黄合、建设、民主 4 个社区合为一个分析区域，以下简称东坪镇建成区)。数据分析如图 3.32 所示。

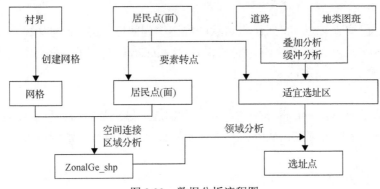

图 3.32　数据分析流程图

A. 适宜选址区分析

分析数据图层：道路、地类图斑、居民点。

分析工具：缓冲区、相交、擦除、筛选。

考虑到垃圾收集问题，选址点必须位于居民区周围一定范围内；考虑到垃圾清运要求，选址点必须位于公路周围一定范围内(省道 15m、县道 10m、乡道和村道 5m)；以保护水资源、预防二次污染、保护耕地的原则，对水库水面(20m 内)、河流水面(10m 内)、坑塘水面(5m 内)等水域及其周围一定范围，水工建筑用地，内陆滩涂、港口码头用地，水田、旱地、水浇地等农林用地，在分析过程中予以排除；此外，对风景名胜等特殊用地予以剔除，考虑到垃圾收集点的建设需要一定的地域面积，在排除不适宜地类后还需剔除小面积的零碎图斑。适宜选址区分布见图 3.33(a)。

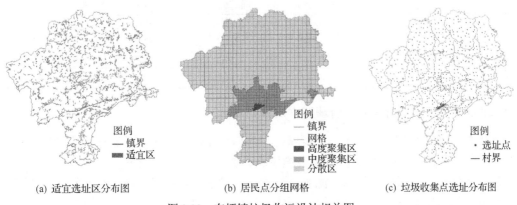

(a) 适宜选址区分布图　　　　(b) 居民点分组网格　　　　(c) 垃圾收集点选址分布图

图 3.33　东坪镇垃圾收运设计相关图

B. 创建分组网格

根据东坪镇居民点分布规律，将全镇居民点分为高度聚集区、中度聚集区和分散区 3 个等级，其中高度聚集区为东坪镇建城区，面积 45.51km²；中度聚集区主要是东坪镇建城区周围的 8 个村，面积 133.32km²；分散区为其他剩余的 32 个村，面积 255.44km²。按照垃圾收集点的服务半径随着人口密度的增大而减少的原则，根据垃圾收集点选址点数量估算、服务半径、居民点分散或聚集程度综合考虑，以行政区界线为模板范围，将空间划分为不同大小的单元格，消除零碎图斑，得到东坪镇居民点分组网格，如图 3.33(b) 所示。

C. 区域分析

居民点(面)要素转点,将居民点点状图层连接到网格图层,输出居民点_SpatialJoin,利用表格显示分区几何统计工具,对居民点_SpatialJoin 进行分区统计,区域字段选择 JOIN_FID,输出表 ZonalGe_shp。

D. 邻域分析

将输出表 ZonalGe_shp 的 XY 数据添加到图层,导出数据作为目标要素,邻近要素为适宜选址区,生成近邻表,从近邻表添加坐标数据,生成东坪镇垃圾收集点选址点图,如图 3.33(c)所示。

3)结果与评价

对选址点情况进行统计(表 3.17)可知,按居民点人口分布情况进行分析,高聚集区、中度聚集区选址点数量比按户计算显著减少,分散区居民点垃圾收集点数量较按户计算明显增加。居民点分散区垃圾收集点数量增加的原因在于人口分布稀疏,而每个垃圾收集点的服务面积有限。

**表 3.17　东平镇选址点一览表**

| 等级 | 选址点数量/个 | 服务半径/m | 覆盖面积/km$^2$ | 覆盖率/% | 按户计算数量/个 |
|---|---|---|---|---|---|
| 高聚集区 | 92 | 80 | 0.37 | 90.25 | 183 |
| | | 100 | 0.39 | 93.98 | |
| | | 120 | 0.39 | 96.10 | |
| 中度聚集区 | 141 | 250 | 0.66 | 89.79 | 311 |
| | | 300 | 0.70 | 95.20 | |
| | | 350 | 0.72 | 98.45 | |
| 分散区 | 529 | 250 | 1.61 | 78.91 | 277 |
| | | 300 | 1.74 | 87.39 | |
| | | 350 | 1.83 | 93.54 | |
| 合计 | 762 | | | | 771 |

## 3.6.2　国外生活垃圾分类收集管理与案例分析

从 20 世纪 60 年代起,由于资源紧张、环境恶化,发达国家开始重视和研究垃圾分类收集问题,并于 70 年代逐步开始实施垃圾分类收集。当前,已进入分类收集、材料回用、分类处理、资源化利用以及源头减量阶段。发达国家生活垃圾分类收集、源头减量的经验,包括技术路线、法律法规和经济促进措施等,见表 3.10。

1. 案例一:美国

美国农民居住比较分散,因此美国的垃圾收运理念的是"垃圾公司深入乡村",通常由规模不大的家庭公司承担,全国范围存在大量的小型公司负责垃圾的收集运输,完善的收集网络覆盖到每家每户(程宇航,2011)。

1)常用收集方法和设施

美国现行的收集方法主要有三种收集方法包括:绿箱系统(green box system)、投放中心(rural convenience centers)和上门收集(door to door)(Doeksen et al.，1993)。

A. 绿箱系统

绿箱系统是按 4.8～8.0km 的收集半径，将绿色的垃圾收集箱放置在主要的乡村要道边，鼓励农村居民在路过时投放各自产生的垃圾的一种垃圾收集系统，图片可见扫描封底二维码见附录 3.17。绿箱体积通常约 $6m^3$，每周收集 1～2 次，收集的垃圾再集中运往中转站或填埋场。

绿箱系统的优势在于：费用低廉、群众投放方便、可控制非法倾倒、减少垃圾污染的优势。考虑到绿箱难以控制不符合要求的垃圾投放，以及垃圾外溢和邻避效应，通常在设置时需要注意以下几点：靠近居民集中居住区，沿着主要交通要道，4.8～8.0km 的合理的投放距离，以及需要充足的体积接收垃圾。

B. 投放中心

投放中心设置垃圾收集点，在开放时间内提供服务，并且只有当接到中心垃圾已满的电话后，压缩卡车才会被派遣去收运。

投放中心主要设置在人口密度较高的农村地区，通常设置 18～20 个或者更多的绿箱；设置垃圾箱用于回收纸类、金属、塑料和玻璃；提供约 $30m^3$ 的垃圾容器收集大件垃圾；设置压缩设备，实现垃圾压缩功能，以及上述任何四类的组合。投放中心需要进行合理的外观设计，并设置在交通便利的地方。

投放中心比压缩卡车和绿箱系统收运距离更短；空箱运行路程会减少；可实现垃圾分类和压缩；有维护，能够更容易保持清洁；管理人员可以管理投放，可以协助需要帮助的公众正确投放。因此，投放中心成为美国农村最常用的一种垃圾收集方式。

C. 上门收集

上门收集是住户将产生的垃圾放到路边，收集车辆在通过路线优化后，对每户垃圾进行收集的一种垃圾收集方式，常采用压缩式垃圾收集车进行收集。对于此种收集方式，道路类型很重要，因为在极端天气情况下，可能会减缓或阻断收集。

上门收集的优势在于：住户操作最方便，可以收集所有住户产生的垃圾，实现合法倾倒，减少垃圾污染。

2) 分类收集系统

A. 分类收集方法

美国的生活垃圾分类收集方法主要包括：中心垃圾站(drop-off center)、回购系统(buy-back systems)和便利回收(curbside collection systems)(Doeksen et al.，1993)。

a. 中心垃圾站

中心垃圾站是一个为可回收垃圾的收集提供容器的区域。居民可以把可回收垃圾带到中心转运站并投放到合适的容器内，再由与当地政府签订合约的私人垃圾处理公司进行收运。该系统成功的关键在于公众的接受程度，如果让居民感觉不方便，对分类垃圾也很困惑，参与率就会很低。因此，可回收垃圾箱常设置在居民经常光顾的地方，如商店、停车场或学校；同时需要减少居民的投放距离；投放地点需保持清洁，并贴有清楚、易懂的指导说明单。

该系统最大的限制是经常会有一些不可回收的垃圾混入到可回收垃圾中，因此分类好的垃圾还需要收集工人或垃圾回收厂进行进一步的分类。另外一个限制就是低参与率，虽然加强教育和设计会增加参与率，但是仍然是三种收集方法中参与率最低的。对于农村来说，中心垃圾站是一种最优先考虑的可回收垃圾的收集方法，以下介绍两种垃圾中心站。

第一，明尼苏达州的 Redwood 垃圾中心站（扫描封底二维码见附录 3.18）。该垃圾回收中心服务半径 4828m[3mi（1mi=1.609344km）]，不设工作人员，全年 24h 开放。每户每月费用为 1.54～3.00 美元，1 个标准的 1.37m（1.5yard）的垃圾箱个体收运服务平均费用为每月 41.00 美元。中心站有 6 个标准垃圾箱收集瓦楞纸板，由签约的收运公司每两周收集一次，2010 年混合纸共计收集了 23t，纸和玻璃 14t，铝和铁 14t，瓦楞纸板 22t。在运行过程中会出现不合理的垃圾分类丢弃现象，如轮胎、电子垃圾，以及其他一些器具，但是这一问题没有想象的那么严重。该垃圾回收中心站运行后，当地居民放弃了焚烧垃圾的不良习惯，每月扔到垃圾箱的垃圾不断增加，减少了因自行焚烧而产生的危害，因此得到了社区广泛的支持，而且也引起了其他镇区的关注和效仿。

第二，美国明尼苏达州源头分类有机物收集站。源头分类有机物定义：包括源头分类的可降解物料、庭院垃圾、蔬菜垃圾、生产食物和人类消耗的工业或制造过程中产生的有机垃圾，以及满足 ASTMD6400 和 ASTMD6868 要求的可降解垃圾。

不可接受垃圾：除了在 7001.0150 规范下，行政委员许可特殊情况外，源头分类有机物不包括动物垃圾（如动物粪便和尸体），从工业或制造过程中产生的鱼类废弃物、肉类、公共卫生垃圾、尿布等垃圾。除此之外，也不包括：

(1) 有害垃圾，根据相关法令需分类的其他垃圾，以及未根据相关法令评估的垃圾。

(2) 市政污泥、化粪池污泥、下水道污泥、市政污泥堆肥，以及不满足相关法令和标准的相应垃圾。

(3) 传染性垃圾，满足相关要求的除外。

(4) 废油，满足相关要求的除外。

(5) 放射性垃圾。

(6) 含有自由液体的垃圾。

(7) 自由液体。

设计要求：源头分类有机物收集站不能选址在洪泛区；海岸、野生动物和风景保护区、湿地；以及根据相关法令和标准，释放的空气污染物会影响大气质量的地区；可以选址在现有的设施厂，如原有垃圾堆肥厂、回收厂、中转站等；也可以单独设置，如设置在公园。运输源头分类有机物的公司须有营业执照、许可或其他批准材料；同时必须获得批准认可，每年提交年度报告；运营商需采取相关措施保护地下水、地表水、空气和土壤。

源头分类物料收集站不一定要和既有设施结合，但是需要满足有限的固体废物收集转运设施的要求，如只接收住户自行投放的物料，满足地方标准，满足容积和储存标准：所有垃圾均需管理和存储在用防渗材料制造的容器或滚降箱内（图片扫描封底二维码见附录 3.19），现场有机物存储量每天不超过 30.6m³（40yard³），当容器装满或当环境卫生受到影响要及时清运时，考虑到有机物存储的环境卫生问题，源头分类有机物收集站容

积可 $\leq 7.6m^3(10yard^3)$ 。

b. 回购系统

回购方式是收购住户带到中心垃圾站的可回收垃圾。回购系统与中心垃圾站一样，也需要公众投放可回收垃圾，不同之处在于回收人员根据市场价格和可回收垃圾的质量，向公众支付费用。这极大地提高了居民的参与性，其参与性与沿街收集系统相当，只是与垃圾投放系统相比，需要更大的投资(Doeksen et al.，1993)。

通常在大于 20000 人，而且没有其他回收商的情况下，每 24~32km 可设置一个回收站，开展废品回购(金属回购)计划(Voinovich School of Leadership and Public Affairs,2012)。

c. 沿街收集系统

沿街收集系统是居民将可回收物放到路边，由回收人员进行回收，因此需要很大的投资和劳动力。该系统可分为：居民在放置垃圾前自行分类(两种或多种可回收垃圾)；收集人员在路边分类垃圾，放到不同收集容器中；混合垃圾收集后运往垃圾回收厂进行分类等类型(Doeksen et al.，1993)。

一旦回收类型选定，就需要确定回收频率，储存时间应尽可能小。通常可一周或两周收集一次，或者预约回收。该系统适合可承担较高投资的社区。虽然投资高，但是工作参与率高，而且对公众而言也最方便。系统成功的关键在于合理设计、工作教育、投入力度及市场。

在美国特拉华州，住户通常将生活垃圾分为可回收垃圾、庭院垃圾和不可回收垃圾三类，由私人垃圾收集公司每周收集两次，周一收集不可回收垃圾，周四收集可回收垃圾，庭院垃圾在部分地区两周收集一次。在美国西雅图市，政府规定，每月每户居民的四桶垃圾，需交纳 13.25 美元的费用，每增加一桶垃圾，加收 9 美元。这一规定实施以后，西雅图市的垃圾量减少了 25%以上(李威，2014)。

经验表明，无论什么系统，加强公众教育，提供便捷的收集是确保参与率的关键因素。

B. 废品收购市场

废品收购市场有四种不同的类型：工厂(mill)、代理人(broker)、处理厂(processor)和合作社(coop)(熊明强，2011)。

工厂是任何可回收物品的终端，以可回收物作为其生产的原料。由于收购价价格较高，因此，它是社区回收系统最满意的收购者，但是它对材料的要求最严格，规格也是最高的。

代理人居于回收系统和工厂之间。一般参与没有和工厂建立关系或者不能直接卖给工厂的社区回收系统，采用抽成的方式取得收入。

处理厂和代理人比较相似，都是中介机构。他们会对材料进行清洗分类等，以符合工厂的要求，同时还能协助处理混合垃圾，对社区来说，它更受欢迎，同时，它也可以定较低的价格或者免费获取可回收垃圾。

合作社通常由非营利性组织管理，以支持当地的垃圾循环再利用事业。合作社的工作方式和代理人相似，以联合大量小型社区回收系统，达到高价的优势，并获取工厂给予的直接利润。合作社经常支持小型回收系统，为其提供管理、开发和技术支持。

3）转运站

在美国，转运站设备主要有常规转运卡车或带有提升机的滚装卡车、拖车、料斗、滑槽、压实机、带滑轮容器等（图片见扫描封底二维码见附录 3.20）。

中转站的基建和设备费用总计 333118 美元，年折旧费用为 23939 美元。服务 10000 人的中转站年运行费用为 322861 美元，基建和运行费用共计 346800 美元，合计每吨垃圾投资 42.23 美元（Eilrich et al.，2002）。对于单程 80km，服务 30000 人的中转站，其收运费用大概 10 美元/t；对于服务低于 10000 人的中转站，其收运费用大概 15～20 美元/t；对于运输距离为 24～32km 的地区，直接收运比使用中转站更经济（Doeksen et al.，1993）。

4）美国俄亥俄州 Lucas 县固废管理经济分析

Lucas 县为当地社区提供垃圾分类投放计划，建设了超过 60 个分类投放点，分别收集两大类垃圾：混合纸类和混合容器类，这些投放点设置在社区各个超市、学校、加油站、镇办公室，以及其他大型场所。每个投放点设置 2 个 3.8m$^3$（5yard$^3$）的容器，在产量高的地方，放置多个容器，2006 年收集的垃圾如下：纸类 4368t，纺织类 2912t，玻璃瓶 1493t，塑料瓶 677t，铁罐 235t，铝罐 70t。

当地开展垃圾投放点分类回收项目，考虑最少收入，每年花费了 425462 美元；当地主要收入包括填埋场超载罚款收入，大概为 1500000 美元/a；此外，依托第三方处理垃圾，当地管理部门按纤维类 31.8 美元/t、混合容器 23.35 美元/t 的价格出售垃圾，每年能收入 327734 美元。这部分费用会被收运费用抵消，包括：卡车油费 350196 美元、维修费用 5500 美元、投放点容器购买及维护费用 7500 美元、收运司机工资 240000 美元、管理人员工资 150000 美元。

推荐的分类系统日常运行费用 189327 美元/a，混合办公用纸 82 美元/t、白账簿纸 102 美元/t、报纸 55 美元/t、包装纸板 110 美元/t、铝罐 180 美元/t、铁罐 180 美元/t、塑料瓶 180 美元/t、玻璃瓶 25 美元/t 出售后，可收入 844197 美元/a。

此外当地管理部门还需支付：卡车油费 365100 美元、维修费用 5500 美元、投放点容器购买及维护 7500 美元、收运司机工资 240000 美元、运行垃圾回收设施雇佣人员工资 186400 美元、管理人员工资（包括垃圾回收场地管理人员）190000 美元、垃圾回收设施及建筑维护费用 39024 美元。

推荐分类系统投资 973050 美元，投资回收期为 4.12 年，内部返现率头 5 年为 6.8%，头 10 年为 20.5%。收支平衡分析显示，当垃圾量或价格下降 13%（减少收入 110000 美元）时，可以实现 6.5% 的内部返现率，考虑垃圾收集量增加，因此风险较少。

敏感性分析显示，纤维类数量和价格变动影响最敏感，当收集量降低 5% 或者价格每吨降低 2%，会对中收入和内部返现率造成最大程度影响。

2. 案例二：爱沙尼亚分类收集案例分析

1）背景

爱沙尼亚位于波罗的海东岸，芬兰湾南岸，西南濒临里加湾，南面和东面分别同拉脱维亚和俄罗斯接壤。国土总面积 45200km$^2$，2015 年总人口 131.3 万，分布在 15 个行政区，人口密度和平均年龄差异明显(Kriat，2013)。

在苏联解体后，爱沙尼亚有大约 170 座无控制措施的垃圾堆场，面临着严重的垃圾管理问题。在 20 世纪 90 年代中期，爱沙尼亚颁布了垃圾法令和包装法令，在加入欧盟后，开始遵循欧盟新的高标准的法律，爱沙尼亚新的收运体系于 2005 年开始建立，在 2004~2007 年开始实施新的垃圾法令，推进垃圾的回收利用，同时建立了新的垃圾管理中心。至此，旧的填埋场在 2009 年之前逐渐关闭，到 2012 年只有 16 座在运行。

2) 分类收集现状

当地市政部门负责垃圾的收集、运输、回收和处置。市政部门垃圾管理的费用来源包括向居民支付的垃圾处理费用，以及收取的填埋场税。其中填埋场税收有 75%用于填埋场垃圾处置，成为当地市政部门稳定的收入来源。

爱沙尼亚农村生活垃圾的主要来源是购物商店。2005 年实施的包装法令要求消费者将啤酒、低度酒、碳酸饮料的玻璃、塑料和金属包装物回收，于是环保部委托非营利组织和公司对包装材料进行回收，危险废物也同时被回收。从 2003 年开始，公众可以将荧光灯、电池、药物、油、化学物品，以及其他有毒有害的生活垃圾存放到特殊的危险废物存放中心，到 2006 年，已有上 100 座的危险废物存放中心。尽管如此，爱沙尼亚在建筑垃圾及垃圾的预防和回收项目上并没有取得明显的成功。截止到 2010 年，爱沙尼亚的生活垃圾收运体系覆盖率为 88%，只有 12%的非法处置，有 7%的垃圾违反欧盟要求被倾倒到环境中。

截止到 2011 年，在农村地区，有 86%的公众开展了垃圾分类，危险废物、纸和纸板、混合包装物(玻璃、塑料等)、可生物降解垃圾的分类收集率分别为 69.1%、37.9%、62.0%、57.2%，其中完全没有实施分类收集的比例为 6.4%。

3) 分类收集系统

A. 农村分类收集系统

a. 垃圾分类与处理

废纸包括报纸和广告册子，通常会被单独分类收集，用于炉子生火取暖；可降解废物主要用作肥料，剩饭菜单独收集并丢到堆肥坑堆肥；塑料是垃圾的主要来源，由于利用很困难，而且焚烧会造成污染，因此很多公众不愿意焚烧塑料；一些公众单独收集金属和玻璃罐，然后投放到常用的包装垃圾收集容器中，但是对于没有车的公众，投放到村的收集容器比较困难，也有公众将金属收集后出售；危险废物主要是灯泡、电池、油漆、过期药物、废油等，废电池会被投放在邮局或超市设置的专用盒子中，汽车电池会有专门的回收商不定期来免费回收，其余危险废物被投放到危险废物存放中心；对于大件垃圾，通常会用汽车载到城里的丢弃点处置；对于旧衣服，通常不被视为垃圾，会赠送给穷人或者焚烧，或者当抹布使用。

b. 管理措施

为了鼓励群众使用新的收集系统，市政部门采取了一系列的措施被实施，包括：对群众开展环保教育，教导公众使用新设备的方法，并发放宣传手册；同时还通过电视、广播、报纸、杂志等媒体进行宣传；并实施了垃圾回收的财政激励措施。

c. 收运系统

在新的收集系统中，政府关闭了简易垃圾堆场，新建了有管理的垃圾收集点，要求垃圾必须分类收集。

住户常使用 140~250L 的绿色垃圾桶。每个家庭都可以和垃圾回收公司签订了收集协议，分为定期收集和电话预约。在 Kolkja，Kasepaa 和 Varnja 村，垃圾收运公司会定期收集；在 Raja 村，通常是住户在垃圾装满后电话预约收运公司。收集频率在 1 个月到 1 年之间。

同时，该地区市政部门在农村也设置了足够多的生活垃圾收集设备，分类收集的垃圾数量正在持续增长。其中在 Kolkja 村的垃圾收集点，有两个黄色的包装垃圾收集箱，每个收集箱容积为 4.5m³。在 Raja 村有一个垃圾收集点，距离社区 1.5~2km，该收集点有 4 个垃圾收集容器，其中两个收集包装废物，一个收集玻璃，另外一个收集常规垃圾。Raja 村民能免费投放任何垃圾，然后由州政府焚烧。村民也会在收集点丢弃旧家具和其他垃圾，这对于没有车的住户，使用较困难。在 Mustvee 村也有一个垃圾收集点，村民可免费投放 5kg 垃圾，但超过 5kg 后的垃圾要收费。

B. 社区分类收集与处理

在爱沙尼亚 215 个社区中，只有 5 个社区人口超过 30000 人，大部分垃圾收集都是按照行政边界实施，70%的社区人口少于 4000 人，只有很少的地区市政部门间在边界结合部有合作，从而实现合理的收集人口分布(Jana，2015)。

爱沙尼亚大部分社区对混合收集的垃圾均强制进行分类收集，通常是将包装垃圾进行分类，在很多社区也将厨余类垃圾或有机垃圾分类。在纸类和有机物强制分类的社区，如果公寓超过 10 个单元，有机物通常会被纳入收集计划，进行集中收集，并就地开展有机垃圾堆肥，纸类会被丢到公共垃圾箱。为了满足分类收集的要求，在 23 个社区中，有 20 个社区被强制收集纸类和有机垃圾，大部分有机垃圾每周收集一次，容积在 0.14~0.24m³；纸类若一周收集一次，容积在 0.6~0.8m³，若两周收集一次，容积为 2.5m³。

在 Harju 县，有机垃圾的清空一次的费用为 0~5.75 欧元，其中有 8 个社区是免费收集，在另外两个教区，虽然纳入了有机垃圾收集系统，但是未列价格；纸类有 11 个社区清空一次的价格为 0.01~27.4 欧元，有一个社区是–3.40 欧元，意味着垃圾收集公司会付费回购。对于 0.14m³ 的有机垃圾桶，平均清空费用为 1.28 欧元/次，对于 0.8m³ 的纸类垃圾桶，平均清空费用为 1.71 欧元/次。

## 参 考 文 献

编辑部. 2015. 日本垃圾分类到极致/德国垃圾分类似科学实验[J]. 能源与环境, 3: 48.

郿常远, 吴东彪, 白玉方, 等. 2014. 流域农村生活垃圾收运、处理模式探析研究——以巢湖流域为例[J]. 环境科学与管理, 39(9): 67-71.

陈闻, 邓良伟, 陈子爱, 等. 2012. 四川省农村垃圾与污水处理现状调研与分析[J]. 中国沼气, 30(1): 42-46, 51.

陈群, 杨丽丽, 伍琳瑛, 等. 2012. 广东省农村生活垃圾收运处理模式研究[J]. 农业环境与发展, (6): 51-54.

陈蓉, 单胜道, 吴亚琪. 2008. 浙江省农村生活垃圾区域特征及循环利用对策[J]. 浙江林学院学报, 25(5): 644-649.

陈在铁. 2011. 农村社区生活垃圾管理现状调研与分类收集处理建议[J]. 科技资讯, (24): 162, 165.

程花. 2013. 南京郊县农村生活垃圾分类收集及资源化的初步研究——以高淳县和溧水县农村地区为例[D]. 南京: 南京农业大学硕士学位论文.

程宇航. 2011. 发达国家的农村垃圾处理[J]. 老区建设, (3): 55-57.

程远. 2004. 中国农村环境保护与垃圾处置经济学研究[D]. 上海: 复旦大学硕士学位论文.

崔兆杰, 王艳艳, 张荣荣. 2006. 农村生活垃圾分类收集的建设方法及运行模式研究[J]. 科学技术与工程, 6(18): 2864-2867.

戴晓霞. 2009. 发达地区农村居民生活垃圾管理支付意愿研究——以浙江省瑞安市塘下镇为例[D]. 杭州: 浙江大学硕士学位论文.

戴晓霞, 季湘铭. 2009. 农村居民对生活垃圾分类收集的认知度分析[J]. 经济论坛, (15): 45-47.

邓泽华. 2014. 蚌埠市乡镇生活垃圾处理存在的问题及建议[J]. 现代农业科技, (1): 243, 251.

丁逸宁, 何国伟, 容素玲, 等. 2011. 农村生活垃圾的处理与处置对策研究[J]. 广东农业科学, (17): 136-137, 143.

付倩倩. 2013. 皖北农村垃圾突围战[J]. 决策, (6): 48-50.

高庆标, 徐艳萍. 2011. 农村生活垃圾分类及综合利用[J]. 中国资源综合利用, 29(9): 61-63.

关法强, 马超. 2009. 浅谈农村生活垃圾的收运与处理[J]. 能源黑龙江生态工程职业学院学报, 22(6): 7-8.

何惠君. 1997. 城市垃圾分类收集与分类处理的科学性与前景[J]. 环境卫生工程, 1: 24-25.

何品晶, 张春燕, 杨娜, 等. 2010. 我国村镇生活垃圾处理现状与技术路线探讨[J]. 农业环境科学学报, 29(11): 2049-2054.

何晓晓, 李耕宇, 何丽, 等. 2012. 浅谈我国农村生活垃圾的资源化利用[J]. 西安文理学院学报(自然科学版), 15(2): 102-105, 110.

黄开兴, 王金霞, 白军飞, 等. 2011. 农村生活固体垃圾管理现状与模式分析[J]. 农业环境与发展, (6): 49-53.

江淑梅. 2008. 农村生活垃圾处理对策[J]. 科技资讯, (1): 135-136.

赖志勇. 2014. 南沙新区农村生活垃圾管理研究[D]. 广州: 华南理工大学硕士学位论文.

黎磊. 2009. 村镇生活垃圾收运系统研究[D]. 武汉: 华中科技大学硕士学位论文.

李海莹. 2008. 北京市农村生活垃圾特点及开展垃圾分类的建议[J]. 环境卫生工程, 16(2): 35-37.

李金文. 2014. 都市边缘农村地区环境问题成因及其整治对策——以上海市华新镇为例[J]. 浙江农业学报, 2014, 26(1): 247-253.

李威. 2014. 美国农村垃圾治理经验与启示[J]. 农村财政与财务, (3): 63-64.

李妍, 高贤彪, 梁海恬, 等. 2012. 农村生活垃圾三化体系运行模式设想[J]. 天津农业科学, 18(3): 149-152.

李妍, 何宗均, 赵琳娜, 等. 2012. 奖励措施对农村地区开展垃圾分类的作用[J]. 安徽农业科学, 40(19): 10255-10257.

李颖, 许少华. 2007. 适合我国农村生活垃圾处理方式的选择——以北京市韩台村为例[J]. 农业环境与发展, (3): 19-23.

刘敏. 2014. 基于 GIS 的农村生活垃圾收集点选址研究——以东坪镇为例[D]. 长沙: 湖南农业大学硕士学位论文.

刘敏, 铁柏清, 彭茂林. 2015. GIS 在农村生活垃圾收集点选址中的应用[J]. 地理空间信息, 13(1): 105-107.

刘元元, 王里奥, 李百战, 等. 2009. 三峡库区小城镇生活垃圾处理模式情景分析[J]. 重庆大学学报(社会科学版), 15(3): 12-16.

卢金涛, 彭乾皓, 彭绪亚. 2012. 三峡库区农村生活垃圾现状调查及处理对策分析——以垫江县长大村为例[J]. 三峡环境与生态, 34(3): 3-7, 40.

马香娟, 陈郁. 2005. 农村生活垃圾资源化利用的分类收集设想[J]. 能源工程, (1): 49-51.

孟凡彤. 2011. 基于养殖业发展的农村生活垃圾收运模式研究——以山东省即墨市上泊村为例[D]. 武汉: 华中科技大学硕士学位论文.

闵师, 白军飞, 王金霞, 等. 2011. 价格激励对我国农村生活固体垃圾回收的效应分析[J]. 农业环境与发展, (6): 76-81.

牛俊玲, 秦莉, 郑宾国, 等. 2007. 新农村建设中固体废物的收运体系及其资源化应用[J]. 农业环境与发展, (6): 49-52.

裴亮, 刘慧明, 王理明. 2011. 基于农村循环经济的垃圾分类处理方法及运行管理模式分析[J]. 生态经济, (11): 152-155.

乔启成, 顾卫兵, 顾晓丽, 等. 2009. 分类收集效益模型在农村生活垃圾处理处置中的应用[J]. 环境污染与防治, 31(5): 101-103.

秦小红, 彭莉, 何娟, 等. 2013. 基于城乡统筹的重庆市农村环境卫生满意度评估[J]. 西南师范大学学报(自然科学版), 38(11): 136-141.

任蓉. 2011. 城郊农村生活垃圾收集现状分析及对策研究[D]. 天津: 天津大学硕士学位论文.

邵立明, 何品晶, 刘永德. 2007. 农村生活垃圾源头分流收集效果影响因素分析[J]. 农业环境科学学报, 26(1): 326-329.

宋薇, 徐长勇, 吴彬彬, 等. 2013. 北京市农村生活垃圾分类管理模式研究[J]. 建设科技, (4): 34-36.

滕菊英, 兰吉武. 2009. 太湖流域村镇生活垃圾分类收集与源头减量方法探讨[J]. 环境卫生工程, 17(6): 47-49.

王芳. 2011. 农村生活污水与垃圾处理工艺研究[D]. 武汉: 武汉理工大学硕士学位论文.

王志国. 2013. 基于 GIS 技术的农村生活垃圾收集布点方法研究[D]. 哈尔滨: 东北林业大学硕士学位论文.

魏俊. 2006. 小城镇生活垃圾区域联合处理规划与管理研究[D]. 上海: 同济大学硕士学位论文.

吴秀莲, 熊耀华, 董强, 等. 2014. 环巢湖农村生活垃圾收运模式研究. 湖泊保护与生态文明建设——第四届中国湖泊论坛论文集[C], 中国安徽, 497-500.

武攀峰. 2005. 经济发达地区农村生活垃圾的组成及管理与处置技术研究——以江苏省宜兴市渭读村为例[D]. 南京: 南京农业大学硕士学位论文.

武攀峰, 崔春红, 周立祥, 等. 2006. 农村经济相对发达地区生活垃圾的产生特征与管理模式初探——以太湖地区农村为例[J]. 农业环境科学学报, 25(1): 237-243.

熊明强. 2011. 农村生活垃圾管理法律制度研究——以岳麓区坪塘镇为例[D]. 长沙: 湖南师范大学硕士学位论文.

徐海云. 2013. 建立集约化村镇生活垃圾收运系统[J]. 建设科技, (8): 30-33.

严勃, 蒋宇. 2014. 浅析成都市农村生活垃圾分类收运处理的试点经验[J]. 四川环境, 33(6): 130-134.

杨宏毅. 2016. 谈当前环卫工作形势和下一步工作安排[DB/OL]. http://huanbao.bjx.com.cn/news/20161227/799750-3.shtml. 2016-12-28.

杨莉, 谢刚, 凌云, 等. 2008. 新农村生活垃圾处理方案的选择[J]. 现代农业科技, (18): 336-337.

杨永健. 2008. 小城镇生活垃圾管理模式研究[D]. 武汉: 华中科技大学硕士学位论文.

叶诗瑛, 汪爱民, 褚巍, 等. 2007. 安徽省新农村建设中居民生活垃圾管理对策[J]. 安徽农学通报, 13(8): 7-9.

于晓勇, 夏立江, 陈仪, 等. 2010. 北方典型农村生活垃圾分类模式初探——以曲周县王庄村为例[J]. 农业环境科学学报, 29(8): 1582-1589.

袁惊柱. 2013. 中国农村基础设施建设的生态保护效应分析——以垃圾房和沼气池为例[J]. 湖北农业科学, 52(24): 6204-6206, 6221.

曾建萍. 2012. 成都典型地貌区农村生活垃圾收运系统研究[D]. 成都: 西南交通大学硕士学位论文.

张贺飞, 曾正中, 王春雨, 等. 2011. 西部农村垃圾收运系统设计与探讨[J]. 环境工程, 29(6): 86-88.

张剑, 严勃, 蒋宇, 等. 2014. 成都市农村生活垃圾分类收运处理进展及模式研究[J]. 环境卫生工程, 22(3): 54-56.

张静, 何品晶, 邵立明, 等. 2010. 分类收集蔬菜垃圾与植物废弃物混合堆肥工艺实例研究[J]. 环境科学学报, 30(5): 1011-1016.

张黎. 2011. 基于城乡生活垃圾统筹处理的转运模式优化研究[D]. 武汉: 华中科技大学硕士学位论文.

张明玉. 2010. 苕溪流域农村生活垃圾产源特征及堆肥化研究[D]. 郑州: 河南工业大学硕士学位论文.

中华人民共和国环境保护部. 2013. 农村生活垃圾分类、收运和处理项目建设与投资指南[Z]. 2013-11-11.

周纬. 2012. 农村生活垃圾分类的意义及运营保障措施[J]. 农业工程技术(新能源产业), (7): 37-38.

周颖. 2011. 农村生活垃圾分类焚烧处理的环境效益分析——以江西省兴国县高兴镇为例[D]. 南昌: 江西农业大学硕士学位论文.

祝美群. 2011. 探索建立农村垃圾收集处理体系[J]. 建设科技, (5): 66-68.

Alexandre M, Viriato S. 2008. Estimation of residual MSW heating value as a functionof waste component recycling[J]. Waste Management, 28(12): 2675-2683.

Doeksen G A, Schmidt J F, Goodwin K, et al. 1993. A guidebook for rural solid waste management services[R]. USA: Southern Rural Development Center.

Eilrich F C, Doeksen G A, Kimball S L, et al. 2002. A Guidebook for RuralSolid Waste Management Services(MP-167)[M]. Oklahoma: Oklahoma Agricultural Experiment Service, Division of Agricultural Sciences and Natural Resources, Oklahoma State University.

He P J. 2012. Municipal solid waste in rural areas of developing country: do we need specialtreatment mode[J]. Waste Management, 32(7): 1289-1290.

Jana P. 2015. Optimisation of the economic, environmental and administrative efficiency of the municipal waste management model in rural areas[J]. Resources, Conservation and Recycling, 97: 55-65.

Kreiger M, Anzalone G C, Mulder M L, et al. 2013. Distributed recycling of post-consumer plastic waste in rural areas[J]. Mater. Res. Soc. Symp. Proc., 1492: 91-96.

Kriat I. 2013. Changes in waste utilization practices among rural old believers in Estonia[D]. Estonia: the master thesis of Tartu ülikool.

Voinovich School of Leadership and Public Affairs. 2012. Case studies: select rural Ohio recycling programs[R]. Ohio: Voinovich School of Leadership and Public Affairs.

# 第4章　农村生活垃圾的资源化利用与处理处置

## 4.1　农村生活垃圾处理处置现状与问题

### 4.1.1　处理处置现状

#### 1. 国内处理处置现状

根据《2016年中国城乡建设统计年鉴》，截止到2015年，我国只有50.24%的村庄开展了村庄整治，62.2%的行政村对生活垃圾进行了处理，各省(区、市)行政村对生活垃圾进行处理的比例为22.1%~98.0%。其中镇生活垃圾处理率83.85%，无害化率44.99%；乡生活垃圾处理率63.95%，无害化率为15.82%。可见，农村生活垃圾的处理率明显低于市(97.95%)、县(89.66%)一级的处理率，而且也与地区经济发展紧密相关，总体上是东部、沿海等经济发达地区的处理率要明显高于中西部和东北地区。

在处理处置技术的选择上，2007年，全国爱卫会、卫生部联合组织开展的全国农村饮用水与环境卫生现状的调查结果显示，生活垃圾随意堆放占36.72%，集中堆放占63.28%；在集中堆放的垃圾中，进行填埋的占57.03%，焚烧的占14.26%，高温堆肥的占13.88%，直接再利用的占14.83%(任春蕊，2010)。此外，根据刘莹和黄季焜(2013)对江苏、四川、陕西、吉林、河北的调查显示，垃圾处置方式以投放丢弃为主(占73.5%)，垃圾还田率不高(占14.9%)，还有少量垃圾采取焚烧的处理方式(占11.6%)。Zeng等(2016)对中东部13省的调查显示，厨余垃圾有67.8%的混合倾倒，15.5%的作为畜禽饲料；可回收垃圾有50.3%的等待入户收集服务，25.5%的丢到村可回收垃圾收集点，21.9%的混合倾倒；有害垃圾75.1%的混合倾倒，14.5%的随意丢弃，只有7.3%的送到有害垃圾专门收集点处理。笔者2012~2016年对西部四川、贵州、云南、西藏、新疆、甘肃6省(区)农村地区的调研显示，52.36%的受访者采取自行处理，65.01%的受访者表示由村集中收集处理，如图4.1所示。即使是发达的广东地区，2011年农村生活垃圾实现无害化处理

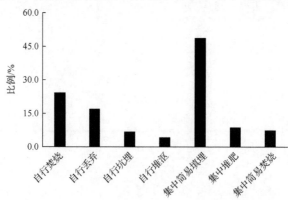

图4.1　我国西部农村地区生活垃圾处理处置方式

的也只有 28%，有 50%的是简易处理，仍有 22%的随意丢弃(陈群等，2012)。由此可见，在我国农村，当前 2/3 以上的生活垃圾均得到集中处理，主要采取简易填埋和简易焚烧处理的方式。

农村居民对处理处置方式的选择，主要受村级是否提供垃圾收集服务的影响。在提供垃圾收集服务的地区，农户选择投放垃圾的比例较高，还田和焚烧比例较低；同时选择方式也与人口密度、村级交通条件、村人均收入水平、家庭特征等有关。通常情况下，人口密度高的地区垃圾还田率较低，偏远地区的垃圾还田率也较低，垃圾投放率较高；村人均收入水平越高，垃圾还田率越低，垃圾投放丢弃率越高；家庭种植的规模效应也会提高垃圾还田率(刘莹和黄季焜，2013)；工商业较发达的村更可能提供垃圾处理服务；在县乡以上政府工作的本村人越多，越可能提供垃圾处理服务(王金霞等，2011；刘莹，2010)。以浙江省为例，在一些不发达农村，生活垃圾处置率低于 10%，在经济发达农村高于 40%，农村生活垃圾处置率与农村居民人均收入显著相关($P$=0.006)(Guan et al.，2011)。

2. 国外处理处置现状

由表 4.1 可知，在发达国家，农村生活垃圾主要通过完善的收运系统收集后，进行集中处理处置。但是在发展中国家，和中国类似，主要采取堆埋、焚烧等简易的处理方式进行处置；在部分有机物含量很高的发展中国家，堆肥和作为牲畜饲料也是生活垃圾常用的处理方式。

表 4.1　部分发达和发展中国家农村生活垃圾处理处置现状

| 国家及年份 | 处理处置现状 | 主要方式 |
|---|---|---|
| 欧盟 2010(Kriat，2013；Jana and Alan，2007；André Le Bozec，2008；Dolez̆alová et al.，2013；赵玉杰等，2011) | 在欧盟，主要通过垃圾收运服务系统集中处理处置，只有 0.25%的生活垃圾被非法焚烧，在斯洛伐克约占 5%；人均非法焚烧 10kg/a；在爱沙尼亚，2010 年，生活垃圾收运已覆盖了 88%的住户，有 12%的非法处置；在法国，2006 年，12.6%的生活垃圾分类收集，4.8%的堆肥，0.5%的厌氧发酵，42.7%的热电焚烧厂焚烧，2.7%的焚烧厂焚烧，36.7%的卫生填埋；在捷克，2011 年，有 17%的生活垃圾被回收利用，15%的进行能源利用，68%的进行卫生填埋；在瑞典，2008 年，有 97%的生活垃圾被用于再生处理、生物处理及焚烧供能，仅有 3%的进行填埋处理 | 垃圾收运服务系统 |
| 美国 2010 [Zenith Research Group (ZRG)，2010] | 在明尼苏达州，60.5%的生活垃圾进入垃圾收运服务系统进行集中处理处置，26.1%的利用附近的处置场处理，13.4%的采用其他方式处理。其中 70%以上的纸类、易拉罐、塑料、玻璃瓶得到回收利用；有 23.5%的受访者也采用焚烧来处理垃圾，主要使用焚烧桶(63.4%)、焚烧坑(29.1%)、焚烧场(3.4%)、炉灶(12.5%)、焚烧器(2.0%)来焚烧庭院垃圾、纸类和塑料类垃圾 | 垃圾收运服务系统 |
| 新西兰 2012-2013 (GHD，2012，2013) | 针对农场固体废物，其中 48%的被堆埋，26%的坑内焚烧后堆埋，16%的投入废料桶，23%的投入垃圾桶，40%在油桶、坑内焚烧，4%的填埋；包装塑料约 25%的被回收，剩余的主要被焚烧，还有部分填埋或投入废物箱，或堆埋，或采取其他方式处理。在 Canterbury 地区，92%的调查地采用燃烧、堆埋和堆放的处理方式 | 堆埋和焚烧 |

续表

| 国家及年份 | 处理处置现状 | 主要方式 |
|---|---|---|
| 巴西<br>2014<br>(Bernardes and Wanda Maria Risso Günther，2014) | 只有 31.6%的垃圾得以收集，70%的垃圾均被露天焚烧或露天堆放处理；其中无机垃圾约占 10%，所有的易燃无机垃圾(如纸、塑料等)均被露天焚烧；有害无机垃圾如电池等，有 24%的被丢弃堆埋在庭院，76%的被丢弃到露天堆场或河边；有机垃圾含量约占 90%，用于牲畜饲料或堆肥 | 焚烧、有机垃圾堆肥或作为牲畜饲料 |
| 斐济<br>2007<br>(Lal et al.，2007) | 94%的住户将垃圾进行焚烧，61%的住户堆埋，28%的住户有回收行为，35%的住户倾倒到垃圾场，27%的住户随意丢弃，7%的住户堆肥，9%的住户用于牲畜饲料，47%的住户采用其他方式 | 焚烧和堆埋 |
| 墨西哥<br>2015<br>(Hilburn，2015) | 在 sierra 社区，大约 1/4 的群众未能得到垃圾收运服务，生活垃圾主要采用焚烧(97.0%)、堆埋(40.7%)、堆肥(32.9%)等方式，还有少部分作为牲畜饲料(7.2%)、露天倾倒(0.6%)和其他(3.0%)处理。虽然一些地方不允许露天倾倒和焚烧，但是很难制止；在河谷地区，主要采用焚烧(28.0%)、堆埋(11.3%)、堆肥(11.6%)，还有少部分作为牲畜饲料(2.0%)、露天倾倒(2%) | 焚烧、堆埋和堆肥 |
| 埃及<br>2009<br>(El-Messery et al.，2009) | 大约 73%的生活垃圾丢弃在河渠或堤坝边，或者堆存在附近的露天堆场，或露天焚烧，只有 27%的生活垃圾被收运到填埋场处置；在没有垃圾收运服务的农村，大约 50%的住户将可燃垃圾用于生活燃料，80%的农民将可降解的有机垃圾作为牲畜饲料或者堆肥后作为有机肥使用，50%的村民将生活垃圾丢到河渠或堤坝边、或露天堆场，30%的村民露天焚烧垃圾。由于生活垃圾中可回收组分很少，因此很少有拾荒者 | 露天倾倒和堆存，家庭焚烧和堆肥 |
| 印度<br>2011<br>(Balasubramanian and Dhulasi Birundha，2011) | 在泰米尔纳德邦，70.0%的住户将垃圾丢到附近的简易垃圾处置场，34.0%的随意丢弃；其中有 14.6%的采用篮子收集模式，56.0%的采用手推车、三轮车和市政垃圾桶，15.3%的采用移动式的金属垃圾桶，17.3%的采用不可移动的混凝土垃圾池 | 堆埋 |
| 泰国<br>2009<br>(Hiramatsu et al.，2009) | 在泰国 boto Bang Maenang，对于水稻种植农户和庭院农户，6.7%~13.4%的将垃圾在庭院堆埋或还田，33.3%~57.1%的在庭院焚烧，13.3%~14.3%的通过收运工人收集，同时还有部分住户采取多种处理方式 | 庭院焚烧 |
| 伊朗<br>2016<br>(Vahidi et al.，2016；Abduli et al.，2008) | 在 Chaharmahal 和 Bakhtiari 省，生活垃圾采用垃圾堆场填埋和焚烧处理。其中 33.3%的倾倒、焚烧后堆埋，20.8%的倾倒和焚烧，16.7%的倾倒到村外，还分别有 4.1%的垃圾通过进入收运系统、作为农肥、露天焚烧、在河边倾倒或焚烧、喂牲畜等方式进行处理；在 Bushehr 农村地区，25%的生活垃圾露天倾倒，8.3%的用于牲畜饲料，8.3%的用于肥料，41.7%的倾倒后焚烧，16.7%的堆埋。其中有 78.6%的村生活垃圾处理需要收费(每月 1 美元) | 焚烧和倾倒 |

### 4.1.2 存在的问题

#### 1. 处理处置基础设施建设滞后

在广大农村，生活垃圾处理处置设施十分匮乏，主要是被送往就近的简易填埋场或堆场进行简易填埋。这些填埋场地大多数是无任何环保和防渗措施的废弃土坑、河沟及洼地，极易造成蚊蝇滋生和腐烂发臭；特别是在雨季，渗滤液肆意横流，严重污染了当地的土壤和地下水。当前，我国简易填埋场中历年垃圾堆存量达数十亿吨，其释放的污染物，将对环境产生长期且巨大的影响(杜叶红，2010)。

随着新的符合环保要求的处理设施投入使用，这些简易填埋场正逐步被取代。但是由于技术和资金的缺乏，以及制定垃圾填埋场建设和运行管理方面标准和规范的延迟，造成了很多新建填埋场选址不当、作业不规范、无有效或根本没有填埋气体和渗滤液导排处理系统、运行管理混乱，已成为农村新的环境隐患（扫描封底二维码见附录4.1）。

2. 处理处置基础设施建设和运行经费匮乏

根据《2016 年中国城乡建设统计年鉴》，2015 年我国对镇、乡、镇乡级特殊区和村庄的垃圾处理投资分别为 70.0120 亿元、7.2956 亿元、0.7709 亿元和 88.3774 亿元，其总额与市、县垃圾处理投资（188.6 亿元）基本持平。但是农村环卫基础设施建设需求量庞大，欠账多，远不能满足当前农村生活垃圾处理处置的建设需求。而且国家投入到农村生活垃圾处理处置运营中的经费十分有限，生活垃圾运营费用来源匮乏，再加上农村生活垃圾的单位处理处置费用要比城市的更高，更加重了运营负担，从而导致农村垃圾处理经费欠账严重，很多生活垃圾处理处置设施难以维持正常运营，这使得农村产生的垃圾无法得到及时有效的处理，难以适应村镇发展的需求。

3. 处理处置基础设施设计不合理

农村生活垃圾处理处置工程无相应的设计规范，导致在设计上随意，不合理，甚至无相关设计。具体表现在：生活垃圾处理处置设施无设计，粗放无序处置；缺乏生活垃圾基础数据，生活垃圾产量预测不准确；渗滤液收集处理系统在设计时不够科学，清污分流措施未充分考虑；未充分考虑填埋气体的收集利用；处理工艺选择不合理等（贾韬，2006）。

4. 处理处置基础设施选址不合理

生活垃圾处理处置工程选址不合理一方面是由于自然条件的限制，难以选到合适的场址；另一方面是由于缺乏科学的选址，选择了不合适的场址。

例如，黄土高原地区拥有塬面和川道交错的独特地形地貌，塬坡坡度很大，地质结构不稳定，水土流失比较严重，不易选定合适的垃圾处理场址（高意和马俊杰，2011）。还比如选择在滩涂、农田、河边、泉眼处，以及居民聚居区等，如扫描封底二维码见附录 4.2 所示。这些选址不当的填埋场或简易填埋场，除了影响周围的生态环境外，填埋场产生的恶臭及蚊蝇鼠害对附近居民生活和身体健康也带来影响，已引起周围居民的不满和社会公众的关注。

5. 适合农村地区的生活垃圾处理处置技术匮乏

虽然卫生填埋、焚烧、堆肥、热解、厌氧发酵等处理技术也已成熟，并在城市生活垃圾的资源化利用和处理处置中均得到广泛的应用。但是由于农村地区生活垃圾的特性与城市具有较大的差异，无法实现规模化效应，因此难以照搬城市生活垃圾处理模式和工艺。当前，虽然已有大量学者开始关注农村生活垃圾的处理处置，并进行了一些有益的探索，但是整体而言，仍然缺乏一些基础性的、对处理处置设计有指导性的调研工作，以及适合农村实际情况的生活垃圾处理处置技术，还需要更多的高校、研究机构和企业共同开展有关农村生活垃圾处理技术以及污染防治的研发工作，积累研究数据和实践经验，不断推出适合中国国情的农村生活垃圾处理技术。

6. 村镇垃圾处理方面的技术与管理人才缺乏，操作运行不规范

农村居民在面对数量大、成分复杂的垃圾时，普遍采用焚烧、填埋、沤肥等看似比较科学的方法来处理。但是与城市的焚烧、填埋、沤肥等垃圾处理方式相比，农村的垃圾处理缺乏完善的垃圾处理系统和运作机制，也严重缺乏相应的技术和管理人才(周颖，2011)，呈现出处理主体个体化、分散化，技术水平低，处理不彻底，造成明显的环境污染等特点(杜芳林和贺艳艳，2009)，具体表现在四个方面。

1) 专业的技术人员和管理部门缺失

镇是我国最小一级的行政单位，而且大部分镇政府尚未设置负责环卫的部门，多是其他部门兼职，这导致绝大部分农村环卫工作无专业的技术人员和管理部门，均是由村委会或相应管理部门临时聘请当地居民负责，并以中老年为主体，经常是因为应付检查，由村委会临时组织村民进行突击清理，因此，在生活垃圾处理处置方面，工作人员整体素质不高，缺乏责任心。

2) 缺乏专业培训，操作运行不规范

当前多数农村地区生活垃圾采取简易填埋处理，由于缺乏相应的操作运行培训，存在很多问题。主要包括：在填埋过程中，没有禁止医疗垃圾、工业垃圾、建筑垃圾等混入生活垃圾填埋场中(扫描封底二维码见附录 4.3)；没有分单元进行填埋作业；未能及时有效覆盖；压实程度不够，垃圾体稳定性差，极易发生人身安全事故；填埋气的无序排放，未禁止火源，存在燃烧、爆炸等安全隐患(杜叶红，2010)；渗滤液得不到有效处理或不能达标排放，成为简易填埋场主要的污染源；操作人员个人防护不到位，影响操作人员身体健康。

个别地区采用焚烧炉处理，存在的主要问题包括：焚烧炉未按规范运行，焚烧温度、停留时间、扰动程度均达不到要求，烟气二次污染严重；焚烧设备缺乏维修和保养，运行状况差；焚烧灰渣未能得到有效处置；操作人员个人防护不到位等(扫描封底二维码见附录 4.4)。

3) 处理处置设施的档案资料缺失

当前，对于农村绝大部分处理处置设施，均无相应的档案信息，无人能准确给出这些处理设施的规模、运行时间、运行现状、污染现状与程度、治理情况等信息，不利于农村生垃圾的处理处置设施的管理和二次污染的治理。

4) 处理处置设施监管缺乏

受人力、物力和财力的限制，相关管理部门对农村生活垃圾处理处置设施的监管几乎是空白，更无对处理处置设施"三废"排放的常规监测。因此，当前大部分农村生活垃圾处理处置处于无序运行状态：其中一部分由农村居民自行处置，主要以自行随意焚烧，随意丢弃在房前屋后或低洼地为主，或者进行坑埋、堆沤还田等；还有一部分由村委会集中收集后，进行简易填埋或焚烧处理(扫描封底二维码见附录 4.5)。这些方式过于随意，造成了农村生活垃圾的普遍污染。

### 7. 处理处置过程中减量化、资源化利用不足

传统农村地区，通常将部分可降解有机物作为牲畜饲料，部分有机物和灰渣堆沤还田，可回收垃圾售卖给可再生资源回收商，因此大量生活垃圾得到了有效的分流和利用。但是在当前农村，缺乏可再生资源的回收途径，可回收的农村生活垃圾主要依托当地走街串户的可再生资源回收个体户回收后，通过城镇周边的众多个体废品收购点进行交易，废品收购点再通过一定渠道对回收的废品进行不同程度的再利用。农村可再生资源的回收主要集中在交通便利地区，在西部山区和偏远地区农村，难以回收；而且随着农村空心化，传统生活方式和种养殖模式的改变，也导致大量可回收垃圾未得到妥善处理处置，垃圾中可再利用资源回收率不高，特别是减量效果不明显。据调研资料表明：中小城镇和农村现状垃圾资源回收利用率为5%～25%，且大多数农村地区都处在上述中的较低水平(马曦，2006)，这些均造成了大量可再生资源的浪费，也增加了农村生活垃圾的处理处置压力。

### 8. "自治"现象严重，缺乏整体运作

在农村地区，主要还是以行政区划为界限开展生活垃圾的收运和处理，缺乏对整个市(县)、镇(乡)域或属地范围内的整体规划。按照属地管理的原则，各镇(乡)、行政村负责自己辖区内的生活垃圾的处理，在不同程度上形成了各自为"政"，在镇(乡)和村的结合部容易出现垃圾"三不管"的死角，也难以按"就近"原则整合垃圾处理资源。

### 9. 县(市)级垃圾填埋场的处置压力较大

大部分县(市)级垃圾填埋场，原来的选址与建设规模都是以中心城区的生活垃圾量为前提进行设计。当实行村收集、镇转运、县处理这种方式后，大量的农村生活垃圾向县(市)级填埋场集中，垃圾处置量迅速增加，原有填埋场的负担加重，其使用年限大幅缩短，面临着新建与扩建的压力。由于建设垃圾填埋场是一项占地多，投资大，选址难，群众接受度低的项目，这使县(市)级填埋场面临沉重的压力。以广东省梅州市为例，农村垃圾产生量约为1050t/d，占梅州市垃圾产生总量的45%(房剑红和叶有达，2009)，如果全部运往县级填埋场处理，会增加近一倍的处理负荷，缩短一半的使用寿命。

综上所述，当前我国农村生活垃圾处理处置还存在很多问题，亟待进一步规范和完善。

## 4.2 农村生活垃圾资源化利用技术

当前，城市和农村生活垃圾的附加值潜力达到10659.8亿元，是2011年中国GDP的2.26%，其中农村生活垃圾的附加值潜力约占1/3(Yang et al.，2012)，可见农村生活垃圾的资源化利用具有较好的市场。当前，主要的农村生活垃圾资源化利用技术包括生物反应器填埋场、厌氧发酵、好氧堆肥、蚯蚓堆肥、热解、垃圾衍生燃料、焚烧发电以及其他资源化处理技术。

### 4.2.1　生物反应器填埋技术

1. 生物反应器填埋场概述

1) 定义与作用机理

生物反应器填埋场是通过有目的的控制手段，强化微生物作用过程，从而加速垃圾中易降解和中等易降解有机组分转化和稳定的一种垃圾卫生填埋场。这些控制手段包括液体(水、渗滤液)注入、覆盖层改良、营养物添加、pH调节、温度调节和供氧等，核心是渗滤液回灌。根据操作运行方式不同，生物反应器填埋场又可分为厌氧型、好氧型、准好氧型和联合型生物反应器填埋场。

2) 特点

A.有利于分散处理，节约收运成本

"户集-村收-镇(乡)运-县处置"的运行模式投资运输成本高，尤其是在较分散的农村。生物反应器填埋场适合于中小型处理规模，能克服卫生填埋、焚烧和堆肥等传统处理技术在农村应用规模化效应不足的困境，可用于就地处理农村生活垃圾，再将腐熟垃圾就近施用，可降低农村生活垃圾的收集和产品销售的运输成本。

B.可促进生活垃圾的快速降解，缩短稳定化周期

通过各种人工控制手段，生物反应器填埋场可加速垃圾的降解和稳定，一方面，增加填埋场有效容积，可提前复用填埋场地；另一方面，缩短填埋场封场后的维护监管期，减少维护费用。

C.促进生活垃圾的资源化利用

生物反应器填埋场可将有机垃圾快速变成肥料和矿化垃圾，一方面能解决农村生活垃圾产生的环境污染问题，另一方面，将肥料农用，能改善农村由于过度施用化肥导致土壤肥力下降、水体富营养化和地下水污染等问题。此外，还可以将矿化垃圾作为农村生活污水处理的填料进行综合利用。

D.降低渗滤液处理难度和费用

生物反应器填埋场通过渗滤液回灌，可有效降低外排渗滤液污染强度，减小渗滤液水量水质波动对场外处理系统的冲击，减小渗滤液处理系统的设计风险，从而减少后续渗滤液处理的难度，降低渗滤液处理费用。

综上可知，生物反应器填埋场比较适合农村中小型规模的生活垃圾处理，但相对传统的卫生填埋场，生物反应器填埋场会新增渗滤液回灌系统，强化渗滤液和填埋气体导排系统、防渗系统，因此会增加一定的建设和运行费用；同时，渗滤液回灌，也可能会对垃圾堆体的稳定性造成一定的影响，加重填埋场异味的二次污染，这些均需引起注意。

3) 影响因素

填埋场是一个独特的、动态的、复杂的微生物-垃圾-渗滤液-填埋气微生态系统，填埋场的稳定化过程主要是一个生物降解的过程，因此填埋场的固相、液相、气相特征，以及外界环境变化均会影响不同类型微生物的活性，改变填埋场内部微生物的生长繁殖

和新陈代谢活动，从而影响到填埋场的稳定化进程。其中垃圾特性、外环境、填埋场操作和设计等因素均是影响填埋场稳定化进程的主要因素。

A.物化特性

生活垃圾的易降解和难降解组分比例通常会决定水解酸化、产氢产乙酸和产甲烷等各个进程的时间长短。实验表明，当脂肪浓度占挥发性固体 60%以下时，甲烷产量随着脂肪含量的增加而增加，但是当超过 65%时，会产生抑制作用，使甲烷产量显著降低(Sun et al.，2014)。

此外矿化垃圾的特性也影响着联合型生物反应器中矿化垃圾处理单元对污染物的去除能力，一般处理能力越大，就能越快地促进填埋场的稳定化进程。

B.含水率

通常 50%～70%的含水率对填埋场的微生物生长最适宜(李启兵和刘丹，2010)。通过回灌渗滤液操作，一般均能保证含水率在此范围内，可促进垃圾快速降解。

C.营养物质

营养物质一般以 C/N 比来表示。在好氧环境中，C/N 比在(25～30)∶1 时发酵过程最快，在厌氧环境中，C/N 比在(10～20)∶1 时为宜(赵由才等，2002)。由于不同的填埋年龄会导致 C/N 比不断变化而失衡，这对联合型生物反应器的反硝化单元的影响尤其明显。因此，填埋后期当渗滤液中碳氮磷比例失衡时，在回灌的渗滤液中加入营养物质，对加快垃圾的降解速率具有积极作用，尤其能提高矿化垃圾处理单元的效果。

D.有毒物质

有毒物质包括过高浓度的金属离子、重金属离子、$NH_3$、$NO$、$N_2O$，以及其他有毒有害的有机合成物等，这些物质均能对微生物造成毒害作用。在厌氧过程中，高游离氨浓度是最有可能出现的有毒物质，它不仅抑制亚硝酸氧化菌($NH_3$ 浓度>22mg/L 时)，还抑制氨氧化菌($NH_3$ 浓度为 10～150mg/L 时)(Anthonisen et al.，1976；Dong-jin et al.，2006；Beccari et al.，1979)。此外一些学者发现，当氨氮浓度在 200～1500mg/L 时，不会对微生物厌氧降解产生负面影响，但是在较高的 pH 环境下，当氨氮上升到 1500～3000mg/L 时，就会产生抑制作用，超过 3000mg/L 会呈现较大的毒害作用(Pohland et al.，1987；赵庆良和李湘中，1998)。尽管如此，由于在厌氧-准好氧生物反应器填埋场中环境多样，有较强的化学沉淀、吸附、络合、氮素转化能力，因此能缓解和削弱这些有毒物质产生的毒害作用。

E.酸碱度、pH 和缓冲能力

通常水解和发酵菌及产氢产乙酸菌对 pH 的适应范围在 5.0～6.5，甲烷菌在 6.6～7.5(李启兵和刘丹，2010)，硝化菌在 7.5～8.0，反硝化菌在 6.5～7.5。通常，高 pH 会抑制亚硝酸盐还原酶的活性，但对硝酸盐还原酶的活性影响不大，故 pH 大于 8 时会出现亚硝酸盐的累积(沈东升等，2003)。

因此产酸阶段在渗滤液回灌前进行 pH 调节，可减少有机酸积累产生的抑制作用，有利于缩短生物反应器填埋场快速产甲烷的启动时间，促进有机物的降解(Mostafa et al.，2009)。此外，pH 调节还可以通过化学沉淀减少部分重金属的毒害作用，添加 $CO_3^{2-}$ 和 $HCO_3^-$ 的效果要比添加 $OH^-$ 更好(Dong et al.，2009)。

F.Eh

一般而言，好氧菌要求 Eh 为 300～400mV，兼氧菌在 100mV 以上进行好氧呼吸，之下进行厌氧呼吸，专性厌氧菌要求 Eh 在–250～–200mV，产甲烷菌适宜在–600～–300mV（沈东升等，2003）。

因此厌氧生物反应器填埋场良好的封场系统有利于严格厌氧环境的形成，促进厌氧降解，也有利于气体的收集和回收利用；通风管和渗滤液导排管管径、间距、穿孔率对准好氧生物反应器处理单元的脱氮性能有着巨大的影响，需要在设计时采用合理的参数。

G.温度

大多数产甲烷菌均为中温菌，适宜温度为 32～35℃（李启彬和刘丹，2010），硝化和反硝化菌适宜温度在 25～30℃（郑平等，2004）。虽然微生物代谢过程会产热，但这部分热能很少，因此生物反应易受到季节温度变化的影响。尤其是在联合型生物反应器中，当环境温度从 20℃下降到 17℃时，反硝化反应受到轻微影响，温度降到 14℃时，硝化反应也没有受到明显影响，但是当环境温度降到 10℃时，硝化反应和反硝化反应都受到了明显的抑制（Ilies and Mavinic，2001），在游离氨低于硝化菌抑制水平时，硝化率随温度的增加而增加（Dong-jin et al.，2006）。因此，针对中小型生物反应器填埋场，可以考虑相应的保温措施，保持微生物的活性，促进有机物的降解。

H.填埋场操作和设计

生物反应器填埋场进行人工调控的目的在于，在填埋垃圾体内人为创造和优化适合微生物生长繁衍的微生态环境，从而加速填埋场内可生物降解有机物的生物化学降解和转化，最终实现填埋垃圾的快速稳定。具体如下：

a.破碎和压实作业

垃圾破碎预处理，能使垃圾具有更好的均质性，可增加垃圾、渗滤液、微生物间的相互接触面积；压实会减少垃圾孔隙率，增加单位体积内的含水率，这些操作均能促进垃圾的降解。但是在准好氧生物反应器中，压实密度太大，不利于空气的流通，减少好氧区范围，也不利于氮素的高效去除。

b.回灌频率和回灌时间

在联合型生物反应器填埋场中，通常氮的去除率与渗滤液的下渗速度呈反比，要得到较好的脱氮效果，必须延长氮素污染物在床层的停留时间；而且良好的氧化还原交替环境是硝化和反硝化一体化运行的关键（苏艳萍，2008），因此在准好氧处理单元中，通过适宜的回灌频率和回灌时间来调节床层水力停留时间和床层复氧状况，能提高其脱氮效率。

c.微生物接种

进行微生物接种驯化，有利于缩短生物反应器的启动时间，也有利于有机物和氮类污染物的高效去除（Ding et al.，2001）。Lay 等通过渗滤液回灌驯化，产甲烷菌的生长率是产乙酸菌的 10 倍，可有效促进甲烷的产率和产量，更加有利于填埋气体的回收利用和生活垃圾的降解（He et al.，2005；Lay et al.，1998）。

2. 厌氧-好氧生物反应器

1)可行性分析

厌氧-好氧生物反应器工艺分为两个阶段：第一个阶段是对新鲜农村生活垃圾进行生物反应器厌氧发酵处理；第二个阶段是对第一个阶段初发酵后的垃圾进行曝气处理。该工艺除了具有生物反应器的特征外，还具有如下特点(邱才娣，2008)：

(1)由于农村垃圾处理资金较难筹集，因此对垃圾先进行厌氧发酵处理，再进行曝气，有利于好氧堆肥成本的降低。

(2)充分结合了厌氧和好氧生物反应器处理的优势，一方面，通过厌氧发酵，加速甲烷的产生率和产生量，促进生活垃圾的能源化利用；另一方面，通过发酵后期曝气，加速垃圾的降解，减少甲烷等温室气体的排放，减轻对全球温室效应的影响。

(3)后期曝气，还可以减少渗滤液的产生量，促进渗滤液中难降解有机物的降解，显著降低氨氮浓度。

(4)在农村，可灵活调整厌氧-好氧的处理周期，适应农村堆肥的市场需求，如在农闲时期，垃圾进行厌氧发酵；在农忙需肥量大时，对垃圾进行曝气，加速垃圾的稳定化，将垃圾迅速转化为肥料，能很好地解决堆肥产品的市场问题。

因此，厌氧-好氧生物反应器比较适合农村生活垃圾的处理。但是，由于后期鼓风，会增加一定的处理费用。

2)案例分析

浙江富阳市新登镇施村厌氧-好氧生物反应器在厌氧发酵阶段，采用的是两相型生物反应器。两相型生物反应器由有机垃圾生物降解的专相产酸反应器和处理渗滤液的专相产甲烷生物反应器串联组成。垃圾中的有机物质首先在专相产酸反应器中水解产酸，所形成的渗滤液作为产甲烷反应器的进料、并转化为沼气，然后将其出水再回灌到垃圾体。在厌氧发酵阶段中，既能解决回灌型生物反应器垃圾降解的"青储"现象；又能较方便地回收利用沼气，供农村日常能源使用。厌氧发酵结束后，对生物反应器进行鼓风曝气。

A.设计与操作

两相型生物反应器为土建结构，每套装置由垃圾发酵装置和产甲烷反应器两部分组成。其中垃圾发酵装置有效尺寸为 2000mm×2000mm×2000mm，有效容积为 8m³。垃圾发酵装置底部铺设一层厚约 50mm 的碎石，以便渗滤液导排。为防止大量雨水流入，发酵装置顶部盖有盖板。产甲烷反应器为厌氧折流板反应器，有效尺寸为 4000mm×1000mm×800mm，有效容积为 3.2m³。

其具体操作步骤如下：

(1)进料：去除农村生活垃圾中的石块、玻璃等杂物后，填入发酵装置。每套装置每天装填垃圾 50kg，人工压实并铺平。

(2)渗滤液回灌：渗滤液经过厌氧折流板反应器处理后，回灌至垃圾体中，回灌频率为每天一次，回灌时间为 15min。

(3)间歇曝气：厌氧发酵 3～5 个月后，进行间歇曝气。通风频率为 20min/h，曝气量为 0.06m³/(min·m³)，曝气 21d。

B.技术经济指标

厌氧-好氧生物反应器运行 3～5 个月，再曝气 21d 后，各指标如表 4.2 所示。

表 4.2　厌氧-好氧生物反应器技术经济指标

| 指标 | 数值 | 指标 | 数值 |
| --- | --- | --- | --- |
| 减容率/% | 42.3～46.5 | TP/% | 0.209～0.237 |
| 大肠菌值 | 0.07～0.08 | TK/% | 0.997～1.093 |
| 蛔虫卵死亡率/% | 98.4～99.1 | Cd/(g/kg) | 1.29～1.93 |
| pH | 7.5～8.5 | Hg/(g/kg) | 2.85～3.94 |
| 含水率/% | <35 | Pb/(g/kg) | 46.54～62.61 |
| 有机质/% | 21.2 | Cr/(g/kg) | 48.95～77.04 |
| TN/% | 0.315～0.498 | As/(g/kg) | 16.74～26.31 |

参照城镇垃圾农用控制标准的主要指标，曝气 21d 后垃圾的 pH 为 7.5～8.5、含水率<35%、有机质>20%、大肠菌值、蛔虫卵死亡率和重金属等指标均能满足农用标准的要求。总氮、总磷和总钾含量总体上略低于农用标准，应根据实际需要，添加适量的无机养分。

### 3. 厌氧-厌氧生物反应器

1)可行性分析

厌氧-厌氧生物反应器是将厌氧新鲜垃圾单元和厌氧陈垃圾单元相结合的一种组合方式，除了具有生物反应器填埋场的特征外，还具有如下特点(楼斌，2008)：

(1)能够利用陈垃圾对新鲜垃圾进行厌氧微生物接种，同时能够利用陈垃圾单元调节渗滤液 pH，从而促进新鲜垃圾厌氧单元产甲烷的快速启动。

(2)能够利用陈垃圾单元对新鲜垃圾单元高浓度的渗滤液进行处理，减少新鲜垃圾厌氧单元的渗滤液负荷；同时新鲜垃圾单元高浓度渗滤液能够为陈垃圾单元提供充足的碳源和营养元素。

(3)能够提高甲烷产生率和产生量，有利于填埋气体的综合利用。

因此，厌氧-厌氧生物反应器也适合农村生活垃圾的处理。但是厌氧-厌氧生物反应器由于缺乏脱氮途径，容易形成氨积累现象，抑制产甲烷微生物的新陈代谢，影响生活垃圾的快速稳定化进程。

2)案例分析

浙江富阳市新登镇施村厌氧-厌氧生物反应器是将一个新鲜垃圾厌氧生物反应器和陈垃圾厌氧生物反应器串联，又名序批式生物反应器，即新鲜垃圾生物反应器产生的渗滤液作为陈垃圾生物反应器的进水，陈垃圾生物反应器的出水又作为新鲜垃圾生物反应器的回灌水(楼斌，2008)。

A.设计与操作

浙江省富阳市新登镇施村区域面积 2.8km$^2$，常住人口 982 人，共 242 户，生活垃圾日产生量约 150kg，其中有机垃圾约 100kg，压实密度以 0.7t/m$^3$ 计，共建立 5 套生物反应器装置。

新鲜垃圾生物反应器是总体积为 3.077m$^3$ 的圆柱体（$\phi$1400mm×2000mm），从上到下依次是 200mm 的气室和布水空间，1500mm 的新鲜垃圾区和 300mm 的底部渗滤液集水池。垃圾区和集水池之间用密布开孔的支撑板和筛网隔开，便于渗滤液导排。为防止大量雨水流入和垃圾臭气散发，装置顶部盖有塑料盖板。陈垃圾生物反应器结构与新鲜垃圾生物反应器相同。

首先装填第 1 套生物反应器装置，16d 填满封顶后进行厌氧发酵，再将垃圾填入第 2 套生物反应器装置，依次操作，待第 5 套生物反应器装置填满封顶后，第 1 套生物反应器装置中新鲜垃圾基本稳定，将陈垃圾取出另作他用，出料后的生物反应器装置继续填入新鲜垃圾，如此循环，达到重复利用 5 套生物反应器装置目的。其具体操作步骤如下：

a.原料与进料

新鲜垃圾来自浙江省富阳市新登镇施村农村生活垃圾，陈垃圾来自上述新鲜垃圾经过 1 年生物反应器处理后的垃圾。新鲜垃圾和陈垃圾均进行简单分拣，剔除石块、玻璃、金属、煤渣和塑料等杂物。

新鲜垃圾生物反应器填入新鲜垃圾 1600kg，人工压实并铺平，密度控制在 0.70t/m$^3$ 左右。陈垃圾生物反应器填入陈垃圾 2200kg，人工压实并铺平，密度控制在 0.95t/m$^3$ 左右。

b.渗滤液回灌

陈垃圾和新鲜垃圾均一次性投放，压实，待垃圾渗滤液产生后，两系统每周用水泵各回灌 3 次，平均每次 6h。

c.渗滤液处理

1 套生物反应器装置产生的渗滤液量为 440L，则 1 个循环周期里 5 套生物反应器装置渗滤液总产生量为 2200L，施村 1 年垃圾渗滤液总产生量为 10000L。

采用土壤净化处理渗滤液。土壤表层厚度为 100mm，含水率为 15.0%，土壤容重为 1.20g/cm$^3$，田间持水量为 35.0%。在春夏秋三季中，当灌溉量为田间持水量的 85% 时，每平方米土壤可以承受 25.2L 的渗滤液，经过 5d 处理后，渗滤液 COD 和 $NH_4^+$—N 溶出量均变化很小，浓度很低。施村生活垃圾经过序批式生物反应器处理后，渗滤液年产生量为 10000L，需要 396.8m$^2$ 土壤经过 5d 处理。

垃圾渗滤液经过一次土壤净化后，土壤中 Cu、Zn 含量分别为 19.0mg/g 和 65.8mg/g，两者均远低于《土壤环境质量标准》（GB15618—1995）规定的最大允许浓度 400mg/g 和 500mg/g，而且一块土壤每年只净化处理渗滤液 1 次，因此重金属对土壤污染较低，但具有重金属积累的潜在风险。

B.技术经济指标

经过 70d 左右的运行，新鲜垃圾生物反应器减容率为 53%~57%，pH 为 6~8，有机质为 22.12%~22.35%，存在氨积累现象。

生物反应器填埋场现场研究表明，渗滤液回灌量为 129~203L/m$^3$，可为填埋场生物反应器单元提供足够的含水率，满足生物反应的需求。当通过渗滤液回灌增加水率后，温度成为控制生物降解过程的重要因素。在夏季填埋比冬季填埋，更能促进垃圾降解和产气（Zhao et al.，2008）。

### 4. 厌氧-准好氧生物反应器

#### 1）可行性分析

厌氧-准好氧生物反应器是将厌氧与准好氧生物反应器相结合的一种组合方式，其中准好氧生物反应器单元可以是准好氧矿化垃圾单元，也可以是准好氧生活垃圾单元。厌氧-准好氧生物反应器除了具有生物反应器填埋场的特征外，还具有如下特点：

（1）能够利用准好氧生物反应器单元调节渗滤液 pH，降低有机负荷，减少厌氧生物反应器单元的酸抑制现象。

（2）能够利用准好氧生物反应器单元高效脱氮功能，对厌氧生物反应器单元高浓度氨氮的渗滤液进行脱氮，减少整个系统的氨氮负荷；同时厌氧生物反应器单元高浓度渗滤液能够为准好氧矿化垃圾单元提供充足的碳源和营养元素。

（3）能够充分利用厌氧生物反应器高效产甲烷和准好氧生物反应器无动力高效脱氮的优势，有利于促进生物反应器填埋场的资源化利用。

因此，厌氧-准好氧生物反应器能充分利用厌氧和准好氧反应器的优势，在农村生活垃圾处理中，具有较大的优势。

#### 2）厌氧生活垃圾-准好氧生活垃圾生物反应器

##### A.厌氧单元结构设计

###### a.防渗系统

在黏土丰富的农村，填埋场场地可采用渗透率较低的黏土分层压实，场底压实后黏土厚度不得小于 1m，边坡黏土厚度不得小于 0.5m，压实密度应大于 90%。在条件允许的情况下，也可以采用 1.5mm HDPE 膜单层防渗结构；在防渗膜易发生破损的部位，如盲沟、填埋场转角、导管结合部位等处可采用黏土层 1.5mm HDPE 膜的复合防渗系统。

###### b.渗滤液收集导排系统

在渗滤液收集导排系统设计时，需保证其具有足够的导排能力，使得防渗膜上的渗滤液水头小于规范要求的 300mm，以降低防渗系统的渗漏风险。

填埋场场底防渗层上设渗滤液排导砾石沟和穿孔导管。穿孔导管最小直径不能小于 200mm，宜选用坚固耐腐蚀管道。为防止砾石嵌入土壤，黏土沟及周边应铺设 $300g/m^2$ 的土工布。根据场底大小确定是否需要支管布置，场底应保持一定坡度，以防止积水。导流层材料建议选择渗透系数 $K \geqslant 1 \times 10^{-2}m/s$ 的材料，以增加导流层的水力传导系数。

在厌氧型生物反应器填埋场单元渗滤液收集和导排系统设计时，还应重点考虑以下措施：

（1）导流层宜选择宽级配的砾石等材料，以容微粒和有机物透过。

（2）土工布应平铺在导流层表面，不宜包裹渗滤液收集管。

（3）减少导流层上方填埋垃圾的颗粒物含量，减少灰土等惰性垃圾进入生活垃圾填埋场。

(4)可适当增加导流层的坡度和厚度,以促进排水。

c.回灌系统

在设计生物反应器填埋场渗滤液回灌系统时,需要满足以下目标:能尽可能均匀地布水;能促进填埋场中有机垃圾的生物降解;能和填埋场的操作和使用材料兼容;能够经受填埋场操作和沉降的影响;能避免臭气的污染;要便于操作;投资和运行费用经济合理。填埋场渗滤液回灌量的主要设计参数见扫描封底二维码见附录 4.6。

(1)气体导排系统。在气体导排系统设计时采用较大的气体收集管径($\geq 200 mm$),设置较小的管间距($\leq 30 m$),以保证产生的填埋气体能及时导出。

(2)覆盖和封场系统。为避免回灌的渗滤液在覆盖层形成积液,填埋场日覆盖和中间覆盖层应选择渗透能力较强的物质,临时覆盖材料的渗透系数必须大于 $1.16 \times 10^{-4} cm/s$。

铺设的塑料布或土工膜是一种较可行的日覆盖方式。该覆盖可在进行填埋作业前掀开,待作业结束时再重新覆盖,从而实现重复使用。矿化垃圾作为覆盖材料也是一种较可行的日覆盖方式,垃圾分选的细粒物渗透系数约为 $3 \times 10^{-4} cm/s$。将矿化垃圾作回灌型准好氧填埋场日覆土时,其粒度宜小于 3mm,厚度宜为 13mm。

(3)其他设计。生物反应器填埋场应设雨水收集截洪沟,场内填埋区域和未填埋区域应雨污分流,减少雨水进入填埋区;在条件允许,且填埋面积不大时,也可在填埋区域设置防雨设施;填埋场地下水较浅的,应在黏土防渗层底部下 1m 铺设地下水排水砾石盲沟和排水导管;为保证填埋堆体稳定,填埋场应采用场底逐层填埋方式,不允许坡面直接倾倒方式;填埋场应做好道路组织,盘山道路应满足车辆运输的要求。

B.准好氧单元结构设计

准好氧单元设计的主要理念就是利用渗滤液导排管的不满流设计、末端与大气相通的渗滤液导排管与导气管组成气体流通系统,使得空气在填埋场内外温差的推动下自然流入,增大了填埋场内部的好氧区域,有加速垃圾降解和改善渗滤液水质的作用,故其结构设计的关键就是渗滤液导排管和导气管的设计。

a.渗滤液导排管

渗滤液导排管的管径设计通常在满足传统卫生填埋场要求的基础上增加 50%,渗滤液导排主管直径在 300~600mm,支管直径不小于 200mm,以确保回灌的渗滤液能得到及时有效的导排,同时保证渗滤液导排管长期保持不满流状态,使得空气流通系统畅通。管间距一般可取 10~15m。渗滤液排水管的设计应参照排放物质的颗粒大小,选择最大的孔眼面积百分率及孔眼大小,当考虑管子的荷载条件时,孔眼直径不小于 12mm。

增加渗滤液收集层高度(600~1200mm),选择粗糙砾石作为排水层填料,排水层的透水性不小于 $1 \times 10^{-3} m/s$,粒径推荐使用 50~150mm。盲沟的大小应根据所选择的排水管管径大小进行相应的扩大,宽度应大于三倍管径。保护材料可选用 4~10mm 的无纺布。

b.导气管

准好氧型生物反应器填埋场的气体导排设施有沿填埋场场底边坡设置和在填埋场中央设置立渠两种方式。其中前者一般厚 1m,按 20~40m 的间隔设置,多采用内径为 200~300mm 的氯乙烯或聚乙烯穿孔管,但考虑更好的通风,建议准好氧填埋场设计通风管管道直径大于 400mm,长度小于 400m,且尽可能地增加堆体高度差,挑选常年风速较大的地方建立准好氧填埋场。考虑农村经济相对薄弱，建议采用导气石笼收集导排气体，导气石笼多由300mm左右的穿孔管和碎石等填充物料构成。

导气管的管径、穿孔率、布设间距直接影响准好氧单元内部的氧含量分布情况，从而影响系统运行效果。在管径和管间距确定的前提下，穿孔率可设计为2.5%；建议采取管径和堆体水平堆放半径比取1∶16，即当导排管半径为500mm时，间距宜取8000mm。

C.案例分析

以不同规模的小城镇为例，对厌氧-准好氧生活垃圾生物反应器填埋场主要设施进行设计，其中小型城镇生活垃圾以典型人口 5000 人计算，中型城镇生活垃圾以典型人口20000人计算，大型城镇生活垃圾以典型人口35000人计算，填埋年限为12年，压实密度取700kg/m$^3$，填埋场由两个厌氧单元和两个准好氧单元组成，具体设计如表4.3所示，平面布置如图4.2所示。

**表4.3　小型城镇厌氧-准好氧生物反应器填埋场设计参数**

| 单元类型 | 厌氧单元 | 准好氧单元 |
|---|---|---|
| 单元大小 | 小型：32m×15m×10m；中型：40m×40m×12m；大型：55m×40m×15m | |
| 单层防渗系统 | 黏土厚1m，防渗系数＜$10^{-9}$m/s | |
| 渗滤液收集导排系统 | | |
| 砾石层高/mm | 300 | 300 |
| 导排主管管径/φmm | 中小型：200；大型：250 | 小型：315；中型：355；大型：400 |
| 导排支管管径/φmm | 中小型：160；大型：180 | 小型：225；中型：250；大型：280 |
| 穿孔率/% | 2.5 | 2.5 |
| 支管水平间距/m | 小型：10；中型：15；大型：20 | |
| 渗滤液回灌系统 | | |
| 渗滤液回灌量 | 全回灌 | |
| 回灌频率/(d/次) | 3 | |
| 回灌方式 | 表面水塘法 | |
| 水塘布置 | 小型：每个单元2个塘，均匀分布，塘间距15m<br>中型：每个单元4个塘，均匀分布，塘间距m<br>大型：每个单元4个塘，均匀分布，塘间距20m | |
| 气体导排系统 | | |
| 导排形式 | 竖井被动导排 | |
| 管径/φmm | 中小型：200；大型：250 | 中小型：355；大型：400 |
| 穿孔率/% | 2.5 | 2.5 |
| 管间距/m | 小型：7.5；中型：10；大型：20 | 小型：7.5；中型：10；大型：20 |
| 覆盖系统 | | |
| 日覆盖 | 矿化垃圾 | |
| 日覆盖厚度/mm | 200 | |
| 中间覆盖 | 矿化垃圾300mm+HDPE膜临时覆盖 | |
| 终场覆盖 | 排气层300mm+HDPE膜或黏土200mm+土工网格排水层+植被层300mm | |

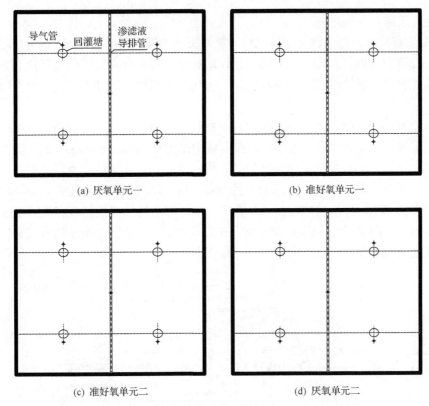

图 4.2　厌氧-准好氧生物反应器填埋场平面布置示意图

3) 厌氧生活垃圾-准好氧矿化垃圾生物反应器

A.操作与设计

厌氧生活垃圾-准好氧矿化垃圾生物反应器的厌氧生活垃圾生物反应器单元与上述相同，准好氧矿化垃圾生物反应器设计如下。

在温度为 30℃，回灌频率为 3d/次，水力负荷为 8L/$(m^3 \cdot d)$，COD 浓度为 40000mg/L，COD 负荷 320g/$(m^3 \cdot d)$，矿化垃圾有效高度为 900mm 的条件下，准好氧矿化垃圾生物反应器能取得最佳的运行效果。当气温低于 5℃时，需要对其进行保温。

准好氧矿化垃圾生物反应器中的渗滤液回灌量可以根据 COD 负荷和浓度、水力负荷和矿化垃圾有效体积来计算；可设置调节池对不同阶段厌氧-准好氧生物反应器的渗滤液进行调节；回灌频率在填埋初期以 3d/次为宜，后期可相应地提高回灌频率(1d/次)，同时建议主要在 12:00～16:00 时间段内进行多次回灌；布水时间可取 1h，出水不宜在准好氧垃圾生物反应器中进行多次和多级回流，厌氧生活垃圾生物反应器的回灌时间宜与准好氧矿化垃圾生物反应器的布水时间一致。

渗滤液处理需考虑深度处理，推荐采用活性炭吸附法。当准好氧矿化垃圾生物反应器单元发生超负荷运行故障时，可通过暂停回灌、稀释回灌、强制通风或翻填厌氧层等措施。

B.运行思路

厌氧-准好氧联合型生物反应器填埋场能够极大地缩短稳定化时间，这为填埋场综合利用和循环运行提供了基础。一方面，填埋场稳定化后，可实施矿化垃圾的开采和综合利用，这充分贯彻了"减量化、资源化、无害化"的原则，以及"以废治废"的循环经济思想。

其中金属、玻璃回收后出售；废塑料、橡胶与矿化垃圾中可燃烧的成分如木块、竹块等均可以送往垃圾焚烧场作为燃料，或制成固形燃料（refuse derived fuel，RDF）出售，也可以热解制油，造粒或再生成各种塑料、橡胶器具；大块无机物材料如砖头、石头类经破碎后可用作各种建筑材料；筛分下的细料可用于城市园林绿化肥料，垃圾填埋场封场后的表层营养土，作污、废水的处理介质，作填埋场的日覆盖材料和终场覆盖材料。

另一方面，厌氧-准好氧联合型生物反应器填埋场可按图 4.3 所示的模式进行构建和运行，从而实现生物反应器填埋场的可持续利用。

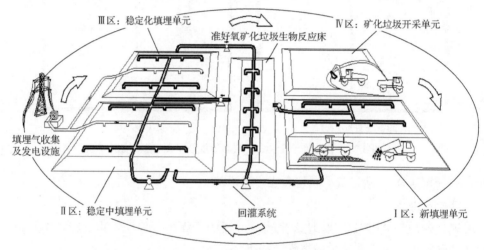

图 4.3　厌氧-准好氧联合型生物反应器填埋场的运行思路

## 5. 改良型生活垃圾厌氧-准好氧生物反应器处理技术

1）定义与作用机理

改良型生活垃圾厌氧-准好氧生物反应器处理技术，是通过运行工艺的改变，将厌氧和准好氧生物反应器在时间和空间上耦合，从而实现生活垃圾的资源化利用，分散与集中处理，以及设备的循环运行。

2）设计与应用

A.可行性分析

改良型生活垃圾厌氧-准好氧生物反应器用于处理农村生活垃圾，除了具有前述生活垃圾生物反应器处理技术的优势外，还具有如下特点：

a.节约占地，极大地缩短运行维护时间

生物反应器属于干发酵，尽管会延长发酵时间，但因固含量是常规湿式发酵 6～7

倍，因此占地会比常规湿式发酵明显减少；另外，稳定化时间只有 1～2 年，是传统卫生填埋场的 5%～10%。

b.实现渗滤液零排放

生物反应器在设置防雨设施后，能通过准好氧阶段的自然蒸发，实现渗滤液零排放。

c.解决厌氧干发酵的酸积累和氨抑制问题，实现快速启动，促进甲烷产量与产率的提高。

通过厌氧和准好氧生物反应器在时空上的结合，充分利用准好氧生物反应器的高效脱氮能力，使氨氮和总氮在准好氧运行阶段迅速下降，使改良型生活垃圾厌氧-准好氧生物反应器中渗滤液的氨氮峰值只有常规厌氧-准好氧生物反应器的 50%左右，解决了厌氧阶段氨抑制问题；通过不同阶段、不同类型的生物反应器渗滤液的混合回灌，同时实现了稀释、微生物接种、pH 调节、营养物添加和调节的功能，使改良型生活垃圾厌氧-准好氧生物反应器无酸积累现象产生，而且比常规厌氧-准好氧生物反应器提前 3 个月进入高速产甲烷阶段，此阶段的持续时间也延长了 30%左右。

综上所述，改良型生活垃圾厌氧-准好氧生物反应器处理技术能更好地实现小城镇及农村生活垃圾的分散处理，从而节省大量生活垃圾收运费用，简化运行管理，降低处理成本；可进一步提高可再生的生物质能源甲烷的产量，为农村提供清洁能源，减少温室气体对环境的负面影响，对抑制全球气候变暖有积极意义；在更短的时间内即可完成有机物的厌氧稳定和生物质能源的回收，可大幅度缩短处理单元的使用周期，节省处理设施的工程投资；渗滤液通过混合回灌和蒸发，实现渗滤液的零排放，更彻底地降低或消除二次污染对环境的影响，同时节约了渗滤液处理的投资和运行费用；稳定后残渣细料可作绿化营养土或土壤改良剂，就近回用于农田或城镇绿化，使腐殖化有机碳回归自然碳循环，同时还可以就地用于生活污水的净化处理填料，实现"以废治废"的资源化利用。

但是，改良型生活垃圾厌氧-准好氧生物反应器需要对生活垃圾进行简单的粗分类，剔除塑料、玻璃、金属等影响肥料品质的垃圾。

B.反应器结构

a.小型生物反应器结构

小型生物反应器结构如图 4.4 所示。该生物反应器处理系统由多个生物反应器单元和 1 个公用调节池组成，其中生物反应器单元布置在四周，公用调节池布置在中间；每个生物反应器单元由渗滤液导排管、渗滤液回灌管、穿孔通风管、布水器、集气罩、水封构成，每个生物反应器单元由下向上依次为土工布 A、级配砾石层、土工布 B、垃圾层、陈腐垃圾覆盖层；每个生物反应器单元中，竖直通风管由反应器中部垂直插入，并与底部水平通风管连接，底部水平通风管两端均与空气连通，布水器放置在陈腐垃圾上并用软管与渗滤液回灌管接口连接，渗滤液导排管连接到调节池且处于不满流状态，渗滤液导排管出水口高于调节池水面并与空气连通。穿孔通风管和渗滤液导排管均采用大管径管道，管径≥110mm；布水器可拆卸。

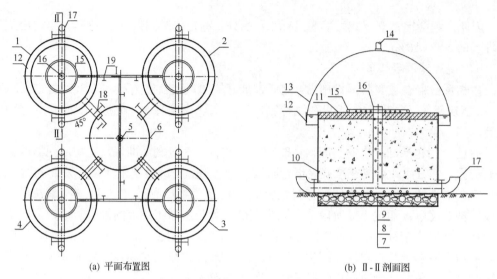

(a) 平面布置图　　　　　　　　　　　　(b) Ⅱ-Ⅱ剖面图

图 4.4　小型改良生活垃圾厌氧-准好氧生物反应器结构图

1.生物反应器 A；2.生物反应器 B；3.生物反应器 C；4.生物反应器 D；5.潜污泵；6.渗滤液调节池；
7.土工布 A；8.级配砾石层；9.土工布 B；10.垃圾层；11.陈腐垃圾覆盖层；12.水封槽；13.集气罩；14.导气管；
15.布水器；16.竖直通风管；17.水平通风管；18.渗滤液导排管；19.渗滤液回灌管

## b.大中型生物反应器结构

大中型生物反应器结构如图 4.5 所示。该生物反应器处理系统由进料系统、发酵系

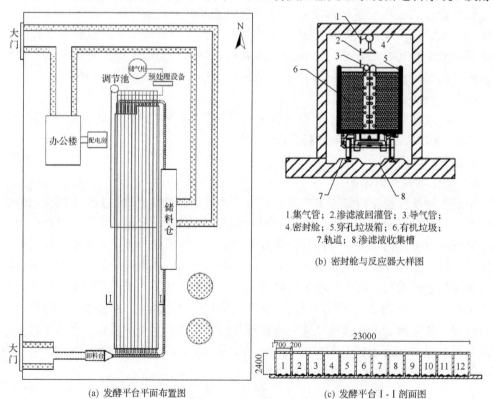

(a) 发酵平台平面布置图　　　　(b) 密封舱与反应器大样图

1.集气管；2.渗滤液回灌管；3.导气管；
4.密封舱；5.穿孔垃圾箱；6.有机垃圾；
7.轨道；8.渗滤液收集槽

(c) 发酵平台Ⅰ-Ⅰ剖面图

图 4.5　大中型改良生活垃圾厌氧-准好氧生物反应器结构图

统，渗滤液导排、混合和回灌系统，导气和集气系统、储料仓构成。反应器置于密封舱中，依次相连，并由轨道输送。

C.工艺流程

a.小型生物反应器

生活垃圾装填时，将所有管道阀门开启，使生物反应器单元与空气连通，生活垃圾进行好氧降解。装填结束后，表层采用陈腐垃圾进行覆盖，将布水器放置在陈腐垃圾上并用软管与渗滤液回灌管接头连接，安装集气罩，关闭通风管和渗滤液导排管阀门，使生活垃圾进行厌氧降解。每次回灌渗滤液前，先开启渗滤液导排管阀门，将渗滤液导入调节池，渗滤液排放结束后关闭导排管阀门；随后开启渗滤液回灌管阀门和潜污泵，实施渗滤液回灌，回灌结束后关闭渗滤液回灌管阀门和潜污泵。生活垃圾厌氧降解效率明显下降后，将通风管、渗滤液导排管阀门开启，取下集气罩，通过生物反应器单元内部生物降解的热量形成内外温差产生动力，促使空气通过通风管和渗滤液导排管，以及上表层进入垃圾体内部，在底部、表层和通风管周围形成好氧-缺氧-厌氧的环境，使生活垃圾在兼氧环境下进行降解，进一步促进生活垃圾的稳定化。生活垃圾完全腐熟后出料，部分陈腐垃圾留作覆盖层材料。

将两个以上的生物反应器单元布置在四周，在中间布置 1 个公用调节池，不但方便渗滤液导排和回灌，同时也能达到不同降解阶段的渗滤液相互稀释、中和、接种的作用。多个生物反应器单元交替运行，实现生活垃圾的连续、循环处理。只在第一个周期，对第一个生物反应器单元实施第一阶段回灌时，进行渗滤液 pH 调节和接种，此后不再实施此项操作。

b.大中型生物反应器

大中型改良生活垃圾厌氧-准好氧生物反应器处理技术操作具体如下。

(1)进料：将剔除塑料、金属、玻璃等物质的有机生活垃圾装填入垃圾准好氧垃圾箱中，装满垃圾的垃圾箱上覆腐熟后的堆肥，通过轨道送入密封舱。

(2)厌氧干发酵：密封舱装满后封闭密封舱，进行厌氧干发酵处理，导排渗滤液，将导排出来的渗滤液与其他密封舱的渗滤液混合后，通过渗滤液回灌系统回喷到垃圾箱中；在此阶段，收集并利用沼气。

(3)无动力堆肥：当沼气产率和甲烷含量下降至不足以利用时，打开密封舱，让垃圾箱以及内部垃圾与空气连通，进行无动力堆肥，导排渗滤液，将导排出来的渗滤液与其他密封舱的渗滤液混合后，通过渗滤液回灌系统回喷到垃圾箱中；在此阶段，停止收集沼气。

(4)自然风干与出料：有机垃圾基本腐熟后，停止渗滤液回喷，进行无动力堆肥并自然干燥，完全腐熟后通过轨道将垃圾箱移出密封舱，部分回用到进料系统中，剩余部分倒入有机肥储存仓中待售。

(5)渗滤液回灌：各个密封舱中的渗滤液均通过导排管(槽)流入渗滤液调节池中混合，混合后的渗滤液通过渗滤液回喷系统，回喷到处于厌氧干发酵和无动力堆肥阶段的密封舱中。

　　垃圾在箱体中依次经历了厌氧发酵、无动力堆肥、自然干燥的过程；通过 3 个以上的密封舱组合，可将处于不同阶段(厌氧、准好氧)的密封舱在空间上结合，同时将批式处理变为连续处理。

　　但是在无动力堆肥阶段，由于涉及渗滤液回喷，而且无密封设施，因此，可能会造成臭气的二次污染，需采取相应的防治措施，包括诸如改进回喷装置，将其埋入表层进行滴灌；或者设置顶棚，集中收集臭气进行处理后排放等措施。

### 4.2.2　厌氧发酵技术

　　1. 厌氧发酵技术概述

　　1)定义与作用机理

　　沼气发酵技术是指以有机生活垃圾、作物秸秆、人畜粪尿等有机物作为主要原料，固体有机物质在厌氧的条件下经过水解、酸化、产氢产乙酸、产甲烷四个阶段，以沼气作为最终产物的一种技术(周文敏，2011)。

　　2)特点

　　A.技术成熟，应用广泛，投资少，经济效益好

　　以沼气池和大中型沼气工程为代表的厌氧发酵技术，因技术成熟可靠，投资少，在农村已得到了广泛的推广和应用。根据艾可拜尔·阿不力米提(2009)对户用沼气池的经济效益计算可知，沼气池产生的沼气作为电力、液化气和煤炭的替代能源，能实现平均为964.88 元/a 的能源替代效益。在只考虑沼气池的能源产出效益，不包括沼渣、沼液的综合利用效益的情况下，其财务净现值 NPV($i$=10%)、内部收益率 IRR、效益成本比和投资回收期分别为 5095.73 元、44.13%、3.31 和 1.94 年。四项评价指标均符合要求，说明沼气池建设项目具有良好的财务和国民经济效益，具有很好的发展前景。

　　B.能实现农村有机生活垃圾的资源化利用

　　厌氧发酵的主要产物为沼气、沼渣和沼液，其中沼气作为清洁能源，能给农村居民提供生活用能，减少废气、烟尘和温室气体的排放；而且沼气发电也是最佳的再生能源之一。沼渣沼液是优质农家肥，长期施用不仅利于作物的生长，还能改良农田生态环境。因此，利用厌氧发酵技术处理农村有机生活垃圾，能实现有机物的资源化利用。

　　C.有利于净化农村环境卫生

　　利用厌氧发酵技术处理农村有机生活垃圾，能有效减少因有机生活垃圾堆积而产生的蚊蝇、病菌、异味等对周围环境卫生的影响，从而改善当地的环境卫生，提高农村居民的健康水平。

　　D.有利于充分依托现有的农村环卫设施

　　以沼气池和大中型沼气工程为代表的厌氧发酵技术用于处理生活污水、畜禽粪便等，在我国农村已经得到了普遍的推广和应用。但是，由于农村经济的发展，饲养和种植结构的改变，导致很多沼气设施因原料不足而无法正常使用。因此可以充分利用农村这一既有的环卫设施来处理生活垃圾中的有机物，一方面，节约了建设经费，另一方面，也

解决了现有沼气池原料不足的问题，实现经济和环保效益的双赢。

综上所述，厌氧发酵技术将有机物转化为清洁能源——沼气，可用作生活燃料，同时产出沼液和沼渣等优质肥料，因此具有资源化效率高、管理方便、投资少、容易操作等优点，便于在广大农村地区推广使用。但是厌氧发酵技术只能处理农村生活垃圾中的可降解有机垃圾；在沼渣沼液的后续储存和利用过程中也容易造成二次污染；而且易发生酸抑制和氨抑制，导致产气率降低，延长处理时间等问题。因此，这些均在不同程度上限制了该技术在处理农村生活垃圾上的应用。

3) 类型

厌氧发酵技术根据固体浓度可分为湿式厌氧发酵和干式厌氧发酵，根据规模可以分为户用沼气池和大中型沼气工程。

由于发酵速度快、建设和管理技术成熟，进出料操作方便，因此厌氧湿发酵仍然是当前厌氧发酵的主流技术。但仍然存在一些问题：如耗水量大、发酵产品浓度低、脱水困难、发酵产品高效应用困难、运行管理体系不完善等，这些都限制了湿式发酵在农村的应用。厌氧干发酵由于物料含水率小，占地少，产气效率高，因此，在处理农村垃圾的大中型沼气工程中，厌氧干发酵将会成为一种重要的方式(表 4.4)。但是厌氧干发酵也容易发生"酸抑制"和"氨抑制"现象，发酵周期相对较长等问题，有待进一步解决。

**表 4.4　湿式和干式厌氧发酵技术比较**

| 参数 | 湿式 | 干式 |
| --- | --- | --- |
| 用水需求 | 需要大量水资源 | 对水资源的需求很少，甚至不需要 |
| 预处理 | 不需要预处理 | 需要，针对复杂结构有机物和难降解的秸秆，需要包括粉碎、添加酶解剂、反应器处理等操作 |
| 后处理 | 需要脱水、脱硫 | 不需后处理 |
| 设备 | 需要安装搅拌机 | 比湿式更简单，需要配备出料机械 |
| 能量消耗 | 消耗自身产能的 30%～45% | 消耗自身产能的 10%～15% |

资料来源：Chen 等(2014)。

2. 户用沼气池

1) 沼气池原料

A. 富氮原料

人畜粪尿、腐烂垃圾、酒糟、餐厨垃圾等，此类原料营养丰富，分解速度快，但含碳少。

B. 富碳原料

秸秆、纤维垃圾、干红薯藤、木竹、果壳等，这类原料分解速度慢。

C. 易分解的原料

水葫芦、水花生、水浮莲、青草、菜叶、果皮、剩饭菜等鲜料，这类原料只要切碎添加化肥、石灰稍加堆沤即可，分解速度快，产气也快。

D.下脚料

厨房、酒厂、屠宰场等排放的废物、污水，湖泊、池塘、沼泽池、厕所底泥等。当原料不足时，可以将可降解生活垃圾作为沼气池原料，进行补充。

2）配方

一座 $8m^3$ 沼气池，投粪便和腐烂垃圾 $0.7\sim1m^3$，秸秆和纤维垃圾 300kg、碳铵 5kg、水 4000kg、10%～30%的接种物（即含有大量沼气发酵微生物的各种厌氧活性污泥、老沼气池中的悬浮污泥、发酵冒泡的有机废水、坑塘污泥等）（陈志刚，2009）。

3）设计

混凝土结构水压式沼气池，采用自流进料，手动抽渣器出料。沼气池的设计按《农村家用沼气池设计规范》的相关要求执行。沼气池的施工按照国家颁发的《农村家用水压式沼气池标准图集》（GB/T 4750—2002）等系列技术标准执行。

4）沼气池操作流程

A.秸秆处理与粪便混合

将秸秆和纤维垃圾铡成 3cm 左右的段，然后与粪便或腐烂垃圾混合。粪类和秸秆类的重量比为 2∶1（陈志刚，2009）。

B.堆沤

以上原料混合均匀，如果人畜粪便不够，可添加适量的碳酸氢铵等氮肥，以补充氮素。混合原料不能太干，要加足水，然后用薄膜覆盖，堆沤 7 天左右后用作发酵原料。

C.投料

将预处理的原料和准备好的接种物混合在一起投入池内。入池的发酵原料不宜压实，以松散为好，池内进料口下 1m 的地方不要堆沤发酵原料，以便以后进料。然后盖住活动盖和进、出料上口。通常沼气池一次性投料的比例宜占沼气池容的 70%～80%。

D.加水封池

池内堆沤发酵夏天 1～2d、冬天 3～5d 后，当发酵原料温度升高到 40～50℃并维持 1～2d 后再倒入人畜粪尿、水和接种物。以料液量占沼气池总容积的 80%～85%为宜。搅拌均匀后，及时将池密封。

E.放气试火

当沼气压力达到 2kPa 以上时，放气试火。

F.日常管理

沼气池每隔 7d 左右换料一次，出多少进多少，坚持先出后进。换料后，池内料液液面不能低于进出料管口的上沿。每年大换料一次，一般安排在夏秋两季。使用过程中，为防止浮渣层和沉淀层越积越厚，需要经常搅拌。

3. 大中型沼气工程

1）技术可行性分析

在沼气工程技术方面，虽然针对生活垃圾的沼气工程尚未见报道，但是我国已经具有根据各种不同养殖场粪便、作物秸秆、酒糟、高浓度有机废水的差异，进行包括预处理、厌氧发酵、沼气输配、制肥、消化液后处理的全部设计；在发酵工艺方面，生物厌氧发酵机理研究、不同物料高效发酵工艺(如 CSTR、UASB、USR、AF 等)、沼气产气率、COD 去除率已居国际先进水平；在配套设备方面，我国成功研制的进料、搅拌、自动控制、脱硫脱水、固液分离等装置已形成系列化成熟产品。除此之外，根据我国的不同地域和物料的具体情况，发展了厌氧(沼气)-还田模式、厌氧(沼气)-自然处理模式和厌氧(沼气)-好氧处理模式。

在国家科技攻关项目完成的基础上，已制订出了系列沼气工程的设计规范、施工和验收规范，这也标志着我国这方面的技术已经成熟。

综上所述，我国的大中型沼气工程建设模式与工艺技术已日趋成熟，虽然针对生活垃圾的沼气工程尚处于探索阶段，但是不存在制约性的技术难题，因此，在农村，将可降解生活垃圾作为原料或者既有大中型沼气工程的辅料进行处理，是可行性的。

2) 沼气发酵工艺

常规的大中型沼气工程包括预处理单元、厌氧消化单元、沼液储存与利用、增温系统和沼气储存、净化、利用系统。

A.预处理

原料废水通过污水导流沟流入沼气站，经钢制格栅滤去较大杂物，进入沉砂池去除较大颗粒物和泥沙后，进入进料调节池。

B.厌氧消化

原料废水经过预处理后，泵入厌氧反应器进行厌氧消化生产沼气。厌氧反应器与高浓度有机废水厌氧处理工艺相同，需根据实际情况合理选择。

C.沼液储存与利用

产生的沼液经沼液储存池存放一段时间后，用于现代农业生态园、苗圃基地、蔬菜基地或农田作物做液态有机肥，还可储存在田间沼液储存池中备用。

D.增温系统

厌氧消化罐配备热交换装置，充分利用发电机余热为消化罐内料液增温，保证中温厌氧发酵的适宜温度。

E.沼气储存、净化、利用系统

沼气经过气水分离器，脱硫塔净化处理后储存在湿式储气柜中，大部分用于农户集中供气和沼气发电，剩余部分沼气用于场内供能和冬季保温。

F.最佳工艺参数

厌氧发酵池污泥浓度为 10～30gVSS/L，原液 pH=6～8，发酵过程有机酸浓度以不超过 3000mg/L 为佳(以乙酸计)。当池温在 20℃以上时，产气率可达 $0.4m^3/(m^3 \cdot d)$；当池温不低于 15℃时，产气率不低于 $0.15m^3/(m^3 \cdot d)$。

部分以生活垃圾为原料或辅料的沼气工程和研究见表 4.5。

**表 4.5　部分生活垃圾沼气工程简介**

| 工艺名称 | 物料名称与比例 | 运行参数 | 经济技术指标 | 参考文献 |
|---|---|---|---|---|
| 中温联合厌氧消化 | 牛粪、污泥、垃圾按 TS 6∶3∶1 混合物料 | 温度为 37℃，停留时间为 20d，容积负荷为 3.61g/(L·d) | pH 稳定在 7.5 左右，甲烷百分含量大于 60%，容积产气率为 0.59～0.69L/L，单位 VS 的产气率为 0.36～0.39L/g，VS 去除率为 45.1%～49.4% | 刘一威, 2012 |
| 瑞典 Kristianstads 沼气厂 | 200t/d 畜禽粪便+35t/d 工业有机垃圾+30t/d 有机生活垃圾 | | 发酵罐体积：4500m³ 产气量：8000～9000m³/d 能源产量：1.8～1.0MW | Hedegaard, 1999 |
| 两相厌氧发酵+堆肥 | 生活垃圾 | 厌氧阶段：水解时间 48～72h，不鼓风；水力负荷 300mm/d，有机负荷不超过 3g/L；堆肥阶段：16d，粉碎的麦秆用作膨松剂并调剂含水率为 65%～70%，秸秆湿基质量比约为 24%，每小时鼓风 10min，鼓风率 0.029～0.035m³/(kg·h)；添加 20% 的腐熟堆肥进行接种 | 处理规模 50kg/d，垃圾减量率 30%；COD 最大去除率 87.1%，沼气产率 0.373m³·kg/VS。在夏季，堆肥温度能达到 60℃，并持续超过 5d；但是在冬天，只能持续 3d；经过 6 个月运行，垃圾减量率 49.6%±3.9%，其中厌氧发酵阶段减少 26.4%±7.1%，堆肥阶段减少 24.3% | Wu et al., 2014 |

## 4. 案例分析

### 1）案例一：杭州富阳市里山镇序批式干态水解-液态产沼工艺

#### A.背景

里山镇位于杭州富阳市东部、富春江下游南岸，是典型的山多地少乡镇，以茶叶种植、农产品加工为主要经济产业。该镇下辖 5 个行政村，总人口 1.03 万人，其中非农业人口 300 余人。生活垃圾总量约 7t/d，由农户投放、村收集、乡镇统一运输至处理场。该镇农村生活垃圾中，主要为有机垃圾(58%)、塑料(13%)、纸类(12%)，还有少量的玻璃(8%)、陶泥渣石(6%)、有害垃圾(2%)和金属(1%)。根据垃圾收集量及组分情况，设计采用序批式干态水解-液态产沼工艺对有机垃圾进行资源化利用，每日处理量为 4t，并投菌剂强化干态水解阶段的堆沤效果，处理后的有机肥料肥效满足商品有机肥料标准(NY 525—2002)(屠翰等，2013)。

#### B.设计与操作

##### a.工艺流程

序批式干态水解-液态产沼工艺流程如图 4.6 所示。

(1)预处理阶段。农村生活垃圾经农户投放和村一级的收集后，被运输到处理场，进行人工细分拣。对有害垃圾进行收集存储，由相关部门统一处理，无机垃圾外运焚烧、卫生填埋，有机垃圾则通过半湿粉碎机破碎处理后送入发酵房进行干态水解堆沤。

(2)干态水解阶段。在此阶段有机垃圾在发酵房内进行干态水解堆沤。在人工装填入发酵房时需逐层洒喷腐秆剂，用以提升堆沤速度和腐熟质量。通过小试，一般在前 20d，堆体温度会逐步上升并保持在 50℃以上 10d，当外观颜色由浅入深，呈现为黑褐色，体积缩小约 1/6，并伴有少量棕红色液体渗出时，即完成干态水解。实际操作中，考虑到装填时间差，将干态水解阶段的时间定为 30d。

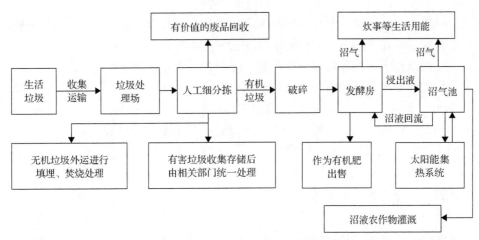

图 4.6　序批式干态水解-液态产沼工艺流程图(屠翰，2013)

(3)液态产沼阶段。有机垃圾经前期处理，达到一定的腐熟程度后，将垃圾浸出液排入沼气池厌氧发酵，产生沼气，同时沼液再回喷于堆体，进一步促进有机垃圾水解腐熟，每日回流，用时 30d。同时，由太阳能集热系统对沼气池增温，以提升菌种活性，加快浸出液的降解。

(4)产物处理。有机垃圾经处理后成为稳定的有机肥料，出售或回用于附近茶山、农田。沼气池以及发酵房内厌氧产生的沼气经脱硫净化后用于附近敬老院炊事用能。沼液大部分根据工艺需要回喷至发酵房，少部分用于农作物灌溉。

b.主要构筑物

序批式干态水解-液态产沼工艺的主要构筑物包括预处理作业场地、发酵房、沼气池、太阳能集热器等。

(1)预处理作业场地。预处理作业场地建于小边坡上，用于进行人工细分拣和有机垃圾的破碎处理。场地面积为 $200m^2$，上设顶棚，场地内安置半湿粉碎机 1 台，型号 BSFS60。

(2)发酵房。发酵房采用地上钢砼结构，房顶面与作业场地地面等高，有过道相连。发酵房共设 6 池，单池容积 $60m^3$，总容积 $360m^3$。单池池顶设垃圾进料口，由人工将破碎后的有机垃圾投入池内，池壁底设出料口，采用钢板法兰密封，池内安装沼液喷淋装置。在回流阶段，垃圾浸出液由池壁外阀门控制，自流进入沼气池，沼液通过喷淋装置回喷至堆体。

(3)沼气池。沼气池采用地下钢砼结构，容积 $100m^3$，设计水力停留时间为 15d，池内安装太阳能增温管，通过热交换以提升池内的反应温度，提高厌氧效率。出料间内置 1kW 提升泵 1 台，型号为 AS1.0-2CB，由提升泵将沼液回喷。

(4)太阳能集热器。太阳能集热器安装于作业场地顶棚之上，总面积 $180m^2$，型号为 XD5818-30，共 32 组，单组采用 Φ58×1800mm 全玻璃真空管 30 支，设计总热交换水量达到 10t/d。通过水箱温度控制器，调节增温管与沼气池的热交换，以实现对沼气池发酵温度的控制。

C.技术经济指标

通过该工艺生产出的 5 批次垃圾肥料的检测表明：有机垃圾肥料的 pH 为 7.0～7.1，

有机质为 33%~36%，总养分(N+P$_2$O$_5$+K$_2$O) 为 4.0%~4.2%，水分含量为 3%~5%，垃圾肥料的指标能满足商品有机肥料标准(NY 525—2002)。

该工艺为农村生活垃圾处理新建项目，工程总投资包括土建及设备，合计为 120 万元。设计日处理农村有机垃圾 4t，可年处理有机生活垃圾 1460t，产有机肥约 1150t，产沼气 1500m$^3$，效益明显。工程的运行费用主要包括人工费、药剂费、设备运转的电费，运输类费用由乡镇统一安排，暂不计入。按每处理 1t 有机垃圾计算，需人工费 25 元/t，药剂费用 15 元/t，电费 9 元/t，平均运行费用为 49 元/t。垃圾肥可外售 25 元/t，综合计算，运行成本为 24 元/t。

2)案例二：世业镇厌氧发酵产沼工艺

A.背景

世业镇隶属于镇江市丹徒镇，总面积 44km$^2$，辖区内 5 个行政村，1 个集镇，共计 4627 户，总人口 14474 人。每户生活垃圾产生量为 1.868kg/d，其中有机垃圾占 42.97%，为 0.803kg/d。每户剩菜剩饭产生量为 0.179kg/d，其中倒掉 0.040kg/d，故全镇有机垃圾总量按照 2t/d 设计(滕昆辰等，2013)。

B.设计与操作

世业镇厌氧发酵产沼工艺流程见图 4.7。首先，将世业镇有机生活垃圾通过垃圾粉碎机进行粉碎，其次进入生物预发酵罐，添加微生物菌剂，通过一定时间的预处理后，进入厌氧沼气发酵罐，进行厌氧发酵反应。在发酵过程中，加入少量营养物和水，有机生活垃圾在厌氧发酵罐中的停留时间为 20~30d，发酵产生的沼气，经脱水、脱硫、除臭处理后进入沼气储柜。其中脱水器采用冷凝法水，沼气脱硫除臭采用干法脱硫，使用活性炭和氧化铁填料。

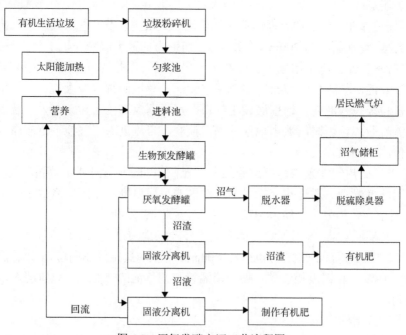

图 4.7 厌氧发酵产沼工艺流程图

沼气可直接通入农村居民家中，作为日常生活燃料。厌氧发酵罐中产生的沼液进入沼液池，可作为农田的有机肥用于周围农场的农田施肥，沼渣则通过固液分离机进行脱水，作为有机肥料，分离的沼液进入沼液池再利用。

C.技术经济指标

该示范工程的总投资费用为 49 万人民币(表 4.6)，运行成本估算为 5.10 元/t 垃圾，主要包含水费、动力费、人工福利费、药剂费、运输费和设备维护费等。

表 4.6　工程主要构筑物、设备及价格

| | 项目 | 规格型号 | 数量 | 价格/万元 |
|---|---|---|---|---|
| 构筑物 | 匀浆池 | $V=15m^3$，砖混，底部和墙体防渗处 | 1 | 1.275 |
| | 进料池 | $V=15m^3$，砖混，底部和墙体防渗处 | 1 | 1.275 |
| | 沼渣池 | $V=20m^3$ | 1 | 1.6 |
| | 沼渣沼液池 | $V=60m^3$，底部和墙体防渗处理 | 1 | 4.5 |
| | 工房 | $M=20m^2$ | 2 | 2 |
| | 设备基础 | $M=55m^2$ | | 2.35 |
| 主要设备 | 生物预发酵罐 | $V=15m^3$，碳钢 | 1 | 2 |
| | 厌氧罐 | $V=150m^3$ | 1 | 18 |
| | 脱水器 | | 1 | 0.8 |
| | 脱硫除臭器 | | 1 | 1.2 |
| | 沼气柜 | $V=60m^3$，碳钢 | 1 | 8 |
| | 进料泵 | $Q=2m^3/h$，$H=16m$，4kW | 2 | 1 |
| | 固液分离机 | $Q=2m^3/h$，2kW，碳钢 | 1 | 3 |
| 总额估算 | 土建工程 | | | 13.00 |
| | 工艺设备 | | | 32.00 |
| | 配电、管道、安装 | | | 4.00 |
| | 本工程总投资估算 | | | 49.40 |

通常，农村生活垃圾厌氧发酵处理，宜进行合理的物料配比，这对解决发酵过程中营养比失调具有较好的效果。研究表明，将畜禽垃圾、农业垃圾和生活垃圾混合厌氧干发酵，在 TS 为 25%，温度为 37℃，C/N 比为 25∶1，粒径为 2～6mm 的情况下，促进了 VS 的降解(降解率 54.7%)，甲烷产率为 256m³/t VS，甲烷含量为 79.9%。这表明混合厌氧干发酵比农业废物和生活有机垃圾直接发酵更好(Yang et al.，2015)。

### 4.2.3　好氧堆肥技术

#### 1. 定义与作用机理

好氧堆肥又称高温堆肥，是在有氧条件下，微生物对有机物进行吸收、氧化、分解。好氧堆肥工艺通常由前处理、主发酵、后发酵、后处理与储藏等工序组成。它可以应用现代化技术和机械化设备处理垃圾，具有物料分解彻底，臭味小，病菌消杀彻底，生产周期短等特点。

根据静态好氧堆肥工艺要求，需调节进料的初始含水率、碳氮比。通过堆肥，可实现垃圾减量率 42.68%～57.46%（夏芸等，2014）。

2. 设计与应用

1）可行性分析

A.农村居民使用有机肥的意愿

尽管有 67%的农村居民能够认识到有机肥在维护地力和提高作物品质上的作用，认为有机肥施用或有机肥与化肥搭配比单纯用化肥好（武攀峰，2005），但是由于养猪少、农肥少、劳动力缺乏，而且农村居民认为化肥干净和施用方便等原因，当前农村居民还是主要以化肥为主。

根据对西南地区农村的调研表明，如果可降解生活垃圾堆肥肥效达到国家标准，77.83%的农村居民愿意使用堆肥，而且有一半农村居民愿意使用堆肥设备；东部发达地区农村居民使用堆肥的意愿更高（82%）（武攀峰，2005）。因此，农村居民选用有机肥非常理性，使用方便，肥效好，价格合理的优质垃圾堆肥仍被村民接受。

B.生活垃圾肥效分析

a.农村生活垃圾养分含量

由表 2.22 和表 2.23 可知，我国农村生活垃圾干基的有机质、全氮、全磷、全钾平均含量分别为 39.05%、1.02%、0.50%和 1.42%，完全满足《城镇垃圾农用控制标准》（GB8172—87）的要求。但是参考《有机肥料》（NY525—2012）标准，可降解有机垃圾中的总养分（$N+P_2O_5+K_2O$）含量（以干基计）不能满足大于 4%的要求，因此，有机生活垃圾可以进行资源化利用，但还需配料后才能作为商品有机肥使用。

b.垃圾有机肥农学效应

生活垃圾堆肥农学效应明显，能增加小麦和玉米产量，其增产效果等同于等养分化肥（康少杰等，2011）。根据马军伟等（2012）对垃圾有机肥农学效应的研究表明：施用生活垃圾有机肥（对可降解有机垃圾进行无害化处理后作基肥施用，$15t/hm^2$），在第 3 茬蚕豆的产量显著高于其他处理，其蚕豆长势好，产量高，比常规肥料处理增产 16.4%。施用生活垃圾有机复肥（将可降解有机垃圾进行无害化处理后加入适量化肥配制而成，总养分为 20%（N 6%，$P_2O_5$ 6%，$K_2O$ 8%），有机质≥20%，$2.7t/hm^2$）比施用常规肥料增产 6.1%。这主要是因为垃圾有机肥具有很好的培肥效果，与常规施肥相比，垃圾有机肥对土壤有机质和全氮含量的提升作用较明显，从而增加了土壤酶活性，以及土壤氮素供给。

从农产品品质分析结果可知，不同施肥处理对作物可食部分的 Vc、硝酸盐、总糖、粗蛋白含量等品质指标没有明显的影响；而生活垃圾有机肥和有机复肥的蚕豆淀粉含量比常规施肥高 2%左右（马军伟等，2012）。

此外，对腐熟堆肥蔬菜施用的肥效验证结果表明，蒜苗进行施肥后生长旺盛，与未施肥的对照组相比，株高相差 8cm，叶片数多 1.5 片，腐熟堆肥能提高蒜苗产量和数量；亚硝酸盐在蒜苗茎叶中的含量为 1012mg/kg，低于国家标准，腐熟堆肥可安全施用（张明玉，2010）。

综上所述，生活垃圾堆肥农学效应明显，可安全施用。

c.堆肥施用

生活垃圾堆肥通常可按照 25～100t/hm² 施用(Mohee，2007)。但因有机肥肥效优势不大，销量有限。因此，利用农肥转化途径消纳垃圾的关键是成品的肥效有所保证(刘永德等，2005)。

C.垃圾堆肥农用对土壤理化性质的影响

堆肥中的腐殖质带有正负电荷，可吸附阴、阳离子，又因其所带电的电性以负电荷为主，可吸附大量阳离子，包括钾、铵、钙、镁等阳离子，这些离子被吸附后，有利于被作物根系吸收。腐殖质保持阳离子养分的能力很强，要比矿物质胶体大几倍到几十倍，施入堆肥可以明显改善土壤的物理性质，提高保持水及保肥性能，有利于农作物的生长(张明玉，2010)。

此外，研究发现，生活垃圾有机肥连续 3 季施用后，土壤 pH 具有升高的趋势，由原来的 5.2 上升至 6.4，而常规施肥土壤 pH 有下降的趋势。可见，施用垃圾有机肥对于改良酸性土壤或延缓由于过量施用化肥而导致的土壤酸化具有重要意义(马军伟等，2012)。

D.生活垃圾作为有机肥的风险分析

a.农村生活垃圾重金属含量

由表 2.27 可知，我国农村生活垃圾中重金属 Mn、Ni、Cu、Zn、As、Se 的平均值含量均未超过《城镇垃圾农用控制标准》(GB8172—87)和《土壤环境质量标准》(GB15618—1995)，含量不符合正态分布的重金属 Cr、Cd、Hg、Pb 的中位值均未超过相关标准，但因局部地区生活垃圾中的 Cr 和 Hg 含量较高，导致其平均值超标。

b.农用风险分析

根据马军伟等(2012)对垃圾有机肥农用的重金属污染风险评估表明：垃圾有机肥、垃圾有机复肥对大豆、蚕豆重金属含量都没有明显的影响，其籽粒中各种重金属含量基本上与常规施肥处理接近(马军伟等，2012)；同时，比照国家《粮食卫生标准》(GB2715—2005)、MPCC(2002 年澳大利亚新西兰食品标准最大限量)以及《食品卫生标准》(GB2762—2005)，小麦籽粒中的 Cd、Cr、Pb 和 Hg 四种重金属含量均在标准限定值范围内，生活垃圾肥处理的玉米籽粒中 Cd、Cr、Pb、Hg、As、Cu、Zn 和 Ni 八种重金属含量与化肥处理相比有所增加，但增加不明显，且含量都在国家相关粮食和食品卫生标准限制范围内(康少杰等，2011)。这说明合理施用垃圾有机肥并不会导致农产品中重金属积累，从而对品质产生不良影响。

尽管供试垃圾有机肥重金属含量和农产品中重金属含量均满足相关标准要求，但是施用垃圾有机肥使土壤中的重金属含量具有积累的趋势。研究表明，生活垃圾肥处理比化肥处理显著增加了土壤中 Hg 的含量，差异达到显著水平($P<0.05$)，其余重金属均无明显增加(康少杰等，2011)。大豆-大豆-蚕豆轮作 3 季连续施用垃圾有机肥后，土壤中的 Cd、Pb、Cr、Hg、As 等均比原始土壤有所提高，并有逐年提高的趋势，尤以 Pb、Hg、Cr、As 含量增加较明显(马军伟等，2012)。

综上所述，农村可降解生活垃圾具有较高的养分含量，巨大的比表面积和多孔结构，以及优良的物理化学性质和水力性质，富含多种微量元素，有机垃圾还存在数量庞大、种类繁多、代谢能力极强的微生物群落，因此，可降解有机垃圾的肥料化是一项切实可行的资源化利用方式。很多研究也表明，可降解垃圾肥料化后可在农田、林地和园林绿化建设中施用，以及用于受损土壤的改良和修复等，并有较好的施用效果。但是，鉴于我国农村生活垃圾中重金属含量差异较大，长期大量直接施用会导致土壤重金属积累，可能对农产品带来重金属污染风险，所以可降解有机垃圾在农田大剂量施用时必须进行安全性评估，建议在施用量和施用年限方面应该严格控制，有待于通过进一步的定位监测研究提出垃圾有机肥的施用规程。同时，鉴于源分类方式收集生活垃圾进行堆肥处理，可有效控制堆肥产品中的重金属含量，因此，建议堆肥前应首先对农村生活垃圾进行分类。堆肥产品在土地利用时，也应考虑施用土壤的重金属背景条件(张静等，2009)。

此外，堆肥过程产生的诸如臭气和渗滤液等污染物易造成局部地区的二次污染，在堆肥过程中，应加以防护。

E.经济可行性

将农村生活垃圾和作物秸秆混合堆肥，并精制成农肥成品，按 6t/d 处理规模作了土建设计、设备选型及工程概预算，垃圾运输、堆肥化处理及农肥加工的成本合计为 61.45 万元/t(包括投资成本 28.66 万元/t 和运行成本 32.79 万元/t)；农肥成品总成本与市场价之比为 0.91，可见，通过复合农肥成品销售平衡全厂成本(含运输)是有潜在可能的(刘永德等，2005)。

2)设计与应用

A.工艺设计

a.户用堆肥坑

户用堆肥坑处理可根据降水、气温分为地上、地下、防渗、导流、不防渗等设计(Santha，2006)。

应用条件：降水少的地区(在降水多的地方，可设置渗滤液导排，排入粪池或沼气池)；有大概 $7m^2$ 的庭院；无牲畜饲养或只有 1 头牲畜。

开挖：开挖两个 1000mm×1000mm×1000mm(可根据实际数据计算)的坑，两坑距离 1m；在底部铺单层碎砖(可设置成夯实黏土防渗层)；利用开挖泥土设置超高，阻止雨水灌入。

应用：当垃圾填入满 150mm 时，加入粪肥或堆肥；每周用开挖泥土或者堆肥覆盖；直到填满；建议距离地下水水位 300mm 以上；垃圾超出地面约 300mm，填满 3～4d，等垃圾沉降后，用灰泥涂抹；堆肥 3～6 个月。使用第二个堆肥坑；第二个堆肥坑填满后，开挖第一个堆肥坑进行堆肥，两坑循环使用。

b.庭院垃圾堆肥

(1)最低水平堆肥技术。将树叶、可降解生活垃圾收集，堆放到高 3660mm，宽 7320mm 的堆垛上，每年翻堆 1 次，堆肥 3 年。该方式人力操作，因此费用最低，但是堆肥时间过长(Doeksen et al.，1993)。

(2)低水平堆肥技术。收集树叶、修剪的草、灌木、可降解生活垃圾破碎调湿后，堆放到 4270mm×3660mm×1830mm 的堆垛上，加水保持含水率接近 50%，当堆肥 1 周温度升高后，每 3～4 个月翻堆一次，堆肥 9～12 个月。

所需设备包括前端式装载机和粉碎机。该技术费用低，但是堆肥时间仍然较长。

(3) 中等水平堆肥技术。原料与低水平堆肥技术相同,其区别在于每周翻堆一次,充分混合,缩短堆肥时间,大概 4~6 个月可以完成堆肥。

(4) 高水平堆肥技术。利用树叶、修剪的草、灌木、可降解生活垃圾,以及污泥作为堆肥原料,在堆肥仓或筒里完成堆肥,同时进行鼓风。堆肥时间通常低于 4 个月。

图 4.8 为不同庭院垃圾简易堆肥设施。

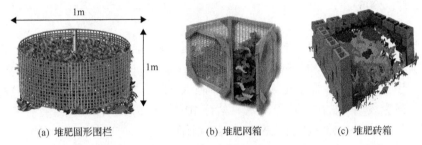

(a) 堆肥圆形围栏　　　　(b) 堆肥网箱　　　　(c) 堆肥砖箱

图 4.8　庭院垃圾简易堆肥设施示意图(Martin, 1992; Mohee,2007)

c.村或社区堆肥坑

应用条件:家庭堆肥空间受限的村(Santha,2006);

开挖:开挖坑不能超过 3000mm×1500mm×1000mm 的坑;两坑间距为 1.5m,其余同户用。

应用:尽可能采用粪肥接种,其余同户用。

d.规模化堆肥

经过源头分类收集后的有机垃圾,首先通过破碎机破碎,达到符合要求的颗粒后与堆肥辅料混合。然后进行含水率、碳氮比及微生物调节,并添加一些微生物菌剂,保证堆肥的迅速启动及腐化,缩短堆肥周期并减少后续处理中存在的问题。在堆肥发酵过程中,堆体进行强制通风,同时监测温度、湿度,保证堆肥过程中水、气、温度能够得到较好控制,为堆肥成功奠定基础。腐熟的堆肥出仓后,经过筛分机进行筛分,并通过一定的加工,制成有机肥料作为农用肥料或者土壤改良剂(蔡传钰,2012)。

值得注意的是,对于可能引起疾病,产生臭气,吸引小动物或引起其他环境卫生的物料,不能堆肥,包括鱼、肉、畜禽粪便、乳制品、杂草与种子、感染的植物等。此外,还有一些限制性堆肥物料,包括草木灰、锯屑、被除草剂和杀虫剂处理过的植物等(Mohee,2007)。

具体的设计与操作规程可参考《生活垃圾堆肥处理技术规范》(CJJ 52—2014)。

B.影响因素

农村生活垃圾进行堆肥化处理受堆肥的温度、水分、通气量、C/N 比和 pH 等因子影响,它们是堆肥成功的关键因素(李清飞等,2011)。

a.温度

温度是影响微生物活性和堆肥工艺过程的重要因素。堆肥初期,常温/中温细菌比较活跃;堆肥达到高温期,嗜热菌大量繁殖,温度在 55℃以上保持 5d 以上或 65℃以上保持 4d,能够杀灭堆肥所含致病微生物和害虫卵;堆肥高温期过后,温度持续下降,中温微生物又开始活跃起来,堆肥进入降温和腐熟阶段。

b.通风

正确的通风是堆肥过程中的一个关键因素。生活垃圾堆肥过程中适宜的氧浓度为14%～17%。氧浓度过低(<10%)时，需采用强制性通风，静态堆肥适宜的通风量参数为0.05～0.20$m^3$/(min·$m^3$)堆肥(贾韬，2006)，或 0.03L/(min·kg)(以 VS 计)(张静等，2010)，以不断补给氧气，保持好氧菌的活性。静态堆肥堆层每升高 1m，风压增加 1000～2000Pa(贾韬，2006)。

c.C/N

微生物的生长速度与堆肥物料的 C/N 比有关，进入堆肥处理主发酵单元的物料碳氮比(C/N，质量比)宜为 20∶1～30∶1，总有机物含量(以干基计)不宜小于 25%。C/N 若偏离正常范围，可通过添加含氮高(如粪便或肥水)或含碳高(锯末屑、秸秆等)的物料来加以调整。研究表明，按厨余垃圾 75%、秸秆 10%、鸡粪 15%的比例进行堆肥，效果最好(丁湘蓉，2011)。部分材料的 C/N 如表 4.7 所示。

表 4.7　不同垃圾物料的 C/N 比

| 材料 | 锯末(李清飞等，2011) | 草屑(李清飞等，2011) | 玉米秸秆(李清飞，等，2011) | 稻秸(李清飞等，2011) | 秸秆(丁湘蓉，2011) | 海藻(Mohee，2007) | 牛粪(李清飞等，2011) | 鸡粪(丁湘蓉，2011) |
|---|---|---|---|---|---|---|---|---|
| C/N | 40～100 | 12～25 | 50～100 | 40～100 | 64.48 | 17 | 20～25 | 8.34 |

| 材料 | 厨余(丁湘蓉，2011) | 混合垃圾(Mohee，2007) | 庭院垃圾(木竹)(Mohee，2007) | 蔬菜(李清飞等，2011) | 水果(李清飞等，2011) | 纸(李清飞等，2011) | 猪粪(Mohee，2007) | 马粪(Mohee，2007) |
|---|---|---|---|---|---|---|---|---|
| C/N | 20.11 | 34～80 | 40～82 | 12～25 | 35 | 170～200 | 9～19 | 29～56 |

d.pH

pH 是堆肥微生物生长的一个重要的因素。有机废弃物发酵过程适宜的 pH 为 6.5～7.5。pH 过高(pH>9)或过低(pH<4)均会减缓微生物降解速度，需调整堆肥的 pH。

e.水分含量

水分是影响堆肥腐熟速度的一个主要参数。若水分含量低于 10%～15%，细菌的代谢作用会普遍停止；若含水量过高，堆体空隙较小，通气性较差，形成厌氧状态，产生臭味，分解速度变慢，堆肥腐熟周期延长。研究表明，含水率宜为 40%～60%。

f.物料粒径

当物料粒径达到 10～50mm 时，能使足够的气体在堆肥垛里有效交换(Mohee，2007)。

综上所述，可降解生活垃圾在堆肥之前，可适当添加农作物秸秆、枯草等，将初始含水率调节至 40%～60%，以满足堆肥微生物的生理需要；同时适当添加畜禽粪便，调节堆肥原料的碳氮比。

C.污染防控

在堆肥过程中，由于生活垃圾中有机垃圾的含水率较高，在发酵过程中不可避免会产生渗滤液；而且在通风量不足的情况下，堆肥过程中亦会产生臭味。根据市政堆肥厂实测分析，在筛分过程中，每立方空气中粒径 0.3μm 的颗粒物个数达到了 $10^8$ 数量级，粒径 6.2μm的颗粒物个数达到了 $10^5$ 数量级。在各个不同堆肥阶段的不同粒径的生物气溶胶达到了

$10^4$CFU/$m^3$(Byeon et al.，2008)。因此，对堆肥工人和附近住户的防护是必要的；而且对渗滤液及臭气，必须通过各自相应的集中收集系统收集后处理，防止二次污染的扩散。

D.质量标准

堆肥产品质量应符合国家现行标准《城镇垃圾农用控制标准》(GB 8172—87)和《粪便无害化卫生要求》(GB 7959—87)等有关规定；利用堆肥产品制有机肥时，有机肥产品应符合现行行业标准《有机肥料》(NY 525—2012)和《生物有机肥》(NY 884—2012)的有关规定。

3. 案例分析

1)案例一：海南省琼海市农村生活垃圾静态垛堆肥工艺

A.设计与操作

a.混料与堆垛

可堆肥垃圾与腐熟堆肥筛上物以 10∶1～10∶2 的比例混合后，在铺有 0.25m 碎石的场地上堆置成条垛状进行堆肥处理(张静等，2009)。

b.翻垛

堆肥处理周期为 42d。前 14d，每天人工翻堆 1 次进行通风供氧；不翻堆时，堆体用农用塑料膜覆盖保温、防雨；后 28d，每周翻堆 1 次，除降水和晚上外，不进行覆盖，以充分利用自然通风供氧、干燥。

c.筛分

处理完成后得到的腐熟堆肥进行人工筛分(20mm×20mm 钢丝网筛)，筛下物为堆肥成品，供村民使用；筛上物作为接种物循环利用。

B.技术经济指标

a.堆肥品质

堆肥 42d 后产品的无害化相关指标测试结果如下：蛔虫卵死亡率 100%，大肠菌值 0.04；总镉、总汞、总铅、总铬、总砷含量分别为 0.09mg/kg、0.40mg/kg、23.1mg/kg、28.8mg/kg、0.39mg/kg。所有指标均符合现行生活垃圾农用标准(GB 8172—87)的要求。重金属含量因采用垃圾源头分拣，基本可以达到土壤环境质量标准(GB 15618—1995)的三级限值(张静等，2009)。

b.经济指标

按实际处理量(509kg/d)，示范工程总运行成本 304.5 元/t。其中，收集 239 元/t，分拣和堆肥 65.5 元/t。

2)案例二：江苏省宜兴市渭渎村生活垃圾非发酵仓负压抽风式强制通风堆肥工艺

A.设计与操作

a.原料

非发酵仓负压抽风式强制通风堆肥工艺原料为人工分拣后的可堆肥生活垃圾，主要为蔬菜和水果残余物、厨余，还有少量灰土和卫生纸等。水分含量为 71.78%，垃圾未经破碎处理，颗粒在 100mm 左右(武攀峰，2005)。

b.结构设计

堆肥场地为面积 30m² 的钢筋混凝土结构,场地上方设有防雨顶棚。通风采用负压抽风,地面开设"丰"字形通风沟,共设 4 条(200mm×200mm),在沟内放置直径 100mm 的 PVC 通风管,管壁四周打有直径 1mm 的小孔,通风管一端密封,一端与抽风机相连,抽风机工作由时控仪控制,出风口通过腐熟的堆肥吸收废气除臭。

垃圾堆置前,在底部铺有 100mm 厚的小木块约(50mm×50mm×40mm),再在木块上垫铺 50mm 厚晒干的药渣用以吸收垃圾渗滤液。将垃圾直接堆置成梯形条垛,上下底长宽分别为 2400mm×850mm 和 3000mm×2240mm,高为 800mm,总体积为 3.3m³。外部未加盖覆盖物。堆肥工艺见图 4.9。

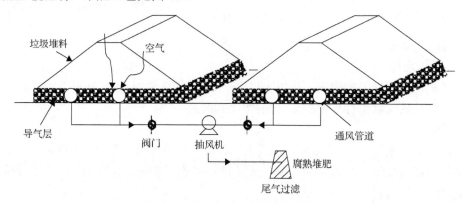

图 4.9　非发酵仓负压抽风式强制通风堆肥系统(武攀峰,2005)

c.通风设计

负压式强制通风方式(AF):间歇式负压抽风方式供氧和除臭。堆肥开始的第一周采用微负压连续抽风,第一次翻堆后,抽风机通风频率为每 2h 通风 30min;三周后第二次翻垛,通风频率改为每 3h 通风 30min;27d 后停止通风,使其后腐熟。

自然通风方式(NA):第 8d 和第 22d 分别两次翻堆。

B.技术经济指标

a.温度

两种通风方式堆肥均达《粪便无害化卫生标准(GB7959—87)》的规定——堆肥温度在 50~55℃以上维持 5~7d 作为灭菌的标准。

b.外观特征

第 22d 随着堆体温度下降直至接近环境温度,两种通风方式有机垃圾堆肥开始腐熟,堆体体积缩小,恶臭、蛆虫苍蝇也慢慢变少,颜色逐渐成褐色。堆肥后抽风式和自然式堆肥体积分别减少 57%和 50%,含水率均为 30%左右。但采用抽风式的通风堆肥方式可以很好地减少恶臭的释放,避免滋生蛆虫苍蝇,而且可更快地达到减容、无害和生物干燥的目的。

c.pH 和 EC

随着有机质分解基本完成,pH 由 8.10 逐渐下降到 7.85,接近中性。

两种处理方式初期 EC 值均随着堆肥的进行而下降,然后逐步上升,从初始的

4.55mS/cm 分别上升到 4.65mS/cm 和 5.60mS/cm。作物抑制的限定电导率值为 4mS/cm，因此最终堆肥产品施入土壤前，还必须注意盐分毒害问题。

d.营养元素

两种处理方式下全碳和全氮含量均有所降低。全碳从 184.7g/kg 分别降到 154.8g/kg（FA）和 120.5g/kg（NA）；全氮在 12～18g/kg，抽风式堆肥比翻堆式自然通风更有利于保氮。全 P、全 K 均不同程度的增加，增幅分别为 26.0%（FA）、28.5%（NA）和 5.0%（FA）、2.5%（NA），两种方式无显著差异。

e.重金属

经抽风式堆肥和翻堆式自然通风处理后，重金属 Cu、Zn、Pb、Cr、Ni 的全量均有不同程度的增加，但无显著差异，从初始的 60.66mg/kg、212.9mg/kg、61.51mg/kg、32.98mg/kg、50.90mg/kg 分别增加到 79.23mg/kg、530.3mg/kg、73.11mg/kg、38.96mg/kg、51.30mg/kg 和 142.0mg/kg、633.3mg/kg、83.69mg/kg、39.00mg/kg、52.36mg/kg，满足《城镇垃圾农用控制标准》（GB8172—87）要求。

3）案例三：广州市番禺区大石镇猛涌村生活垃圾堆肥工艺

A.设计与操作

a.原料

猛涌村生活垃圾主要由有机动植物（66.28%）、纸类（5.81%）、纺织物（6.92%）、塑料橡胶（9.66%）、过筛混合物（φ＜10mm，6.12%）、砖瓦（3.95%）组成，其余木竹、金属、玻璃、电池等均小于1%。生活垃圾含水率50%～71%，有机质58%，C/N 比29.7。堆肥原料为经人工分选后的可降解有机垃圾（文国来等，2011）。

b.结构设计

堆肥装置由堆肥反应仓、抽风机、冷凝塔和生物滤池 4 部分组成（图 4.10）。

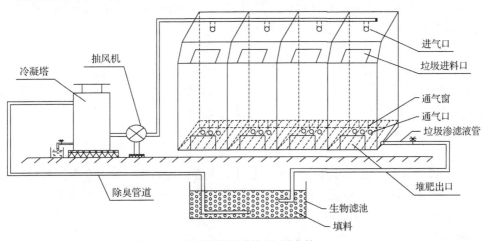

图 4.10　猛涌村堆肥系统（文国来等，2011）

发酵系统：堆肥仓设置了 4 个小仓，每个堆肥仓的规格为长 1450mm×900mm×1200mm，可容纳 1.56m³ 垃圾，整个装置为全密封式。

保温系统：采用了保温密闭设置，内、外层为不锈钢材料，中间垫有保温棉，顶部为抗压能力强的透明玻璃，可透进阳光，以利用太阳能使堆体升温和保温，使堆体持续保持在 60℃左右的高温。

通风系统：采用负压抽风方式供氧。设置一台抽风机(功率为 1.1kW/h)，根据堆体温度和堆料含水率，自由设置抽风时间；装置后侧布置通气窗和通气孔，氧气由此进入，自下而上通过堆体，堆体产生的臭气和水蒸气进入装置顶部的进气口，在抽风机的作用下通过除臭管道抽走，从而满足堆肥需氧、降温和降低含水率的要求。

除臭系统：堆肥发酵过程产生的臭气和水蒸气首先通过冷凝塔，水蒸气冷凝后与臭气分离，臭气再经管道进入生物滤池处理；堆体产生的渗滤液下渗，经垃圾渗滤液管道收集后也进入生物滤池处理。生物滤池(2500mm×1000mm×1500mm)底部 0～300mm为木炭层，300～1200mm 为腐熟的枯枝落叶堆肥层。

进料和出料：在装置的上部和下部设有进料口和出料口。

c.运行操作

在堆肥仓内先驯化，然后进入稳定化阶段，以 12d 为一个高温发酵周期，12d 后从堆肥仓中铲出，装入编织袋内进入袋式发酵 24d，直至堆肥完全腐熟，形成堆肥产品，具体操作如下：

(1)破袋与分拣：生活垃圾经破袋，取出大件垃圾及砖瓦等不适宜堆肥处理的垃圾。

(2)混料与进料：首先将腐熟的枯枝落叶堆肥置于堆肥仓底部，便于驯化。然后向垃圾原料中再加入一定量的枯枝落叶，一方面控制含水率在 50%～60%，另一方面调节 C/N 值，同时增加堆体的孔隙度，促进堆体的氧气扩散，有效抑制臭气的产生。最后将分选过的垃圾混合均匀后投入堆肥反应仓，第 1d 投入第 1 个小仓，每天一车，体积约 400L，投入后放入一张细铁丝筛网，以便将每天投入的垃圾分开，便于出仓时不混合，第 4d 开始投入第 2 个小仓，第 7d 开始投入第 3 个小仓，第 10d 开始投入第 4 个小仓，依次循环。

(3)通风：开启抽风机，操作由微电脑时控开关自动控制。每隔 2h 抽风一次，一次通风时间为 30min，1d 抽风 10 次，共 300min。

(4)臭气与垃圾渗滤液流入生物滤池处理。

(5)生活垃圾经高温发酵堆肥处理 12d 后，出料。

(6)第 13d 开始出第一仓第 1d 投入的料，依次类推，同时需要返料接种和调节水分，出料用编织袋装好，进行二次发酵，直至堆肥完全腐熟。

B.技术经济指标

a.温度

第 1d 投料后，温度即可升高到 50℃以上，升温迅速，①～④号仓温度变化趋势基本一致，且堆体温度不受环境温度的影响，高温能维持较长时间，满足《粪便无害化卫生标准(GB7959—87)》的规定。

b.减容率

在高温发酵的 12d 时间内，垃圾减容率为 40%左右，袋式发酵期间减容率可达到50%～60%。

c.其他技术经济指标

堆肥产品 pH 7.87，含水率 29.7%(大于 20%)，C/N 从初始的 29.7 降至结束时的 9.32，有机质 35.9%，总氮 2.24%、总磷 0.45%、总钾 1.91%。由此可知，堆肥产品酸碱度在中性范围，水分稍偏高，堆肥施入土壤对植物已完全没有毒性，营养元素总和大于 4%，符合有机肥养分标准(NY525—2002)。

4)案例四：农村生活垃圾耦合太阳能好氧堆肥技术

A.设计与操作

农村生活垃圾耦合太阳能好氧堆肥技术是利用光热转换器——太阳能热水器，将太阳能辐射产生的光能转化成热能并储存，将太阳能供能装置与有机生活垃圾间歇式高温好氧反应器有机地结合在一起，使供能装置中的能量高效、快速地传递给有机生活垃圾，有效提高有机生活垃圾发酵的相对环境温度，增大新鲜可堆腐垃圾中的微生物活性，快速进入发酵状态，同时维持反应器高温好氧堆肥装置在环境温度较低时依然能够良好运行(王英，2011)。

太阳能堆肥装置如图 4.11 所示，该堆肥实验装置主要有 7 个部分：主体发酵仓、螺旋搅拌装置、水浴加热系统、通风供气系统、排液系统、进/出料口及采样口、保温层。装置各主要参数如下：

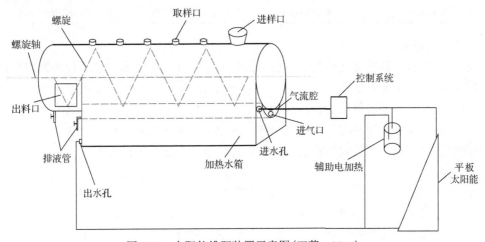

图 4.11 太阳能堆肥装置示意图(王英，2011)

a.发酵仓

实验采用圆筒形发酵仓。物料组分经过搅拌后混合更均匀，在反应器内的停留时间相同，且实现分段发酵，最后从出料口间歇出料。为利于物料向前推进以及渗滤液的排除，整个仓体倾斜 1°～2°放置。

发酵长尺寸由下列公式计算：

$$\frac{m \times T}{\rho} \times A = \pi \left(\frac{D}{2}\right)^2 \times L \times B \tag{4.1}$$

式中，$m$ 为每天进料的重量，kg；$T$ 为堆肥的周期，d；$\rho$ 为堆肥容积密度，一般取 550～750kg/m$^3$；$A$ 为堆肥化后物料体积减小率；$B$ 为物料填充率，一般为 60%～80%；$D$ 为发酵仓筒体的直径，mm；$L$ 为发酵仓体的长度，mm。

如果设定每天进料 $m$=30kg，堆肥周期 $T$ 设定为 10d；考虑到保证堆肥初期物料的孔隙度，$A$=1，$B$=70%，$\rho$=700kg/m³；圆筒长度 $L$ 和直径 $D$ 的比值一般取 7～15：1，选定为 10。综合以上可计算得：$D$=420mm，$L$=4200mm。

当发酵仓内装入物料以后，根据轴每天转动的圈数来控制堆肥周期。轴的转动由电机驱动。好氧堆肥实验装置主体参数及尺寸如表 4.8 所示。

b.螺旋搅拌装置

包括螺旋中心轴、螺旋结构，具体尺寸设定参见表 4.8，堆肥周期 10d，并结合螺旋半径与螺距的关系，确定螺旋个数为 20 个。减速后，螺旋结构约 10min 旋转一周。

**表 4.8 好氧堆肥装置主要参数及尺寸**

| 装置主要参数名称 | 尺寸大小 | 装置主要参数名称 | 尺寸大小 |
|---|---|---|---|
| 发酵筒外径 | 430mm×5mm | 水箱长/宽/高 | 3700mm/430mm/350mm |
| 发酵筒长 | 4200mm | 排液管管径/个数 | 30mm/2 |
| 螺旋中心轴 | 80mm×10mm | 进料口口径/个数 | 200mm/1 |
| 螺旋个数/螺距 | 20 个/205mm | 取样口口径/个数 | 100mm/8 |
| 气流腔半径/长度 | 160mm/3700mm | 排料口孔径/个数 | 100mm×100mm/1 |

c.水浴加热系统

装置设计为物料发酵仓外部水浴加热。如图 4.11 所示，水浴加热系统由发酵仓底部的加热水箱、太阳能热水器、电加热装置及连接管构成。加热水箱上的进水孔、出水孔分别与太阳能热水器的热水管、冷水管相连接；加热水箱左端还有一与自来水管相连的进水孔，以实现进水及补水；还设置一排水孔以实现水箱内水的换水。加热系统中还设有辅助电加热结构，以备天气状况不好时启动加热，保证水箱内温度。

d.通风供气系统

通风方式属于周边布气。通风供气系统包括气流缓冲腔，发酵仓周边开设的通风孔和风机。见图 4.11，气流缓冲腔在发酵仓外侧下方，气流腔包围的发酵仓下方开设通风孔，并在发酵仓内缠两层细滤网，以防止物料漏入缓冲层内，或堵塞小风孔。通风由外源空气压缩机从物料下方的气流缓冲腔对物料进行正压鼓风送至缓冲层再缓慢经通风孔道进入堆肥物料中，其特点是风流在缓冲层得到控制并均匀扩散入堆肥中，不会带有强有力的冲击性或局部通风强、弱不均而影响微生物生长。通风量及通风频率的选定根据堆料中可生化降解有机物所需的通风量计算公式：

$$m_{O_2} = O_s m_s (1-x_s) y_s k_s$$

$$V = \frac{m_{O_2}}{0.232\rho_0}$$

式中，$m_{O_2}$ 为堆料中可生化降解有机物的需氧量，kg；$O_s$ 为有机固体废物的需氧量值，kg $O_2$/kg BVS；$V$ 为堆料中可生化降解有机物的通风量，m³；$m_s$ 为有机固体废物的湿重，kg；$x_s$ 为有机固体废物的含水率，%；$y_s$ 为有机固体废物中挥发性有机物的含量，0.75；

$k_s$ 为有机固体废物中挥发性有机物的生物可降解系数，0.5；0.232 为空气中 $O_2$（质量）占 23.2%；$\rho_0$ 为空气密度。

结合堆体温度及堆体含氧量情况，并参考小试研究选定通风量和通风频率为每 4～6h 通风 20～30min。空气压缩机的相关参数为风机型号：FC-W58/2 型；工作电压：220V；最大工作压力：0.7MPa；排气量：180L/min；电机功率 1.1kW。

e.排液系统

气流缓冲腔兼具渗滤液收集的作用。堆肥化过程中产生的渗滤液通过仓体底部的小孔渗入到气流缓冲腔中，由于发酵装置倾斜放置，渗滤液汇集到发酵装置低端由排液口排出，解决了滤液乱流的问题；同时由于温度较高，渗滤液蒸发还可使通风中保持有一定湿度，利于堆肥反应，提高整个装置效率。排出的渗滤液收集在渗滤液发酵池内。

f.保温措施

由于堆肥反应装置体积较小，所装的堆肥物料较少，堆肥过程中微生物代谢有机物所产生的热量有限，故在堆肥装置周围采取保温措施，实验在发酵仓和水箱外部设置了 50mm 的保温层，保温材料选用聚氨酯。

B.技术经济指标

利用此反应器，在堆肥 60d 后即基本腐熟，C/N 降低到 16∶1，生物可降解度（BDM）在 60d 时为 5%，而一般厌氧堆肥的周期为 90～120d（王英，2011）。

水葫芦的添加，可优化堆肥反应条件，加快堆肥反应进程。堆肥产品最终呈弱碱性（7.0～7.5），有机物含量比较高，营养丰富，堆肥产品质量比较高；从电导率以及 CEC 的变化及堆肥产品的值可以看出，堆肥产品中含盐量基本上对农作物不足以构成毒害作用。

5）案例五：偏远农村生活垃圾就地堆肥处理工艺

A.堆肥的材料

a.基本材料

不易分解的物质，如各种作物秸秆、纤维垃圾、杂草、落叶等。

b.促进分解的物质

含氮较多和富含高温纤维分解细菌的物质，如人畜粪便、腐烂垃圾、污水、蚕沙、堆肥等。

c.吸收性强的物质

泥炭、泥状垃圾、细泥土等，加入可以防止和减少氨的挥发，有利于提高堆肥的肥效。

将各种堆积材料切成 60～150mm 长，以增大接触面积，有利于腐解。水生杂草由于含水过多，应稍微晾干后再进行堆积。

B.堆制材料配方

各种作物秸秆、杂草、纤维垃圾等基本材料每 50kg，加粪尿和腐烂垃圾 10～15kg、水 5～10kg（加水多少随原材料干湿而定）、石灰 1～1.5kg。为了加速腐熟，还可以加入适量堆肥、深层暗沟泥和肥沃泥土，但泥土不宜过多（陈志刚，2009）。

C.堆制工艺

选择地势较高、背风向阳、运输施用方便的地方作为堆制地点（陈志刚，2009）。

先平整夯实场地，再开挖"十"字形或"井"字形沟，深宽各 150～200mm，在沟中铺满秸秆，作为堆肥底部的通气沟，并在两条小沟交叉处，与地面垂直安放木棍或捆扎成束的长条状粗硬秸秆，作为堆肥上下通气的孔道。在堆积场的通气沟上铺一层厚约200mm的污泥、细土作为吸收下渗肥分的底垫。然后将已处理好充分混匀的材料逐层堆积、踏实。在各层上泼撒粪尿肥和水后，再均匀地撒上少量石灰。

每层需"吃饱、喝足、盖严"。所谓"吃饱"是指秸秆类的量加足，以保证堆肥质量；"喝足"就是秸秆必须被水浸透，加足水是堆肥的关键；"盖严"就是成堆后用泥土密封，起到保温保水作用。如此层层堆积直至高达 1.3～2m 为止。每层堆积的厚度，一般是 0.3～0.6m，上层宜薄，中、下层稍厚。每层加入的粪尿和水的用量，要上层多，下层少，这样才能顺流而下，上下分布均匀。堆宽和堆长，可视取材的多少和操作方便而定。堆形做成馒头形。堆好后及时用 70mm 厚的稀泥、细土和旧的塑料薄膜密封，有利保温、保水、保肥。随后在四周开挖环形沟，以利排水。

堆后 3～5d，堆内温度缓慢上升，7～8d 后堆内温度显著上升，可达 60～70℃，高温容易造成堆内水分缺乏，使微生物活动减弱，原料分解不完全。所以在堆制期间，要经常检查堆内各个部位的水分和温度的变化。

检查方法：用一根长的铁棒插入堆中，停放 5min 后，拔出用手握测。手感温暖约30℃，感觉发热 40～50℃，感觉发烫约 60℃以上；检查水分可观察铁棒插入部分表面的干湿状况，若成湿润状态，表示水分适量，若呈干燥状态，表示水分过少，应在堆顶打洞加水。一般一个星期左右可达到最高温度，维持高温阶段应不少于 3d。经 20～25d 后翻堆一次，将中间与外层的交换，根据需要加适量粪尿水重新堆积，促进腐熟。重新堆积后，再过 20～30d，堆肥温度下降趋近环境温度，基本无臭味外观呈褐色时表明已基本腐熟。可直接使用，或压紧盖土保存备用(陈志刚，2009)。

### 4.2.4　蚯蚓生物降解技术

#### 1. 定义与作用机理

蚯蚓堆肥是指在微生物的协同作用下，利用蚯蚓食腐、食性广、食量大及其消化道可分泌出大量酶(蛋白酶、纤维酶、脂肪酶、淀粉酶等)的特性，将经过预处理的有机固体废物迅速分解、转化成物理、化学，以及生物学特性均易于利用的营养物质(蚓粪)，加速堆肥稳定化的过程(何晓晓等，2012；杨平，2011)。

#### 2. 设计与应用

1) 可行性分析

蚯蚓堆肥可以处理的农村生活垃圾包括：①生活垃圾，主要有厨余垃圾、果类垃圾、纸类垃圾、菜市场垃圾等有机成分；②禽畜粪便，主要有牛粪、羊粪、猪粪以及其他禽类粪便；③农作物秸秆、枯枝落叶及农作物加工过程中产生的各类废渣(李清飞和路利军，2012)，尤其适合处理经厌氧发酵或好氧堆肥预处理后的有机垃圾。

A.工艺特点

蚯蚓堆肥可加速有机物质的分解转化，不仅费用低廉、工艺简单、操作方便、无二次污染，而且具有较好的经济价值，在农村地区具有非常广阔的前景。如蚯蚓每天能消耗占其自身体重一半以上的有机废物并使废物的体积减小约 50%，从而可减少废物的占地面积、降低废物的运输成本；处理后的蚯蚓本身又可提取酶、氨基酸和生物制品；蚓粪因其具有团粒状结构，能使废弃物团聚体的性质、数量和粒径大小得到改善，提高处理终产物的持水力和保肥能力，提高和促进废弃物中碳、氮和磷等营养元素的含量和形态转化(杨平，2011)，可用作除臭剂和有机肥料。作为有机肥料用于农田时，可提高作物的产量和生物量，以及土壤中的微生物量，对土壤的微生物结构和土壤养分均可产生有益的影响(何晓晓等，2012)。此外，蚯蚓吞食废弃物后胃部砂囊的机械研磨、消化道对废弃物的消化，以及颗粒状蚓粪的排泄在很大程度上减小废弃物预处理和终产物深加工的工作量，从而降低人工成本和能耗；蚯蚓蚓体还可用作蛋白饲料添加剂或入药(肖波，2011)，但蚯蚓对农村家畜粪便和有机生活垃圾中的重金属 Cu、Pb、Zn 有一定的富集作用(富集能力为 Zn>Cu>Pb)，其富集效果都在 48%左右(赖发英等，2011)，因此，将蚯蚓用于饲料和药用时，应考虑重金属可能存在的潜在影响。

B.影响因素

蚯蚓的生长繁殖需要良好的环境，蚯蚓处理有机质的效率与蚯蚓品种、物料 C/N、接种密度、湿度和温度、pH 等因素密切相关(杨平，2011；管冬兴和楚英豪，2008)。

正常情况下，C/N 为 25~35 时蚯蚓堆肥的效果最佳(杨平，2011)，但当 $NH_4^+$ 浓度超过 1000mg/kg 时，蚯蚓全部死亡(Kaplan et al.，1980)。

蚯蚓分解处理温度应控制在 0~29℃，最适温度为 20~25℃。若温度超过 30℃，蚯蚓数量开始减少，当温度超过 40℃或低于 0℃时蚯蚓都会死亡(杨平，2011；管冬兴和楚英豪，2008)。

由于蚯蚓的呼吸是通过体表吸收溶解在体表含水层的氧气，因此堆料湿度对其生存非常重要。蚯蚓能够适应的湿度范围为 30%~80%，最适宜的湿度范围为 60%~80%。如果生活垃圾中含水量过低，蚯蚓就会因脱水而萎缩，进而呈半休眠状，长时间会导致其死亡；但含水量过高，蚯蚓会因为供氧不足而窒息死亡。

蚯蚓生存的适宜 pH 范围为 6.0~8.5，最佳 pH 为 6.8。蚯蚓自身对环境有一定的 pH 调节能力，但只限于弱酸和弱碱。

C.问题与展望

蚯蚓堆肥技术是当前农村生活有机垃圾资源化的一种主要途径之一。蚯蚓分解垃圾、吞食垃圾能力很强，具有很大的应用前景。但结合当前的研究情况，还存以下问题有待进一步研究(李清飞和路利军，2012)。

(1)蚯蚓堆肥原料成分的合理配置研究。生活垃圾不仅数量大，且组分因受消费水平、燃料结构、区域气候及季节变化等多种因素的影响而复杂多变。如何对垃圾成分进行合理配置，优化蚯蚓生长环境，提高蚯蚓处理生活垃圾效率还需进一步研究。

(2)微生物与蚯蚓协同处理生活垃圾研究。生活垃圾中引入发酵菌种能够使堆肥快速升温，杀灭病原菌，降低堆肥发酵周期，同时能与蚯蚓协同处理有机垃圾，研究微生物与蚯蚓之间的关系。这对提高垃圾资源化效率具有重要的意义。

(3)好氧堆肥与蚯蚓堆肥技术最佳结合点研究。农村生活垃圾好氧堆肥处理有利于蚯蚓分解生活垃圾，但这两项技术集成最佳结合点尚未明确。

（4）蚯蚓堆肥过程中物料物理、化学和生物性质的变化随垃圾成分不同而不同，但这方面的问题还有待深入研究。

因此，根据蚯蚓堆肥技术应用的现状，利用有机生活垃圾好氧堆肥和蚯蚓堆肥技术的优点，并针对蚯蚓堆肥研究中存在的问题，研究开发和推广成本较低的小型蚯蚓生物反应器，以农户家庭或村镇为单位，对农村生活垃圾进行源头处理。这不仅可以解决农村生态环境污染问题，促进生活垃圾的资源化，而且能实现农村资源的循环利用和可持续发展，故蚯蚓堆肥用于农村生活垃圾的处理是可行的。

2) 设计与应用

A.常规设计

物料：含有玉米秸秆的有机垃圾更适于蚯蚓处理，适合的物料比例为牛粪：玉米秸秆：垃圾=1∶3∶1(干重比)，堆肥产品中蚯蚓的存活率达到87.5%(肖波，2011)。

堆肥方式：采用5%EM的预堆腐(堆料按牛粪：玉米秸秆：垃圾=1∶3∶1的比例混合)(杨平，2011)，翻堆堆肥(程为波等，2012)等方式均是适合农村垃圾蚯蚓处理的预处理方法。

选种：在国内外垃圾处理实践中应用最广泛的是赤子爱胜胜蚓。在一般的养殖条件下赤子爱蚯蚓的年繁殖率可达1000倍，以重量计可达100倍以上(杨平，2011；管冬兴和楚英豪，2008)。

投放密度：1.6kg/m$^2$的投放密度可满足最大生物量的生长，也可实现最佳的处理效果(管冬兴和楚英豪，2008)。

B.村(社区)蚯蚓堆肥棚

图4.12为村(社区)蚯蚓堆肥棚示意图(Santha，2006)。

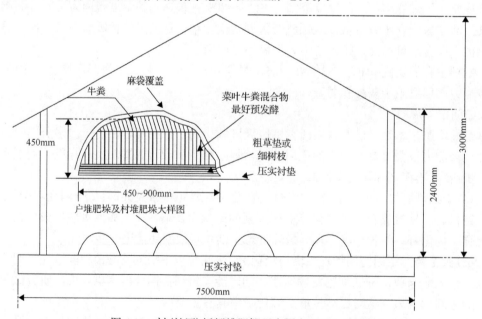

图 4.12　村(社区)蚯蚓堆肥棚示意图(Santha，2006)

(1) 选址在避免阳光直晒，避免在低洼处；场地需夯实平整；可用茅草呈一定角度遮盖顶部，防雨、防晒、通风；有机垃圾在投入处理之前，需进行消化预处理。

(2) 基本培养床尺寸为：2500mm×1000mm×900mm，用砖围砌；为防止蚯蚓逃逸，也可砖砌 610mm 高，同时可在顶部盖上铁丝网，防止天敌偷食；在底部施用牛粪浆，然后铺一层砂，再铺 50mm 厚的有机垃圾；铺 230mm 厚的物料（如牛粪、可降解的树叶、餐厨垃圾等），其牛粪：有机垃圾=1∶5。

(3) 步骤：将预处理的物料堆到蚯蚓堆肥培养床里；每 300mm×300mm 投放 100g 蚯蚓，立刻用盖子盖好；保持合适的湿度，夏季每天或每隔 1 天洒一次水，冬季每隔 3～4d 或每周 2 次洒水；1 月之后去除顶盖并敞开 1 天，收集顶部 50mm 厚的堆肥，直到看到蚯蚓为止；用合适的筛子筛分堆肥和蚯蚓，将蚯蚓和堆肥原料再次放入培养床中。

再次加入预处理物料，重复上述步骤堆肥。

(4) 注意事项：合适的顶棚覆盖，可以利用农村可利用的物料，如稻草等；避免湿度过多，只用洒水；保护蚯蚓不要被其他动物捕食。

C.村(社区)蚯蚓堆肥箱

图 4.13 为村(社区)蚯蚓堆肥箱示意图(Santha，2006)。

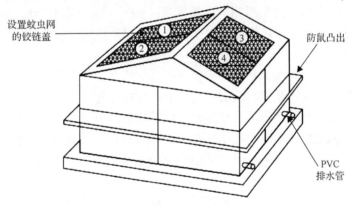

图 4.13　村(社区)蚯蚓堆肥箱示意图(Santha，2006)

(1) 优势：堆肥时间短(40～45d)，零污染，无异味，可防止天敌入侵，堆肥质量好，1kg 有机垃圾可产生 0.4kg 堆肥。

(2) 适用范围：家庭、村、小型社区、公共机构与单位、花园、寺庙等。

(3) 设置 4 个堆肥坑，用多孔蜂窝石分割，每个坑依次堆肥 15d，循环使用。

(4) 添加物料：25～30kg/d，包括农业废物、园艺废物、厨余垃圾等；添加物包括牛粪，每周至少 15～20kg；初始所需蚯蚓 1kg(1000～1200 条)，品种建议为赤子爱胜蚓和 Eudrilus euginiae 蚯蚓。

(5) 蚯蚓堆肥箱使用。

基础层：由下到上包括 40mm 碎石(砖)、40mm 粗砂、50mm 细沙。

投放垃圾：垃圾最好破碎，柔软易降解；建议牛粪混合比例为 10%～20%，每周混合 1～2 次。

蚯蚓投放：在垃圾处于部分降解阶段时，投放蚯蚓到第一个坑中，盖上覆盖物如麻袋等；蚯蚓会自行移动到其他堆肥坑中。

堆肥收集：当第 4 个堆肥坑满后，收集第一个堆肥坑中的堆肥；收集之前，去除遮盖物，保持通风 1d，然后收集堆肥直到基础层；同时重新添加垃圾。

（6）操作与维护：保持温度在 20～30℃；避免过度洒水；恰当的循环操作；阶段性收集堆肥时避免扰乱蚯蚓的移动；确保供料无重金属；每日提供足量的易降解有机物；避免红蚁侵害；确保基础层不被破坏。

3. 案例分析

1）案例一：堆肥预处理+蚯蚓处理工艺

A.设计与操作

a.堆肥预处理

物料配比：牛粪：玉米秸秆：垃圾=1∶3∶1（干重比）。

含水率：调节物料的含水率为 50%～60%。

供氧方式：一组设有通风系统，采用强制通风的方式，堆肥初期通风量为 100L/h，高温期为 120L/h，高温期过后适当降低通风量；另外一组无通风系统，在堆肥过程中每隔一周翻堆一次。冬季考虑环境温度较低，需采取保温措施。

b.蚯蚓接种

当堆肥物料的颜色变深、秸秆外壳基本丧失韧性并自行裂开时，取少量物料于塑料花盆中，调节物料含水率在 70%左右，接种蚯蚓数条，观察蚯蚓活动，5d 内若蚯蚓无逃逸或死亡现象，即可将堆肥产品全部转移到蚯蚓堆肥箱中，调节含水率后，接种蚯蚓，接种密度为 1.6kg（蚯蚓）/m²，物料厚度在 150～200mm。蚯蚓堆肥箱是一体积为 30L 左右的塑料箱（长×宽×高=500mm×380mm×23mm），底部钻有小孔用于通气，孔径为 2mm 左右。

通风堆肥进行到第 35d 时开始接种蚯蚓，翻堆堆肥进行到第 40d 时开始接种蚯蚓，接种蚯蚓时两组物料的 C/N 都在 35 以下。

B.技术经济指标

采用该方式进行 40d 的预处理后，混合垃圾有效磷由最初的 1.27mg/kg 上升到 1.44mg/kg。接种蚯蚓后，物料的有机质含量和 C/N 继续下降，经 35d 处理结束时，有机质含量和 C/N 分别为 55.59%和 25.70；物料总氮的含量明显上升，最终为 1.25%；物料总磷和有效磷的含量增加显著，分别为 0.607%和 1.95mg/kg，整个处理过程中氨氮浓度呈先上升后降低趋势，最终浓度低于初始浓度。蚯蚓的加入减少了废弃物处理过程中 $CO_2$ 的排放，使更多的有机碳转化为蚓体和蚓粪等有机质（肖波，2011）。

2）案例二：印度坎普尔 KGS 蚯蚓堆肥床

A.设计与操作

基础培养床尺寸：砖砌，2500mm×900mm×300mm（例图见扫描封底二维码见附录 4.7）。

培养床装填：25mm 砂+50mm 有机垃圾+230mm 堆肥物料（有机树叶和餐厨垃圾）。

物料配比：堆肥物料为牛粪与有机垃圾按 1∶1 比例混合，并预堆肥至少 1 个月，物料洒水 5～6 次。

运行操作：放 4～5kg 蚯蚓，夏季 1～2d 洒水 1 次，冬季 3d 洒水 1 次；用麻布袋覆盖培养床，1 个月后掀开，收集顶部 50mm 的堆肥直到发现蚯蚓；2～3d 后再收集一另侧一半未覆盖的堆肥，然后再投放新的物料，每月循环操作 1 次。

收集并存储小颗粒堆肥在遮光的地方，便于蚯蚓卵孵化；去除孵化堆肥顶层物料，将孵化的蚯蚓放到敞开的阳光培养床中，底层铺 50～80mm 的堆肥物料，然后再铺 150mm，敞开 4d，然后去除成年蚯蚓出售。将剩下的新生蚯蚓放入新的培养床中，如此循环。

B.技术经济指标

50kg 蚯蚓每天可生产 50kg 堆肥，该堆肥床每月可生产 5000kg 堆肥，其中 1000kg 回用，因此每月堆肥销售收入 2250 元，蚯蚓每月可生产 200kg，销售收入 6000 元。

### 4.2.5　垃圾热解技术

#### 1. 定义与作用机理

垃圾热解是指生活垃圾在没有氧化剂(空气、氧气、水蒸气等)存在或只提供有限氧的条件下，高温加热，通过热化学反应将垃圾中的有机大分子裂解成小分子的燃料物质(炭黑、燃料气、燃料油)的热化学转化技术。

#### 2. 设计与应用

1)工艺特点

热解法处理生活垃圾的主要优点如下(桂莉，2014)：

(1)热解过程可将垃圾中的有机物转化成燃料气、燃料油及炭黑，便于储存和运输。

(2)热解反应设备的无氧或缺氧环境，抑制了重金属氧化物的生成，也抑制了 $Cr^{3+}$ 向 $Cr^{6+}$ 转化；而且大部分有害成分在炭黑中被固定，减少了有毒有机物质的生成和排放；$NO_x$、$SO_x$、$HCl$ 等污染物排放减少，在简化尾气净化设施的同时，二次污染物排放水平仍然较低，从而减少了对环境的二次污染。

(3)对垃圾成分的选择性较小，适合我国农村生活垃圾含水率高、垃圾成分复杂等特点。

(4)占地面积小，可实现垃圾源头就地处理，无需收集转运和集中处理，可节约大量土地资源。适合农村生活垃圾产生源分散、交通不便、不利于收运的特点。

同焚烧相比，热解反应过程中参与反应的空气量较少，因此所产生的二次污染也比焚烧过程小得多。但是，任何热化学处理过程都会产生一定程度的环境污染问题，包括空气污染、水污染和废渣处理。因为垃圾成分复杂，在热解过程中必定会产生一些二次污染物，主要包括一些常规污染物如 $SO_x$、$NO_x$、$CO$、$HCl$ 和粉尘等，以及一些痕量或超痕量的污染物如重金属($Pb$、$Cd$、$Hg$ 等)、二噁英($PCDD/Fs$)以及多环芳烃($PAHs$)等。

2）工程建设要点

（1）选择采用垃圾热解技术时应结合当地垃圾成分特点，采用成熟可靠的技术、工艺和设备，做到技术先进、操作简便、经济合理、安全卫生。严禁选用不能达到污染物排放标准的热解炉。

（2）热解炉必须设置烟气净化系统。烟气净化系统应符合下列要求：净化后排放的烟气应达到国家现行有关排放标准的规定；袋式除尘器作为烟气净化系统的末端设备，应优先选用，同时应充分注意对滤袋材质的选择；应配套脱酸系统和活性炭吸附系统。

（3）飞灰应按危险废弃物处理，可采用稳定化处理后填埋的方式。

（4）垃圾储坑应有足够的垃圾储存容量，应具有良好的防渗和防腐性能，应处于负压状态以使臭气不外溢，须设置渗沥液回喷或其他处理设施。

针对农村环境容量大的实际情况，在不污染当地环境，不影响当地敏感目标的情况下，政府可出台相对宽松的标准，适当降低和简化要求。

3）投资估算

新建垃圾热解处理工程投资估算指标可控制在约 35 万元/（t·d）。

3. 案例分析

案例：广州市郊区生活垃圾热解处理站

A.背景材料

广州市郊区某热能垃圾处理站所收运的垃圾特性如表 4.9 所示。该地区农村生活垃圾物理组成主要包括塑料、纸、厨余、木竹和纺织类，不含砖瓦陶瓷、玻璃、金属和橡胶等垃圾，具有挥发分含量高和低位热值高、固定碳和灰分低等特点。

表 4.9　广州市郊区某热能垃圾处理站垃圾特性

| 工业分析 | 挥发分 | 固定碳 | 灰分 | 水分 | 低位热值 | |
|---|---|---|---|---|---|---|
| 测定值 | 52.58% | 3.86% | 5.78% | 37.78% | 12773kJ/kg | |
| 元素分析 | C | H | O | N | S | Cl |
| 测定值 | 56.24% | 8.54% | 25.33% | 0.46% | 0.14% | 726.65% |
| 重金属 | Pb | Cu | Cd | Cr | As | Hg |
| 测定值 | 50.30mg/kg | 46.34mg/kg | 0.051mg/kg | 29.39mg/kg | 0.80mg/kg | 0.01mg/kg |

B.设计与操作

该小型农村生活垃圾热解炉日处理规模为 4t/d，主要由热解炉、垃圾桶提升机、水平输送机、冷凝水槽、水沐处理器、静电除尘器、第二热解室和烟气出口等九个部分组成。设备装置图见图 4.14。

热解工艺流程图如图 4.15 所示。首先将简单分拣过的垃圾装入垃圾桶内，经过垃圾桶提升机倒入进料仓后，由水平输送机送入热解炉上部，垃圾借重力作用向下沉降，向下运动的过程中被自下而上的高温气流加热，经历了受热升温、脱水干燥、热分解和气化燃烧而成为灰渣。

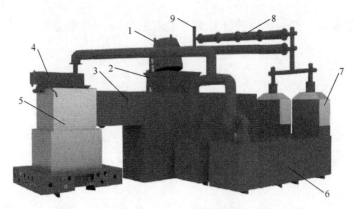

图 4.14　热能垃圾处理站农村生活垃圾热解炉示意图(桂莉，2014)

1.垃圾桶；2.进料仓；3.水平输送机；4.冷凝水槽；5.热解炉；

6.水沐处理器；7.静电除尘器；8.第二热解室；9.烟气出口

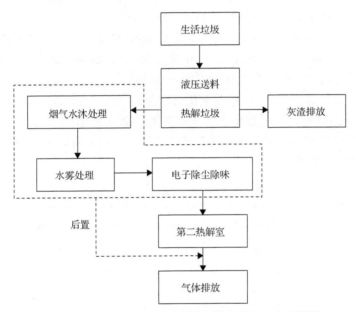

图 4.15　热能垃圾处理站农村生活垃圾热解工艺流程图

　　垃圾中大部分有机物分解为小分子气态化合物，部分未分解有机物和部分热分解产物在炉子下部，由炉底部环形布置的气流调节阀利用温差吸入少量磁化空气助燃而实现气化燃烧，产生供垃圾热分解用的高温气流，使热解炉体内的温度保持在 400~700℃。垃圾在热解炉中受热分解所产生的热解气体从热解炉的上部引出，经过冷凝水槽冷却，除掉部分酸性气体($HCl$、$SO_x$ 等)和沸点较低的大分子有机化合物，随后气体进入水沐处理器中与喷淋而下的水充分接触降温，除去部分烟尘，再直接进入静电除尘器中进行除尘，进入第二热解室。第二热解室内的温度较高(可达 1000℃以上)，且烟气的流速被降低，烟气通过第二热解室需要 2s 以上，确保了烟气中的二噁英和有机大分子污染物得到进一步的去除。经过除尘和净化后的烟气则通过烟囱直接排入空气中。

　　但是在该工艺中，将烟气首先水沐处理和电子除尘除味后再进入第二热解室，不但会增加烟气处理成本，而且也可能降低烟气处理的效率，故建议将烟气处理后置到第二热解室(图 4.15)。

C.技术经济指标

a.运行参数

表 4.10 列出了农村生活垃圾热解炉的基本参数。

**表 4.10　农村生活垃圾热解炉的基本参数**

| 参数 | 日处理量 | 运行时间 | 烟气流量 | 炉渣产量 | 烟气温度 | 管道直径 | 含氧量 | 含湿量 |
|---|---|---|---|---|---|---|---|---|
| 单位 | t/d | h/d | $Nm^3/h$ | t/a | ℃ | m | % | % |
| 测定值 | 4 | 24 | 29.4 | 73 | 281.9 | 0.11 | 6.9 | 22.69 |

b.烟气排放

从表 4.11 可以看出，该生活垃圾热解炉除了 CO 第一次测量值超标以外，5 种常规污染物的排放值均低于国家标准所规定的排放限值。

烟气中未能检测到重金属 Pb 的存在，Cd、Hg、Cu、Cr、As 的含量平均值分别为 $0.000078mg/Nm^3$、$0.037mg/Nm^3$、$0.75 \times 10^{-3}mg/Nm^3$、$0.03mg/Nm^3$、$0.37mg/Nm^3$，均低于《生活垃圾焚烧污染控制标准》(GB18485—2014)。

农村生活垃圾热解烟气中，二噁英类化合物总的毒性当量浓度为 $0.197ng\text{-}TEQ/Nm^3$，高于 GB18485—2014 标准中所规定的二噁英类化合物的排放限值，即 $0.1ng\text{-}TEQ/Nm^3$。这表明农村生活垃圾热解炉在尾气急冷和第二热解室过程中所采用的二噁英抑制方法还不能有效控制二噁英的生成。

**表 4.11　常规污染物的试验结果**

| 序号 | 标况流量 /$(Nm^3/h)$ | $SO_2/(mg/Nm^3)$ | $NO_x/(mg/Nm^3)$ | $HCl/(mg/Nm^3)$ | $CO/(mg/Nm^3)$ | 颗粒物 /$(mg/Nm^3)$ |
|---|---|---|---|---|---|---|
| 1 | 29.5 | 58.7 | 128.4 | 1.3 | 212.1 | N.D |
| 2 | 28.2 | 34.5 | 138.3 | 1.1 | 93.6 | 11 |
| 3 | 30.6 | 45.4 | 129.1 | 1.6 | 130.5 | N.D |
| 平均值 | 29.4 | 46.2 | 131.9 | 1.3 | 145.4 | — |
| GB18485—2014 | — | 100 | 300 | 60 | 100 | 30 |

注：表中数值均为 11%含氧量折算值，N.D.表示未检出。

c.炉渣排放

表 4.12 所示，炉渣中不同种类重金属含量差异很大，Pb、Cu 和 Cr 的含量最大，特别是重金属 Pb 的含量高达 818mg/kg，Cu 的含量次之，为 645mg/kg，Cr 的含量再次之，为 393mg/kg。重金属 Cd、As 和 Hg 含量较低，其中 Hg 的含量最低，只有 0.022mg/kg。炉渣中重金属元素 Pb、Cu 和 Cr 的含量均超出了《土壤环境质量标准》(GB15618—1995)中的III类限值。但炉渣中的重金属 Pb、Cu、Cd、Cr、As 和 Hg 的浸出浓度均低于《危险废物鉴别标准-浸出毒性鉴别》(GB5085.3—2007)所规定的标准限值，不属于危险废物。只有重金属 As 的浸出浓度高于《危险废物填埋污染控制标准》(GB18598—2001)所规定

的危险废物允许进入填埋区的标准限值，因此不能按照普通固体废弃物直接进入填埋场进行填埋处理，在进入填埋场进行填埋之前，需要对其进行预处理。

**表 4.12　热解炉渣中重金属的含量**　　　（单位：mg/kg）

| 序号 | Pb | Cu | Cd | Cr | As | Hg |
|---|---|---|---|---|---|---|
| 1 | 867 | 545 | 0.16 | 403 | 9.54 | 0.021 |
| 2 | 770 | 620 | 0.15 | 374 | 8.73 | 0.023 |
| 3 | 816 | 771 | 1.69 | 401 | 13.20 | 0.022 |
| 平均值 | 818 | 645 | 0.67 | 393 | 10.49 | 0.022 |
| Ⅲ类土壤标准值 | 500 | 400 | 1.0 | 300 | 40 | 1.5 |

炉渣中二噁英类化合物的总的毒性当量浓度为 17.3ng TEQ/kg，低于《生活垃圾填埋场污染控制标准》（GB16889—2008）中所规定的生活垃圾允许直接进入填埋场的 PCDD/Fs 含量限值（3.0μg –TEQ/kg）。

### 4.2.6　垃圾焚烧发电技术

1. 定义与作用机理

焚烧法是一种高温热处理技术，即以一定量的过剩空气与被处理的有机废物在焚烧炉内进行氧化燃烧反应，垃圾中的有毒有害物质在 800～1200℃高温下氧化、热解而被破坏，减量化效果好，消毒彻底，无害化程度高，是一种可同时实现垃圾减量化、资源化、无害化的处理技术（贾韬，2006）。

2. 可行性分析

在农村，一方面随着能源结构以电和气为主的转变，农村正在迅速改变传统的利用秸秆、木块等日常用能方式；另一方面农业生产生活结构的改变，使大量的有机生活垃圾、秸秆等废弃物堆积，难以有效利用和处理。因此，可考虑垃圾发电技术。农村生活垃圾发电技术可采用有机垃圾厌氧发酵，利用沼气进行发电利用；或者直接焚烧生活垃圾进行发电利用（陆娴等，2011）。

首先，农村垃圾中有机物较多，如菜叶、瓜皮。将这些垃圾进行发酵厌氧处理，最后干燥脱硫，产生沼气。利用沼气燃烧发电产生电能。

其次，生活垃圾中的可燃物可以和燃烧值较高的农业垃圾混合，进行高温焚烧，从而利用产生的热能发电。这种垃圾焚烧发电方式可将垃圾中的病原体彻底杀灭，达到无害化的目的，并且有利于金属的回收。

在哥伦比亚偏远农村地区研究表明，生物质转化电能技术能够减少供电费用 30%。相比当前的供电系统，用农业废物发电，单位费用会增加 25%，但可以减少 15%的 $CO_2$ 排放。因此，利用本地生物质发电，需平衡好电力系统费用增加和 $CO_2$ 减排。当利用 30% 的可用生物质发电后，可减少电力系统 22%的 $CO_2$ 排放，同时在农村和偏远农村，每户每年会分别增加 121 美元和 99 美元的收入（Herran and Nakata，2012）。

但是，垃圾焚烧发电在农村开展，受到了很大的限制，主要体现在如下几个方面。

从农村的经济承受角度看，垃圾发电所需设备昂贵、初期投资高(陆娴等，2011)。根据 Pinheiro 等(2012)对巴西偏远地区基于生物质发电的研究表明：在偏远隔离的社区建设满足 50kW 需求的发电站，考虑 55%的效能，大约需消耗 6kg 有机物/(kW·h)(或 300kg/h)，总计投资 678257.31 美元(不包括征地费用)。

从农民的自我意识角度看，农村居民环保意识相对薄弱，在大部分农村都没有实现垃圾的分类回收，导致超过半数的农村生活垃圾热值达不到稳定燃烧的要求。

从农村的环境保护角度看，垃圾焚烧发电有可能带来二次污染。研究表明：PCDD/Fs 主要在引燃阶段产生并释放。以农村常见的生活垃圾焚烧桶焚烧为例，二噁英释放率为 9～308ng TEQDF/kg，平均释放速率为 76.8ng TEQDF/kg。其中 PCDD/Fs 的释放量随着 Cl 的含量增加而增加，而且当有 Cu 催化剂时，释放量更大(Lemieux et al.，2006)。

此外，与城市相比，农村生活垃圾产量小且分散，难以形成规模效应，很难实现生活垃圾焚烧的经济效益。

因此，这些均限制了垃圾发电在我国农村生活垃圾处理上的应用，尤其是西部以及偏远地区农村。但是，在已建生活垃圾焚烧厂周边的农村地区，可以考虑统筹焚烧处理。

### 4.2.7　其他资源化利用技术

#### 1. 塑料的资源化利用技术

用在过去 30 年，全球塑料生产增长了 500%，到 2050 年将达到 8.5 亿 t/a(Al-Salem et al.，2009)。2012～2017 年，聚对苯二甲酸(PET)年增长率达到 5.2%，到 2017 年全球对聚对苯二甲酸(PET)包装的消费预测将达到 1910 万 t。水、碳酸饮料和其他饮料包装瓶对 PET 的需求占 83%～84%。从 2010 年开始，中国已成为世界上 PET 材料最大消费国，达到 320 万 t(Zhang and Wen，2014)。由于塑料在填埋场要花 10～450 年的时间降解，这增加了土地和水体的潜在环境负荷。塑料的处理、使用和处置均会消耗大量能源，同时还有污染物的逸出造成二次污染，加上塑料橡胶类垃圾低重量高体积的限制，在传统的集中收集回收厂，橡塑类回收率低，尤其是在人口密度低、相对封闭的农村地区，在经济和运输能耗上均受到限制，回收率更低，从而限制了塑料的回收利用(Kreiger et al.，2013)，造成了农村严重的白色污染。

因为塑料生产利用了 4%～8%的原油，所以重新利用塑料不但可以转化为石化能源，还能减少能耗和垃圾排放，减少 $CO_2$、$NO_x$、$SO_2$ 排放(Al-Salem et al.，2009)。通常情况下，每使用 1 磅 PET 回收材料能源将会减少 84%，温室气体将减少 71%(Zhang and Wen，2014)。

1) 回收利用系统

A.美国鼓励性回收系统

美国在 1987 年建立了 NAPCOR 组织，该协会负责 PET 瓶的回收，并发布 PET 回收动态的后消费年度报告。针对 PET 瓶的回收，目前美国尚无全国性的法律，消费后的 PET 瓶的回收途径如图 4.16 所示(Zhang and Wen，2014)：

B.日本扩大生产者责任回收系统

日本在发达国家中回收率最高,在 1993 年建立了扩大生产者责任体系,并与日本容器与包装回收协会相配合。该协会负责 PET 瓶的回收,并统计 PET 瓶的消费、收集和回收数据。与美国不同,日本针对 PET 瓶的回收,有着严格的扩大生产者责任体系,并根据《容器与包装回收法》执行,如图 4.17 所示。

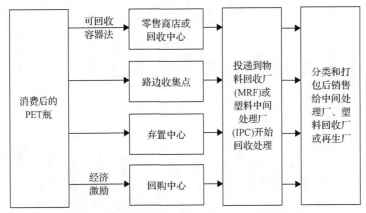

图 4.16　美国的 PET 塑料瓶回收系统(Zhang and Wen,2014)

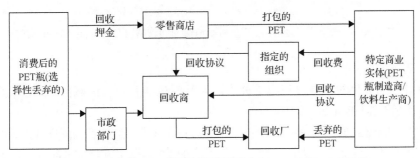

图 4.17　日本的 PET 塑料瓶回收系统(Zhang and Wen,2014)

C.巴西非规范系统

巴西在 1999 年建立了 ABIPET,以便促进 PET 瓶的回收并发布 PET 瓶的消费和回收年度报告。巴西的 PET 瓶回收既没有美国规范的收集回收系统和激励措施,也没有日本严格的法律规定,主要依靠拾荒者开展 PET 瓶回收(图 4.18),在 2009 年,巴西街头有 200000 的拾荒者,回收率在 2010 年达到了 56%。

图 4.18　巴西的 PET 塑料瓶回收系统(Zhang and Wen,2014)

通过上述的回收系统,美国、日本、巴西的 PET 塑料回收瓶得到了不同程度的回收利用,如图 4.19 所示。

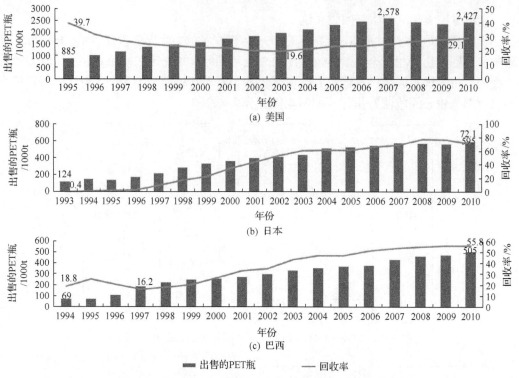

图 4.19　美国、日本和巴西的 PET 塑料瓶消费和回收情况(Zhang and Wen，2014)

2) 处理系统

塑料垃圾的处理与回收过程通常分为四大类，包括重塑、机械性回用、化学性回收和能源回用等(Al-Salem et al.，2009)。

但是由于回收的聚丙烯 PP 中混杂了聚乙烯(PE)材料，阻止了聚丙烯(PP)回收材料机械特性任何改良的可能性。因此，要想从使用后的 PP 容器中回用或升级回收的 PP 材料，首先需要做好源头分类收集(Brachet et al.，2008)。此外，在回收利用的每一个环节，除了需要考虑技术和经济可行性外，收集、处理和市场也是化学回收和能源利用的关键因素。

A.重塑

重塑就是将塑料碎屑、工业和单聚合物生产中的边角料重新挤压成型，生产类似原料的产品。

通常家庭是这类塑料的主要废物流，回收家庭垃圾存在大量的挑战，首先需要选择和分类收集。

B.机械性回收

机械性回收是利用机械方法，将塑料垃圾重新利用到生产塑料产品上。通常，塑料垃圾种类越复杂，污染越严重，就越不利于机械性回收利用。为了生产高品质、清洁、均质的最终产品，分类、清洗和预处理是必须的，其中研磨常用于去除塑料垃圾外包装的喷印，这是回收塑料最主要工序之一。因此，机械性回收利用塑料垃圾最大的问题就是塑料垃圾的品质降低和异质性。

C.化学性回收

化学性回收是采用高级技术将塑料转化为小分子，通常是液体和气体物质，然后用于生产新的石化产品和塑料。主要的优势就是利用限制性使用的前处理方法，可以对异质性和污染的塑料进行处理。

D.热解

热分解就是在可控温度下，无需催化剂对塑料垃圾进行热处理，分为高级热化学处理或热解、气化和氢化。

塑料热解工艺主要包括 Akzo 工艺、ConTherm 技术、PKA 热解、PyroMelt 工艺、BP 聚合物裂解工艺、BASF 工艺、NKT 工艺和 Noell 工艺。

塑料气化工艺主要包括 Waste Gas Technology UK Limited(WGT)工艺、Texaco 气化工艺和 Akzo Nobel 工艺。气化产物热值在 $22\sim30MJ/m^3$，取决于垃圾原料和处理工艺。

氢化是指在单元运行中通过化学反应加氢。

塑料热解和气化的不足在于都需要控制原料中的氯含量，以及由于塑料结块产生的不利于流态的风险。

E.焚烧

能量回收是通过焚烧垃圾产生热能、蒸汽和电能。当由于经济限制无法实现物料回收利用时，这是被认为垃圾处理更明智的方式。通常焚烧塑料垃圾能减容 90%～99%，有效节约填埋库容；而且通过能源回收方式，可以减少 CFCs 和其他有害物质的排放。但是能量回收会带来空气污染，产生大量废气。

3)国外经验

消费者为了保护环境，愿意回收 PET 瓶，但是由于回收不便利，缺少经济激励措施和惩罚措施，以及规章制度细节的缺失，都限制了 PET 瓶的回收。根据上述国外对 PET瓶的回收利用经验，可从如下几个方面入手(Zhang and Wen，2014)：

(1)设置专门的组织负责 PET 瓶的收集和回收的管理、组织、咨询、统计和发布数据。

(2)针对 PET 瓶的回收利用制定严格的法律和设置完善的设施。

(3)依靠非正式的拾荒者回收垃圾。

2. 玻璃制砖

将废玻璃加入黏土中用于砖的烧制，当烧制温度在 1100℃，玻璃添加量在 15%～30%时，抗压强度在 26～41MPa，吸水率在 2%～3%，并不会明显改变黏土砖的性质，能够满足黏土砖的广泛用途甚至承重结构的最低要求。

3. 木竹制备生物炭

以木竹直接收集用于传统炉灶煮饭为基准模型，比较了将木竹收集制煤砖，用于煮饭和将木竹收集制生物碳用于土壤修复两种用途，用生命周期法和成本效益分析法分析表明：以户为单位，在农村地区采用制生物碳修复土壤是更好的选择，比基准模型具有更好的积极效益，其每年的生态积分为-26，成本效益为-173 美元。生物碳修复土壤的碳储存效益和农业增产效益要高于制作过程中的环境和经济消耗。尽管制煤砖在减少室内空气污染方面有积极效益，但是在环境和经济效益上，将其用于煮饭仍然是环境负效益，其中每年的生态积分为 85，成本效益为 176 美元。

除此之外，还有学者就农村生活垃圾混烧制砖(史君洁，2004)、综合利用(李维尧等，2013)、热解制炭(韦芳等，2007)、昆虫生物转化(程花，2013)等技术进行了探讨。

## 4.3　农村生活垃圾处理与处置技术

### 4.3.1　小微型卫生填埋场

卫生填埋又称卫生土地填埋，是利用工程手段，采取有效技术措施，防止渗滤液及有害气体对水体和大气的污染，并将垃圾压实减容至最小，且在每天操作结束或每隔一定时间用覆盖材料覆盖，使整个过程对公共卫生安全及环境污染均无危害的一种土地处理方法(贾韬，2006)。

1. 可行性分析

卫生填埋技术作为一种成熟的垃圾处理技术，在我国已有较长的应用历史和成功的实践经验，也是我国大多数城乡首选的垃圾处理技术。卫生填埋技术操作简单、管理方便、建设费用和运行成本相对较低，符合农村地区的经济和技术水平。而且，由于无论采取何种处理方法，最终都会产生部分残渣需要填埋处理，所以卫生填埋是垃圾处理方案和垃圾污染控制中必不可少的最终手段。尤其对于经济欠发达的农村地区，在相当长的一段时间内，卫生填埋是相对切实可行的垃圾处理技术。

尽管如此，实践表明，小规模的生活垃圾卫生填埋场要达到环保要求，成本与技术管理要求高，正常运行难，而且小规模的卫生填埋场在环保方面和经济方面都不具有合理性。以中部地区一座处理规模为 120t/d 的填埋场为例，其投资费用折算到每吨垃圾的成本就超过 50 元/t，而 5t/d 的填埋场项目成本更高，超过 100 元/t；如果再加上运行费用，并考虑实际收集垃圾量小于设计规模的因素，这些小规模卫生填埋场的总成本将在 100～200 元/t(还不包括土地成本)，高于一般城市生活垃圾处理成本 2 倍以上(徐海云，2013)。此外，小规模的垃圾卫生填埋场产生的主要污染物——垃圾渗滤液很难得到正常、规范处理，甚至直接排放到环境中，造成局部的土壤、地下水和地表水污染；还会侵占土地、滋生蚊蝇、产生异味、影响景观，造成不同程度的二次污染。

因此，小规模的垃圾卫生填埋场削减污染负荷有限(徐海云，2013)，在农村采用卫生填埋场处理生活垃圾，需加强资金投入，以及日常监督、管理和操作培训等工作。

2. 设计与运行

1)技术规范

小微型生活垃圾卫生填埋场的设计与运行，可以参考下列城市生活垃圾卫生填埋场的相关规范，并结合当地实际情况和要求进行适当简化调整。

《生活垃圾卫生填埋处理技术规范》（GB 50869—2013）；

《生活垃圾填埋场污染控制标准》（GB 16889—2008）；

《生活垃圾填埋场渗滤液处理工程技术规范(试行)》（HJ 564—2010）；

《生活垃圾卫生填埋场防渗系统工程技术规范》（CJJ 113—2007）；

《生活垃圾卫生填埋场封场技术规程》（CJJ 112—2007）；

《城市生活垃圾卫生填埋运行维护技术规程》（CJJ93—2011）。

2) 设计与运行建议

A. 入场垃圾控制与规模设计

农村小微型卫生填埋场宜实行垃圾分类制度，使进场垃圾中有机物的含量在 20% 以下，尽可能减少有机物进场，杜绝危险废物、工业废物、农业废弃物、畜禽粪便、建筑垃圾入场。村镇垃圾填埋场的规模一般分为日处理规模 0.5～2t 的分散型填埋场、日处理规模为 5～10t 的集中型填埋场，具体建设规模根据人口、生活垃圾产生量因素综合确定。

B. 填埋气体管理

气体宜采取被动导排的方式。填埋场刚投入使用 3～5 年内可以先采用目前普遍应用的导气石笼自然排放，但要求填埋场管理人员加强对场内甲烷含量的检测(王建杰和翟想兰，2013)。

C. 防渗设计

农村小微型卫生填埋场的防渗设计，需根据当地的经济发展水平、场地敏感程度、地下水埋深、黏土资源等因素考虑。

根据《农村生活污染控制技术规范》（HJ 574—2010），填埋场底部自然黏性土层厚度不小于 2m、边坡黏性土层厚度大于 0.5m，且黏性土渗透系数不大于 $1.0 \times 10^{-5}$ cm/s，填埋场可选用自然防渗方式。不具备自然防渗条件的填埋场宜采用人工防渗。在库底和 3m 以下(垂直距离)边坡设置防渗层，采用厚度不小于 1mm 高密度聚乙烯土工膜、6mm 膨润土衬垫或不小于 2m 黏性土(边坡不小于 0.5m)作为防渗层，膜上下铺设的土质保护层厚度不应小于 0.3m。库底膜上隔离层土工布不应大于 200g/m²，边坡隔离层土工布不应大于300g/m²。

HDPE 防渗膜是防治填埋场的二次污染最重要的措施。HDPE 防渗膜抗氧化的年限主要取决于 HDPE 膜的生产、暴露条件，最重要的是取决于防渗层最高温度的大小以及持续时间。人工合成膜总的服务时间在 20～3300 年：当填埋场温度在 8 年内从 20℃增加到 60℃，并保持 22 年在 60℃，然后在 10 年间再降低到 20℃的情况下，HDPE 膜的服务寿命只有 20 年；当防渗层最高温度不超过 37℃时，HDPE 膜服务寿命可达 3300 年(Rowe and Islam, 2009)。因此，在黏土资源丰富地区，首选黏土作为防渗材料；在土质抗渗透性强、土层厚、地下水位较深、远离居住和人口聚集区、地质较稳定的地方，可以适当降低防渗要求，采用自然防渗方式；对于惰性垃圾，应因地制宜地使用天然的廉价防渗材料，采用简易防渗处理技术(如铺设黏土层)。

D. 渗滤液处理

农村小微型卫生填埋场的渗滤液可采取生物+生态土地处理的方式，以减少渗滤液的处理费用和运行操作难度；在干旱地区可采取渗滤液回喷处理渗滤液。

E.封场设计

垃圾填埋层的高度或填平的深度控制在±10m 以内；倾倒过程应进行简单覆盖，场址四周宜设置简易截洪设施；填埋场封场应做好防雨，协调雨水和填埋气体的导排；植被应首选当地的土著植物。

3）投资估算

对于日处理规模小于或等于 50t 的填埋场，采用卫生填埋时，每立方库容投资估算指标可控制在 40~60 元。

3. 选址原则

农村生活垃圾卫生填埋场的选址，可参考小城镇生活垃圾卫生填埋场的选址原则。小城镇选址影响因素及适宜度如表 4.13 所示。

表 4.13 小城镇生活垃圾卫生填埋场选址影响因素及适宜度

| 影响因素 | | | 最佳场地 4 | 适宜场地 3 | 较适宜场地 2 | 尚适宜场地 1 | 不适宜场地 0 |
|---|---|---|---|---|---|---|---|
| 自然地理因素 B1 | 场址位置 C1 | | 高地、黏土盆地 | 两者之间 | | | 湿地、洼地、洪水、漫滩 |
| | 地势坡度 C2 | | <5% | 5%~10% | 10%~20% | 20%~25% | >25% |
| | 土壤层条件 C3 | 土壤层结构 D1/(cm/s) | 渗透系数 $k<10^{-7}$ | | | | 渗透系数 $k>10^{-7}$ |
| | | 土壤层深度 D2/cm | >125 | 100~125 | 60~100 | 25~60 | <25 |
| | 气象条件 C4 | | 蒸发量超过降水量 | | 蒸发量与降水量相当 | 降水量超过蒸发量地区应做相应处理 | 降水量超过蒸发量地区且不能做相应处理 |
| | | | 具有较好的大气混合扩散作用下风向，龙卷风、台风等气象灾害发生率较低的地区 | | 两者之间 | | 空气流不畅，下风向有敏感目标；位于龙卷风和台风经过地区 |
| 工程地质因素 B2 | 基岩深度 C5/m | | >18 | 15~18 | 12~15 | 9~12 | <9 |
| | 地质性质 C6 | | 页岩、非常细密均值透水性差的岩层 | 两者之间 | | | 有裂缝的、破裂的碳酸岩层；任何破裂的其他岩层 |
| | 地震 C7 | | 0 级 | 1 级 | 2 级 | 3 级以上地震区 | 4 级以上应有防震、抗震措施 |
| | 地壳结构 C8 | | 无断层 | | | 距现有断层大于 1600m | 小于 1600m，在考古、古生物学方面的重要意义地 |
| 水文地质因素 B3 | 排水条件 C9 | | 易于排水的地质及干燥地表 | 两者之间 | | | 易受洪水泛滥、受淹地区、洪泛平原 |
| | 距河流距离 C10/m | | >1500 | 1000~1500 | 600~1000 | 50~600 | <50 |
| | 距湖泊沼泽距离 C11/m | | >1600 | 1400~1600 | 1200~1400 | 1000~1200m | <1000 |

续表

| | 影响因素 | 最佳场地 4 | 适宜场地 3 | 较适宜场地 2 | 尚适宜场地 1 | 不适宜场地 0 |
|---|---|---|---|---|---|---|
| 水文地质因素 B3 | 地下水 C12 | 地下水埋深距离填埋场底>2m | | | 地下水埋深距离填埋场底<2m,进行导流处理 | 地下水渗漏、喷泉、沼泽等 |
| | 不透水层厚度 C13/m | >5 | 4~5 | 3~4 | 2~3 | <2 |
| | 距水源距离 C14/m | >1100 | 1000~1100 | 900~1000 | 800~900 | <800 |
| 交通条件 B4 | 距离公用设施 C15/m | >125 | 75~100 | 50~75 | 25~50 | <25 |
| | 距离国家主要公路铁路 C16/m | >500 | 400~500 | 300~400 | 50~300 | <50 |
| 社会经济法律 B5 | 距离飞机场 C17/km | >11 | 10~11 | 9~10 | 8~9 | <8 |
| | 黏土资源 C18 | 丰富 | 较丰富 | | | 贫土、外购不经济 |
| | 距农田 C19/m | >40 | 35~40 | 30~35 | 25~30 | <25 |
| | 距离人口密集处 C20/m | >1500 | 1000~1500 | 800~1000 | 500~800 | <500 |
| | 生态条件 C21 | 生态价值低、不具有多样性、独特性的生态地区 | 两者之间 | | | 稀有、濒危物种保护区 |
| | 人文环境条件 C22 | 人口密度低 | | | | 与公园文化娱乐场所小于 500m |

资料来源:吴正松等,2012。

由此可见,如果要在农村设置小微型填埋处理场,应严禁选址于村庄水源保护区范围内,宜选择在村庄主导风向下风向,且应避免占用农田、林地等农业生产用地;宜选择地下水位低并有不渗水黏土层的坑地或洼地;选址与村庄居住建筑用地的距离不宜小于卫生防护距离要求,通常垃圾填埋场距村庄与集镇中心区应大于 2km,距居民点应大于 0.5km;填埋库区和渗沥液调节池边界距河流、湖泊 50m 以上;山区、丘陵地区中的填埋库区上游汇水面积不宜超过 0.3km²。

4. 案例分析

案例:美国阿拉斯加 Class Ⅲ卫生填埋场

A.阿拉斯加州农村填埋场分布(2006 年)

美国阿拉斯加州农村生活垃圾填埋场分布如图 4.20 所示。由图可见,绝大部分的填埋场均为小于 5t/d 的 Class Ⅲ型填埋场。该州规定,填埋生活垃圾量少于 5t/d 或填埋生活垃圾焚烧灰渣量少于 1t/d 的生活垃圾填埋场为 Class Ⅲ型填埋场(杜叶红,2010)。

B.选址原则

美国阿拉斯加州 Class Ⅲ型填埋场选址原则如下:

(1)距离饮用水水井不小于 152m(500ft)或距离地表水饮用水源不小于 61m(200ft)。

图 4.20　美国阿拉斯加州农村生活垃圾填埋场分布图(引自 ADECM，2006)

(2)不能设置在潮汐地、湿地、地表水区域。

(3)如果可能，距离河流或海洋不小于 304m。

(4)距离居民区、学校、日托中心，以及下风向社区不小于 152m(500ft)。

(5)必须有建设和运行许可。

C.填埋场设计

美国阿拉斯加州 Class Ⅲ型填埋场设计要求如下：

(1)面积不小于 20234m$^2$ 并满足 20 年的填埋需求。通常 12141m$^2$ 的面积可以满足 350 人的社区使用 20 年。

(2)填埋场需适应当地地形和景观。

(3)坡面应削坡防止侵蚀[图 4.21(a)]。

(4)不能影响道路景观。

(5)应设置沟渠、涵洞，以及截洪沟等阻止水入流填埋场或在填埋场内形成积水。

(6)应设置标识，内容包括：垃圾允许处置的地点、不允许投放的垃圾类型、填埋场禁止焚烧、填埋场运行员的联系方式等。

(7)如果社区没有污水处理系统，还需单独设置处置蜜桶以及化粪池垃圾的地方。

(8)需设置栅栏和覆盖，减少招引动物[图 4.21(b)]。

(a) 边坡设置

(b) 栅栏与覆盖防护

图 4.21　美国阿拉斯加农村生活垃圾填埋场部分设计细节（ADECM，2006）

D.运行指导

Class Ⅲ 型填埋场在运行时，应注意如下管理措施。

(1)在可能的地方采用填埋沟填埋方式(图 4.22)。

(2)限制露天焚烧，包括焚烧桶、焚烧箱、焚烧炉等，在土地管理局和消防部门划定的高危地区禁止焚烧。

(3)禁止违禁垃圾入场。

(4)利用坡度、护堤或沟渠防治水流入和导引水远离填埋垃圾并流出填埋场。

(5)尽可能压实垃圾填埋区域；如果需要，及时覆盖填埋垃圾；如果可以，在填埋区附近储存覆盖材料。

图 4.22　美国阿拉斯加州农村生活垃圾填埋沟示意图（ADECM，2006）（扫描封底二维码见附录）

(6)用石灰处理动物尸体；远离填埋区单独设置填埋单元，用石灰处理蜜桶和化粪池垃圾，在设置覆盖层时，厚度不小于 0.6m。

(7)在春季和秋季，一年至少两次收集散乱和被风吹散的垃圾。

(8)所有者或者运行员每月至少巡视一次填埋场。

(9)当填埋场填满并覆盖时，记录每个单元和沟渠的位置，并存档。

(10)不允许建筑垃圾入场。

E.填埋场封场

图 4.23 为 Class III 型填埋场终场覆盖示意图。在封场时，应采取如下措施(杜叶红，2010)：

(1)收集周围垃圾放入填满区。

(2)将整个填埋场覆盖 0.6m 的覆盖材料。

(3)形成坡面便于暴雨导流。

(4)在覆盖层播种和施肥，或者设置保护覆盖层以防止水土流失。

(5)通知相关管理部门(ADEC)填埋场已经封场。

(6)调查填满场地并到州记录办公室登记。

(7)在封场后的 5 年内，每年视察 1 次填埋场，标记侵蚀、垃圾裸露或积水处。

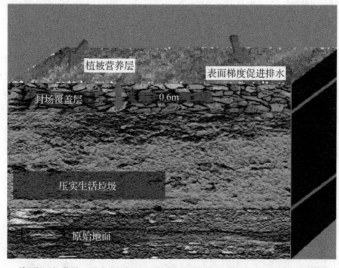

图 4.23　美国阿拉斯加州农村生活垃圾填埋场终场覆盖层结构(ADECM，2006)

F.其他注意事项

(1)距离地面水体和鱼类栖息地不小于 60m，距离鸟类栖息地不小于 300m。如果临近鱼类或鸟类栖息地，选择将垃圾先焚烧后再填埋，并采取填埋沟填埋，及时覆盖垃圾。

(2)如果在永久性冻土上选址建设填埋场，建议尽量避免，如果无法避免，直接在地面建设填埋场，不要去除冻土表层土壤和植被，并设置不小于 0.3m 的底层衬垫 [图 4.24(a)]。

（3）尽量避免选址在洪泛平原上，如果选择了，在填埋场四周构建堤防或护堤，尤其是在上游，护堤高度必须高出最高洪水位，护堤边坡按 3 : 1 放坡。

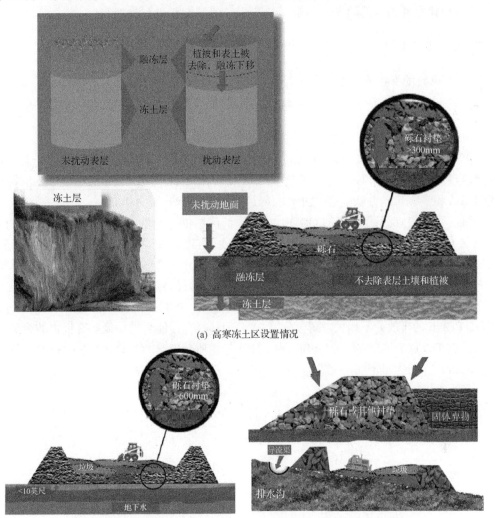

(a) 高寒冻土区设置情况

(b) 高地下水位地区设置情况　　　　　(c) 侵蚀严重地区设置情况

图 4.24　美国阿拉斯加州农村生活垃圾填埋场在不同地区的
设置示意图（ADECM，2006）（扫描封底二维码见附录）

（4）尽量避免在地下水水位较高的地区，如果选择了，填埋场距地面不小于 0.6m，基础或衬垫可以用砾石或其他惰性材料[图 4.24(b)]，不要选择填埋沟填埋法，并构筑护堤。最好焚烧所有生活垃圾。

（5）尽量不要选择在地表径流强烈侵蚀地区，如果选择了，构建导流渠和护堤，种植植物[图 4.24(c)]。

G.借鉴意义

根据美国阿拉斯加农村生活垃圾填埋场的案例分析，在我国农村生活垃圾小微型填埋场的设计和管理中，可以借鉴如下经验：

(1)应考虑不同地区,不同气候条件下的农村实际情况,进行不同的设计指导。

(2)应严格限制入场垃圾的种类,在填埋区针对不同的垃圾进行分区处理。

(3)应建立并完善的填埋场日常运行、封场的档案登记与管理制度。

### 4.3.2　小微型焚烧炉

#### 1. 焚烧的污染物与危害

1)农村露天焚烧的污染物

垃圾焚烧的主要污染物包括二噁英、粉尘、氯化物、重金属等。

美国 EPA 采用 208L 的焚烧桶和模拟的混合生活垃圾(垃圾量从 6.4~13.6kg),保持焚烧温度在 250~700℃,测量了焚烧回收和不回收的垃圾产生的多氯二苯并二噁英(PCDDs)和多氯二苯并呋喃(PCDFs)的释放量(Lemieux et al., 2000)。

通过四次焚烧测试表明,PCDDs/PCDFs 释放总量为 0.0046~0.48mg/kg,同时伴随铜和氯化氢的释放。与各种生活垃圾焚烧炉相比,庭院垃圾焚烧会释放更多的PCDDs/PCDFs;与具有高效废气处理装置的焚烧炉相比,2~4 户家庭日常焚烧垃圾释放的 PCDDs/PCDFs,相当于焚烧炉焚烧约 200t/d 的垃圾的释放量。

超过 85%的颗粒物粒径均小于 2.5μm,但是 PM2.5、氯苯和氯酚等前驱物与PCDD/PCDF 的排放并不相关。高含量的 PVC 塑料很有可能会增加氯化有机物的合成,而且基于 PCDD/PCDF 合成理论,PM、铜、HCl 等物质会影响 PCDD/PCDF 的排放,图 4.25显示铜或 HCl 的含量增加,可能与 PCDD/PCDF 排放的增加有联系。

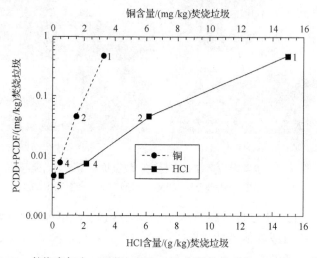

图 4.25　焚烧废气中二噁英与铜和 HCl 含量的关系(Paul et al., 2000)

此外,实验显示,PVC(或其他含氯物质)含量与二噁英释放因子呈正相关。不同国家生活垃圾露天焚烧的二噁英释放因子为 5~3500ng TEQ/kg(表 4.14)。因此,减少 PVC在垃圾中的含量,可有效减少焚烧中二噁英的排放(Neurath, 2003)。

### 表 4.14　露天焚烧二噁英释放因子

| 二噁英释放因子 ngTEQ/kg | 焚烧物料 | 焚烧类型 | PVC 含量/% | 年份 | 来源 |
|---|---|---|---|---|---|
| 5 | 庭院垃圾 | 家用焚烧炉 | 0 | 1999 | Ikeguchi (CN) |
| 40 | 农业垃圾 | 家用焚烧炉 | 0 | 1999 | Ikeguchi (CN) |
| 35 | 生活垃圾 | 焚烧桶 | — | 2003 | Wevers |
| 75 | 生活垃圾 | 焚烧桶 | 0.2 | 2000 | US EPA |
| 75 | 生活垃圾+固体燃料 | 室内火炉 | — | 2000 | EU Germany |
| 180 | 生活垃圾 | 焚烧桶 | 0.8 | 2000 | US EPA (CN) |
| 300 | 生活垃圾 | 露天焚烧 | — | 2001 | UNEP |
| 450 | 生活垃圾 | 露天焚烧 | — | 2000 | EU Belgium |
| 1000 | 生活垃圾 | 露天焚烧 | — | 2000 | EU Swiss |
| 2500 | 瓦楞纸+PVC | 家用焚烧炉 | 0.8 | 2000 | Ikeguchi (CN) |
| 3230 | 生活垃圾+固体燃料 | 室内火炉 | — | 2000 | EU Swiss |
| 3500 | 生活垃圾 | 小型焚烧炉 | — | 2001 | UNEP |

资料来源：Neurath (2003)。

2) 农村生活垃圾露天焚烧对人体的危害

根据 Jana 和 Alan(2007)对农村生活垃圾焚烧的危害研究表明，农村焚烧桶焚烧垃圾产生的增量终生癌症风险(ILCR)为 371 人/百万人，而高效尾气处理的焚烧厂将此风险降低到 1 人/百万人。

农村生活垃圾房焚烧增量终生癌症风险主要是由多氯联苯(PCB)通过鱼、牛奶摄入，以及乙醛通过种植物摄入的方式造成的。焚烧主要的暴露途径是植物摄入，其中露天焚烧桶焚烧，增量终生癌症风险最大的贡献是多氯二苯并二噁英(PCDDs)、多氯二苯并呋喃(PCDFs)及多环芳香烃；对于焚烧厂，最大的贡献是多氯二苯并二噁英(PCDDs)、多氯二苯并呋喃(PCDFs)及砷。

危险指数(HIs)对于露天焚烧桶和标准焚烧厂都可以忽略。其中钓鱼爱好者和大型村中儿童的危险指数超过了 1，主要是由于多氯联苯和甲基汞通过鱼的摄入途径，以及乙醛通过植物的摄入途径造成。

根据美国癌症协会的研究，PM2.5 年平均浓度增加 $24.5\mu g/m^3$，相对风险为 1.12，与此对应每 $1\mu g/m^3$，会增加 0.5%的过早死亡。根据这一数据计算，大型村、中型村、小型村、焚烧桶、焚烧厂焚烧引起的最大平均风险分别为 1900 人/百万人、1200 人/百万人、900 人/百万人、400 人/百万人、29 人/百万人。值得注意的是这一分析要比相应的化学物质引起的癌症风险更大，这主要是由于 PM2.5 的颗粒物引起的。

此外，自行焚烧垃圾的居民更容易感到虚弱，是其他居民的 5～17 倍，更容易产生麻木，是其他居民的 5～10 倍(Zender et al.，2005)。

由此可见，农村露天焚烧对人体危害的主要污染物为二噁英和 PM2.5。

3) 农村简易垃圾焚烧炉周边土壤的污染

固定炉床无动力炉窑是一种曾经在我国农村推广的垃圾焚烧设施。该技术是将垃圾一次性堆放于炉床上，由余烬缓慢蒸干垃圾中的水分，在一定的燃点下自燃加以焚烧处理，热量不进行综合利用，烟气直接由 10m 高的小烟囱排放（附录 4.8）（刘劲松等，2010）。

刘劲松等 (2010) 对日处理垃圾量约 8t，建成运行已 2 年多的固定炉床无动力炉窑周围土壤中的二噁英研究表明：土壤样品中二噁英质量分数在 942～5089ng/kg，其中 PCDDs 的平均质量分数为 2060ng/kg，几乎是样品中 PCDFs 平均质量分数的 20 倍左右。样品中 PCDD 的质量分数最高，几乎占了总二噁英的 80% 以上。

在焚烧炉周边采集的土壤样品中，二噁英国际毒性当量变化范围为 2.29～9.45ng/kg，均值为 4.64ng/kg，高于土壤背景值 0.521ng/kg 及杭州市城市生活垃圾焚烧厂周边农业土壤的 1.22ng/kg。土壤样品中二噁英毒性当量超出了加拿大环境土壤质量标准，也超出了某些农作物栽培要求的 5ng/kg 的标准限值。

焚烧炉飞灰及灰渣样品中二噁英的总量分别为 10.6 万 ng/kg 和 857ng/kg，其中呋喃的总量占二噁英总量的 80% 以上。由于农村垃圾焚烧炉采用无动力焚烧模式，焚烧过程中产生的飞灰部分回落入炉渣中，导致灰渣样品的二噁英分布规律与飞灰相似。在焚烧炉飞灰及灰渣样品中二噁英国际毒性当量分别为 3454ng/kg 和 32.2ng/kg，飞灰样品中二噁英毒性当量是灰渣样品的 107 倍，是周边环境土壤样品平均含量的 744 倍。主成分分析显示，土壤样品中的二噁英与焚烧炉排放的飞灰或灰渣的相关性较差，说明土壤中的二噁英不仅仅来自于生活垃圾焚烧炉的排放，其他二噁英污染源亦可能存在。

综上所述，农村生活垃圾露天焚烧对环境和人体健康的影响明显，农村生活垃圾的焚烧处理应慎重选择。

2. 设计与应用

农村生活垃圾的小微型焚烧炉设计可参照如下规范和标准设计：

《生活垃圾焚烧处理工程技术规范》（CJJ 90—2009）；

《生活垃圾焚烧污染控制标准》（GB 18485—2014）；

《生活垃圾焚烧厂运行监管标准》（CJJ/T 212—2015）；

《生活垃圾焚烧炉及余热锅炉》（GB/T 18750—2008）；

《生活垃圾焚烧处理与能源利用工程技术规范(征求意见稿)》。

1) 工程建设要点

(1) 进炉垃圾低位发热量应高于 5000kJ/kg，采用技术成熟、经济合理、操作简便、运行可靠的技术和设备，严禁选用不能达到污染物排放标准的焚烧炉。

(2) 焚烧炉技术性能指标应符合表 4.15 的要求。

表 4.15　焚烧炉技术性能指标

| 项目 | 烟气出口温度/℃ | 烟气停留时间/s | 焚烧炉渣热灼减率/% | 焚烧炉出口烟气中氧含量/% |
|---|---|---|---|---|
| 指标 | ≥850<br>≥1000 | ≥2<br>≥1 | ≤5 | 6～12 |

(3)焚烧炉必须设置烟气净化系统。净化后排放的烟气应达到国家现行有关排放标准的规定；袋式除尘器作为烟气净化系统的末端设备，应优先选用，同时应充分注意对滤袋材质的选择，应配套脱酸系统和活性炭吸附系统。

(4)飞灰应按危险废弃物处理，可采用稳定化处理后填埋的方式。

(5)垃圾储坑应有足够的垃圾储存容量，应具有良好的防渗和防腐性能，应处于负压状态以使臭气不外溢，应设置渗滤液回喷或其他处理设施。

(6)应配备常规维护设备和紧急故障维修设施。

2)垃圾高效焚烧条件

烟气主要在 121～649℃ (250～1200°F)产生，因此焚烧温度高于 649℃时，可有效减少焚烧污染物。露天焚烧垃圾将会比高温焚烧垃圾产生更多的二噁英，因此，在选用焚烧炉时，应采取如下措施提高焚烧效率：

(1)焚烧室要有充足的空气，包括在焚烧垃圾的下部。

(2)机械气流通风。

(3)补充助燃燃料，尤其是在焚烧之初。

(4)利用耐火材料保持热量在焚烧室内。

3)投资估算

新建垃圾焚烧处理工程投资估算指标可控制在约 35 万元/(t/d)，具体可参照《城市生活垃圾焚烧处理工程项目建设标准》(建标〔2001〕213 号)。

通常情况下，100t/d 以下小规模垃圾焚烧总成本费用需要 100 元/t，其中运行费用需要 50 元/t 以上(付倩倩，2013)。在我国部分农村地区，生活垃圾实行村收集，乡镇集中焚烧处，焚烧炉日处理能力更小，为 5t 左右。例如，2011 年在福建约有 300 多座"闷烧炉"。这种焚烧炉设备简陋，没有烟气处理设施，吨投资在 5 万元左右，运行成本主要为人工成本，折合吨处理成本约为 10 元。但这些简易焚烧炉烟气排放污染显著，特别是维护运行也会成为难题，与露天焚烧没有太大差异，因此目前已经不再推广这种处理方式(徐海云，2013)。

在农村地区，尤其在部分经济欠发达或北方农村地区，垃圾热值低，经济发展滞后，技术及管理水平不高，广泛采用焚烧技术是不合理的。但是，对于一些高山峡谷、海岛等相对封闭偏远地区，填埋场选址较为困难，而且垃圾热值较高，若选择焚烧技术与卫生填埋技术的组合应用，可取得一定的效果(贾韬，2006)。

3. 案例分析

1)案例一：高兴镇垃圾焚烧炉方案设计

A.工程主要技术参数

(1)处理规模：12～15t/d。

(2)燃烧温度：燃烧室≥850℃。

(3)烟气在燃烧室停留时间：≥2s。

(4)焚烧效率：≥99.9%，有害物质焚烧去除率≥99.99%，焚烧残渣热灼减率＜5%。

(5)焚烧炉出口烟气中的氧气含量为：6%～10%(干气)。

(6)焚烧炉运行过程中确保处于负压状态，避免有害气体逸出。

(7)焚烧设备配有烟气净化系统、应急处理安全防爆系统。

B.工艺流程

该系统的工艺流程如图 4.26 所示(周颖，2011)。

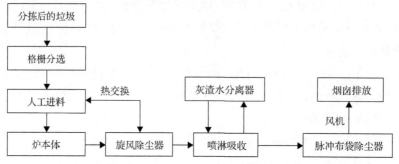

图 4.26  高兴镇农村生活垃圾工艺流程图(周颖，2011)

垃圾经格栅分选由人工投入焚烧炉，焚烧炉选用控气式热解炉，并进行充足补氧。该焚烧炉利用控气热解炉的特点，补氧气体经热交换后成为高温气体(300～400℃)，最大化地利用热能，能使炉膛温度保持在 650～850℃，从而避开了二噁英产生的温度区域；同时利用特殊结构补氧，炉内烟气呈回旋上升，使烟气在炉内停留时间超过 2s，解决了其他炉型烟气直上直下、停留时间过短的问题；此外，全封闭燃烧，对操作人员无害，燃烧完全，固体颗粒排放量极少。具体组成如下(周颖，2011)。

a.炉本体

炉本体外壳为钢结构，内壁为不同性质的耐火浇铸材料：内层为耐高温浇铸料(可耐 1790℃的高温)，中间为整体浇铸的轻质耐火材料，不宜脱落。炉体设有负压测点和热电耦，用于实时监测系统负压和炉内的运行温度。同时设有观察孔，便于设备检修和观察炉内状况。

b.旋风除尘器

到达器壁的尘粒被重力和向下旋转的主漩涡带到除尘器底部的排灰口排出。烟气经过热量的初步交换后，温度将下降 300～400℃。

c.喷淋吸收塔

喷淋吸收塔由两部分组成：上塔体(设烟气入口、喷雾装置)、下塔体(设烟气入口、排灰口)，主要用于去除烟气中的气态污染物。吸收塔采用半干法，以 3%～5%的碱液为净化吸收剂，烟气从上部进入吸收塔内，在喷嘴下方区域与吸收剂充分混合。喷嘴靠压缩空气完成吸收剂的雾化，其结构为双层夹套管，吸收剂浆液走内管，压缩空气走外管，浆液与压缩空气在喷嘴头处强烈混合后从喷嘴喷出，使浆液雾化为细小的颗粒，与烟气进行接触吸收。最后，反应物以固体的形式从塔底部排出，净化后的烟气进入脉冲布袋除尘器。

d.废渣水分离器

灰水由砂浆泵注入搅拌混凝区后进入斜板沉淀区,最后通过滤层获得满足回用和排放标准的清水。必要时利用配置的反冲洗系统对滤料等进行反冲洗。

灰水分离闭路循环工艺净化效率在 95%以上,回收每吨清水成本为 0.06 元左右,回收清水率为 90%~95%,可做到无废水排放的闭路循环。

e.烟囱

烟囱加装采样孔、测温孔,由防风浪绳固定。

C.技术经济分析

评价区域内 TSP、$SO_2$、$NO_2$ 日均值污染指数均小于 1,监测的日均值满足《环境空气质量标准》(GB3095—1996)二级标准要求。此外,垃圾的焚烧烟气中烟尘、$SO_2$、$NO_x$、CO、HCl 和 Hg 的最大落地浓度对应的距离均为 289m,最大落地浓度分别为 $0.0009153mg/m^3$、$0.002207mg/m^3$、$0.0001938mg/m^3$、$0.004953mg/m^3$、$0.0001798mg/m^3$ 和 $0.000000009153mg/m^3$。

无组织排放的大气污染物主要是待焚烧垃圾所散发出的臭气,以 $NH_3$ 和 $H_2S$ 为代表。分别计算其大气环境防护距离和卫生防护距离,两者取其最大值,即垃圾焚烧炉的防护距离为 50m。

系统装机容量 7.7kW,设备运行耗水量 1.5t/d,消耗固体碱 0.12t/d,运行成本=(电费+水费+药剂费+人工工资)/每天处理量,计算得 12.67 元/t。

2)案例二:美国阿拉斯加农村生活垃圾焚烧

A.垃圾焚烧管理

美国阿拉斯加农村生活垃圾焚烧管理基本要求如下(Bert and Peter,2004)。

(1)焚烧系统选址:社区常年主导风向的下风向。

(2)分离不可燃烧垃圾和危险废物。

(3)管理和监测焚烧周期:集中关注焚烧启动阶段,可首先使用干木竹和纸类等启动焚烧。

(4)保持垃圾干燥:垃圾收集、储存设备均需设置防雨。

(5)完全冷却后去除灰渣。

(6)必须有自然或人工通风。

(7)不允许闷烧,不能产生黑烟。

(8)对焚烧器(炉)焚烧,在整过焚烧过程中,在任何 6min 内,烟囱排放的烟气透明度不能超过 20%(图 4.27)。

B.多级燃烧室-批量-非过量空气焚烧系统(multiple-chamber,batch starved air systems,TOS)

该焚烧器的主要特征包括:分两级燃烧室(扫描封底二维码见附录 4.9),批量操作,能够更好地控制整过焚烧过程中的空气和温度;在一级焚烧室里,空气搅动程度降低,减少了颗粒物的排放;能够处理不同类型的垃圾,包括含水率高的垃圾;需要额外的燃油助燃剂和电力供应。

(a) 0~5%透明度　　　　　　(b) 20%~30%透明度　　　　　(c) 90%~100%透明度

图 4.27　烟气透明度示意图（Bert and Peter，2004）（扫描封底二维码见附录）

该类型的焚烧器处理能力 0.01～1t/h，价格 25000～600000 美元，总量 2～100t。

C.不允许焚烧的垃圾

表 4.16 为美国阿拉斯加州规定的垃圾焚烧种类（Bert and Peter，2004）。

表 4.16　美国阿拉斯加州禁止焚烧、限制焚烧垃圾种类

| 垃圾类型 | 露天焚烧 | 焚烧器焚烧 |
|---|---|---|
| 危险废物外溢吸附物、以及外溢被污染的土壤 | P | CP |
| 资源保护与回收法案、毒害物质控制法案规定的物质，如 PCB's 等 | P | CP |
| 石棉 | P | P |
| 放射性物质 | P | P |
| 含氯有机物，包括高含氯塑料和石油、氯为基本组分的物质（除盐以外，如 PVC 管）或残留物容器。塑料垃圾袋、牛奶瓶以及其他家庭塑料制品是可接受的，因为这些物品氯并不是基本组成 | P | SN |
| 含氯的溶剂 | P | CP |
| 氯为基本组分的无机物，如矿盐 | SN | SN |
| 杀虫剂、氰化合物、聚氨酯产品 | P | SN |
| 含铍、铬、钴、砷、硒、镉、汞、铅的物质，包括液态漆、电脑设备、电灯或荧光灯，以及高压钠、汞蒸汽、金属氯灯 | P | SN |
| 电子设备电池及电子零件 | SN | SN |
| 易爆炸和高挥发性物质，如丙烷气瓶等 | SN | SN |
| 医疗垃圾（大于 10%的垃圾组分） | P | CP |
| 医疗垃圾（小于 10%的垃圾组分） | P | |
| 其他影响人类健康、动植物生长的，妨碍正常生活的物质 | P | P |
| 易腐烂的垃圾、动物尸体、石油产品 | 露天焚烧不引起黑烟、异味，以及对周围居民和环境不产生其他不良影响时可以焚烧 | 满足烟气透明度在任何 6min 内不超过 20%时，以及对周围居民和环境不产生其他不良影响时可以焚烧 |
| 处理木头所含的化合物如木馏油、焦油等 | | |
| 轮胎 | | |
| 不可燃垃圾、惰性垃圾，如金属、岩石、电器配件等 | | 应予以剔除 |

注：P（prohibited）禁止焚烧；CP（conditionally prohibited）有条件焚烧，即当焚烧器有充足的废气控制，使废气能满足排放标准时可以焚烧；SN（should not be burned）建议不焚烧，没有明确的规定，但是如果有其他的处理途径，如储存、置和转运等，建议不进行焚烧。如果特殊的垃圾焚烧超过了标准，将遵循特殊的排放限值。

D.焚烧炉应用案例

(1)类型：批式焚烧炉(batch oxidation system，BOS)。

(2)地点：Egegik，Alaska，美国。

(3)社区简介。Bristol 海湾的鲑鱼渔业使 Egegik 的人口从冬季的 150 人增加到夏季的 1500 人。

(4)垃圾管理计划与发展过程。1995 年，Egegik 市垃圾焚烧和其他固废管理经费需要$550000.00，政府配套了$378000.00。通过对比，该市选择了 30t/d 的双焚烧室批式焚烧系统，最终成交价为$180000.00。该系统包括了一个设有顶棚的卸料系统、自控系统、红外线火焰检测器、故障警报、预卸料与卸料情况警报。

(5)系统简介。BOS 选址在该市填埋场，为了方便卸料投放，将该系统建设在建筑的下方向。BOS 系统分为两个焚烧室，在第一焚烧室，垃圾处于非过剩空气焚烧状态，未燃烧的气体通过交叉管进入第二燃烧室，在第二焚烧室，通入过剩空气，进行充分燃烧。鼓风机控制每个焚烧室的空气量；焚烧室、炉膛、烟囱均内衬耐火材料。

Idec FA3S 自控系统控制焚烧炉的运行，Idec Micro 1 自控系统控制水压设备。在焚烧室、烟囱等地方均安装了温度传感器以控制温度，并可以根据不同物料，调节定时器控制焚烧时间。

通常卡车卸料到机械传送器需要 30min，物料通过机械传送装置进入顶部的入料口，进入第一燃烧室。当第一燃烧室填满后，操作员启动自动焚烧程序，第二燃烧室会被预加热到大约 677℃(1250°F)，同时鼓风机开到低档，第一燃烧室通过喷油点燃垃圾。当第一焚烧室温度达到 343℃(650°F)时，第一燃烧室的点燃装置关闭，鼓风机调到中档持续 8min 以上，如果温度回落到 288℃(550°F)以下，点火装置会重新启动。当第二燃烧室温度达到 802℃(1475°F)时，鼓风机加速鼓风使其温度达到 871℃(1600°F)。此后，鼓风机和点火装置均关闭，焚烧过程大概需要 5h。当设备冷却后，操作员会用 30min 左右进行清渣，每次焚烧会产生 2 车灰渣，清理的灰渣通过小推车(1.2m×0.9m×0.5m)运到填埋场填埋。通过多次改造后，每次焚烧耗油减少到 208L(55gallons)，可维持 760℃(1400°F)～927℃(1700°F)的焚烧温度。在实际运行过程中，根据垃圾种类的不同，耗油量还会缩减。

BOS 系统的维修费用较低，通常更换设备包括热电偶、点火喷嘴、门的密封、耐火内衬、开关、水和油过滤器等。

系统如图 4.28 所示。

(a) 焚烧厂房　　　　　　(b) 焚烧炉　　　　　　(c) 清渣

图 4.28　批式焚烧炉系统(Bert and Peter，2004)

(6) 系统规格。①垃圾处理量：3.5t/次；系统自重：35t；②第一燃烧室：体积 20.4m³(3.6m×3.0m×2.6m，720feet³)，鼓风机 0.7kW，助燃器 36.7L/h，0.23kW；③第二燃烧室：体积 φ1.5m×2.7m，鼓风机 0.7kW，助燃器 60.6L/h，0.52kW；④耐火砖厚度：0.1m；隔热绝缘材料：0.05~0.08m；烟囱高度：6.1m。

(7) 费用。焚烧炉售价 61.47 万美元，填埋场相关建设费用 31.88 万美元。有一名专职工作人员，每批垃圾焚烧需要 4~5h 的操作时间(包括填料和出渣)，运行和维护费用合计 ＄61.00/t。

通过上述美国农村生活垃圾焚烧处理的案例介绍，如下经验值得我国农村生活垃圾焚烧处理借鉴：①因地制宜，对不同的农村地区有不同的要求；②焚烧设备多元化，从简易焚烧桶、焚烧网、焚烧箱，到满足环保要求的二级焚烧系统，可供不同类型、不同需求的农村选用；③没有一刀切执行统一的技术和排放标准，根据实际情况定制；④管理措施详细，涉及到选址、垃圾类型、燃烧控制、操作步骤、社会影响等；⑤商业化运作，居民付费，聘用当地居民管理操作。

### 4.3.3 简易填埋场的建设与修复

简易填埋就是指村民将生活垃圾直接倒入自然沟壑和坑洼处，当垃圾填满沟壑和坑洼后用泥土进行覆盖，未采取任何防渗措施的垃圾处理方式(卢金涛，2012)。简易填埋场运行费用低廉(12~15 元/t)(章程，2007)，但是建设水平低下，管理不规范，二次污染较严重，容易给周围的环境和居民健康带来危害。

#### 1. 污染途径

卫生填埋场有较完备的污染控制设施，相比之下，由于建造简陋且缺乏必要的污染防护设施，简易填埋场对环境的污染较严重，主要是渗滤液、填埋气体、病原体在环境中迁移、传播而造成的污染，其污染途经如下：

(1)渗滤液→地表径流、地下水流场→地表水、地下水→饮用、皮肤接触。

(2)渗滤液→地表径流、地下水流场→土壤→食物链、皮肤接触、吸入。

(3)异味→空气扩散→吸入。

(4)病原体→空气扩散、蚊蝇和动物→吸入、接触、食入。

#### 2. 简易填埋场污染特性

根据管益东(2011)对浙江宁波 10 个填埋年龄在 3~12 年的简易填埋场的调研显示。

##### 1)垃圾体组分特征

由于简易填埋场中垃圾经过多年降解后，可降解有机物已基本腐烂降解，其物理组分特点相似，具有残余物含量高，可降解有机物(纸类和厨余类)含量低的特点。宁波高桥和集仕港简易填埋场的物理组分如表 4.17 所示(管益东，2011)。

**表 4.17　农村简易填埋场物理组分(干基)**　　　　　　(单位：%)

| 组分 | 高桥 | 集仕港 | 平均值 | 宁波 |
|------|------|--------|--------|------|
| 木竹 | 0 | 1.1 | 0.6 | 2.0 |
| 金属 | 0.7 | 0.5 | 0.6 | 1.1 |
| 塑料 | 1.5 | 13.1 | 7.3 | 14.5 |
| 纺织 | 0.4 | 4.2 | 2.3 | 3.7 |
| 纸类 | 0 | 0 | 0 | 7.3 |
| 玻璃 | 4.0 | 4.1 | 4.0 | 3.4 |
| 厨余 | 0 | 0 | 0 | 47.8 |
| 残余物 | 93.2 | 76.8 | 85.0 | 20.3 |
| 有害垃圾 | 0.1 | 0.3 | 0.2 | 0 |

注：残余物包括土状物(即渣土)、砖石与骨头等；有害垃圾包括医用注射器、电池与橡胶高聚物等；宁波数据为1998～2002年宁波城区固废平均值。

资料来源：管益东(2011)。

### 2) 垃圾体化学特性

农村简易填埋场固废的化学成分分析结果见表 4.18。简易填埋垃圾中有机质(OM)、TN 和 TP 平均含量很高，重金属 Cr、Cu、Zn、Cd 与 Pb 的含量变化极大，其中 Cd 与 Zn 含量较高，超标明显，应引起更多关注(管益东，2011)。

**表 4.18　农村简易填埋场垃圾化学成分特征($n = 24$)**

| 统计参数 | | pH | OM /(g/kg) | TN /(mg/kg) | TP /(mg/kg) | Cr /(mg/kg) | Cu /(mg/kg) | Zn /(mg/kg) | Cd /(mg/kg) | Pb /(mg/kg) |
|------|------|------|------|------|------|------|------|------|------|------|
| 平均值 | | 7.7 | 60.3 | 3584.8 | 864.8 | 267.9 | 473.5 | 950.2 | 6.9 | 247.7 |
| 最小值 | | 6.7 | 5.8 | 588.0 | 11.0 | 14.8 | 30.5 | 0 | 0 | 8.1 |
| 最大值 | | 10.0 | 250.5 | 7328.0 | 3008.0 | 2112.6 | 2547.9 | 3960.0 | 57.0 | 1764.7 |
| 标准差 | | 0.7 | 50.9 | 1917.0 | 756.3 | 474.5 | 601.9 | 1075.4 | 12.0 | 359.3 |
| 变异系数 | | 8.6% | 84.4% | 53.5% | 87.5% | 177.2% | 127.1% | 133.2% | 172.3% | 145.1% |
| 百分位值 | 25% | 7.3 | 30.3 | 1922.8 | 315.9 | 49.9 | 137.4 | 246.9 | 1.0 | 54.7 |
| | 50% | 7.5 | 55.1 | 3371.0 | 910.1 | 123.0 | 276.2 | 547.8 | 3.0 | 160.2 |
| | 75% | 7.9 | 78.2 | 4977.3 | 1103.8 | 179.9 | 516.0 | 1354.8 | 7.7 | 272.0 |

资料来源：管益东(2011)。

根据林建伟等(2005)对三峡库区主要垃圾堆放场中生活垃圾重金属的研究表明：以《土壤环境质量标准》(GB15618—1995)中的 II 级标准为基准，堆存生活垃圾有40%的垃圾样品受到重金属的污染，其中镉的超标率比较高，砷、汞、铬超标率为10%左右；与《城镇垃圾农用控制标准》比较，有 10%～18%的垃圾样品受到铅、镉、铬的污染；而且大部分垃圾样品的重金属含量超过重庆市的土壤背景值，特别是生活垃圾的 Hg 平均含量超过背景值15.8倍。因此，垃圾堆放会增加土壤的重金属含量，可能引起累积，进而可能引起土壤的污染，故不能采取简易填埋或堆放处置，也不宜直接用于农作物。

3) 渗滤液特征

当堆存生活垃圾在水下浸泡时，3 周内重金属元素溶出含量约为静态时理论最大含量的 75%。随着浸泡时间的增加，溶出速率降低较大，并且在较小的水固比时溶出速度趋于平衡。因此，堆存初期产生的渗滤液污染较大 (管益东，2011)。

农村简易填埋场渗滤液与卫生填埋场渗滤液性质列于表 4.19。简易填埋场渗滤液呈微碱性，$CODcr$、$NH_3—N$ 与 TN 含量较高，TP 含量较低，渗滤液中重金属含量 Cu 与 Zn 最高。与来自市政填埋场的渗滤液相比，简易填埋场渗滤液中营养盐含量远远低于市政填埋场，这主要是由于简易填埋场受环境条件的影响非常显著，经雨水淋滤的强度更大，加快了渗滤液中污染物的降解和稀释。

简易填埋场渗滤液中营养盐含量虽低于市政填埋场的渗滤液，但是其污染物含量仍较高，特别是有机质与营养盐远高于《污水综合排放标准》(GB8978—1996) 中的一级标准。当这些污染物进入周围地表水与土壤等生态系统后，将明显地提高这些生态系统的有机质与营养盐含量。

**表 4.19　农村简易填埋场渗滤液特征**

| 统计参数 | pH | CODcr | $NH_3$—N | TN | TP | Cr | Cu | Zn | Cd | Pb |
|---|---|---|---|---|---|---|---|---|---|---|
| | | | | mg/L ($n$=8) | | | | ug/L ($n$=6) | | |
| 平均值 | 7.8 | 555.7 | 74.7 | 117.3 | 1.4 | 20.2 | 155.6 | 104.1 | 0.3 | 5.5 |
| 最小值 | 7.3 | 93.0 | 8.9 | 41.3 | 0 | 10.4 | 39.6 | 33.1 | 0.2 | 0.7 |
| 最大值 | 8.3 | 1244.8 | 289.6 | 303.6 | 3.4 | 34.4 | 392.4 | 184.4 | 0.5 | 8.2 |
| 卫生填埋场平均值 | 7.9 | 3633.3 | 1055.2 | 1219.0 | 8.1 | 49 | 53.7 | 22.1 | 119.8 | 241.5 |

注：简易填埋场渗滤液来自高桥填埋场，分别于 2008 年春、夏、秋季采集；卫生填埋场位于杭州，已运行 18 年。
资料来源：管益东 (2011)。

综上所述，简易填埋场渗滤液有如下特征 (杜叶红，2010)：

(1) 填埋场规模小，渗滤液水量小，且随季节变化大。

(2) 填埋场在地理位置上比较分散，产量少，难以实现集中、规模化处理。

(3) 污染物成分复杂，水质波动大；主要污染物为有机物、氮和重金属。

4) 简易填埋场周围地表水水质

简易填埋场周围地表水中 $COD_{Mn}$、$NH_3—N$、TN 和 TP 含量分别为 18.2mg/L、15.0mg/L、32.6mg/L 和 0.7mg/L；重金属 Cr、Ni、Cu、Zn、Cd 与 Pb 含量分别为 25.4μg/L、8.4μg/L、24.8μg/L、49.1μg/L、0.8μg/L 和 12.6μg/L。地表水中营养盐与重金属含量的变异系数分别在 100.8%～187.9% 与 122.3%～211.6% 之间，均具有极大的变异性；其中，$NH_3—N$ 浓度变异系数 (187.9%) 在营养盐中最大，Cd (211.6%) 与 Pb (200.4%) 变异系数在重金属中最大，这与简易填埋场固废参数描述性统计相似 (管益东，2011)。

此外，简易填埋场周围地表水中有机质与营养盐平均含量均明显高于地表水环境 III 类标准限值，而重金属平均含量均小于该限值，说明填埋场周围地表水中营养盐含量是影响地表水水质的首要因素。地表水综合污染指数 IPI 计算值表明：约 78.0% 水样归类为中度-严重污染；营养盐 IPI 值远大于重金属的 IPI 值，营养盐中 N 超标最为严重，$NH_3$—N 和 TN 超标率分别为 69.0% 与 88.1%，$COD_{Mn}$ 与 TP 超标率分别为 71.4% 与 64.3%。

5) 简易填埋场周围土壤污染评价

农村固废简易填埋场周围土壤中 TN、TP 和 OM 含量分别为 1659.0mg/kg、748.2mg/kg 和 20.3g/kg；重金属 Cr、Cu、Zn、Cd 与 Pb 含量分别为 42.7mg/kg、31.2mg/kg、161.8mg/kg、3.1mg/kg 和 31.0mg/kg。其中 TN、TP、Zn 与 Cd 的变异系数为 110.1%～269.7%，具有极大的变异性。距填埋场不同距离处，土壤中重金属 Cr、Cu、Zn、Pb、Cd 的变化规律并不明显(杜叶红，2010)。

与土壤背景值相比，填埋场周围土壤中 TN、TP、Cr、Cu、Zn 和 Cd 含量明显高于前者，有积累趋势，OM 与 Pb 含量与背景值接近。根据 Igeo(地累积指数值)分类标准，Cd、Cu 与 Cr 的 Igeo 平均值分别为 0.7、0.5 与 0.2，表明土壤中这些重金属的污染程度为未污染-中度污染；Zn 和 Pb 的平均 Igeo 值均小于 0，表明土壤基本上未受到 Zn 和 Pb 污染。Igeo 值由大到小依次为：Cd＞Cu＞Cr＞Zn＞Pb，有 18.5% 土壤样品 Cd 污染达到严重污染程度，只有 3.7%～7.4% 土壤样品中的 Cr、Cu 与 Zn 污染达到严重污染程度。总体而言，土壤 Cd 污染最重。与《土壤环境质量标准》(GB15618—1995)中 Cd 的 II 级标准相比，场内土壤 Cd 平均值是其 10.3 倍，Cu 与 Zn 最大值也高于标准值，而 Cr 与 Pb 含量均小于 II 级标准限制值。

简易填埋场周围水稻根、茎叶和籽粒重金属含量平均值均明显大于对照区，水稻重金属有明显积累趋势，表明填埋场周围 120m 范围内，水稻很可能受到了一定程度的重金属污染。为了更明确水稻重金属污染程度，将填埋场周围水稻籽粒重金属含量与食用标准阈值进行了比较，结果表明：填埋场周围的水稻籽粒 Cr 和 Pb 含量高于相应阈值，其中 Cr 含量分别是 MAC 值的 2.9～6.7 倍，Pb 是 MAC 值的 1.0～1.5 倍(水稻籽粒 Cr 和 Pb 阈值分别是 1.0mg/kg 和 0.2mg/kg，GB2762—2005)；而对照区水稻籽粒 Cr 和 Pb 含量分别是 0.923mg/kg 和 0.05mg/kg，均低于 MAC 值(管益东，2011)。在距填埋场分别为 20m 和 40m 处，各种金属含量在作物体内均较高，且地上部重金属含量明显居多，土壤中重金属更多地转移到了地上部和作物可食部分，势必对农产品安全造成影响(杜叶红，2010)。

需要指出，由于各地区垃圾的异质性，农村简易生活垃圾填埋场对周围土壤、地表水和地下水的污染也存在较大的差异。总体而言，根据管益东(2011)的研究，以土壤质量标准限制值为基准，为了保护人体健康，填埋场周围 100m 范围内土壤只适合作为林地，而不适合作为农业用地(用于食品、茶叶、蔬菜和水果生产)。

6) 简易填埋场地下水污染评价

基于现场调研和 1991～2014 年的相关报道，通过累计污染负荷比法对我国生活垃圾填埋场地下水的主要污染物进行了识别；并通过内梅罗指数法和地下水质量评分法对其地下水质量进行了评价。结果表明：我国生活垃圾填埋场地下水中已报道检出污染物共计 99 种，同时还有视觉污染指标 2 种，其他综合性污染指标 6 种。其中普遍性污染物主要包括：氨氮、硝酸盐、亚硝酸盐、高锰酸盐指数、COD、总硬度、氯化物、铁、锰、总大肠菌群、挥发酚等；局部性污染物主要包括：总磷、溶解性总固体、氟化物、硫酸盐、细菌总数、铬(六价)等；点源性污染物主要包括：三氯苯、镉、铅、汞、碘化物等，局部性和点源性污染物地区差异明显。我国生活垃圾填埋场附近地下水质量综合评分 $F$ 值为 7.85，属于极差级别，已受到严重污染。生活垃圾填埋场地下水检出污染物如表 4.20 所示(Han et al., 2016；韩智勇等，2015)。

表 4.20　生活垃圾填埋场地下水检出污染物

| 类别 | 名称 | 样本量/个 | 最小值/(mg/L) | 最大值/(mg/L) | 平均值/(mg/L) | 中位值/(mg/L) | 超标率/% | FI 值 | PI 值 |
|---|---|---|---|---|---|---|---|---|---|
| 视觉 | 色度 | 5 | 5.000 | 35.000 | 14.000 | 10.000 | 20.00 | 7.21 | 1.78 |
| | 浑浊度 | 5 | 1.500 | 11.560 | 6.012 | 5.000 | 80.00 | 9.06 | 3.07 |
| 有机物 | 高锰酸盐指数 | 282 | 0.100 | 46.700 | 2.073 | 1.350 | 16.67 | 7.18 | 11.02 |
| | COD | 107 | 0.300 | 1720.000 | 59.780 | 12.500 | 40.19 | 7.58 | 60.85 |
| | BOD$_5$ | 14 | 0 | 249.000 | 24.371 | 1.965 | 28.57 | 7.35 | 44.23 |
| 无机盐 | 硫酸盐 | 174 | 0.360 | 3160.000 | 140.997 | 72.750 | 10.34 | 7.17 | 8.95 |
| | 氯化物 | 342 | 0 | 2010.000 | 116.609 | 54.750 | 9.06 | 7.15 | 5.69 |
| | 氟化物 | 159 | 0.005 | 4.190 | 0.669 | 0.450 | 14.47 | 7.12 | 3.00 |
| | 碘化物 | 71 | 未检出 | 1.810 | 0.104 | 0.010 | 5.63 | 7.10 | 6.41 |
| | 氰化物/$10^{-3}$ | 49 | 未检出 | 20.000 | 1.806 | 1.500 | 0.00 | 2.19 | 0.28 |
| | 硝酸盐 | 406 | 0 | 683.700 | 14.746 | 0.705 | 10.34 | 7.17 | 24.18 |
| | 亚硝酸盐 | 339 | 未检出 | 2.212 | 0.077 | 0.003 | 24.19 | 7.33 | 78.25 |
| | 氨氮 | 365 | 未检出 | 306.000 | 2.694 | 0.133 | 43.56 | 7.78 | 1081.92 |
| | 总氮 | 4 | 1.160 | 425.000 | 116.950 | 20.820 | 100.00 | 9.51 | 311.69 |
| | 总磷 | 24 | 0.030 | 2.987 | 0.444 | 0.235 | 58.33 | 7.97 | 10.65 |
| | 碳酸氢盐 | 77 | 179.000 | 1578.000 | 560.421 | 522.820 | — | — | — |
| | 硅酸盐 | 41 | 11.200 | 39.100 | 23.485 | 23.200 | — | — | — |
| 金属 | 钾 | 82 | 0.010 | 91.100 | 7.031 | 1.435 | — | — | — |
| | 钙 | 92 | 1.550 | 539.540 | 111.579 | 87.335 | — | — | — |
| | 钠 | 85 | 0.310 | 872.000 | 110.243 | 80.500 | — | — | — |
| | 镁 | 87 | 1.000 | 212.600 | 54.523 | 45.200 | — | — | — |
| | 铝 | 42 | 0.010 | 1.100 | 0.183 | 0.035 | — | — | — |
| 重金属 | 铁 | 311 | 未检出 | 12.021 | 0.715 | 0.060 | 24.44 | 7.23 | 28.38 |
| | 锰 | 310 | 未检出 | 38.525 | 0.462 | 0.174 | 56.45 | 7.56 | 272.43 |
| | 铜 | 46 | 0.001 | 0.800 | 0.144 | 0.065 | 0 | 2.57 | 0.57 |
| | 锌 | 97 | 0.001 | 2.800 | 0.085 | 0.005 | 1.03 | 4.25 | 1.98 |
| | 钼/$10^{-3}$ | 30 | 未检出 | 14.000 | 1.767 | 1.000 | 0 | 2.13 | 0.10 |
| | 汞/$10^{-3}$ | 142 | 未检出 | 79.000 | 3.154 | 0.050 | 15.49 | 7.20 | 55.91 |
| | 砷/$10^{-3}$ | 83 | 未检出 | 52.000 | 4.921 | 3.500 | 2.40 | 7.08 | 0.74 |
| | 硒/$10^{-3}$ | 38 | 0.050 | 7.200 | 0.818 | 0.250 | — | — | — |
| | 镉/$10^{-3}$ | 114 | 0.000 | 0.080 | 0.002 | 0.001 | 1.75 | 7.16 | 5.66 |
| | 铬(六价) | 154 | 0.001 | 1.080 | 0.014 | 0.003 | 3.25 | 7.08 | 15.27 |
| | 铅 | 128 | 未检出 | 1.340 | 0.017 | 0.003 | 2.34 | 7.08 | 18.95 |

续表

| 类别 | 名称 | 样本量/个 | 最小值/(mg/L) | 最大值/(mg/L) | 平均值/(mg/L) | 中位值/(mg/L) | 超标率/% | FI 值 | PI 值 |
|---|---|---|---|---|---|---|---|---|---|
| 重金属 | 铍/$10^{-3}$ | 30 | 未检出 | 0.909 | 0.117 | 0.013 | 26.67 | 4.45 | 3.24 |
| | 钡 | 30 | 未检出 | 0.533 | 0.148 | 0.136 | 0 | 2.55 | 0.39 |
| | 镍 | 1 | 0.046 | 0.046 | 0.046 | — | — | — | — |
| 细菌学 | 总大肠菌群[1] | 192 | 未检出 | 16000.000 | 299.373 | 120.000 | 80.21 | 8.63 | 3771.90 |
| | 细菌总数[1] | 45 | 3.000 | 57000.000 | 3640.378 | 800.000 | 77.78 | 8.38 | 403.87 |
| 异性生物有机化合物 | 挥发酚 | 58 | 未检出 | 0.686 | 0.018 | $0.1×10^{-3}$ | 29.31 | 7.26 | 242.62 |
| | 苯[2] | — | 0.400 | 1.500 | — | | | | |
| | 甲苯 | 7 | 0 | 0.053 | 0.010 | 0.001 | 0 | 0 | 0.05 |
| | 乙苯/$10^{-3}$ | 30 | 未检出 | 0.210 | 0.083 | 0.075 | 0 | 0 | 0.0005 |
| | 二甲苯/$10^{-3}$ | 37 | 未检出 | 109.000 | 4.238 | 0.100 | 0 | 0 | 0.15 |
| | 邻苯二甲酸酯 | 13 | 0.006 | 21.874 | 17.364 | 18.536 | — | — | — |
| | 1,2-二氯苯/$10^{-3}$ | 28 | 6.150 | 277.450 | 81.498 | 54.780 | 0 | 0 | 0.20 |
| | 三氯苯/$10^{-3}$ [3] | 56 | 0.300 | 57.610 | 10.819 | 6.210 | 16.07 | 7.16 | 2.07 |
| | 三氯甲烷 | 2 | 未检出 | 2.120 | 1.130 | 1.130 | — | — | — |
| | 四氯化碳/$10^{-3}$ | 1 | 未检出 | 0.090 | 0.090 | 0.090 | — | — | — |
| | 三氯乙烯/$10^{-3}$ | 1 | 未检出 | 0.200 | 0.200 | 0.200 | — | — | — |
| | 四氯乙烯/$10^{-3}$ | 2 | 未检出 | 1.580 | 0.850 | 0.850 | — | — | — |
| | 苯并芘/$10^{-6}$ | 30 | 未检出 | 1.300 | 0.570 | 0.500 | 0 | 0 | 0.36 |
| | 萘/$10^{-3}$ | 13 | 未检出 | 57.930 | 6.022 | 0.400 | | | |
| | 邻苯二甲酸二乙酯(DEP)/$10^{-3}$ | 8 | 未检出 | 3.310 | 0.760 | — | — | — | — |
| | 邻苯二甲酸二异丁酯(DiBP)/$10^{-3}$ | 8 | 未检出 | 7.580 | 3.410 | — | — | — | — |
| | 邻苯二甲酸二正丁酯(DnBP)/$10^{-3}$ | 8 | 未检出 | 5.200 | 1.890 | — | — | — | — |
| | 双(2-甲氧基乙基)邻苯二甲酸酯(BMEP)/$10^{-3}$ | 8 | 未检出 | 0.880 | 0.110 | — | — | — | — |
| | 双(2-乙氧基乙基)邻苯二甲酸酯(BEEP)/$10^{-3}$ | 8 | 未检出 | 0.620 | 0.080 | — | — | — | — |
| | 酞酸二环己酯(DEHP)/$10^{-3}$ | 8 | 未检出 | 0.340 | 0.100 | — | — | — | — |
| | 磺胺甲恶唑(SMX)/$10^{-6}$ | 116 | — | 124.500 | 28.700 | — | — | — | — |
| | 抗菌增效剂(TMP)/$10^{-6}$ | 116 | — | 10.500 | 3.300 | — | — | — | — |
| | 氧氟沙星(OFX)/$10^{-6}$ | 116 | — | 44.200 | 9.100 | — | — | — | — |
| | 红霉素-$H_2O$(ETM-$H_2O$)/$10^{-6}$ | 116 | — | 12.400 | 5.600 | — | — | — | — |
| | 氯苯甲咪唑(CTZ)/$10^{-6}$ | 116 | — | 1.500 | 1.000 | — | — | — | — |
| | 氟康唑(FCZ)/$10^{-6}$ | 116 | — | 56.200 | 21.700 | — | — | — | — |
| | 酮康唑(KCZ)/$10^{-6}$ | 116 | — | 3.300 | 1.500 | — | — | — | — |
| | 咪康唑(MCZ)/$10^{-6}$ | 116 | — | 6.700 | 2.800 | — | — | — | — |
| | 伏立康唑(PCZ)/$10^{-6}$ | 116 | — | 0.800 | 0.300 | — | — | — | — |

续表

| 类别 | 名称 | 样本量/个 | 最小值/(mg/L) | 最大值/(mg/L) | 平均值/(mg/L) | 中位值/(mg/L) | 超标率/% | FI 值 | PI 值 |
|---|---|---|---|---|---|---|---|---|---|
| 异性生物有机化合物 | 戊唑醇(TCZ)/10⁻⁶ | 116 | — | 0.800 | 0.300 | — | — | — | — |
| | 布洛芬(IPF)/10⁻⁶ | 116 | — | 57.900 | 19.700 | — | — | — | — |
| | 吲哚美辛(IMC)/10⁻⁶ | 116 | — | 11.700 | 3.500 | — | — | — | — |
| | 萘普生(NPX)/10⁻⁶ | 116 | — | 86.900 | 67.000 | — | — | — | — |
| | 水杨酸(SA)/10⁻⁶ | 116 | — | 2014.700 | 47.300 | — | — | — | — |
| | 降固醇酸(CFA)/10⁻⁶ | 116 | — | 73.900 | 51.600 | — | — | — | — |
| | 对羟基苯甲酸甲酯(MP)/10⁻⁶ | 116 | — | 83.200 | 6.700 | — | — | — | — |
| | 对羟基苯甲酸乙酯(EP)/10⁻⁶ | 116 | — | 12.500 | 1.600 | — | — | — | — |
| | 对羟基苯甲酸丙酯(PP)/10⁻⁶ | 116 | — | 22.500 | 0.900 | — | — | — | — |
| | 邻苯基苯酚(PHP)/10⁻⁶ | 116 | — | 8.800 | 0.600 | — | — | — | — |
| | 三氯生(TCS)/10⁻⁶ | 116 | — | 39.900 | 8.700 | — | — | — | — |
| | 三氯卡班(TCC)/10⁻⁶ | 116 | — | 36.200 | 3.300 | — | — | — | — |
| | 非氯化二苯(NCC)/10⁻⁶ | 116 | — | 4.800 | 6.700 | — | — | — | — |
| | 双酚A(BPA)/10⁻⁶ | 116 | — | 160.300 | 6.600 | — | — | — | — |
| 综合性污染指标 | pH⁴⁾ | 295 | 5.390 | 8.940 | 7.491 | 7.480 | 2.71 | 7.07 | 0.96 |
| | 总硬度 | 256 | 2.000 | 2073.000 | 449.428 | 402.000 | 45.31 | 7.82 | 3.33 |
| | 溶解性总固体 | 84 | 5.180 | 4930.000 | 1123.952 | 835.000 | 38.10 | 7.71 | 3.58 |
| | 矿化度 | 35 | 200.180 | 10726.0 | 1056.843 | 753.880 | — | — | — |
| | 电导率⁵⁾ | 39 | 396.000 | 3999.000 | 1586.436 | 1378.00 | — | — | — |
| | 耗氧量 | 36 | 0.890 | 6.400 | 1.647 | 1.290 | — | — | — |

　　1)单位:个/L;2)文献(谢文垠,2009)中为范围值;3)包括1,2,3-三氯苯和1,2,4-三氯苯;4)无量纲;5)单位:μs/cm;
—为无数据。

　　7)臭气影响

　　填埋场垃圾降解产生的硫化物是臭气的主要来源之一。研究表明,73.6%的硫化物为二甲基二硫化物,是硫化物的主要组成。其他调查也表明填埋场最大的臭气浓度 365,二乙基硫醚也是主要的硫化物之一。填埋场覆盖区和操作区的释放速率相似,在操作区表明,二甲基二硫化物的释放浓度达到 345.9μg/(m³·h),在表层 0.2m 下的浓度是 0.4m下的 10.4 倍(Yue et al.,2014)。

　　此外,填埋场垃圾降解产生的非甲烷有机化合物(non-methane organic compounds)只占填埋气体体积浓度的 1%,但是也是臭气的主要来源之一。

　　8)健康影响

　　根据 Zender 等(2005)对美国农村露天生活垃圾场的调查发现,在 2005 年之前,95%的阿拉斯加州偏远农村的垃圾填埋场都是露天垃圾场,不能满足州标准,同时这些露天垃圾场中有 70%的都是极不合格的。

露天垃圾场容易成为小孩的玩耍场地；同时由于火灾风险，对环境和经济都会有负面影响，还有责任风险；由于景观和安全等影响，对旅游业的发展也会产生负面影响。在对 110 个村庄调查中发现，在 5 年内，至少 20%的村庄存在堆场事故的报道。

通常情况下，距离小于 3219m（2mile）的露天垃圾场会存在明显的健康风险。在流行病健康研究中，在距离露天垃圾堆场 1600m（1mile）以内的居民受到眼部刺激的影响是其他居民的 16 倍，引起头痛和虚弱的影响是其他居民的 3～4 倍。在露天堆场的村庄和村庄人口出生及先天性异常之间有很多显著的联系。在有露天堆场的村庄，新生儿在低和非常低的出生体重、早产、胎龄小等方面承受中度到高度的危害；居住在有高危害性填埋场村庄的母亲出生的婴儿比其他婴儿更容易产生各种出生缺陷。经常去露天垃圾场的居民受到虚弱、发烧、呕吐、肚子疼、眼睛和耳朵刺激、头痛、麻木的影响是其他居民的 2～3.7 倍。

此外，细胞学实验结果表明，农村垃圾渗滤液在染色体水平上能够致突变。但是这一结论并不能从遗传生物测定结果说明与人类健康相关（Bakare，2001）。

综上所述，简易生活填埋场由于缺乏二次污染防护措施，会造成局部地区地表水、地下水、土壤和空气污染，从而影响附近居民的身体健康。

### 3. 稳定化周期

根据王里奥等（2003）对城市生活垃圾简易堆放场稳定化周期的研究表明，垃圾堆放场的稳定化周期约 10 年，不同填埋年龄的简易填埋场生活垃圾特性如表 4.21 所示。

**表 4.21　简易生活垃圾填埋场不同稳定阶段垃圾特征**

| 填埋年龄/年 | 有机质含量 | 浸出液 COD 浓度 | 重金属含量浓度 | 评述 |
|---|---|---|---|---|
| 1～3 | 可降解的有机成分多，多数大于 15% | | 与垃圾场上游未受污染的土壤对比，重金属单因子倍数按大小顺序依次为 Hg、Cr、Pb、Cd、As | 筛下物少，垃圾处于不稳定状态 |
| 3～5 | 64%的垃圾样品的有机质含量为 15%～20%；18%的垃圾的有机质含量为 10%～15%，8%的垃圾样品的有机质含量小于 10% | 92%的垃圾样品浸出液 COD 小于 60mg/L，72%的小于 30mg/L，52%的小于 15mg/L | | 垃圾的有机质降解了较大部分，但不完全，垃圾较不稳定 |
| 5～10 | 55%的垃圾样品的有机质为 10%～15%，13%的垃圾样品的有机质小于 10% | 97%的垃圾样品浸出液 COD 小于 60mg/L，90%的小于 30mg/L，54%的小于 15mg/L | 依次为 Hg、Cr、As、Pb、Cd | 垃圾中的有机物大部分解，大多数为筛下物和不可降解的塑料类，可降解有机物小于 5%；垃圾降解比较充分，垃圾较稳定 |
| 10 以上 | 全部垃圾样品的有机质小于 18%，48%的垃圾样品的有机质为 10%～15%，54%的垃圾样品的有机质小于 12%，35%的垃圾样品的有机质小于 10% | 96%的垃圾样品浸出液 COD 小于 30mg/L，53%的小于 15mg/L | 对于堆放 10～20 年的垃圾，依次为 Hg、Cd、Cr、As、Pb；对于大于堆放 20 年的垃圾，依次为 Hg、As、Pb、Cr、Cd | 垃圾中没有可降解的有机物，绝大多数为筛下物和不可降解的塑料类，无气体产生；垃圾降解较充分，垃圾处于稳定化状态 |

对三峡库区堆存生活垃圾重金属含量特征的研究表明，总 As 随堆龄的增加呈上升趋势，总 Cr 随堆龄的增加呈下降趋势，总 Hg、总 Pb、总 Cd 与堆龄的关系不明显，这说明 As 不易向环境释放，Cr 易于释放。重金属对环境的风险影响程度依次为总 Hg、总 Cr、总 As、总 Pb、总 Cd（王里奥等，2006）。

### 4. 污染修复技术

结合农村简易生活垃圾填埋场的污染特征，其污染修复技术必须考虑环保可达性、工艺合理性和经济可行性。在有条件的地方，渗滤液处理可参照《生活垃圾填埋场渗滤液处理工程技术规范(试行)》(HJ 564—2010)进行设计，但需要找到经济技术在农村的最佳结合点。

1) 渗滤液处理技术

考虑到农村生活垃圾填埋场渗滤液的产量一般都较小，如果处理至二级标准甚至一级标准，势必增大工程投资及运行费用，增加当地的财政负担，导致处理工程"晒太阳"的现象。因此在实际工作中，需合理选择农村生活垃圾填埋场渗滤液的排放标准和处理工艺，尽可能采用操作简单、高效、廉价的处理工艺。但在大多数农村地区，当生活垃圾填埋场只能采用单独处理方式时，生物处理(厌氧+好氧)和土地处理应是优先考虑的方法。同时，通过渗滤液回灌等措施，充分发挥垃圾填埋层自身的处理能力，减轻后续处理工艺的负荷(贾韬，2006)。

另外，如同生活垃圾的处理应重视源头减量化一样，垃圾渗滤液的处理同样也应注重垃圾渗滤液的减量化。在农村生活垃圾填埋场的设计、建设及运行管理阶段，应采用各种技术手段、措施以减少渗滤液的产生，实现对渗滤液的有效控制与处理。

2) 简易填埋场场地修复技术

A. 场地修复技术概述

简易填埋场存在明显的土壤污染。土壤污染具有隐蔽性和滞后性、累积性和地域性、不可逆转性，以及治理难而周期长等特点。现有的污染场地修复方法主要包括物理修复、化学修复、生物修复和综合法等方法(表 4.22)。在农村简易填埋场场地的修复过程中，往往单一的一种方法很难达到理想的修复效果，在这种情况下，根据污染场地的特点及污染程度，可采用多种修复方法组合的综合修复方法。此外，植物修复由于有不造成二次污染、费用低、原位降解污染物等优点，也是一种极有前景的环境生物修复技术。因此，以生物方法为主体、组合其他方法的联合修复技术已成为污染场地土壤修复的主流发展方向之一。各类土壤修复技术的参数如表 4.23 所示。

**表 4.22　污染土壤的修复技术**

| 方法分类 | 手段 | 技术要点 |
|---|---|---|
| 化学法 | 化学淋洗法 | 水力压头推动淋洗剂注入被污染土壤中，再将已溶解和迁移的污染体抽出来，进行分离和污水处理。包括原位和异位 |
| | 固定/稳定化 | 加入固定/稳定剂，改变污染土壤中的理化性质，将污染物转为难溶、低毒物质。包括原位和异位 |
| | 溶剂浸提 | 利用溶剂将有害化学物质从土壤中提出来或去除，一般采用异位处置 |
| | 原位化学氧化 | 向土壤注入化学氧化剂，发生氧化反应，使污染物降解或转化为更稳定、迁移性更弱的无毒或低毒化合物 |
| | 原位化学还原 | 利用还原剂将土壤或地下水中的污染物还原为难溶态的物质，降低其迁移性和可利用性 |
| | 土壤性能改良 | 通过改良剂降低重金属、有机污染物的水溶性、迁移性和生物有效性，从而降低他们进入植物体、微生物体和水体的能力，减轻危害 |

续表

| 方法分类 | 手段 | 技术要点 |
|---|---|---|
| 物理法 | 换土法 | 把污染土壤提走,换入干净的土壤,并妥善处理换出的土壤,以防止二次污染。包括换土、去表土、客土、翻土等 |
| | 物理分离 | 利用土壤介质和污染物粒径、密度、磁性等物理性质差异,将颗粒物从胶体中分离出来,减少污染土壤的体积,去除颗粒污染物 |
| | 固化 | 加入一些固化剂(水泥、沥青等)与污染土壤混合,待混合物变硬变干,转化为结构完整且稳定的固态体,从而将污染物封装在其中 |
| | 玻璃化 | 土壤加热,污染物热解或蒸发去除,溶化冷却后形成惰性玻璃体 |
| | 电动 | 插入电极、施加低压直流形成电场,污染物向电极区富集,进行回收处理 |
| | 电热 | 用蒸汽、无线电波、高频电压和红外辐射等对土壤加热,污染物解吸出来,收集后处理 |
| | 蒸汽汽提 | 清洁空气注入污染土壤,负压驱使空气解吸有机污染物,收集后处理,包括原位和异位 |
| | 冰冻土壤 | 无害冷冻剂溶液输入管道使水分冻结,形成地下冻土层以容纳土壤或地下水中重金属、有机污染物和放射性污染物,防止迁移扩散 |
| | 高温处理 | 焚烧法(高温 920~1200℃)和等离子体高温(1500~1600℃)回收金属和有机气体 |
| 生物法 | 微生物 | 通过土著微生物或外源微生物提供最佳营养条件,保持其代谢活动功能,分解污染物 |
| | 植物 | 利用植物对土壤中污染物吸收、富集、转移和降解来修复土壤。包括植物提取、植物稳定、植物挥发、植物降解等 |

### 表 4.23　污染场地修复评级技术参数表

| 分类方法 | 技术 | 成熟性 | 适合的目标污染物 | 适合的土壤类型 | 治理成本 | 污染物去除率/% | 修复时间/月 |
|---|---|---|---|---|---|---|---|
| 污染源 | 植物修复 | 中试规模 | a~f | 无关 | 低 | <75 | 24 以上 |
| | 生物通风 | 规模应用 | b~d | D~I | 低 | >90 | 1~12 |
| | 生物堆 | 规模应用 | a~d | C~I | 低 | >75 | 1~12 |
| | 化学氧化 | 规模应用 | a~f | 不详 | 中 | >50 | 1~12 |
| | 化学氧化还原 | 规模应用 | a~f | 不详 | 中 | >50 | 1~12 |
| | 热处理 | 规模应用 | a~f 除 c | A~I | 中 | >90 | 1~12 |
| | 土壤淋洗(原位) | 规模应用 | a~f | F~I | 中 | 50~90 | 1~12 |
| | 土壤淋洗(异位) | 规模应用 | b~f | F~I | 中到高 | >90 | 1~6 |
| | 电动 | 中试规模 | e~f | 不详 | 高 | >50 | — |
| | 汽提技术 | 规模应用 | a~b | F~I | 低 | 75~90 | 6~24 |
| | 挖掘 | 规模应用 | a~f | A~I | 低 | >95 | 1~3 |
| 暴露途径 | 帽封 | 规模应用 | c~f | A~I | 低 | 75~90 | 6~24 |
| | 稳定/固化 | 规模应用 | c,e~f | A~I | 中 | >90 | 6~12 |
| | 垂直/水平阻控技术 | 规模应用 | c~f | A~I | 中 | — | 24 以上 |
| 受体 | 改变土地利用方式 | 规模应用 | a~f | A~I | 低 | — | — |
| | 移走受体 | 规模应用 | a~f | A~I | 低 | — | — |

注:a~f 为污染物类型。a.挥发性,b.半挥发性,c.重碳水化合物,d.杀虫剂,e.无机物,f.重金属;A~I 为土壤类型。A.细黏土,B.中粒黏土,C.淤滞黏土,D.黏滞肥土,E.瘀滞肥土,F.淤泥,G.砂质黏土,H.砂质肥土,I.砂土。

B.案例分析——四川某县简易生活垃圾填埋场场地调查与修复方案

a.简易填埋场概述

A 县 B 镇辖区面积 87km², 距县城 33km, 辖 12 个农业行政村和两个社区, 2015 年年末总人口 44114 人, 其中城镇人口 5038 人。镇内基础设施完善, 水、电、气、路、通讯功能齐全。境内主要以煤炭、冶铁、水泥、矸砖、冶金铸件、建材、玻璃等生产为主, 大力发展旅游业。

A 县 B 镇非正规垃圾填埋场位于低丘洼地-高地相邻的地形单元上, 占地面积约 6000m²。最初为红砖厂取土场, 后因闲置后, 当地居民利用其地形条件, 将未分类、预处理的生活垃圾就地堆放、填埋于此, 到修复为止使用时间约为 12 年。根据规划, 该场地修复后, 一部分土地在原址基础上新建一处垃圾处理站, 另一部分作为绿化用地使用。

b.填埋场场地情况

(1)场地地质构造与地层岩性。该场地在大地构造上位于为扬子准地台四川台坳川东陷褶束泸州弯褶束南段北部。A 县境内构造主要为古佛山背斜、黄泥坡断层和堆金湾断层。地层分区属扬子地层区四川盆地分区泸州小区。根据地面调查和区域地质资料, 区内出露地层主要有二叠系上统茅口组—侏罗系中统上沙溪庙组。

(2)水文地质条件。A 县地区地下水主要有 4 种类型: 红层砂泥岩风化带孔隙裂隙水、碎屑岩类孔隙裂隙水、三叠系嘉陵江组碳酸盐岩裂隙溶洞水和二叠系茅口组碳酸盐岩裂隙溶洞水。前两者出露于地表, 后两者深埋于区内。

(3)场地地形地貌与植被。该生活垃圾简易填埋场地形为低丘-洼地交替出现。丘陵高地整体沿东北—西南方向平行走向, 场地周边的西北、东南两侧方向为低洼处农耕地, 植被组成沿山体由高到低依次分布为针叶林、杂木灌丛、草地和水田人工植被, 其中, 水田为该区主要土地利用类型, 多分布在地形低洼处, 以种植水稻为主。

c.填埋场污染调查

(1)土壤与地下水监测方案。根据对 B 镇非正规垃圾填埋场的初步踏勘, 将潜在污染场地划分为两个区块: 区块 1(垃圾倾倒区)为海拔约 340m 的低洼平台, 现已清除所有垃圾, 地表裸露砖红色泥岩; 区块 2 在区块 1 正南, 由一高约 10m 的陡崖隔开, 垃圾运输车由区块 2 倾倒垃圾至区块 1, 故区块 2 地表为土壤垃圾混合, 地表以下 10~20cm 可见黄色和紫红色基岩(扫描封底二维码见附录 4.10)。此外, 在区块东西方向约 150m 处马尾松林内设置背景采样区(区块 3)。

结合《重点行业企业用地调查疑似污染地块布点技术规定》共布设 23 个采样点位; 其中区块 1 内布设 11 个采样点, 区块 2 布设 9 个采样点, 区块 3 布设 3 个采样点(图 4.29)。同时, 根据《地下水环境监测技术规范》(HJT 164—2004), 在场地东南侧 1~2km 范围布设 5 个地下水取样点。

(2)土壤与地下水污染评价。B 镇填埋场污染场地土壤按《建设用地土壤污染风险筛选指导值(三次征求意见稿)》中二类: 工业用地(M), 地下水按《地下水质量标准》GB/T14848—93 中III类标准进行评价。

图 4.29　土壤采样样点布设分布图(扫描封底二维码见附录)

　　评价背景区域内土样土壤呈酸性,而垃圾堆放区内因表层土壤剥离和钙质基岩裸露而呈中性或碱性;背景区对照土壤 83%点位的砷,垃圾填埋场内 76%点位的砷和 5%点位的镉含量超过《建设用地土壤污染风险筛选指导值(三次征求意见稿)》中二类工业用地筛选值。铜、铅、镍、锌均未超过筛选值。可见垃圾填埋场存量垃圾及表层土壤清理后,未见土壤污染,砷的超标主要是由于当地土壤砷背景含量较高所致,作为工业场地用地,除镉轻微污染外,总体为清洁水平。

　　由表 4.24 单项污染标准指数法的计算结果可见,该场地的地下水中总大肠菌群、高锰酸盐指数、氨氮严重超标,说明有机物污染严重;铁、锰含量也较高;无机污染物如氯化物、硝酸盐、氟化物、硫酸盐、亚硝酸盐等含量相对较高,由综合法和 Nemerow 法的计算结果可见场区地下水环境质量现状较差。

表 4.24　地下水中污染物单因素污染指数

| 监测项目 | 标准指数 | | | 标准限值 |
| --- | --- | --- | --- | --- |
| | DXS1-1 | DXS2-1 | DXS3-1 | |
| 总硬度 | 0.80 | 0.99 | 3.97 | ≤450 |
| pH | 0.33 | 0.55 | 0.45 | 6.5~8.5 |
| 铅 | 低于检出限 | 低于检出限 | 低于检出限 | ≤0.05 |
| 镉 | 低于检出限 | 低于检出限 | 低于检出限 | ≤0.01 |
| 铁 | 1.23 | 0.56 | 0.68 | ≤0.3 |
| 锰 | 2.7 | 0.562 | 2.26 | ≤0.1 |
| 铜 | 低于检出限 | 低于检出限 | 0.37 | ≤1.0 |
| 锌 | 0.039 | 低于检出限 | 0.056 | ≤1.0 |

续表

| 监测项目 | 标准指数 | | | 标准限值 |
| --- | --- | --- | --- | --- |
| | DXS1-1 | DXS2-1 | DXS3-1 | |
| 氨氮 | 2.25 | 0.8 | 3.85 | ≤0.2 |
| 挥发酚 | 低于检出限 | 低于检出限 | 低于检出限 | ≤0.002 |
| 总大肠菌群 | $7.3 \times 10^2$ | $1.8 \times 10^3$ | $6 \times 10^2$ | ≤3.0 |
| 氯化物 | 0.07 | 0.15 | 3.61 | ≤250 |
| 硝酸盐 | 0.03 | 0.14 | 3.28 | ≤20 |
| 氟化物 | 0.437 | 0.480 | 2.02 | ≤1.0 |
| 硫酸盐 | 0.06 | 0.14 | 1.56 | ≤250 |
| 亚硝酸盐 | 0.8 | 低于检出限 | 112 | ≤0.02 |
| 汞 | 0.23 | 0.20 | 0.36 | ≤0.001 |
| 砷 | 0.05 | 0.016 | 0.092 | ≤0.05 |
| 六价铬 | 0.96 | 0.3 | 0.36 | ≤0.05 |
| 氰化物 | 低于检出限 | 低于检出限 | 0.12 | ≤0.05 |
| 溶解性总固体 | 0.386 | 0.464 | 3.246 | ≤1000 |
| 高锰酸盐指数 | 2.46 | 0.85 | 13.16 | ≤3.0 |

(3) 土壤/地下水修复方案比选。场地调查结果表明，场地表层土壤中污染物质砷、铬等含量较高。根据场地化学污染物的种类和浓度、在场地中的分布状况及存在介质，结合 A 县 B 镇非正规垃圾填埋场场地所在区域的水文条件、土层结构及场地未来用途等场地特征，其修复技术必须符合技术有效、经济合理及修复周期短等条件，故提出以下几种修复技术(表 4.25)。

表 4.25    土壤/地下水污染治理和修复技术比选表

| 序号 | 技术名称 | 技术原理 | 应用参考因素 | | | 应用的适应性 | 应用的局限性 | 结论 |
| --- | --- | --- | --- | --- | --- | --- | --- | --- |
| | | | 成熟性 | 时间条件 | 资金水平 | | | |
| 1 | 生物堆技术 | 利用微生物降解土壤中的污染物 | 较成熟，实际应用较多 | 需要时间1~6月 | 费用较低 | 适用于石油等污染场地污染土壤 | 对于高沸点的油类，微生物降解能力降低 | 不建议采用 |
| 2 | 植物-微生物联合修复技术 | 降解、吸附土壤中的有机物 | 较成熟 | 需要时间长 | 费用较低 | 适用于低浓度的污染土壤，可改良土壤 | 修复周期长 | 建议采用 |
| 3 | 资源再利用 | 将污染土壤进行(免)烧砖、开发土壤营养基质等资源化利用 | 较成熟 | 较快 | 费用低 | 适用于污染物复杂场地，如垃圾填埋场 | 无 | 不建议采用 |
| 4 | 化学氧化 | 向土壤/地下水中注入化学氧化药剂与污染物产生氧化反应，使污染物降解或转化为低毒产物 | 技术成熟 | 根据土壤及污染物情况 | 中等 | 对于高浓度苯系物、卤代烃和多环芳烃等有机污染物较经济和有效 | 氧化剂的氧化能力强，使用不当易造成二次污染和安全隐患；修复效果受土质如渗透率影响 | 不建议采用 |

续表

| 序号 | 技术名称 | 技术原理 | 应用参考因素 | | | 应用的适应性 | 应用的局限性 | 结论 |
|---|---|---|---|---|---|---|---|---|
| | | | 成熟性 | 时间条件 | 资金水平 | | | |
| 5 | 化学淋洗 | 利用淋洗剂去除土壤污染物，土壤清洗干净后，处理含有污染物的淋洗废水和废液 | 较成熟 | 根据土壤及污染物情况 | 较高 | 适用于处理水溶性污染物、可促溶的有机物 | 不适用于黏粒含量较高的土壤；需配备专门的淋洗设备；对废水处理要求高 | 不建议采用 |
| 6 | 阻隔填埋 | 将污染土壤进行安全填埋 | 较成熟 | 处理周期短 | 较高 | 工艺简单 | 需要填埋场；污染物未被处理，有二次污染风险；对填埋场的密封性要求高 | 不建议采用 |
| 7 | PRB 技术 | 在污染地下水下游设置活性介质填充的屏障区，对地下水污染羽进行拦截、降解、吸附、沉淀等，从而净化地下水 | 国外应用较多 | 处理周期长 | 中等 | 可处理多种污染物，无二次污染，无占地。 | 处理周期较长，需定期监测 | 不建议采用 |
| 8 | 自然衰减技术 | 通过实施有计划的监控策略，依据场地自然发生的物理、化学及生物作用，使得地下水中污染物的数量、毒性、移动性降低到风险可接受水平 | 国外应用较多 | 处理周期长，数年或更长 | 较低 | 在环境条件适当时才能使用 | 对环境条件要求高；适用于对修复时间要求较长的情况；对长期监测和管理要求高 | 建议采用 |
| 9 | 抽出处理技术 | 将污染地下水抽出进行修复处理 | 成熟 | 根据地下水污染量和浓度而定 | 较高 | 可处理多种污染物 | 处理周期一般较长；不适用于吸附能力较强的污染物及存在 NAPL（非水相液体）的含水层 | 不建议采用 |

第一种，植物-微生物联合修复技术。植物-微生物联合修复是利用植物生长并联合微生物提高植物修复的能力，对土壤中的有机物进行降解、吸收从而达到修复的目的。植物-微生物联合修复技术是较为经济、高效和环保的一种修复方式。对场地内轻度污染的表层土修复可以采用植物-微生物联合修复的方法进行污染土壤的修复。

第二种，自然衰减技术。自然衰减技术主要用于对轻污染地下水的修复。通过实施有计划的监控策略，依据场地自然发生的物理、化学及生物作用，使得地下水中污染物的数量、毒性、移动性降低到风险可接受水平。对场地地下水水质监测发现，地下水存在一定程度的污染，但其污染源来源复杂，而且该区地下水深度一般在50m以下，很难利用常规方法修复地下水。因此，采用自然衰减技术修复场地污染地下水是一种经济、实惠的方法。

3) 简易填埋场地下水污染修复

A.简易填埋场地下水污染评估工作程序

非正规生活垃圾临时堆放点地下水基础环境现状调查评估技术工作程序见图 4.30。

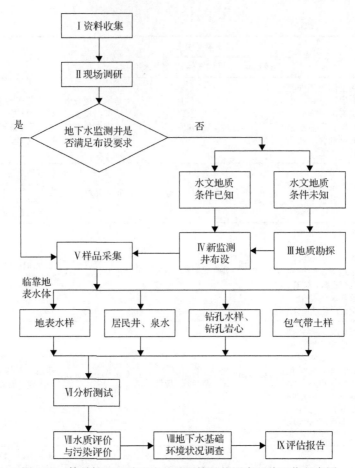

图 4.30　简易填埋场地下水基础环境现状调查评估工作程序图

B.案例分析——四川某镇简易生活垃圾填埋场地下水污染修复

a.简易填埋场概述

B 镇地处 A 县域中西部，坐落在沱江上游。B 镇西距成都市区 48km，北距 A 县城 23km，处于成都经济 1 小时圈内。B 镇简易生活垃圾填埋场位于 B 镇沱江左岸工业园区中部。

A 县 B 镇非正规生活垃圾临时堆放点位于 A 县工业园区中部，主要利用园区内因场地平整而开挖形成的洼地，堆放未经压实处理的生活垃圾。该临时堆放点自 2014 年 2 月开始运营，服务人口 7.0 万人，日处理量 50t，据估算累计填埋垃圾量约为 5.5 万 t，厚度约 10m。该堆放点已于 2017 年 1 月停止堆填，并进行简单的覆土掩埋和遮尘网。场内无垃圾渗滤液和填埋气体的收集、导排和处理设施，无防渗系统，存在不同程度的土壤和地下水污染。

b.填埋场场地情况

(1)水文地质条件。A 县 B 镇属亚热带季风气候，气候温和，四季分明，雨量充沛，湿度大，云雾多，乏日照，平均风速小，无霜期长，大陆性季风气候显著。年均气温为 16.6℃，年相对湿度为 80%，年平均降水量为 924.6mm。B 镇内主要地表水系为沱江水系，其流域面积在 $50km^2$ 以上的河流有 13 条。

(2)地形地貌。该简易填埋场位于 B 镇东部的工业园区，坐落于沱江左岸，地貌主要呈浅丘地貌，场区地势平缓，微微向西倾斜。场区西侧 1095m 处为该填埋场所在区域最低排泄基准面沱江(自北向南径流)。本研究区地形地貌及水系见扫描封底二维码见附录 4.11。

(3)地层岩性与地质构造。本研究区出露地层单一，属于川中红层丘陵风化带裂隙水水文地质区，主要为白垩系下统天马山组($K_1t$)地层，该地层岩性特征为紫红色砂、泥岩不等厚互层；砂岩成分以长石、云母为主，泥岩成分以黏土矿物为主；地层厚度为 $42\sim230m$。

填埋场所在地大地构造处于龙泉山褶皱带东侧。区内构造较复杂，断层较发育，项目区周边主要地质构造有中兴场向斜、周家庄逆断层和红花塘逆断层，均位于本填埋场西侧。

(4)地下水类型及补给、径流和排泄。B 镇生活垃圾临时堆放点位于沱江左岸，为浅丘地貌，主要出露白垩系下统天马山组($K_1t$)砂、泥岩。根据地下水埋藏条件及含水层介质，填埋场所在区地下水主要类型为白垩系下统天马山组($K_1t$)碎屑岩类浅层风化裂隙水。该类水主要赋存于白垩系下统天马山组($K_1t$)碎屑岩类浅层风化裂隙中。根据水文地质钻探成果，场区下伏碎屑岩类浅层风化裂隙潜水含水层的水位埋深为 $7.1\sim11.5m$。

场地区地下水主要类型为碎屑岩类浅层风化裂隙水，其地下水补给来源主要为大气降水补给，地下水于白垩系下统天马山组($K_1t$)碎屑岩类浅层风化裂隙中赋存，并随裂隙发育方向运移。天然状态下，沱江为当地最低侵蚀基准面，为地下水排泄主要受纳水体，仅雨季地表水位上涨速率远大于地下水上涨的条件下，沱江对周边局部范围内地下水进行补给。受沱江流向及地形条件控制，场地地下水由北东向南西径流排泄至沱江。

(5)地下水水位统测。在 2017 年 3 月，对评价区内分布的 3 个水井(J1~J3，其中 J2 和 J3 已废弃)和 5 个钻孔(ZK1~ZK5)进行了水位统测。根据居民井(钻孔)水位数据统计结果，调查的居民水井孔口高程为 $451\sim454m$，井深为 $50.00\sim80.00m$，水位埋深为 $8.70\sim13.16m$，水位高程 $439.80\sim442.30m$；场区内的钻孔孔口高程为 $442.00\sim447.60m$，钻井深度为 $21.50\sim23.00m$，水位埋深 $7.1\sim11.5m$，水位高程 $431.74\sim438.80m$。

(6)地下水功能划分及开发利用现状。根据《全国地下水功能区划分技术大纲》的要求和实地调查评价区的地下水环境状况，调查区内地下水环境的主要功能为地下水资源功能中的分散式供水水源功能。

(7)补充水文地质勘察。在研究区地下水下游(西侧)附近共布设 5 个水文地质钻孔，钻孔编号分别为 ZK1、ZK2、ZK3、ZK4 和 ZK5。水文地质压水试验，A 县县域内白垩系天马山组砂泥岩渗透系数为 $0.0748\sim0.1713m/d(8.66\times10^{-5}\sim1.98\times10^{-4}cm/s)$，侏罗系蓬莱镇组砂泥岩渗透系数为 $0.2383\sim0.2433m/d(2.76\times10^{-4}\sim2.82\times10^{-4}cm/s)$；根据包气带渗水试验成果，A 县县域内杂填土渗透系数为 $0.016\sim0.060m/d(1.85\times10^{-5}\sim6.94\times10^{-5}cm/s)$，粉质黏土渗透系数为 $0.021\sim0.039m/d(2.43\times10^{-5}\sim4.51\times10^{-5}cm/s)$；地下水化学特征调查结果显示，评价区地下水 pH 为 $6.32\sim7.72$，呈弱酸弱碱性，除 J1 和 J3 外，矿化度为 $432\sim893mg/L$，均小于 $1g/L$，属弱矿化度水。评价区地下水水样阳离子包括 $Ca^{2+}$ 和 $Mg^{2+}$，阴离子为 $HCO_3^-$、$Cl^-$。

c.场地地下水环境质量评价

(1)监测布点。场地监测共布设地下水质监测点 8 组，包括居民井 3 组，编号分别为 J1、J2 和 J3，J1(居民井)位于堆放点上游，与堆放点距离为 742m，J2、J3(废弃居民井)位于堆放点西侧，与堆放点距离分别为 969m 和 811m，将其视为地下水背景值监测点；钻孔水样 5 组，编号分别为 ZK1～ZK5，钻孔依次分布于堆放点南西侧下游，监测点位置见图 4.31。

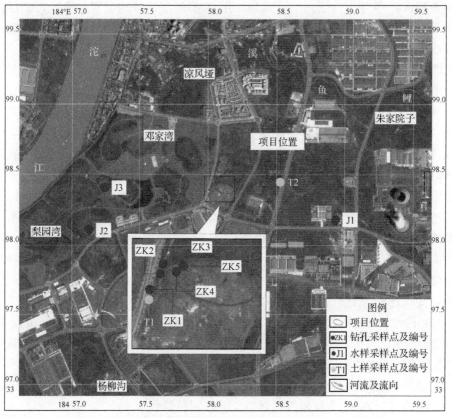

图 4.31　简易填埋场场地采样点位置图(扫描封底二维码见附录)

(2)监测与评价结果。包括地下水污染评价和包气带污染评价。

地下水污染评价。在 2017 年 3 月，评估区采集的 8 组地下水(J1～J3，ZK1～ZK5)，其水质监测结果见表 4.26。

采用《地下水质量标准》(GB/T 14848—93)中的单项组分评价方法和综合评价对该简易填埋场地下水水质进行评价。

根据地下水质量单项组分评价结果，评估区背景水样 J1、J2、J3 检测指标中，超过地下水质量Ⅲ水体标准的指标包括：总硬度、溶解性总固体、硝酸盐、总大肠菌群数，其他指标均达到地下水质量Ⅲ类水体标准。污染监测钻孔水样(ZK1～ZK5)检测指标中，超过地下水质量Ⅲ水体标准的指标包括 pH、总硬度、铁、高锰酸盐指数、硝酸盐、亚硝酸盐、氨氮、氟化物、铅、总大肠杆菌，超标因子明显增多。

**表 4.26　评估区地下水水质现状监测结果统计**

| 监测指标 | 单位 | 监测值 | | | | | | | | $C_{III}$ |
| --- | --- | --- | --- | --- | --- | --- | --- | --- | --- | --- |
| | | 背景值 | | | 污染监测孔 | | | | | |
| | | J1 | J2 | J3 | ZK1 | ZK2 | ZK3 | ZK4 | ZK5 | |
| pH | — | 6.93 | 6.72 | 6.75 | 6.32 | 7.43 | 7.67 | 7.33 | 7.72 | 6.5~8.5 |
| 总硬度(以 $CaCO_3$ 计) | mg/L | 468 | 491 | 535 | 524 | 479 | 420 | 375 | 269 | ≤450 |
| 溶解性总固体 | mg/L | 1360 | 728 | 1260 | 893 | 724 | 654 | 612 | 432 | ≤1000 |
| 硫酸盐 | mg/L | 58.8 | 56.8 | 84.4 | 59.4 | 41.4 | 32.4 | 37.8 | 42.5 | ≤250 |
| 氯化物 | mg/L | 33.3 | 54.6 | 64.0 | 124.0 | 42.7 | 39.1 | 19.1 | 10.9 | ≤250 |
| 铁(Fe) | mg/L | 0.001 | 0.016 | 0.004 | 0.382 | 0.156 | 0.077 | 0.156 | 0.180 | ≤0.3 |
| 锰(Mn) | mg/L | 0.001 | 0.001 | 0.001 | 0.080 | 0.079 | 0.068 | 0.046 | 0.006 | ≤0.1 |
| 铜(Cu) | mg/L | ND | ND | ND | ND | ND | 0.003 | ND | ND | ≤1 |
| 锌(Zn) | mg/L | 0.003 | 0.002 | 0.001 | 0.080 | 0.004 | 0.013 | 0.004 | 0.002 | ≤1 |
| 挥发性酚类(以苯酚计) | mg/L | ND | ND | ND | ND | ND | ND | ND | ND | ≤0.002 |
| 高锰酸盐指数 | mg/L | 1.16 | 0.83 | 0.97 | 3.42 | 2.27 | 3.72 | 1.83 | 4.38 | ≤3 |
| 硝酸盐(以 N 计) | mg/L | 8.27 | 23.30 | 26.80 | 30.50 | 36.30 | 15.70 | 11.10 | 2.34 | ≤20 |
| 亚硝酸盐(以 N 计) | mg/L | 0.002 | ND | 0.001 | 0.088 | 0.016 | 0.007 | 0.013 | 0.002 | ≤0.02 |
| 氨氮($NH_4$) | mg/L | ND | ND | ND | 0.793 | 0.369 | 0.820 | 0.686 | 0.834 | ≤0.2 |
| 氟化物 | mg/L | 0.59 | 0.48 | 0.51 | 0.87 | 0.68 | 0.60 | 0.65 | 1.08 | ≤1 |
| 氰化物 | mg/L | ND | ND | ND | ND | ND | ND | ND | ND | ≤0.05 |
| 汞(Hg) | mg/L | ND | ND | ND | ND | ND | ND | ND | ND | ≤0.001 |
| 砷(As) | mg/L | 0.0008 | 0.001 | 0.0008 | 0.0008 | 0.001 | 0.0014 | 0.0008 | 0.0005 | ≤0.05 |
| 镉(Cd) | mg/L | 0.002 | 0.001 | 0.001 | ND | ND | ND | ND | ND | ≤0.01 |
| 铬(六价)($Cr^{6+}$) | mg/L | ND | ND | ND | ND | ND | ND | ND | ND | ≤0.05 |
| 铅(Pb) | mg/L | ND | ND | ND | 0.063 | 0.013 | ND | 0.011 | ND | ≤0.05 |
| 阴离子合成洗涤剂 | mg/L | ND | ND | ND | 0.067 | ND | ND | ND | ND | ≤0.3 |
| 总大肠菌群 | 个/L | 790 | 700 | 630 | 170 | 2400 | 2400 | 170 | 2400 | ≤3 |

　　根据地下水质量综合评价结果，评估区背景井地下水水质 $F$ 值为 4.28~4.29，地下水水质为较差，而污染监测钻孔水水质 $F$ 值为 7.12~7.43，甚至 ZK1 水质评估至极差，较之背景井水质已明显恶化，垃圾临时堆放点已对周边地下水环境产生一定污染。

　　根据上述地下水质量现状评价和地下水污染现状评价，本项目所在区域地下水环境已受垃圾堆放点渗滤液下渗的影响而导致区内的地下水水质恶化。

　　包气带污染评价。对比研究区上游表层包气带 $T2$ 与项目下游表层包气带 $T1$ 浸溶液监测结果(表 4.27)。本项目区下游包气带 $T1$ 浸溶液中，Cu、挥发性酚类、氰化物、Hg、Cd、$Cr^{6+}$、Pb 及阴离子合成洗涤剂为未检出；pH 与背景值接近，无明显变化；Mn、Zn、硝酸盐、亚硝酸盐及氟化物在下游包气带浸溶液中检测结果低于或基本等于背景值检测结果，其余硫酸盐、氯化物、Fe、高锰酸盐指数、氨氮和 As 在下游包气带浸溶液中检测结果高出背景值检测结果 0.26~3.05 倍。

综上，本研究区下游包气带已受到垃圾堆放点一定程度的污染。

**表 4.27　场地包气带浸溶液监测结果统计**

| 序号 | 项目 | 单位 | 监测值 | |
|---|---|---|---|---|
| | | | $T1$ | $T2$(背景值) |
| 1 | pH | — | 8.13 | 8.04 |
| 2 | 硫酸盐 | mg/L | 3.88 | 1.28 |
| 3 | 氯化物 | mg/L | 1.89 | 0.677 |
| 4 | 铁(Fe) | mg/L | 0.467 | 0.344 |
| 5 | 锰(Mn) | mg/L | 0.071 | 0.182 |
| 6 | 铜(Cu) | mg/L | ND | ND |
| 7 | 锌(Zn) | mg/L | 0.001 | 0.031 |
| 8 | 挥发性酚类(以苯酚计) | mg/L | ND | ND |
| 9 | 高锰酸盐指数 | mg/L | 2.18 | 1.26 |
| 10 | 硝酸盐(以 N 计) | mg/L | 0.65 | 0.92 |
| 11 | 亚硝酸盐(以 N 计) | mg/L | 0.007 | 0.007 |
| 12 | 氨氮 | mg/L | 1.81 | 1.11 |
| 13 | 氟化物 | mg/L | 0.16 | 0.20 |
| 14 | 氰化物 | mg/L | ND | ND |
| 15 | 汞(Hg) | mg/L | ND | ND |
| 16 | 砷(As) | mg/L | 0.0011 | 0.004 |
| 17 | 镉(Cd) | mg/L | ND | ND |
| 18 | 铬(六价)($Cr^{6+}$) | mg/L | ND | ND |
| 19 | 铅(Pb) | mg/L | ND | ND |
| 20 | 阴离子合成洗涤剂 | mg/L | ND | ND |

注：阴影表示超过背景值的超标值。

d.地下水环境变化趋势预测评估

（1）地下水环境污染预测方案。地下水污染趋势预测模拟时间设置为 30 年，根据填埋场工程状态工设置两种工况。其中工况 1#：就地封场以最大限度减少渗滤液产生量的基础上依靠地下水的自净能力使其环境进行自然恢复；辅以帷幕灌浆阻止污染羽的扩散迁移，将地下水控制在局部范围；并在帷幕墙内布置污水收集井抽出污染地下水加速地下水环境恢复。工况 2#：仅如调查现状进行简易覆盖。

（2）预测方法。基于资料收集和现场调查，分析并掌握填埋区的环境和水文地质特征，建立地下水流动的污染物迁移的数学模型，根据工程特征确定各条件下的污染源强及预测参数，建立以 Visual MODFLOW 数值计算的水量和水质预测模型，针对该填埋场在采取整治措施和未采取整治措施两种情况，地下水恢复情况进行预测。

（3）预测结果。以现状拟合的污染现状，采用 MT3DMS 模块对各预测因子在不同工况条件下地下水环境变化趋势进行模拟预测，工况 1#模拟结果见图 4.32，工况 2#模拟结果见图 4.33。

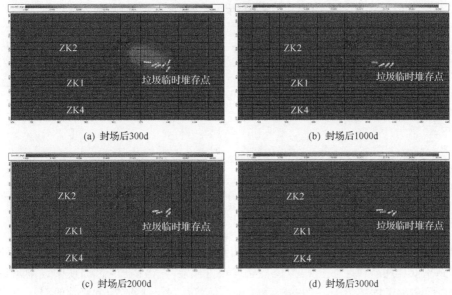

图 4.32　堆放点周边 $COD_{Mn}$ 贡献值分布（工况 1#）（扫描封底二维码见附录）

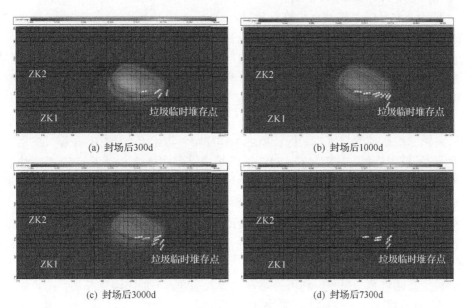

图 4.33　堆放点周边 $COD_{Mn}$ 贡献值分布（工况 2#）（扫描封底二维码见附录）

不同工况堆放点各污染物变化趋势及影响程度见表 4.28。

采取相应封场及地下水动力阻隔措施的工况 1#，在封场后 2000d，$COD_{Mn}$ 最大贡献值为 2.5mg/L，仅堆放点区域超标；封场后 5000d，氨氮最大贡献值为 0.16mg/L，地下水中氨氮浓度恢复至Ⅲ类水体标准。而未采取相应封场及地下水动力阻隔措施的工况 2#，需在封场后逾 10000d，方将 $COD_{Mn}$ 超标范围控制于堆放点区域；封场后 10000d，氨氮最大贡献值为 1.6mg/L，下游 90m 范围地下水中氨氮仍超出 GB/T14848—93Ⅲ类水体限值标准。

表 4.28  不同工况条件地下水环境中污染物变化趋势

| 输出时间（封场后） | COD$_{Mn}$ | | | | 氨氮 | | | |
| | 最大贡献值/(mg/L) | | 超标范围/m | | 最大贡献值/(mg/L) | | 超标范围/m | |
| | 工况 1# | 工况 2# | 工况 1# | 工况 2# | 工况 1# | 工况 2# | 工况 1# | 工况 2# |
|---|---|---|---|---|---|---|---|---|
| 100 | 20 | 25 | 75 | 75 | 8 | 9 | 80 | 90 |
| 300 | 14 | 25 | 70 | 75 | 6 | 8 | 80 | 110 |
| 1000 | 6 | 18 | 45 | 80 | 3 | 8 | 75 | 140 |
| 2000 | 2.5 | 16 | 边界内 | 80 | 1.2 | 7 | 60 | 150 |
| 5000 | 1.4 | 6 | — | 50 | 0.16 | 3.5 | 边界内 | 180 |
| 10000 | 0.25 | 3.5 | | 边界内 | 0.08 | 1.6 | 边界内 | 90 |

注：GB/T14848-93Ⅲ类水体标准为 COD$_{Mn}$≤3mg/L、氨氮≤0.2mg/L；COD$_{Mn}$ 本底值为 1mg/L，氨氮为未检出，检出限值 0.025mg/L。

通过两组模型对比分析，工况 2#采取的封场及地下水动力阻隔措施对地下水环境的恢复起到重要作用。由于数值模拟边界条件设置限制，无法在运行周期中途刻画防渗帷幕墙体，而实际工程施工中施加的防渗帷幕墙体将相对于工况 2#更有效的对污染的迁移进行阻隔，控制污染羽的迁移范围。

e.主要地下水环境保护及污染恢复措施

根据现状监测和评价，以及预测结果，提出如下措施：

（1）采用工艺先进、技术可靠、经济合理的封场覆盖系统，减少渗滤液的产生量。

（2）根据《生活垃圾填埋场封场技术规程》（CJJ112—2007），填埋场封场必须建立完整的封场覆盖系统，结合现场实际情况，覆盖系统包括基础层、排气(兼导渗)系统、防渗层、排水层和植被层。

（3）封场系统应控制坡度，以保证填埋堆体稳定，防止雨水侵蚀。根据《生活垃圾卫生填埋场封场技术规程》（CJJ112—2007），垃圾堆体顶面坡度不应小于 5%；当边坡坡度大于 10%时宜采用台阶式收坡，台阶间边坡坡度不宜大于 1：3，台阶宽度不宜小于 2m。

（4）设置排水沟，实施雨污分流，减少雨水进入垃圾库区，减少渗滤液产生量。

（5）设置渗滤液导排收集系统，在封场后垃圾库区下游方向，靠近设计防渗帷幕墙处设置渗滤液抽排井，定期使用水泵对井内的渗滤液进行抽排，并由吸污车定期进行收集外运处理。

（6）设置防渗帷幕墙系统，利用帷幕灌浆深入基岩，形成防渗帷幕墙，防止垃圾渗滤液从地下水通道渗入下游沱江，污染沱江流域。

（7）建立完善的地下水质监测系统，系统中应包括渗滤液下渗主流方向、侧向及本底值监测井，监测井的布设要求在帷幕内、外均有设置。

# 4.4  农村生活垃圾处理与处置对策

## 4.4.1  农村地区对生活垃圾处理处置的技术需求

我国农村地区范围大，人口密度较小，且社会经济综合实力相对较弱，其自身特点对生活垃圾处理处置的技术需求主要体现在以下 4 个方面(刘一威，2012)。

### 1. 人口影响的技术需求

人口的影响主要包括两个方面：一是人口总数的影响；二是人口密度的影响。就单一镇、乡、村的人口总数而言，小城镇人口多在 1 万~5 万人，超过 5 万人的极少；乡村一级更少，几百至几千人不等。按照人均日排放生活垃圾 0.521kg 计算，生活垃圾日产生量一般不会超过 25t。从形成垃圾处理经济规模考虑，单一小村镇建设垃圾处理设施是不合适的。

就人口密度而言，小城镇与大中城市不在同一数量级，大中城市人口密度（人/km²）多在 1000 以上，而小城镇多为几百，乡村更少，多为十几到几十之间，尤其是在西部地区。这就出现了一个农村生活垃圾产生源分散，垃圾收集点多面广的问题，同样数量的生活垃圾在农村的收运范围就远比在大中城市要广得多。因此，农村和大中城市的垃圾收集运输系统及配套设备设施截然不同：前者收运系统分散，转运设施及机械数量多；而后者收运系统集中，转运设施及机械数量少，但规模大。

### 2. 经济条件影响的技术需求

一般而言，同一技术类型的垃圾处理设施，单位处理能力投资和单位处理成本随处理规模的增大而减少。但在同一地区内，农村的经济水平与经济实力远低于大中城市。农村生活垃圾处理处置在经济因素上有两方面的技术需求：一方面急需建设资金，且因处理规模偏小而需要更多的资金；另一方面，要求选择建设和运行费用更低廉的技术。

### 3. 自然环境条件影响的技术需求

西部农村多处于丘陵和山区地带，地形、地貌复杂，水文地质、工程地质、气候、风向等诸多条件影响甚至制约现有垃圾处理技术在西部农村的有效应用。例如，某垃圾处理厂位于某村镇的下风和水体的下游，但同时却是另一村镇的上风和水体的上游。又比如某一山谷适合于某村镇镇垃圾填埋场的建设，但其场址下方地下水源却通往另一村镇的镇饮用水源。诸如此类的问题，不仅制约着单一村镇的生活垃圾处理设施建设，而且也可能会影响到其邻近村镇的生态环境。

### 4. 技术力量影响的技术需求

垃圾处理设施的运行管理所需要的专业技术人员，即使在大中城市也比较缺乏，更不用说在整体文化素质相对较低的农村。部分相对富裕的农村地区，投放较多的财力，建设了有一定技术水平的处理设施，购置了配套设备，但由于缺乏必要的技术力量消化、吸收及科学管理，而最终将设施和设备闲置，未能发挥其效能。

当前，农村生活垃圾处理工作取得了一定的成就和成功经验，但由于受其自身特点的影响，尚存在着一些不足，如设施处理能力普遍较小，不能形成经济规模；受行政区划或自然条件影响，不易选择合适的建设地点；资金和技术力量分散，投资综合效益较低；技术方法单一，未能针对不同地区农村生活垃圾特点，进行分类处理及综合利用；处理工艺较简单，科学化、规范化管理水平较低。

实际情况表明，农村有着截然不同于大、中城市的社会、经济及自然环境条件，仅靠单一乡镇自身是无法解决上述问题与矛盾的，必须突破大、中城市处理垃圾的一般模式，从区域化管理的角度探求新的农村生活垃圾处理模式与方法。从整体上来看，农村需要无害化效果好、建设及运行费用低、运行管理简单的生活垃圾处理处置工艺与技术。

### 4.4.2 各种处理处置技术的比较分析

#### 1. 技术比较分析

各种农村生活垃圾处理处置技术的优缺点比较如表 4.29 所示。

**表 4.29　农村生活垃圾各处理技术比较分析**

| 技术 | 主要技术参数 | 优点 | 缺点 | 适宜性分析 |
|---|---|---|---|---|
| 生物反应器 | 渗滤液回灌与导排、填埋气体导排、通风与防渗、运行操作 | 有利于分散处理，节约收运成本；可促进生活垃圾的快速降解，缩短稳定化周期；促进生活垃圾的资源化利用，降低渗滤液处理难度和费用 | 占地较多，运行操作较复杂，技术尚不成熟，推广较困难 | 可适宜于各种类型的农村生活垃圾处理 |
| 蚯蚓堆肥 | 蚯蚓种类、垃圾碳氮比、温度、湿度、有毒有害物质、蚯蚓投加密度 | 工艺较简单，投资和运行费用少，无二次污染，处理后的蚓粪、蚓体可实现资源化利用，也可实现农村有机垃圾—堆肥—农业生产的循环利用 | 占地较多，蚯蚓生长繁殖条件较难控制，受垃圾成分影响较大，推广较困难 | 适宜于以种植、养殖业为主的农村地区，适宜于中小规模的垃圾处理 |
| 堆肥 | 有机质含量、温度、湿度、含氧量、pH、碳氮比 | 工艺较简单，建设和运行成本较低，改良土壤，可实现农村有机垃圾—堆肥—农业生产的循环、资源化利用 | 占地较多，存在渗滤液和臭气的潜在二次污染，堆肥品质受垃圾组分影响大，不易控制；市场不足，需要对堆肥残渣进行无害化处理 | 适宜于以种植业为主的农村地区，适宜于不同规模的垃圾处理，垃圾中生物可降解有机物含量大于40% |
| 厌氧消化 | 有机质含量、温度、湿度、密封性、pH、碳氮比 | 占地较小，工艺较简单，建设和运行成本较低，可提供清洁能源沼气，沼渣沼液综合利用可实现农村有机垃圾—厌氧发酵—农业生产的循环、资源化利用 | 易受季节温度变化的影响，存在沼气爆炸的事故风险，部分地区沼渣沼液难以就地消纳而污染环境 | 适宜于以养殖业、种植业为主的农村地区，适宜于不同规模的垃圾处理 |
| 垃圾衍生燃料 | 生活垃圾的组成、状态、热值 | 占地面积少，可回收热能，运输、储存方便 | 烟气二次污染环境风险较高，尚无适应农村的成熟技术，推广困难 | 适宜于可燃物含量高的农村地区，宜与农业废弃物一起制备垃圾衍生燃料 |
| 热解 | 温度和停留时间、含水率、进风量、垃圾组分等 | 占地少，运输储存方便，具有减量化效果，二次污染较少 | 烟气二次污染风险较高，操作控制要求较高，灰渣和碳回收利用途径限制 | 适应性较广，适宜于可燃物含量较高，含水率较低的农村地区 |
| 焚烧 | 搅动程度、温度和停留时间、垃圾含水率、过剩空气、燃烧室装填情况、维护和检修 | 减量减容效果好，无害化彻底，潜在热能可回收利用，稳定化时间短，占地小 | 建设和运行成本高，烟气二次污染风险高，操作复杂，管理要求很高，废水、废气、灰渣环保排放要求严格 | 适宜于经济发达、人口密集、垃圾热值高、土地紧张的农村地区；适宜于集中或组团处理；平均低位热值大于5000kJ/kg |
| 填埋 | 场地水文地质条件、地形地貌、气候条件、防渗方式与类型 | 工艺和操作简单，投资和运行费用少，处理适应性强，能同时处理焚烧、堆肥等产生的灰渣和残渣 | 垃圾减容少，占地面积大，稳定时间长，产生温室气体和异味，二次污染的潜在风险期长 | 可适宜于各种类型的农村生活垃圾处理，尤其适应土地资源丰富低廉，水文地质条件适合的山地、丘陵地区 |

选择适当的农村生活垃圾处理技术取决于多种因素(如技术因素、经济因素、政治因素、环境因素等)，其中很多因素都依赖于当地条件，一般应考虑[①]：

(1)农村生活垃圾的成分和性状。

(2)处理能力和垃圾的减容率。

(3)国家相关政策和法规。

(4)工作人员的职业健康和安全。

(5)投资、运行及其他成本。

(6)处理设备的可操作性和可靠性。

(7)需要的配套设备和基础设施。

(8)处理设备及排放装置对当地环境的总体影响。

(9)该地区自然环境、人口密度等自然的和社会的因素，包括人口分布和密度、社会经济发展水平、民族文化、地形气候、地质和水文地质条件等。

针对当前垃圾处理技术与农村经济发展状况，农村垃圾处理技术的选择应具备技术成熟可靠，处理设施简单、投资省，运行维护方便，运行费用低、环境影响小等特点，在条件成熟时，尽可能对垃圾的有用成分进行资源化利用。

除此之外，中小城镇和农村丰富的劳动资源，可以建立系统专业的垃圾回收队伍，提高垃圾回收利用率。

在实现环境基本目标前提下，应通过多种技术方法的有机组合，实现系统的最低费用。但是，还有一些不确定的方面需要进一步调查，包括：小型的农村堆肥设施(处理能力低于 0.5t/d)是否能满足安全要求？在不同气候区域选择合适的生物处理工艺时，需要考虑哪些重要的标准或原则？分类收集处理时，在当地如何安全处置剩余的垃圾等问题。

**2. 垃圾处理经济分析**

农户生活垃圾处理面临的最优化问题可以表达为(程远，2004)：

$$\max U = \left\{ B[G(P)] - T[G(P)] \right\}$$

最大化的一阶条件为： $B'G = T'(G)$

其中，$B$ 是转化有机垃圾 $G$ 而带来的效用，这种效用可以理解为：通过以有机垃圾为原料的农家肥对化学肥料的替代在经济上实现的节约；$T$ 是进行有机垃圾转化(如转化为农家肥)所需要的成本，是垃圾转化水平的增函数。

图 4.34 实际上是所有垃圾污染社会最优水平的确定框架，$G$ 是有机生活垃圾边际处置成本和边际受益下的最优产出水平。对于农村生活垃圾来说：由于农业生产的受益在农村家庭收入中的比例，尤其是在发达农村地区在最近十余年飞速下降，化肥购买占家庭生产性支出的比例也在下降，而政府、社区对农业的补贴往往体现为对一农业生产资料(包括肥料)的补贴。综合以上的因素，$B'(G)$ 向右移；农村生活有机垃圾转化所需要的人工成

① 《农村生活垃圾分类、收运和处理项目建设与投资技术指南》编制组. 农村生活垃圾分类、收运和处理项目建设与投资指南(试行)编制说明(征求意见稿)[Z]. 2012-03.

本在农村经济发展过程中也在不断上升，$T'(G)$ 向右移，因此，新的有机生活垃圾产出量增加到 $G_1'$ 点，农村生活有机垃圾转化困难在目前的制度安排下，似乎是无法抗拒的。

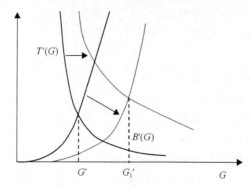

图 4.34　农村生活有机垃圾最优转化水平(程远，2004)

为了扭转这一局面：一方面，施行垃圾收费以及逐步取消对化肥的补贴(甚至增加税收)，推动 $B'(G)$ 左移，家庭在经济上有减少有机垃圾产出的激励；对农村社会进行有效率的组织，在社区层面上建设低成本的有机垃圾堆肥系统，在经济发达农村地区，这一环节甚至存在市场化的前景，从而推动 $T'(G)$ 左移，降低有机垃圾的转化成本。

经验表明，越是在发达农村地区，以集约化方式组织的现代农业对农家肥的利用水平越低：由于不同的农村地区拥有各自的生产比较优势，集约化的畜牧业和集约化的农业在空间上可能是分离的，以养殖业为主的 A 地区产生的农家肥，需要额外的运输成本，才能转移到以种植业为主的 B 地区，缺乏有效、低成本的交换系统，导致人工堆肥与化学肥料事实上不可替代。

因此，从垃圾消除的角度，农村环境恶化控制策略在一定的环境标准下，农村在垃圾处置上面临的问题可以表示为

$$C_1 = \sum_{t=1}^{\infty} (aX) / (1+r)^l$$

$$C_2 = \sum_{t=1}^{\infty} (A+bX) / (1+r)^l$$

农村需要在 $C_1$、$C_2$ 两种垃圾处置技术间作出选择：$C_1$ 的优势在于，它不需要一个初始、可能代价高昂的基础投入($A$)，如建造无害化、可满足长时间使用的垃圾填埋场。受经济发展水平的制约，农村可能无力承担这类资金密集型的工程，但从长期看，选择 $C_1$ 将引起昂贵的运营成本($a>b$)；此外，如果垃圾消除存在外部经济，而外部经济又没有渠道获得补偿，则根据社会最优污染水平的确定原理，由于 $C_1$ 技术的边际处置成本($a$)高于 $C_2(b)$，农村以此能争取到一个长期、低水平的污染标准；$C_1$ 技术的第三层优势体现在，当社会贴现率 $r$ 足够大，农村即使从长期的角度也能得到高于 $C_2$ 的效用水平。假设存在对农村的垃圾处置的金融服务，即解除了农村在固定投入方面的资金约束，由于

$b<a$，当社会贴现率满足 $r \leqslant \dfrac{(a-b)X}{A+b-a}-1$ 时，农村选择 $C_2$。

综上所述，解除农村在固定投入方面的资金约束是政府在环境政策方面的重要一环。一方面，这将鼓励农村有降低垃圾处置长期成本的意愿，另一方面，这种改善意味着巨大的经济效益和环境效益。农村微观个体与国家层面上的环境管理机构存在着"动态无效率"（dynamical inefficient）的博弈，即如果农村选择了 $C_1$ 技术，最优的环境标准将是与 $C_1$ 技术相适应的"低标准"。而当农村选择了 $C_2$ 技术，既然垃圾的处置成本降低了，政府合理的选择将是提高原来"较低"的环境标准。当决策过程加入"环境标准"可能变动的预期，农村就会非常消极地对待 $C_2$ 技术，因为"高水平"的垃圾处置带来的外部经济性在目前制度安排下，缺乏对农村补偿的机制。因此，环境政策的长期、稳定有助于促进农村由 $C_1$ 技术向 $C_2$ 技术转化，同时要在体制上保证农村在垃圾处置上的投入能够获得经济上的实际好处，实现由"不合作博弈"向"合作博弈"的转化。

此外，如图 4.35 所示，对于经济水平较低的国家，由于财政限制，经济和技术的平衡点更趋于较低的技术水平，因此风险可接受水平趋向更高（Matsuto，2014），在技术选择时，需权衡费用与环境污染风险之间的关系。

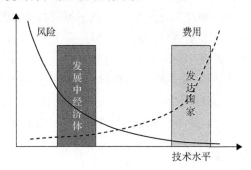

图 4.35　不同环境保护技术的风险水平和费用关系（Matsuto，2014）

### 3. 垃圾处理社会影响分析

Sell 等（1998）基于对美国有生活垃圾处理和无生活垃圾处理的农村比较发现：

无垃圾处理处置场址或工厂的农村，在人口、就业、个人收入和零售业上均增长最显著。

在有垃圾处理处置场址或工厂建设的农村，在人口和就业方面均有所增长；在有垃圾处理处置场址或工厂运行的农村，能减缓人口外流、就业和经济下降的趋势，但无法逆转；在有垃圾处理处置场址或工厂运行和建设的农村，政府开支均有所增加，主要用于当地基础设施，以及事故防护设施等方面。

有超过 50% 的受访者表示，垃圾处理处置场址或工厂建设和运行，影响最显著的是就业，然后是社区开支；有近 75% 的表示，其带来的经济效益要大于其经济开支；对无垃圾处理处置场址或工厂的农村，影响最显著的就是家庭开支。

值得一提的是，由于操作和技能要求高，当地很多居民无法胜任，只能受雇收入较低的工种，因此会加剧外来高技能和高收入人口进入，影响经济收入的不公。

社会经济影响的大小和分布，主要受项目特征、场址的属性，以及项目相关移民的特征影响。其中项目特征起主导作用，尤其是场地的地理位置、雇佣需求的水平和类型、项目潜在的二次雇佣，建设的持续时间和运行阶段、雇佣政策等。同时，垃圾场址选择受公众对不同种类垃圾的感知和认知影响。场址和当地居民的社会经济特征也会影响社会经济影响的大小和分布。在受影响区域可选择的定居地数量、当地劳动力的技能水平、当地可雇佣的劳动力数量、当地社区的服务发展水平和组织结构，以及当地社区居民的喜好等因素均很重要。

综上分析，农村生活垃圾污染防治工程经济利益指标主要包括相关工程、专用工具的投资成本、项目日常维护过程中的运行成本，同时结合垃圾资源化技术的特征，还应考虑到处理总产品的再生资源效益[①]。防治工程的环境效益指标应考虑处理效益、环境目标和存在问题；技术效益指标应考虑技术成熟性、先进性和可推广性；可持续性指标应考虑国家政策扶持、国家经济扶持和对技术管理人员的要求。

考虑到在贫困密集的农村地区，常规的标准要比固废管理标准更重要，尤其是健康、生活环境、收入与就业在对策选择中，要比环境影响、自然资源的消耗更重要。因此，在卡车每周收集2次+露天焚烧、垃圾车每天收集+填埋、垃圾车每日收集临时储存+卡车运输+填埋、卡车每周收集2次+填埋的比选中，垃圾车每天收集+填埋、垃圾车每日收集临时储存+卡车运输+填埋这两种方案更优，这是因为：人工+垃圾车替代卡车，在小范围收运过程中更加灵活，适应性更强，同时对环境的影响更小（因为收运过程中能耗低，排污少）；填埋代替焚烧有利于减少环境影响，避免健康风险；同时可以增加当地人就业。所以，必须要平衡好社会、环境和技术的影响，但是在发展中国家或应急情况下，最合适的方案还是能够带来最好的社会效益和改善生活环境的方案（Garfi et al.，2009）。

### 4.4.3　农村生活垃圾处理处置对策

根据上述分析，在我国农村地区，开展生活垃圾处置，可以采取如下对策：

(1)完善技术规范和标准。结合我国不同农村地区的实际情况，尽快因地制宜地编制适合我国不同农村地区特点的生活垃圾处理技术指南。在制定各类技术规范、标准时，应合理平衡技术经济指标与农村经济基础薄弱，技术人才缺乏，管理水平低下的实际情况。

(2)规范乡镇生活垃圾处理场地的选址。在有条件的乡镇，可以建设小型垃圾处理设施。选址时要按照国家对农村生活垃圾选址的相关要求或参考城市生活垃圾处理场地的选址要求，选择符合区域性环境规划、环境卫生设施建设规划的区域，场地水文地质和工程地质条件稳定的场址，避开环境、社会敏感区域。此外，政府在一开始决策时就应该考虑社会因素，包括在选址的政府决策中，对受影响群众进行必要的经济补偿；在选址开始阶段，公开相关信息，并与公众一起讨论，寻找双方关切问题的妥协方案；政府在整个过程中，应该保持公开透明，公正，这些方式能减少公众对政府的不信任，从而减少不必要的经济补偿和社会费用，降低可能的冲突（Kim，2009）。

---

①《农村生活垃圾分类、收运和处理项目建设与投资技术指南》编制组. 农村生活垃圾分类、收运和处理项目建设与投资指南(试行)编制说明(征求意见稿)[Z]. 2012-03.

(3)加快和完善农村生活垃圾处理处置的基础设施建设；采用生活垃圾的就地消纳措施，在节省运输支出的同时，减轻城市固体废弃物处置的负担。

(4)农村建设要与垃圾处理相结合，因地制宜地研究制定农村生活垃圾资源化处理方案。农村垃圾处理模式构建和资源化处理方案的构建要充分考虑其自身实际村情，根据各个地区农村的经济发展水平、人口密度、自然条件、垃圾特性，以及美丽乡村建设契机，同时借鉴国内外高效实用的垃圾资源化处理的方法，有选择性的吸收和引用，切忌生搬硬套，将有违实际的处理方式运用到实际中。

(5)按照相关规定，结合实际情况，有的放矢地建设工程。在环境敏感区域，农村生活垃圾处理处置设施的建设，一定要按照相关的技术标准规定，严格建设；但在偏远落后，社会经济发展水平低的非敏感地区，可以参考相关技术标准，落实关键的技术措施，根据实际情况，适当减省非必要措施。

(6)与现有沼气池联用，并承认沼渣沼液为新型有机肥料。由于农村垃圾日产生量并不多，规模效应差；采用垃圾衍生燃料制备、热解、焚烧等方式，需要较大设备投入，有较高的技术要求，也需要垃圾的产生量有一定规模，否则难以产生效益，对人口密度低的农村地区的适用性较差。相比之下，采用农村小型户用沼气池或联户沼气池处理分拣后获得的有机垃圾则有较高的可行性，一是操作简单，维护管理相对方便，有机垃圾入池前预先堆沤或铡碎简单处理后即可直接入池；二是厌氧发酵处于密闭状态，卫生条件好，处理快捷；三是垃圾实现了资源化利用，沼气可作为农村能源，沼液、沼渣可作为高效有机肥料(闫骏等，2014)。同时，承认沼渣沼液为新型有机肥料，容许销售和就地用作肥料(令狐荣科，2009)，可以提高沼渣、沼液作为有机肥的竞争力。

(7)研发以农村生活垃圾为主要原料的生物处理技术，同时考虑消纳秸秆、粪便等其他废物，实现农村不同类型废物的协调处置，以及农村垃圾的能源化、减量化和无害化。

(8)优化选择生活垃圾处理处置技术，包括如下五方面。

第一，集中收集并堆肥处理分类收集的有机物没有环境可行性。研究表明，焚烧、家庭堆肥和厌氧发酵的净 $CO_2$ 排放量分别为–86.7kg $CO_2$/t、–88kg $CO_2$/t 和–45.8kg $CO_2$/t 有机物。好氧堆肥的净 $CO_2$ 排放量为 32kg $CO_2$/t 有机物，填埋的净 $CO_2$ 排放量为 1188.3kg $CO_2$/t 有机物。2724t 有机垃圾分类收集并集中堆肥处理，潜在的 $CO_2$ 排放量为 296t，堆肥产品可改良土壤，能平衡一部分环境负影响。如果相同数量的有机物就地堆肥，可以减少 $CO_2$ 排放量 536t。因此，集中收集并堆肥处理分类收集的有机物没有环境可行性，就地堆肥更优(Jana，2015)。

第二，建议发展社区层面的生物碳工厂和农户层面的厌氧发酵设施。利用基于蒙特卡罗模拟的模糊规划方法，在城市-农村交叉地区建议构建源头固体废物管理系统，大力发展社区层面的生物碳工厂和农户层面的厌氧发酵设施，并增大户用厌氧发酵设备，以便农户能够实现全部的生活垃圾和牛粪处理。同时建议关闭处于城市地区的生物碳工厂(Li et al.，2013)。

第三，合理利用生活垃圾中的塑料。采用生命周期评价的方法，比较了塑料(HDPE和 LDPE)在农场填埋、在农场焚烧、投放到收集设备中回收、投放到中转站填埋、投放到中转站焚烧并进行能源回用，发现塑料投放到中转站，回收用于塑料原料的制备对环境负面影响最小(URS，2003)。

第四，慎重采用焚烧处理。根据 2003 年对新西兰 Hawke's Bay 和 Canterbury 地区的研究表明，焚烧后再倾倒进填埋场是生活垃圾最经济的处理方式(Matsuto，2014)。但是国家空气质量环境标准极大地控制和限制了在农村地区焚烧垃圾，而且今后有更严格控制垃圾处置的趋势。因此，垃圾的简易焚烧不提倡在大部分农村地区实施，但是在极其偏远地区，可以根据实际情况酌情考虑。

第五，西部农村宜用卫生填埋，在有条件的地区开展分类处理。陈静(2009)根据中国西部小城镇生活垃圾的特点，采用层次分析法(AHP)研究表明：卫生填埋方案是最适合西部小城镇生活垃圾的处理方案(陈静，2009)。但如果与传统的填埋法(权重为0.2572)、焚烧法(0.1967)和堆肥法(0.2605)相比，分类处理法(0.2856)既能符合当地实际情况，又能达到垃圾无害化处理的目的，表现最佳(周颖，2011)。

(9)其他对策。①农村垃圾处理服务存在着规模经济，因此政府要首先重点扶持人口较多、居住较密集的农村地区，加强这些地区垃圾处理服务的供给(王金霞等，2011；刘莹，2010)。通常"镇级组团"生活垃圾无害化处理场(厂)处理规模不应小于 100t/d(潘志坤，2013)。②部分距市、县区较近或规模较小的乡镇可以依托市级或县级生活垃圾填埋场进行垃圾处理，建议经济条件较好的或距离县区较远的乡镇率先建设乡镇垃圾填埋场(邓泽华，2014)。③垃圾堆肥使用前应进行严格的重金属、有害菌等有害污染物测试，前期应施用在经济作物、园林等非食用作物上，以免垃圾堆肥的二次污染(伍溢春，2007)。④宣传生活垃圾资源化知识，提高西部地区城镇居民的环保意识，积极稳妥地推进垃圾分类收集，促进农村生活垃圾的资源化与无害化处理。⑤对管理和操作人员良好的培训也是成功建立农村生活垃圾处理系统的重要内容(He，2012)。

### 4.4.4　案例分析

美国阿拉斯加州农村生活垃圾管理策略具体如下。

#### 1. 垃圾填埋场经常性的维护

通常，没有指定的填埋场地或垃圾倾倒场地无法进入，都会使当地居民将垃圾倾倒到他们认为最方便的地方。因此，为了使居民能够更加容易到达、进出填埋场，以便使更多的住户愿意使用垃圾堆放场，需要对垃圾填埋场进行经常性的维护(Santha，2006)。

案例：Koyukuk 垃圾场。

在 Koyukuk 垃圾场，社区委托 Nippo Construction 公司对垃圾场进行升级改造管理，具体措施如下：

(1)给当地居民发放鱼箱用于废电池收集，同时发放 8 个 55 加仑的垃圾桶，以及有衬层的木头用于运输垃圾桶。

(2)负责运输电池和碎金属。

(3)升级更新填埋场，关闭一个垃圾堆放单元，同时开辟一个新单元，并储存 6 种垃圾。

（4）设置可移动的塑料栅栏，以关闭部分垃圾场地并开辟和指引当地居民到指定场地（图 4.36）。

（5）发放 40 个大麻袋装钢铁和以前的垃圾。

（6）扩大回收范围。

图 4.36　Koyukuk 填埋场的标识与栅栏（ITEP，2016）

### 2. 减少侵蚀和洪水的影响

相比护堤工程的高投入，很多社区开始转移以往或现存的垃圾场，防止洪水侵袭和侵蚀。使垃圾远离河堤或泥塘的一个方法就是对当地居民进行环保教育，鼓励他们在远离河堤或泥塘的垃圾场处理垃圾。另外对河堤边已有的垃圾场，一些村庄组织村民进行清理，或者用栅栏将垃圾围起来，防止垃圾被洪水冲到河里。

案例：Native Village of Nightmute。

2003 年 4 月，Nightmute 村的村民被组织起来清理 Toksook 河边的垃圾场。在前环保局部落协调人的协助下，Jimmy George 和他的助手、当地居民、部落政府、学校、商业和村里的其他组织一起将原有的垃圾场转移到距河岸 100ft（1ft=0.3048m）的地方[图 4.37（a）]，并建立一个收集金属的回收区，利用围栏、标识帮助和指导当地居民将垃圾倾倒到最合适的地方[图 4.37（b）]。2007 年 Nightmute 得到了垃圾焚烧箱的资助，并用超大麻袋构成围挡，成为一个示范工程。

(a) 河岸垃圾清理与处理

(b) 围栏与标识

图 4.37　Nightmute 村垃圾填埋场变迁示范工程(ITEP，2016)

该村落清理工作费用如下：工资和船租用费用：5300 美元；运输 IRA 手提袋费用：193 美元；运输电池费用：1530 美元；订安全齿轮、咨询、运输袋子和焚烧箱：3600 美元；购买焚烧箱：20300 美元；购买超大麻袋：2160 美元。

**3. 焚烧最佳管理实践**

用焚烧箱或桶焚烧垃圾会造成空气污染影响周围居民健康。焚烧位置、焚烧方法、焚烧时间、垃圾分类均可减少对社区的风险和吸入二噁英的危害(Santha，2006)。

避免二噁英和其他废气的释放方法如下。

(1)增大居民的防护距离：如果要在家里焚烧，距离住房不小于 15m(50ft)，使垃圾焚烧箱远离居民。

(2)缩短焚烧时间：大火高温可以缩短焚烧时间，减少烟气影响范围；少量多次焚烧也能减少影响；迅速对灰渣降温，减少二噁英排放。

(3)垃圾分类，移除塑料，减少白纸焚烧，以此减少垃圾中的氯元素。

案例：Kiana Environmental Department。

Kiana 环保部门工作人员从 2004 就开始对社区进行环保教育，在 2005 年 5 月，他们开始访问家庭、商店和办公室，解释为什么不能露天焚烧，并发放关于露天焚烧对健康危害的传单，2005 年 6 月，Kiana 停止在社区露天焚烧，并重新选址了焚烧场地。

Kiana 为商店和诊所提供运输，并开展纸板原木计划，将纸板收集后用于冬季取暖[图 4.38(a)]。从 2004 年开始收集废油，并购买了废油能源转化器，减少了废油的处置[图 4.38(b)]，同时通过基金购买了焚烧箱。

(a) 纸板原木计划　　　　　　　　　　(b) 废油收集处理

(c) 回收中心与自制的有毒有害垃圾回收箱

图 4.38　Kiana 镇垃圾焚烧工程(ITEP，2016)

Kiana 还开展了很多垃圾回收利用计划，使有毒有害垃圾不进入焚烧箱焚烧；同时建设另一个临时回收中心，居民可以将自己不需要的旧物、铅酸电池送到回收中心[图 4.38(c)]。在学校收集旧电脑、键盘和其他设备。同时向每个住户发放容器收集各种电池，还收集墨盒。

**4. 减少购买和产生有毒有害垃圾**

环保局不仅提供基金，而且还面向所有的 Alaska 农村地区提供危险废物管理计划示范案例、安全齿轮、外溢清洁信息、培训、项目启动、资金、储存、运输、法令构建、社区教育、测试与采样，以及如何合理地回收各种危险废物的指导。

主要措施包括社区教育：由于居民对有毒有害垃圾认识不足，因此可通过实时通信、广播通报等方式开展；社区参与：让居民尽可能购买和使用低毒和无毒的替代品，可以将这些信息分享给当地居民；设置回收、交换设备：回收中心可让居民投放有毒有害垃圾。

案例分析：Selawik 危险废物管理计划。

(1)危险废物交换中心：该中心每周周二 15 点到 17 点、每周五 12 点到 15 点开放，当地居民可以将自己不愿继续留在家中的危险物品放到该中心，其他居民可以分享利用这些物品。同时该中心也接收其他必须在室内使用的、可以相互交换的物品。

(2)家庭中的危险废物识别：家庭清洁剂、油漆、去(油)污剂、杀虫剂、灭蚊剂、机车和船舶养护产品、染料、霉菌去除剂、空气清新剂、指甲油、发胶、机车变速器和刹车油等。

(3)居民投放的危险物品必须为原包装的，能让其他使用者知道是什么物品，怎么使用，否则将会受到惩罚或追究法律责任。居民在购买危险物品之前，可以查看该中心的分享清单，看看是否有该物品的分享，从而减少危险物品的购买。

(4)社区学校、商业中心、办公室、社会团体以及诊所：除 Subtitle C 规定的物品或其他不适合家庭使用的物品之外，可以使用和分享该中心的任何物品；不能使用该中心倾倒危险废物，也不能投放超过家庭使用剂量的物品。

(5)工作人员职责包括：公众和商业的教育；确保开放时间内交换的正常运行；每月评估 1 次使用情况；寻找基金支持；确保中心使用和管理安全。

（6）社区教育。①社区职责：尽可能少购买或使用塑料用品，如果没有替代品，购买1#和2#型产品。②商店职责：不要购买塑料杯、泡沫塑料的杯、碗、盘、碟，用相应的纸制品替代。③诊所职责：起到示范带头作用，不使用塑料、泡沫塑料容器，并对居民进行教育。④学校职责：与环保部门和商店合作，对青少年和成人进行环保教育，告诉他们为什么要减少和不使用塑料、泡沫塑料制品（图4.39）。⑤工作人员职责：到学校以及和年长者一起对工作进行环保教育，让公众知道使用和焚烧塑料制品的危害，培养相应的环保意识，同时以身作则。

图4.39　丰富多彩的学校环保教育（ITEP，2016）

### 5. 回用或回载社区储存的物料

储存就是使废物安全存放，以备再使用、回载或者回收利用；或者长期存放。

对于机械废物，主要是排出有害液体，取出电池；对于电子废物，主要是存储避免露天腐蚀；对于荧光灯，主要是存储或包装好不破碎、不泄漏；对于电池，主要是将其装入袋子，不随意丢弃；对于铝罐，主要是装入垃圾袋中直到运走。

（1）回载储存：将可回收的垃圾存储后，可利用运货机车，将可回收的垃圾运出。当有经费、设备以及时间许可的情况下，回载存储能够发展成区域性的一种方法，获得更好的效果。但是寻找可行的回载途径，需要花很长时间，因此在短期内培训和发展储存方法更可行。

（2）回用储存：对于可回收垃圾，通常有公司愿意回载出去，但是不会付费；而对于危险废物，由于处理费用高于利润，所以很难回载。通常针对固体危废如荧光灯和电子废物，有些村镇自行运输或者依靠当地的运输公司免费运出，但是对于液体危废，运输和处理费用都很高，一桶就要花费超过500美元的运输费用，因此这些物品只能在社区自行储存或回收利用。

（3）用油计划：通过资金支持和环保教育，使居民将自己使用过的油储存起来并投放到指定的废油回收点，使用燃烧器、蒸汽机和搅拌机利用或处理废油。通常一个废油燃烧器和几个收集站需花费12000～15000美元，但是居民参与度不高。

案例：Newtok电子废物回收案例。

通过与 Bethel Recycling 协调，Newtok 村成为第一个也是唯一一个外运电子垃圾的村庄。尽管受到分类环境和后勤服务的挑战，如缺乏重型设备，垃圾场只能一周去两次，该村仍然实施了危险废物收集计划。该村有防冻剂收集设备，并得到环保局的危险废物管理资金支持。该村对铅酸电池、荧光灯、电子废物进行收集。由于需要焚烧，所以将塑料瓶分类出来，并最终运往 Bethel。此外，该村现在正在开始回收报纸、铝罐、家用电池。

### 6. 社区教育与拓展实践

社区教育与拓展是一种基于社区固废管理计划和村庄质量目标，向本社区居民提供特别关注的事务的信息，需持续开展（Santha，2006）。

方法包括：研讨会和培训、逐户访问、学校活动、特殊事务、会议、广播、报纸文章、社区和地方会议陈述、实时通信、邮件、传单等。

### 7. 国外经验借鉴

通过上述美国阿拉斯加州农村生活垃圾管理的案例分析，我们可以从以下几个方面来优化和借鉴生活垃圾的处理与处置：

(1)注重宣传教育，采用多种途径进行社区生活垃圾处理的环保教育。

(2)加强社区组织机构的建设，设置专职的管理人员。

(3)鼓励全民参与引导。

(4)生活垃圾源头分类收集、回收利用与分享、分类处理与处置。

(5)注重水源的保护。

(6)注重对危险废物的管理。

(7)充分结合当地实际情况，因地制宜，开展易操作的简易处理与处置。

## 参 考 文 献

艾可拜尔·阿不力米提. 2009. 塔里木盆地南缘农村有机垃圾资源化评价研究——以和田市农村沼气化为例[D]. 乌鲁木齐: 新疆大学博士学位论文.

蔡传钰. 2012. 农村生活垃圾分类与资源化处理技术研究[D]. 杭州: 浙江大学硕士学位论文.

陈群, 杨丽丽, 伍琳瑛, 等. 2012. 广东省农村生活垃圾收运处理模式研究[J]. 农业环境与发展, (6): 51-54.

陈志刚. 2009. 偏远农村生活垃圾就地处理方案的设计[J]. 中国资源综合利用, 27(1): 34-36.

程花. 南京郊县农村生活垃圾分类收集及资源化的初步研究——以高淳县和溧水县农村地区为例[D]. 南京: 南京农业大学硕士学位论文.

程为波, 金春姬, 肖波, 等. 2012. 农村垃圾蚯蚓堆肥处理的研究[J]. 环境科学与技术, 35(6I): 1-5.

邓泽华. 2014. 蚌埠市乡镇生活垃圾处理存在的问题及建议[J]. 现代农业科技, (1): 243, 251.

丁湘蓉. 2011. 强制通风堆肥技术处理农村生活垃圾的可行性研究[J]. 环境卫生工程, 19(1): 54-58.

杜芳林, 贺艳艳. 2009. 农村垃圾处理调查报告[J]. 作物研究, 23(Suppl .): 64-66.

杜叶红. 2010. 甬江流域农村生活垃圾简易填埋场污染现状及其防治技术的研究[D]. 杭州: 浙江大学博士学位论文.

房剑红, 叶有达. 2009. 我国农村生活垃圾问题及治理措施的探讨——以广东省梅州市为例[J].中国环保产业, (11): 52-54.

付倩倩. 2013. 皖北农村垃圾突围战[J]. 决策, (6): 48-50.

高意, 马俊杰. 2011. 黄土高原地区村镇生活垃圾处理研究——以陕西省隆坊镇为例[J]. 安徽农业科学, 39(28): 17389-17391.

管冬兴, 楚英豪. 2008. 蚯蚓堆肥用于我国农村生活垃圾处理探讨[J]. 中国资源综合利用, 26(9): 28-30.

管益东. 2011. 废弃农村固废简易填埋场污染现状调查及其渗滤液处理技术(多介质层系统)研究 [D]. 杭州: 浙江大学博士学位论文.

桂莉. 2014. 农村生活热解污染物排放特征研究[D]. 广州: 华南理工大学博士学位论文.

何晓晓, 李耕宇, 何丽, 等. 2012. 浅谈我国农村生活垃圾的资源化利用[J]. 西安文理学院学报(自然科学版), 15(2): 102-105, 110.

黄海兵, 赵运林, 许永立, 等. 2012. 农村垃圾处理研究[J]. 现代农业科技, (18): 351-352.

贾韬. 2006. 中国西部小城镇生活垃圾处理技术指南研究[D]. 重庆: 重庆大学博士学位论文.

康少杰, 刘善江, 邹国元, 等. 2011. 污泥肥和生活垃圾肥对小麦-玉米重金属累积及产量的影响. 土壤通报, 42(3): 752-757.

赖发英, 周颖, 王国锋, 等. 2011. 蚯蚓对农村有机生活垃圾分解处理的研究[J]. 农业环境科学学报, 30(7): 1450-1455.

赖志勇. 2014. 南沙新区农村生活垃圾管理研究[D]. 广州: 华南理工大学硕士学位论文.

李清飞, 何新生, 孙震宇, 等. 2011. 农村生活垃圾好氧堆肥技术探讨[J]. 农机化研究, (6): 186-189.

李清飞, 路利军. 2012. 农村生活有机垃圾蚯蚓堆肥处理研究进展[J]. 安徽农业科学, 40(11): 6484-6485,6492.

李维尧, 李士杢, 吕军, 等. 2013. 浅谈农村生活垃圾的无害化处理[J]. 辽宁农业科学, (2): 52-53.

李颖, 许少华. 2007. 我国农村生活垃圾现状及对策[J]. 建筑科技, (7): 62-63.

林建伟, 王里奥, 赵建夫, 等. 2005. 三峡库区生活垃圾的重金属污染程度评价[J]. 长江流域资源与环境, 14(1): 104-108.

令狐荣科. 2009. 对农村垃圾处理方案的初步探讨[J]. 科技资讯, (25): 230.

刘劲松, 刘维屏, 潘荷芳, 等. 2010. 农村简易垃圾焚烧炉周边土壤二噁英分布研究[J]. 浙江大学学报(工学版), 44(3): 601-605.

刘庆丽, 徐海云. 2009. 我国村镇生活垃圾管理问题与对策研究[J]. 中国建设信息, (7): 62-65.

刘莹. 2010. 农村废弃物处理与环境污染实证研究[D]. 北京: 中国科学院农业政策研究中心地理科学与资源研究所博士学位论文.

刘莹, 黄季焜. 2013. 农村环境可持续发展的实证分析: 以农户有机垃圾还田为例[J]. 农业技术经济, (7): 4-10.

刘永德, 何品晶, 邵立明, 等. 2005. 太湖地区农村生活垃圾管理模式与处理技术方式探讨[J]. 农业环境科学学报, 24(6): 1221-1225.

柳荣. 2013. 浅谈农村生活垃圾的资源化处理策略[J]. 农民致富之友, (11): 88.

楼斌. 2008. 序批式生物反应器处理农村生活垃圾中试研究[D]. 杭州: 浙江大学硕士学位论文.

卢金涛. 2012. 农村生活污水与垃圾调查及其处理技术选择——以垫江县长大村为例[D]. 重庆: 重庆大学硕士学位论文.

陆娴, 郭昊坤, 陆国超. 2011. 垃圾发电在新农村建设中的应用[J]. 现代农业科技, (2): 396-397.

马军伟, 孙万春, 俞巧钢, 等. 2012. 山区农村生活垃圾成分特征及农用风险[J]. 浙江大学学报(农业与生命科学版), 38(2): 220-228.

马曦. 2006. 三峡库区中小城镇生活垃圾处理技术政策研究[D]. 重庆: 重庆大学硕士学位论文.

潘志坤. 2013. 农村生活垃圾治理对策研究[J]. 环境卫生工程, 21(1): 58-59, 62.

邱才娣. 2008. 农村生活垃圾资源化技术及管理模式探讨[D]. 杭州: 浙江大学硕士学位论文.

任春蕊. 2010. 农村垃圾处理处置模式探讨[A]. 中国环境科学学会学术年会论文集(2010)[C]. 上海, 1010-1013.

滕昆辰, 张瑞, 乔维川. 2013. 农村生活垃圾资源化利用工程的实践[J]. 农业环境与发展, (2): 57-59.

屠翰, 虞益江, 竺强. 2013. 序批式干态水解-液态产沼工艺在农村有机生活垃圾处理中的应用[J]. 农业环境与发展, 30(4): 87-90.

王建杰, 翟想兰. 2013. 农村生活垃圾卫生填埋场技术问题的探讨[J]. 中国农业信息, (9): 188.

王金霞, 李玉敏, 黄开兴, 等. 2011. 农村生活固体垃圾的处理现状及影响因素[J]. 中国人口·资源与环境, 21(6): 74-78.

王里奥, 林建伟, 刘元元. 2003. 城市生活垃圾简易堆放场稳定化周期的研究[J]. 上海环境科学, 22(2): 89-93.

王里奥, 岳建华, 黄川, 等. 2006. 三峡库区堆存生活垃圾重金属含量特征[J]. 环境科学学报, 26(2): 246-251.

王英. 2011. 新型农村生活垃圾耦合太阳能好氧堆肥技术研究[D]. 吉林: 吉林大学硕士学位论文.

韦芳, 胡迎利, 万涛. 2007. 小城镇生活垃圾处理现状及治理技术探讨[J]. 中国资源综合利用, 25(6): 29-30.

文国来, 王德汉, 李俊飞, 等. 2011. 处理农村生活垃圾装置的研制及工艺[J]. 农业工程学报, 27(6): 283-287.

吴正松, 李果, 陈大志, 等. 2012. 小城镇生活垃圾填埋场优化布点[J]. 环境工程学报, 6(9): 3263-3269.

伍溢春. 2007. 三峡库区小城镇生活垃圾特性研究[D]. 重庆: 重庆大学硕士学位论文.

武攀峰. 2005. 经济发达地区农村生活垃圾的组成及管理与处置技术研究——以江苏省宜兴市渭渎村为例[D]. 南京: 南京农
　　业大学硕士学位论文.

夏芸, 林辉, 王强, 等. 2014. 有机生活垃圾堆肥中物质组分减量差异及变化规律[J]. 农业环境科学学报, 33(12): 2463-2471.

肖波. 2011. 农村生活垃圾蚯蚓堆肥处理工艺及其温室气体排放特征[D]. 青岛: 中国海洋大学硕士学位论文.

徐海云. 2013. 建立集约化村镇生活垃圾收运系统[J]. 建设科技, (8): 30-33.

闫骏, 王则武, 周雨珺, 等. 2014. 我国农村生活垃圾的产生现状及处理模式[J]. 中国环保产业, (12): 49-53.

杨平. 2011. 促腐剂对农村垃圾蚯蚓处理的影响研究[D]. 青岛: 中国海洋大学硕士学位论文.

张静, 仲跻胜, 邵立明, 等. 2009. 海南省琼海市农村生活垃圾产生特征及就地处理实践[J]. 农业环境科学学报, 28(11):
　　2422-2427.

张明玉. 2010. 苕溪流域农村生活垃圾产源特征及堆肥化研究[D]. 郑州: 河南工业大学硕士学位论文.

章程. 2007. 小城镇生活垃圾收运模式及其生态环境效益研究[D]. 武汉: 华中科技大学硕士学位论文.

赵玉杰, 师荣光, 周其文, 等. 2011. 瑞典垃圾分类处理对我国农村垃圾处理的借鉴意义[J]. 农业环境与发展, (6): 86-89.

周文敏. 2011. 村镇生活垃圾静态厌氧快速稳定技术研究[D]. 南京: 南京大学硕士学位论文.

周颖. 2011. 农村生活垃圾分类焚烧处理的环境效益分析——以江西省兴国县高兴镇为例[D]. 南昌: 江西农业大学硕士学位
　　论文.

Abduli M A, Samieifard R, Jalili M. 2008. Rural solid waste management[J]. International Journal of Environmental Research, 2(4):
　　425-430.

Al-Salem S M, Lettieri P, Baeyens J. 2009. Recycling and recovery routes of plastic solid waste (PSW): a review [J].Waste
　　Management, 29(10): 2625-2643.

André Le Bozec. 2008. The implementation of PAYT system under the condition of financial balance in France [J]. Waste
　　Management, 28(12): 2786-2792.

Bakare A. 2001. The poitential mutagenic effect of the leachates of rural solid waste landfill on allium cepa(L.) [J]. SINET:
　　Ethiopian Journal of Science, 24(2):283-291.

Balasubramanian M, Dhulasi Birundha V. 2011. Generation of Solid Waste on the impact of health and environment in rural Tamil
　　Nadu [J]. Political Economy Journal of India, 20(2): 19-24.

Bernardes C, Wanda Maria Risso Günther. 2014. Generation of domestic solid waste in rural areas: case study of remote communities in
　　the Brazilian Amazon [J]. Human Ecology, 42(2): 617-623.

Bert E. Emswiler MPH REHS and Peter M. Crimp. 2004. Burning garbage and land disposal in rural Alaska [R]. Alaska: State of
　　Alaska Alaska, Energy Authority, Alaska Department of Environmental Conservation.

Brachet P, Høydal L T, Hinrichsen E L, et al. 2008. Modification of mechanical properties of recycled polypropylene from
　　post-consumer containers [J]. Waste Management, 28(12): 2456-2464.

Byeon J H, Park C W, Yoon K Y, et al. 2008. Size distributions of total airborne particles and bioaerosols in a municipal composting
　　facility[J]. Bioresour Technol, 99: 5150-5154.

Chen Y, Hu W, Feng Y Z, et al. 2014. Status and prospects of rural biogas development in China [J]. Renewable and Sustainable
　　Energy Reviews, 39: 679-685.

Doeksen G A, Schmidt J F, Goodwin K, et al. 1993. A guidebook for rural solid waste management services [R]. USA: Southern
　　Rural Development Center.

Dolez̆alová M, Benešová L, Závodská A. 2013. The changing character of household waste in the Czech Republic between 1999
　　and 2009 as a function of home heating methods [J]. Waste Management, 33(9): 1950-1957.

El-Messery M A, Ismail G A, Arafa A K. 2009. Evaluation of municipal solid waste management in Egyptian rural areas [J]. Journal
　　of the Egyptian Public Health Association, 84(1-2): 51-71.

Garfi M, Tondelli S, Bonoli A. 2009. Multi-criteria decision analysis for waste management in Saharawi refugee camps [J]. Waste
　　Management, 29(10): 2729-2739.

Guan Y D, Ge C, Li Z D, et al. 2011. Metal contents and composting feasibility of rural waste from abandoned dumping site in Zhejiang, China [J]. Energy Procedia, 7: 1274-1278.

Guan Y D, Zhang Y, Zhao D Y, et al. 2015. Rural domestic waste management in Zhejiang Province, China: characteristics, current practices, and an improved strategy [J]. Journal of the Air & Waste Management Association, 65(6): 721-731.

He P J. 2012. Municipal solid waste in rural areas of developing country: do we need specialtreatment mode [J]. Waste Management, 32(7): 1289-1290.

Herran D S, Nakata T. 2012. Design of decentralized energy systems for rural electrification in developing countries considering regional disparity [J]. Applied Energy, 91(1): 130-145.

Hilburn A M. 2015. At Home or to the Dump? Household Garbage Management and the Trajectories of Waste in a Rural Mexican Municipio [J]. Journal of Latin American Geography, 14(2): 29-52.

Hiramatsu A, Hara Y, Sekiyama M, et al. 2009. Municipal solid waste flow and waste generation characteristics in an urban–rural fringe area in Thailand [J]. Waste Management & Research, 27(10): 951-960.

Jana K, Alan Q. 2007. Comparative health risks of domestic waste combustion in urban and rural Slovakia [J]. Environ. Sci. Technol, 41(19): 6847-6853.

Kaplan D L, Hartenstein R, Neuhauser E F, et al. 1980. Physicochemical requirements in the environment of the earthworm Eisenia foetida [J]. Soil Biol.Biochem, 12: 347-352.

Kerry Rowe R, Islam M Z. 2009. Impact of landfill liner time–temperature history on the service life of HDPE geomembranes [J]. Waste Management, 29(10): 2689-2699.

Kim D S. 2009. Determinants of public opposition to siting waste facilities in korean rural communities [J]. Korean Journal of Sociology, 43(6): 25-43.

Kreiger M, Anzalone G C, Mulder M L, et al. 2013. Distributed recycling of post-consumer plastic waste in rural areas[J]. Mater. Res. Soc. Symp. Proc, 1492: 91-96.

Kriat I. 2013. Changes in waste utilization practices among rural old believers in Estonia [D]. Estonia: the master thesis of Tartu Ülikool.

Lal P, Tabunakawai M, Singh S K. 2007. Economics of rural waste managementin the Rewa Province and development of a rural solid waste managementpolicy for Fiji[R]. Samoa:Pacific Islands Forum Secretariat, Secretariat of the Pacific Regional Environment Programme and Government of Fiji.

Lemieux P M, Gullett B K, Lutes C C, et al. 2003. Variables affecting emissions of PCDD/Fs from uncontrolled combustion of household waste in barrels [J]. Journal of Air & Waste Management Association, 53: 523-531.

Lemieux P M, Lutes C C, Abbott J A, et al. 2000. Emissions of polychlorinated dibenzo-p-dioxins and polychlorinated dibenzofurans from the open burning of household waste in barrels [J]. Environmental Science & Technology, 34(3): 377-384.

Li P, Wu H J, Chen B. 2013. RSW-MCFP: A resource-oriented solid waste management system for a mixed rural-urban area through Monte Carlo simulation-based fuzzy programming [J]. Mathematical Problems in Engineering, 1-15.

Matsuto T. 2014. A comparison of Waste Management throughout Asian countries [J]. Waste Management, 34(6): 969-970.

Mohee R. 2007. Waste management opportunities for rural communities: composting as an effective waste management strategy for farm households and others [M]. Rome: food and Agriculture Organization of the United Nations.

Neurath C. 2003. Open burning of domestic wastes: The single largest source of dioxin to air [J]. Organohalogen Compounds, 63: 122-125.

Pinheiro G, Rendeiro G, Pinho J, et al. 2012. Sustainable management model for rural electrification: case study basedon biomass solid waste considering the Brazilian regulation policy [J]. Renewable Energy, 37(1): 379-386.

Santha S N. 2006. Solid and liquid waste management in rural areas: a technical note [R]. India: Department of Drinking Water Supply, Ministry of Rural Development.

Sell R S, Leistritz F L, Murdock S H, et al. 1998. Economic and fiscal impacts of waste and non-waste development in rural United States [J]. Impact Assessment and Project Appraisal, 16(1): 3-13.

Sun Y F, Dian W G, Yan J, et al. 2014. Effects of lipid concentration on anaerobic co-digestion of municipal biomass wastes [J]. Waste Management, 34 (6): 1025-1034.

URS. 2003. Life Cycle Analysis for the Management of Waste Farm Plastic and Economic Analysis of Waste Farm Plastic Management Options[R]. New Zealand: NZ Agrichemical Education Trust.

Vahidi H, Nematollahi H, Padash A, et al. 2016. Comparison of rural solid waste management in two central provinces of iran [J]. Environmental Energy and Economics International Research, 1 (3): 209-220.

Yang C J, Yang M D, Yu Q. 2012. An analytical study on the resource recycling potentials of urban and rural domestic waste in China (The 7th International Conference on Waste Management and Technology) [J]. Procedia Environmental Sciences, 16: 25-33.

Yang T X, Li Y J, Gao J X, et al. 2015. Performance of dry anaerobic technology in the co-digestion of rural organic solid wastes in China [J]. Energy, 93 (2): 2497-2502.

Yue D B, Han B, Sun Y, et al. 2014. Sulfide emissions from different areas of a municipal solid waste landfillin China [J]. Waste Management, 34 (6): 1041-1044.

Zender L, Gilbreath S, Sebalo S. 2005. Addressing health risks related to waste disposal sites in rural and isolated alaska native villages: the role that source-resident distance plays[R]. Alaska: Zender Environmental Services.

Zeng C, Niu D J, Li H F, et al. 2016. Public perceptions and economic values of source-separated collection of rural solid waste: a pilot study in China [J]. Resources, Conservation and Recycling, 107: 166-173.

Zenith Research Group (ZRG). 2010. Garbage burning in rural Minnesota [R]. Minnesota: Zenith Research Group.

Zhang H, Wen Z G. 2014. The consumption and recycling collection system of PET bottles: a case study of Beijing, China [J]. Waste Management, 34 (6): 987-998.

Zhao X D, Musleh R, Maher S, et al. 2008. Start-up performance of a full-scale bioreactor landfill cell under cold-climate conditions [J]. Waste Management, 28 (12): 2623-2634.

# 第 5 章　农村生活垃圾的全过程管理

农村生活垃圾全过程管理，涉及农村生活垃圾所有来源，所有方面的可持续管理的策略方法，包括产生、源头分类、投放、中转、运输、过程分类、处理、回收利用和综合处置，并强调通过技术、经济、行政、社会等手段的优化组合，实现农村生活垃圾最大化的资源利用效率。因此，要求既要科学规范、经济节能，又要保护生态环境、保障居民身心健康，更重要的是要尊重农村居民的意愿和态度。垃圾全过程管理的内容包括解决与垃圾产生、收运、处理处置过程中所有规范性问题相关的法律法规、组织架构、经费投入、基建规划、工艺技术等；涉及政治科学、城市和区域规划、经济学、公共健康、地理学、人口统计学、社会学、传播学、交通运输、环境科学，以及工程和材料科学等跨学科之间的平衡(赖志勇，2014)。本章节的垃圾管理主要是指生活垃圾全过程管理中的监督和控制，包括管理规章制度的制定、农村居民环保意识的培养及全过程管理模式的构建等。

## 5.1　农村生活垃圾的管理现状与存在的问题

### 5.1.1　管理现状

根据 2016 年《城乡建设统计年鉴》，我国有 17143 个镇设有村镇建设管理机构，占统计建制镇的 94.7%，村镇建设管理专职人员 53063 人，相当于每个镇只有 3 名村镇建设专职人员；有 8720 个乡设有村镇建设管理机构，占统计乡的 80.1%，建设管理专职人员 13819 人，相当于每个乡只有不到 2 名的村镇建设专职人员，无行政村一级的专职人员统计。同时根据 2015 年《环境统计年报》，乡镇环保机构数仅为 2896 个，仅占环保系统机构总数的 19.6%。只有 61.5%的行政村和 31.7%的自然村编制了村庄规划。

根据黄开兴等(2011)对农村生活垃圾管理现状的调查，有镇(乡)参与农村生活垃圾管理的村占全部样本村的比例为 36.6%；每个乡镇用于农村垃圾管理的经费投资平均为 67.56 万元/a；每个乡镇用于农村生活垃圾清运的人力投入平均为 31 人(包括全职和兼职清洁工人)；到 2010 年调查时为止，已经有 76%的样本村开展了不同程度的生活垃圾管理，仅有不足 30%的村无任何生活垃圾管理；其中采用村领导管理模式的村达到 50%，采用保洁公司管理模式的村占 11%，采用乡镇及以上政府管理模式的村占 9%，采用个人承包管理模式的村占 6%，另外还有 24%的村无生活垃圾管理。

调查显示，我国农村生活垃圾管理水平差异较大。在北京，由镇(乡)负责垃圾清运的村高达 97.64%，而河北仅为 2.56%；北京和浙江乡镇在农村垃圾清运中投入的人力平均为 89 人，而河北省和云南省平均仅为 1 人和 2 人；北京乡镇在农村生活垃圾管理上的投资最高，平均为每个乡镇 237.55 万元/a，而河北省平均仅为 12.93 万元/a(黄开兴等，2011)。

　　此外，在甘肃省和河北省的调研显示，57%的样本村中生活垃圾无人管理，仅有2%的村设立了专门的生活垃圾管理组织，23%的村由指定的农村居民个人管理，18%的村由村集体统一管理（王金霞等，2011）。在福建省的调研显示，环境卫生经费平均每村5.48万元/a；配有保洁员的村占88.16%，有卫生管理制度的村占86.58%，有卫生专门规划的村占75.79%，有开展卫生宣传教育的村占88.42%，提供生活垃圾收集运服务的村占91.8%（卢翠英等，2014）。在广东省的调查显示，61.05%的村有专职保洁员，平均每村5人；29.47%的村有兼职保洁员，平均每村不足2人；78.68%的村有环境卫生管理制度，73.42%的村有专门规划，85.26%的村开展过环境卫生相关宣传教育。但农村环境卫生的经费投入严重不足，84.21%的村投入了环境卫生经费，平均每村8.27万元/a，而且不同地区之间差异很大，顺德、南海、澄海、潮阳等地农村普遍设有专职保洁员，环境卫生管理制度等得到较好的落实，但经济欠发达地区不少农村甚至没有实际投入，完全依靠村民自发组织（宋欢，2013）。

　　由此可见，我国农村生活垃圾管理水平低，区域差异明显。这种区域差异首先体现在东部及沿海地区与西部和东北地区的宏观差异。东部及沿海地区的经济发展水平较好，财政实力、环境意识、市场机制等相对成熟，因此能够通过将城市垃圾处理服务向农村地区延伸或者直接在农村地区建立垃圾回收处理的运营机制，解决当地农村垃圾处理的问题。而西部、东北地区由于经济和社会条件的限制，无力解决农村垃圾问题，农村垃圾处理的运营机制几乎处于空白状态。中部地区则介于东西部地区之间，部分省份开始对农村垃圾问题进行治理，运营机制不完善，因此，我国农村地区进入科学分类和精细处理的阶段还需要经历较长的时间。

　　此外，在同一个地区内，也存在不同区域的微观差异。这种差异通常是以每个省的中心城市向周边呈现强度递减的分布态势，越远离中心城市的地区，农村垃圾处理的程度就越低。这些差异给农村垃圾处理运营机制的制度设计和安排造成了较大的困难，在标准的制定中，不能一刀切，需要因地制宜地制定相应的措施（孙钰，2011）。

　　总体而言，我国农村生活垃圾污染治理技术、管理机制和政策研究起步较晚，整体上远远落后于发达国家，在农村环境监管体制、机制和管理政策等方面研究和实践的深度、广度和系统性，尤其是可操作的管理政策和方案制订等方面十分薄弱，各有关单位全局协同研究少，系统与"立体"治理思考极少；缺乏成熟的理论研究基础，农村环境污染控制政策研究与国家整体规划脱节，基础层面的科学问题尚不清楚，农村环境综合整治系统的科学理论与总体治理思路尚需建立[①]，缺乏成熟、成功的实践案例。

### 5.1.2　管理存在的问题

**1. 农村环境管理机构和管理机制不适应**

1）政府在农村固废管理上角色缺失

　　《中华人民共和国固体废物污染环境防治法》第三十八条规定：县级以上人民政府

---

　　① 《农村生活垃圾分类、收运和处理项目建设与投资技术指南》编制组.农村生活垃圾分类、收运和处理项目建设与投资指南（试行）编制说明（征求意见稿）[Z]. 2012-03.

应当统筹安排建设城乡生活垃圾收集、运输、处置设施，提高生活垃圾的利用率和无害化处置率，促进生活垃圾收集、处置的产业化发展，逐步建立和完善生活垃圾环境污染防治的社会服务体系。可实际上，省市县政府制定的环境保护规章制度往往没有将镇乡和村一级的农村纳入规划之内，县级环境行政主管部门的公共服务也无法延伸到农村地区。

虽然自2011年乡镇机构改革后，各县区乡镇设立了村镇规划建设站，但是并没有设立负责村镇规划建设和环境卫生工作的机构。而且大多数乡镇村镇规划建设站的职责也是偏重于村镇规划建设工作，赋予环境卫生管理方面的职责相对较少（邹贵阳，2013）。少部分镇乡设有专门的环卫管理部门，也仅限于对镇政府所在地周围环卫工作的管理，镇乡及以下的环卫工作的管理尚处于空白，均由村委会来组织。

因此，现行的环保体制已无法满足农村居民对环境公共服务的需求。

2）制度设定缺乏市场经济考量

当前，在农村生活垃圾管理上，各个利益主体之间的关系主要是靠行政手段与道德意识来联结，而非经济关系，这与主导社会运作的市场经济力量相悖。例如，农村居民产生的垃圾分类、回收主要依靠宣传教育，而垃圾的处理主要是依靠政府的大量补贴与行政命令手段（朱亚娟，2012）。

3）多头管理，各自为政，职责不清

我国农村环境管理涉及多个部门，各个利益主体之间的关系在市场经济的大背景下，通过行政手段与道德意识来联结，表现为隐性的经济关系。每个利益主体都在潜在的追求利益最大化；在现行政府绩效考核中，不少地方政府也没有把农村垃圾处理纳入到政府考核体系中，因而形成了多头管理、职责不清的局面（朱亚娟，2013）。

4）制度缺乏可操作性

虽然有关部门相继出台了《关于加强农村环境保护工作的意见》、《农村生活污染防治技术政策》和《农村生活污染控制技术规范》等政策性文件，但这些文件集中体现了我国农村环境治理以政策意见主导，专项整治为主，缺乏长效机制的特点（刘富，2011），而且这些文件大多只做了原则性的规定，可操作性不强，致使政策法规难以落实。

5）管理体制的被动性

环卫部门既是法规的制定者，又是管理者、执行者和监督者。这种政企不分，缺少公众参与和行政监督的体制，使整个管理体制陷入一种被动状态，不能形成有效的管理监督机制，运营效率也相对较低（马曦，2006）。

**2. 农村生活垃圾管理的法律制度不健全**

1）我国关于农村生活垃圾处理的法律法规呈现滞后性、空白性、原则性的缺陷

截止到2014年，我国已经颁布了24部有关环保、资源的法律、法规性文件260余项，制定国家环保标准800多项，环保地方法规达到1600余项，形成了较为完整的环保法律法规体系。但是，这些环保法规主要是针对城市环境保护和工业污染防治的。有的

法规只是对农村环境保护提出了一些政策性条款，没有实际操作性，更谈不上规范政府在农村生活垃圾排放处理中的组织、管理责任等(孙凤海和孙也淳，2014)。这导致农村垃圾处理法律制度不完善，一些领域还存在法律空白。农村垃圾处理的立法欠缺和基层环境管理机构设置的不合理，也致使农村垃圾处理主体的权责无法界定，影响了执法的效果(朱亚娟，2012)。例如，2014 年 4 月 24 日，全国人大常委会通过了新修订的《环境保护法》，虽然这次修改加强了对农村生态环境保护的关注，增加了关于农村环境保护的规定，明确了县乡两级政府农村环境综合整治的责任，明确了县级人民政府负有组织农村生活废弃物的处置工作职责，明确要求各级人民政府统筹城乡环保公共设施建设和运行，明确了各级人民政府财政支持农村环境综合整治的要求，但是该法作为环保基本法，仅是粗略涉及农村环境综合整治的相关问题，对于农村生活垃圾的治理相关内容并未详细规定。此后，2016 年 11 月 7 日修订的《中华人民共和国固体废物污染环境防治法》第四十九条规定：农村生活垃圾污染环境防治的具体办法，由地方性法规规定。可见在这一专项法律中，也没有对农村生活垃圾处置做出明确规定，而且还有很大部分农村并没有相应的地方性法规。

2)法律法规行政色彩浓厚，可行性不强

由于立法机关不能完全了解农村垃圾处理现状，因此制定出的法律法规其内容不免带有厚重的行政色彩，概括性义务多，强制性措施少，权利规定不足，激励性措施缺位(刘富，2011)，具体可行的条款较少，并且法律公布后还需要有关机关制定实施细则，这样缺少先导性，严重滞后现实的实际需要。这种架空的立法思想不利于农村环境污染问题的解决(朱亚娟，2013)。另外，关于农村垃圾处理的法律法规不够明确，对于一些垃圾污染行为难以给出具体的规定和解释，从而影响了执法的力度。

3)农村居民维权意识淡薄，维权途径不畅

法律规章是加强垃圾处理力度，推动垃圾产业，促进技术开发的保障。但在农村地区，居民对自己所处的环境问题漠视，乃至忽视；而且农村居民处于社会的最底层，经济状况不佳，缺乏有效的表达机制，环境权得不到有效保护，导致农村居民的环境法律意识薄弱，很多人会选择默默忍受，因此参与农村垃圾处理的积极性较低，不可能对农村垃圾处理主管部门的执法和垃圾污染的责任主体形成有效的监督(赵盼盼，2011；朱亚娟，2012)。此外，由于我国司法救助体系不完善，程序复杂，会耗费原告大量的时间和精力，因此也鲜有人愿意通过司法救助途径去起诉环境污染主体。

4)农村环保执法能力薄弱

农村生活垃圾治理是一项涉及多个部门的系统工程，需要政府以及相关部门的协调合作。但就目前大多农村地区的环境执法来看，乡镇环保机构数不足总环保系统机构数的 20%，普遍缺少常设性的环保执法机构，尤其在乡一级的政府部门并未设置相应机构，由此可见环境行政执法的力量在农村地区严重不足(丛艳，2015)。

由于当前农村基层执法主体缺位，涉农环保机构职权分工不明，环保执法部门缺乏管理独立性，农村环保执法缺乏公众参与等原因(刘慧，2013)，导致我国农村环保执法能力薄弱。

5) 农村固废污染防治立法分散，缺乏系统性和完整性

立法指导思想的错位，导致我国至今尚无关于农村固体废物污染防治的专项立法，其后果是与农村固体废物相关的法律规定散见于其他法律法规之中，缺乏系统性和完整性(胡静静，2007)。

综上所述，农村垃圾处理法规不健全，导致农村垃圾处理的主管部门执法缺少法律依据；现行的有关农村垃圾处理的法律法规未能完全适应时代需要，缺乏针对性和可行性，这导致在我国农村垃圾处理执法过程中难以有效实施；加上农村居民维权意识淡薄，维权途径不畅，因而现行的法律法规尚不能有效地管理、解决农村垃圾处理过程中所产生的一系列问题。

### 3. 环保意识淡薄，宣传工作不到位

我国农村生活垃圾管理的意识淡薄体现在两个方面：一是管理者环保意识淡薄；二是农村居民环保意识淡薄。

部分农村干部认识上有偏差，错误地认为这是一项难度大，无政绩，吃力不讨好的无关紧要的工作。甚至有的干部根本没有意识到这是一个关乎群众身体健康的重大问题，没有经济上的支持就不对垃圾进行处理(黄招梅，2011)。

我国农村居民文化水平普遍偏低，受传统生活方式的影响，思想观念与不断提高的生活水平相比相对滞后，许多农村居民并没有认识到，自己就是污染的制造者，将随意丢弃、堆积生活垃圾视为天经地义的事情；同时，对生活垃圾性质、污染和危害的认知不足，环境卫生意识薄弱；还有相当部分群众只考虑自身生活上的方便，不考虑对他人及环境的影响，导致习惯上只注重家庭卫生，而忽视了公共卫生，对出资改善公共卫生和添置环卫设施接受度较低，使不少村庄出现"门内黄金屋，门外垃圾池"的现象(林在生等，2009)。

同时，政府提供的"软性"公共服务不足。就农村生活垃圾处理而言，包括宣传、教育、培训、动员和监管等方面。政府对农村环保法律法规宣传力度不够，造成了农村居民的环保意识不强；对生活垃圾处理的分类知识宣传不够充分，很多农村居民对垃圾分类和垃圾日常处理缺乏了解，这些均导致广大农村干部对《固体废物污染环境防治法》以及相关的法律法规的认识不足，难以了解相关的法律法规及权利与义务，以及生活垃圾的危害等。所以形成政府在宣传，但农村居民并未真正了解和接受的现象。

### 4. 基础设施落后，配套资金缺乏

由于国家和地方政府责任主体缺位，乡村基层单位资金来源匮乏(汪国连和金彦平，2008)，加上农村生活垃圾收费困难(陈群等，2012)，因此，导致了农村环境卫生经费严重匮乏，农村环卫基础设施严重不足。黄开兴等(2011)调查显示，我国只有44%的农村有垃圾处理财政支持。

此外，垃圾处理等环境保护专项资金缺乏有效的监督，加上农村环境危机具有滞后性，地方政府的重视程度不够，甚至将农村垃圾处理等环境保护的财政支出挪用到能"立竿见影"的项目上，也使农村生活垃圾管理和建设的配套资金短缺(王金霞等，2011)。

而且农村垃圾治理除了大量物力，还需要人力，但财政资金不足，政府扶持措施不力，不能保证垃圾治理设施建设及人员到位，因而影响农村垃圾管理工作的有效实施(魏星等，2009)。

5. 环境管理水平低，日常管理不到位

近年来，随着对农村环境保护工作的重视，投入到农村生活垃圾处理中的经费也逐年增加，但是由于重投入建设，轻管理维护常造成已建基础设施的闲置、废弃，不能发挥应有的作用(木坤坤等，2013)。

在我国大多数农村地区，农村环卫队伍缺失，大部分村镇无保洁员配置，没有专人监管和维护；一些乡镇虽然配备了环卫队伍，但也存在人员编制不足、工作分配不合理、人员混岗使用、缺乏专业技术人才等问题，再加上工资待遇低，没有有效的监管机制，保洁能力和范围十分有限(林在生等，2009)。

部分农村地区的生活垃圾收运虽然推行了市场化运作，然而由于市场化运作不规范，缺乏考核和激励机制，导致了层层转包、低价承包、偷排乱排等现象(陈群等，2012)；部分地区乡镇政府虽然制定了许多环境卫生管理制度，但是监督流于形式，大多落实不到位，也未起到应有的作用(王妍等，2008)。

此外，农村生活垃圾的常规监测尚为空白，无法准确指导农村生活垃圾的管理。

因此，我国部分农村的生活垃圾尚处于无人管理、无人过问、混乱无序的状态。

6. 缺乏统筹与规划

农村垃圾管理是一直被忽视的薄弱环节，政府一贯把着眼点放在垃圾的末端处理上，而忽视了垃圾从源头到末端的全过程管理，一旦垃圾污染严重，垃圾处理都是单纯从抓科学研究、抓技术开发、抓资金筹集等方面入手，而缺乏统筹考虑和安排(朱亚娟，2012)。部分农村地区虽然制订了村庄规划，在规划中也提及垃圾与污水综合治理有关的环境卫生内容，但没有具体的实施方案与措施，致使农村垃圾处理总是处于被动治理的状态。

7. 环境治理人才缺乏，村民自治组织欠缺

中国传统观念是"学而优则仕"，传统的劳动人事管理制度把绝大部分的环卫工人都归入到工人最底层，许多单位在用人方面把学历与工资、职称、福利待遇相结合，这样逐渐导致技能人才的社会地位得不到承认。同时，环卫工人的工作是最脏最累的，但所获得的价值回报偏低，直接影响人们甘当环卫工人的热情。从而导致环卫工人多为农村居民、失地农民或下岗失业人员，又因他们文化水平不高、缺乏工作技能，对于垃圾认识、收集、处理、运输及综合利用都缺乏认知，直接影响了生活垃圾的管理效率(朱亚娟，2013)。

虽然，我国的职业教育已有长足发展，对职业教育的重视程度也有大幅提高。但从不少职业院校发展方向与社会和人才的需求脱节，被动地适应社会，培养目标偏重于经营管理人员，缺乏实践操作的技术工人，对乡镇垃圾处理技术和管理高层次人才的需求不了解导致一方面培养出的学生找不到合适的岗位，另一方面就业单位招不到高素质的

技术人才(朱亚娟，2013)。

此外，在农村的环保工作中，当地居民无疑是最重要的战斗力。国外农村环境治理的经验表明，村民自治组织的环境管理是一种有效的环境管理方式。相较而言，我国农村环保组织在这一方面尚为空白，农村环保力量未得到有效的整合与利用，反而成为零星化的污染制造者，由保护体向破坏体的演变加剧了农村污染。

总之，我国农村环境相关科学技术及管理的研究起步较晚，农村环境保护多是直接套用城市环境保护的技术和管理办法。与我国农村整体环境保护要求脱节，尚未建立系统的农村环境治理所必需的科学理论、技术途径与总体治理思路。缺乏针对环境污染特性、区域特征差异的规范化、标准化的农村环境相关技术导则、规范和标准，尚未建立起配套的科学技术支撑体系。而且农村环境污染防治治理方面的管理和保障机制缺失，难以保障相关技术的有效推广以及相关工程的投资建设和设施的长效运行。因此在吸收国外先进技术和管理经验的基础上，形成农村环境保护技术管理体系，制定符合中国国情的农村环境污染控制政策体系和生态建设的保障机制，已成为改善农村生态环境质量、推动我国城镇化和农村经济社会环境可持续发展、促进环保产业拉动内需的关键[①]。

### 5.1.3　制约农村生活垃圾管理的原因分析

1. 农村生活垃圾管理中公有地悲剧和博弈论的经济学分析

1)公有地悲剧分析

公有地是指具有竞争性但没有排他性的土地。公有地悲剧是指当一个人使用公有资源时,减少了其他人对这种资源的享用,由于这种负外部性,公有资源往往被过度使用(汪国连和金彦平，2008)。

如图 5.1 所示：由于在公有地倾倒垃圾会产生负外部性，且倾倒垃圾者不用支付额外的费用，因此 SMC＞PMC。根据 MC=MR 的原则，对整个农村社会而言能承受的垃

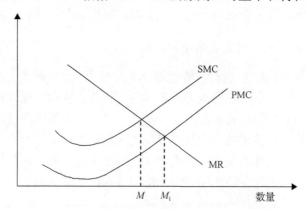

图 5.1　倾倒垃圾边际分析图(汪国连等，2008)

MR. 倾倒垃圾的边际收益；SMC. 倾倒垃圾的社会边际成本；PMC. 倾倒垃圾的私人成本

---

① 《农村生活垃圾分类、收运和处理项目建设与投资技术指南》编制组. 农村生活垃圾分类、收运和处理项目建设与投资指南(试行)编制说明(征求意见稿)[Z]. 2012-03.

圾量为 SMC=MR 的均衡值,即 $M$ 数量的垃圾,对个人而言愿意倾倒的垃圾量为 PMC=MR 的均衡值,即 $M_1$ 数量的垃圾,显然,$M_1 > M$,即垃圾数量超过农村社会的承受能力,造成农村垃圾问题。

在新西兰,填埋场的外部边界费用为 4.26 美元/t,焚烧厂为 18 美元/t;在欧洲,填埋场的外部边界费用为 5.39~8.78 美元/t,焚烧厂为 5.26 美元/t;垃圾收集和处置的私人边界费用在美国大约为 70 美元/t,在新西兰和日本等人口稠密地区可能达到 200 美元/t。因此,公共政策有必要将目前由社会承担的外部成本 4~18 美元/t 内部化(Kinnaman, 2009)。

值得一提的是我国农村公有地主要集中在路边、地旁、河畔等区域,农村垃圾超负荷堆放使农村景观、土地、河流等遭受不同程度的污染。此外,农村居民在看到有人在公有地上乱扔垃圾时,为了方便,相应把自家的垃圾也放在该公有地或另一个公有地上的模仿效应,也加剧了公有地悲剧的发生。

2)农村垃圾治理服务的博弈分析

人居环境基础设施的建设、运营属于有显著正外部性的公共服务,其产生的社会效益是个人效益与对农村聚居点的正外部性之和。这类公共服务,一般其市场需求只体现个人效益,而不能充分体现社会效益,因此,公众集体行为的博弈模型显示,公众之间的博弈陷入了囚徒困境。虽然每个农村居民个体的行为选择都是理性的,但是由于正外部性的存在,公众集体决策时无法排除免费搭便车行为(虞维,2013),最终导致公众集体行为的非理性,从而导致市场条件下的供给量通常会低于使社会效益最大化的供给量,在自发的市场上倾向于供给不足(魏欣等,2007)。

首先,绝大部分政策制定者作为生活在城市里的利益集团成员,会为城市利益集团争取更多的公共资源分配,而较少考虑农村居民的利益,使农村居民得不到自己应有的公平待遇(陈玎玎,2006);其次,在当前乡镇政府财力有限的情况下,出于自身利益动机及提供优先序的行为特征,政府会优先考虑本级政府的行政开支,然后考虑达标工程和形象工程类农村公共品的提供,以至于在对待是否提供垃圾治理服务时,乡镇政府就会采取"多一事不如少一事"的策略,选择不出资,而农村居民则会采取消极的态度选择不缴纳"一事一议"费用,导致双方不合作。再次,即使政府愿意出资,在农村现实生活中,在政府博弈强势地位支配下,"一事一议"往往被演化成"一事一收",这相当于在实践上默许了乡镇政府为一项垃圾治理服务的提供向农村居民收取费用有了合理性,从而将不合理、不合法的农村居民负担变得合理化。这会出现因为制定的费用率过高而导致双方不合作,同样使得垃圾治理服务的供给成为不可能(张维娜,2010)。

因此,解决这个问题的惟一办法是最大的受益方代表——政府出资。博弈论中的"智猪博弈"论证的就是这个道理(魏欣等,2007)。

## 2. 环保意识和公共意识缺乏是制约农村生活垃圾管理的社会原因

随着家庭联产承包责任制的确立,村庄与村民最基本的社会联结被破坏,村民间的联系空前弱化,相互之间的社会关联度降低,村民的集体和公共意识减退,随之而来的是协作意识和能力的下降。市场经济的不断发展，使得当前村庄社会日益松散化、冷漠化，村民变得原子化、功利化，农村个人主义意识形态的持续伸张使得村庄的共同意识早已瓦解殆尽，分散和原子化了的村民难以组织起来以集体行动参与到生活垃圾治理的公共事务之中，靠基层政府和现有的农村组织力量根本没有办法再把农村居民凝聚起来（朱明贵，2014）。再加上农村税费改革后乡村治理资源急剧萎缩，村组织为村民提供的公共产品和服务大大减少，村庄的整合能力出现了明显的衰退甚至缺失，而村委的行政化趋向一定程度上加剧了乡村社会的离散性。在一个日益开放、整合能力逐渐减弱的乡村社会里，伴随着合作精神的消解和公共意识的衰落，村庄公共舆论对于人们环保行为的影响显得乏力无效（朱明贵，2014）。调查数据显示，仅15%左右的农村居民表现出靠个人努力来改善环境的主动性，有80%以上的受调查者认为，村民在公共场地随处倾倒垃圾的行为靠个人难以制止和改变（杨金龙，2013）。因此，农村居民原子化和乡村社会权威缺失使我国乡村治理陷入了两难困境，村庄公共环境卫生在缺失协作和制约的状态之下，村民的共同居住环境难以得到有效保护（朱明贵，2014）。

此外，农村生活垃圾污染存在责任主体难以判别和界定，且治理效益具有外溢性的特征，使得原本就缺乏公共意识和理念的村民更倾向于采取搭便车的行为。尽管不少农村出台了村规民约，而且这些村规民约从形式上都是由基层村组织草拟、村民代表会议通过，但是其主要思路和基本框架均是为强化村级组织的管理权威，由当地政府根据清洁乡村活动这一近期目标统一指导而制定的，村规民约无一例外是锁定村民义务的条款，而有关保护村民权利的条款几乎都没有，其强制性成分过大而缺失农村居民权益保护，使得村民对村规民约的认可程度不高、参与积极性低，导致村规民约的作用很大程度上仍停留在纸质层面，难以落实（朱明贵，2014）。

而且在传统农业社会，生产生活垃圾绝大多数是靠自然分解的，但是在工业社会之下，很多生产生活垃圾是不可自然分解的，需予以回收处理，但是习惯于传统生活方式的农村居民还没有意识到这样的改变，仍然按照以往的生活习惯，将生活垃圾乱扔、乱放、乱堆，这必然也会导致农村环境的污染（蔡娥，2011）。

### 3. 资金和公共品供给不足，是制约农村生活垃圾管理的现实问题

相对城市来说，农村聚居点规模很小，这种小规模市场造成公共服务的单位成本较高，而农村居民可承受的污染治理费用相对又较低。这种情况下，污染治理设施即便能够满足最小经济规模限制，也很难有较好的规模效益，难以承担产权界定、价格等排他性技术所需费用，因此难以像有些公共服务一样采用市场机制供给（魏欣等，2007）。

因此，公共物品一般应由政府来提供。但我国各级政府财权上移和事权下移造成财权与事权不统一，并且受政府政策和产权界定的影响，私人投资很难进入到公共物品供给领域，造成供给主体单一；由于城乡二元结构的存在，农村公共产品采用"自上而下"的决策机制使得农村居民的意愿得不到表达（李亚玲，2009）；在公共物品供给上也采取了城乡有别的供给方法，农村地区长期受到忽视；主要集中在示范村和政治村；县乡财政资源萎缩、村集体经济发展水平有限；对农村环境建设的投资分布不均衡；对农村环境建设资金的具体运行缺乏有效的监督机制使得资金使用效率不高（黄彬红，2009），这

些都导致了我国农村公共产品供给总量上严重不足，供需结构失衡，供给效率低下。

### 4. 村组织缺乏环保治理的能力，是制约农村生活垃圾管理的通道瓶颈

面对分散的农村居民个体，单纯依靠政府的力量来展开农村环境卫生管理显然是不可能的，基层政府必然要运用强有力的行政方式管理农村社会，并将上级下达的任务和指标分解到村，要求村委会将之作为一项政府任务完成，至此乡镇权力成功地扩张和渗透到村委会，村民自治的原则被消解于无形之中，村委会沦为地方"准政府"，村委被推向行政化。行政化的村委会难以从根本上代表民意，不能把村民对政府在农村生活垃圾治理的要求、愿望、建议和批评集中起来转达政府，村民的利益需求表达渠道受阻，部分垃圾处理公共品由于缺乏民意表达出现了供需脱节，导致垃圾处理设施招致闲置浪费，而垃圾处理设施建设不科学还引发了村民对政府治理的信任缺失。在这种"政府直控型环保"模式下，政府善用自上而下的行政控制和群众运动方式领导农村居民治理农村生活垃圾，在短期内会取得一定的成效，但由于缺乏有效的制度安排和激励机制，往往会出现反弹现象，难以确保农村生活垃圾治理的成效，而且频繁运用政治动员手段还容易导致村民的反感甚至抗拒，社会还不得不承担大量的政府管理和执行成本(朱明贵，2014)。

因此，一方面，传统治理方式消解了村组织的治理功能；另一方面，村组织自治能力低制约了自身治理功能，导致村组织缺乏环保治理的能力。

### 5. 农村生活垃圾服务供给和治理绩效的其他影响因素分析

#### 1) 村域社会资本的影响

村域社会资本可通过直接和间接两条路径影响村庄生活垃圾治理的绩效。就直接影响方面而言，文明的乡土风情和善良健康的风俗习惯能够促进村民对生活垃圾的治理意识，推动村民对村庄生活环境的共同维护，是农村居民处置生活垃圾方式的重要行为基础。从间接效应来看，增加乡村社会资本的存量，构建互助互惠的和谐伦理秩序，能够显著改善村庄生活垃圾的治理绩效(杨金龙，2013)。

#### 2) 政府管理

政府管理作为嵌入村庄生活垃圾治理的外生变量，由基础设施供给、政策法规监管和环保活动开展 3 个子因素构成。政府管理的直接影响主要体现在为村民提供生活垃圾处理的基本设施服务，依据相关行政法规进行有效的监管等方面；间接影响主要是基于政府开展的农村环保知识宣传和环保活动等。这些措施有助于强化对生活垃圾危害的认识，进而提高农村居民积极参与生活垃圾治理的动力和能力(杨金龙，2013)。

#### 3) 村的规模和居民居住的密集程度

村的规模和居民居住的密集程度显著影响供给决策，垃圾处理服务的供给存在着规模经济效益。在工商业较发达的村越可能提供垃圾处理服务；同时，在县乡以上政府工作的本村人越多，越可能提供垃圾处理服务(杨金龙，2013)。

4）非农劳动力比例

生活垃圾的处理服务状况也与劳动力的非农就业机会有相关关系。通常非农劳动力比例越低，非农就业机会越小，农村居民就越有可能较长时间住在村里，对村里的环境卫生条件的需求就越高，从而就越有可能促进当地生活垃圾处理服务水平的提高；但随着农村非农劳动力比例的提高，农村居民对当地环境卫生的关注度会显著降低，从而不利于当地生活垃圾的处理（杨金龙，2013）。

5）交通条件

生活垃圾的处理服务状况与当地交通的便利程度有密切关系。交通便利的村镇更易建设垃圾处理设施。因此改善当地的交通便利程度会显著促进农村生活固体垃圾的处理水平（杨金龙，2013）。

6）财政支持与垃圾处理项目

在有垃圾处理相关项目的村中，有 70.4%的村存在垃圾处理服务，而在无垃圾处理项目的村中仅有15.4%的村提供了垃圾处理服务，二者 $t$ 检验结果也在1%的置信水平上显著，这也表明，垃圾处理相关项目可能是影响垃圾处理服务提供的重要因素（黄开兴等，2011）。

7）农村居民收入

农村居民人均纯收入对垃圾处理服务提供的影响达到显著的正影响，说明农村居民人均纯收入越高，理性上越愿意为环境物品增加支出，农村也越有可能提供垃圾处理服务（黄开兴等，2011）。但是当前在很多农村地区，由于存在如农村居民支付意愿与实际所需费用的巨大差距，导致农村居民环境需求的"无效"；在到达环境物品消费的临界值以前，农村居民收入增加对离散型环境物品购买的影响非常微弱（图5.2）；农村居民对收入提高的不可持续性或暂时性认知，会导致农村居民保持既有的消费倾向，主动压抑对环境质量改善的需求；再加上农村居民预期的不确定性收入的效用低于确定性收入的效用等原因，因此，尽管农村居民收入增加，但对环境物品的需求仍然滞后。

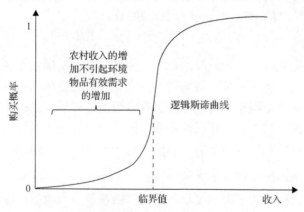

图 5.2　离散型环境物品购买决策（程远，2004）

此外，村民固体废物排放引起的环境压力、村干部选举，以及村干部特性等均对农村垃圾管理服务的提供产生影响，如由村民选举产生的受欢迎的村领导更易于提供服务满足村民需求。而且灌溉地比例、村企业利润等均对服务的供给产生正影响(Ye and Qin，2008)。

综上所述，农村生活垃圾处理困难有多方面原因，但从设计的主体来看，包括了村民、市场和政府三个层次。

从村民居民角度出发，村民作为垃圾的制造者，大多数没有意识到垃圾的危害，环保意识差，分类处理的自觉性低，在没有监管机制和利益诱导下，积极性差。

从市场的角度出发，市场在调节人力、物力，开展垃圾回收，进行生态环境建设等方面存在失灵。农村垃圾范围广、涉及的面积大、回收成本大、利润小或者没有利润，在没有完整的产业链条下，垃圾的全过程管理难以实现。

从政府角度出发，政府作为公共服务的提供者和法律制度的制定者，在企业不能提供服务的部门和领域未能充分发挥作用。在垃圾处理方面，一方面没有尽到监管责任，没有及时出台和修订相应的法律、法规和制度，也没有为专门的垃圾回收企业或工厂提供更好更多的优惠政策；另一方面，在农村垃圾回收、处理方面投入资金少。因此政府、市场与村民三者共同造成农村生活垃圾处理难的问题。

## 5.2　农村生活垃圾的管理体制与政策法规

农村生活垃圾问题的有效治理主要取决于政府对于公共事业管理主体责任的回应能力，同时受到村域资本包括乡风民约、村民组织以及教育等个体特质在内的诸多因素的制约，各个因素之间由于存在着多向互动的传导机制，具有复杂的关联性。因此农村生活垃圾管理是一项社会化的系统工程，应遵循合法性、系统性、经济性、差异性、可行性、阶段性和监督、管理原则(王维平，2008；黄开兴等，2011)，积极地建立切实有效的综合治理运行机制。

### 5.2.1　管理体制

1. 体制改革措施与建议

1) 延伸县级环保机构

在镇级政府设立环保机构(如环保中心站)，配备专业人员，一方面在所辖区域内进行环境执法和监督工作；另一方面，积极指导农村居民开展环境保护活动，以保护农村生态环境，减少农村固体废物的排放和其他环境污染(耿保江，2009)。

考虑到广大小城镇一级基层的环保部门机构、人员素质、技术设备远远跟不上现实需求，因此在部门建设时，应先急后缓，近期先建设一些区域重点镇、中心镇、敏感区的行政村和自然村，再逐步扩展到一般建制镇、乡集镇、污染严重的行政村和自然村，最后在扩展到普通的行政村和自然村(魏俊，2006)。

具体实施时，要根据农村和小城镇自身的经济状况和污染程度灵活配置管理机构和人员。在经济发达、环境污染比较严重的乡镇，应当设置环境保护机构；在经济比较发达、污染比较轻的乡镇，应当设置环境保护兼职机构；在规模小、环境污染比较严重的乡镇，应当设置环境保护机构的专职工作人员；在一般的乡镇，则可在一些部门中设置环境保护的兼职工作人员；并加强对环保工作人员的录用管理，努力提高环保工作人员的专业水平；同时，可从区域角度考虑组建专门的固废管理机构，对包括生活垃圾、农业固废、工业固废、危险固废等不同类型的固体废物进行协同管理(魏俊，2006；耿保江，2009)。

2) 明确公共服务责任主体

为了改变农村生活垃圾管理职能的越位、交叉、缺位等现象(虞维，2013)，首先应明确政府各部门的事权责任主体，明确人居环境基础设施建设和运行的财权。应按照统筹城乡、区域发展的要求，重新划分县、乡、村三级责任主体的事权和财权，将目前由乡镇政府甚至村委会承担，而应该由上级政府承担的农村固体废物相关事权收归县级和县级以上政府，并明确承担具体责任的机构，以强化县级政府的固废管理职能。同时，要加大部门联动力度(李来木，2010)。政府各部门在农村固体废物治理的事权、财权等明确的基础上，要各司其职，也要通力合作，才能将农村生活垃圾治理的各个环节有机地结合起来。

其次，农村生活垃圾处理要求政府部门按照政企分开、管干分开的思路，转变政府职能，改革现有环卫事业单位，使之成为自我经营、自负盈亏的企业。在改制过程中，政府应当积极鼓励社会资本参与投资，明确各参与主体的财权事权关系，使政府从供给者和监管者的双重身份中脱身出来成为真正意义上的监管者。

3) 要加强组织领导，完善考核体系。

建立政府层级间的考核体系，在现有农村地区实施的"以奖代补"考核方法基础上，细化各项奖励政策。考核形式以听取汇报、察看现场和民意测评等方法相结合，真实反映农村生活垃圾处理工作情况，对考核项目逐项打分，并将考核结果列入考核体系中的社会事业考核计分。另外，要将农村生活垃圾处理工作纳入到政府人事考核中，与政府官员的政治前途直接挂钩。通过将这项工作职责列入到政府官员考核和晋升的体系，促进政府官员对农村生活垃圾处理工作的重视。

同时，建立和完善政府问责制。各级地方人民代表大会应当通过调研等方式对政府履行农村生活垃圾处理工作的职责状况进行监督，对履行职责不到位的政府部门提出质问，甚至开展专题调查，督促政府部门提供高效的农村生活垃圾处理服务；乡镇政府应把农村生活垃圾处理提到重要的工作议程，健全农村生活垃圾处理的监督管理制度，并对投资企业和行政村的工作落实情况进行指导和监督(虞维，2013)。

4) 明确城乡规划内容

城乡环境综合整治的推进应坚持统筹规划，合理规划设置管理机构、收运网络与处理站点。农村环卫规划受诸多因素的影响，包括经济因素、区位布置、规模等级、功能布局和实体形态等(魏俊，2006)。因此，区域性的规划在控制好规划范围与深度的基础上，还要着重解决工作思路、保障措施(主要是财政扶持政策、垃圾收运处置费用征收标准与程序、共建共享办法)、垃圾处理场地设置数量与位置(服务半径一般在 15km 左右，并要充分考虑各镇的发展定位和潜力)。镇域规划要着重解决镇环卫机构转运机制建设、资金保障问题(乔茂先,2010)。同时,打破行政区划的限制进行生活垃圾管理(张维娜,2010),树立区域联合的规划观,针对大中城市周边地区乡镇,可以纳入城乡一体化的规划,执行或比照城市规划的标准进行;针对具有带状发展趋势的乡镇,以及分布相对集中的乡镇,往往依托区域内重要的基础设施,镇间距小,经济交通联系紧密,规划应加强彼此协调,避免重复建设,应积极实行区域联合的处理模式;针对其余较分散的乡镇,可根据实际情况独立进行规划(魏俊,2006)。

5) 要重视基层环保机构能力建设,增强监测效力

加强农村环保机构的能力建设,首先要加强农村环保机构的队伍建设,在中心镇建立环保派出机构,在一般乡镇设立环保专职人员,逐步健全农村的环境管理组织体系。其次要加大基层环境监测能力建设,配置开展农村环境监测所需的人员和设备,逐步健全农村环境监测网络。再次要组织做好环保工作人员的专业培训工作,只有精通业务的工作人员,才能保障农村环保工作的成效(孟银萍等,2012)。在培训过程中,一方面,考虑不同地区有不同的垃圾处理技术要求,有不同职业培训层次的需求,因此,把握好地区特征,才能找准环境整治技能培训的定位,使技术培训具有针对性,从而提高垃圾处理的有效性。另一方面,各地区的经济特征不同,因此地区的经济特征决定了环境整治培训的重点,能否把握好重点,是检验职业技能培训效能的关键。而且各地区发展不同,人才特征也不尽相同,环境整治培训还要适应人才特征(朱亚娟,2013)。

6) 乡镇生活垃圾处理处置设施的建设要灵活执行环境影响评价

在农村生活垃圾处理处置设施的建设过程中,应因地制宜考虑生活垃圾处理处置设施产生的"三废"影响,根据其所在地区的环境功能区类别,综合评价其对周围环境、居住人群的身体健康、日常生活和生产活动的影响,确定场地与常住居民居住场所、地表水域等敏感目标合理的防护距离。在环境敏感区域,应按国家要求严格执行,在一些偏远落后,经济条件差的农村地区,可根据实际情况适当简化相应手续。

7) 完善公众的需求表达机制

农村生活垃圾合作治理的互动关系网络如图 5.3 所示。村民委员会作为整合分散化农村居民的民主机制,其权力主要来源于乡村社会内部,村委必须重视加强自身建设,切实代表村民利益,积极建立农村居民需求表达机制,确保村民与村委会沟通渠道顺畅,才能在政府与村民间起到中介桥梁的作用(朱明贵,2014)。因此畅通农村居民对生活垃圾治理公共物品需求的表达渠道,使农村居民对生活垃圾治理公共物品的需求真正地反映给供给者——村委会,这在一定程度上会督促村委会对其进行供给;从另一个方面来说,村委会将生活垃圾治理公共物品供给的方式公之于众,让村民进行衡量和评判,有利于提高生活垃圾治理公共物品供给的效率,进而实现科学有效的供给(朱洪蕊,2010)。

此外,还需制定公众在农村生活垃圾管理中的公众参与机制。尤其是在农村生产生活垃圾的规划与基础设施建设、运行管理、评价评估时,村民有权参与并提出自己的建议,当地政府应该予以公开或是采用,充分实现村民的该项权利(李晓敏,2012)。具体实施方式可以通过"一事一议"开展,也可以推选有一定威望的村民代表参与生活垃圾

的管理。

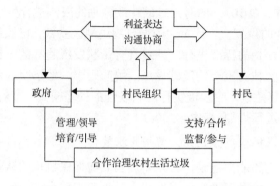

图 5.3　村民组织在农村生活垃圾管理中的桥梁作用(朱明贵，2014)

8) 建立生态补偿机制

各级政府应在"谁受益谁补偿原则"的指导下建立生态补偿机制，根据不同地区的资源、人口、经济、环境总量来制定相应的发展目标与考核标准，让生态脆弱的地区更多地承担保护生态环境而非经济发展的责任，可以实现对生态环境的保护和对环境污染受害者的补偿(魏佳容，2012)。因此，要尽快建立对农村环境问题的补偿机制，通过生态补偿为农村生活垃圾的管理提供政策和资金支持。

## 2. 经济对策

政府作为环境保护投资的主体，要将传统角色进一步完善，不仅要监督资金的使用情况，还要加强对环境污染治理项目、运营管理和效果的控制。政府在处理农村环境污染中，可将环境改善带来的增量税收收入以及环保税收等作为其治理资金，通过其行政职权经营环境，改善农村环境状况，提升农村的生活质量，实现环境与经济的良性循环(朱亚娟，2013)。具体如下：

1) 加大对行政村的公共品投资补贴力度

A. 增加补贴和扶持力度

增加村级公共品的供给，有可能会增加乡镇和村财政的负担，因此，县(区)级以上政府要进一步增加对行政村的公共品投资的补贴力度。尤其要从国家的层面重视西部地区村镇生活垃圾的处理处置，并进行宏观调控及给予政策和资金上的扶持；同时，要转换认识，正确看待农村人居环境基础设施的公益性质，政府可为农村垃圾资源化招商引资提供信息服务和技术支持，按照"谁投资、谁收益"的原则，放开投资市场，从财政补贴、信贷支持、税费减免、土地优惠等方面大力扶持，引导并鼓励各类社会资本参与农村垃圾处理设施的建设和运营，实现投资主体多元化、运营主体企业化、运行管理市场化(汪国连和金彦平，2008；刘刚和潘鸿，2009；魏欣等，2007)。

在农村生活垃圾处理领域，公共财政应涵盖的基本内容包括：公共领域的垃圾收集、运输和处理；农村生活垃圾处理各环节支出与实际收取的生活垃圾处理费的差额部分；公共基础设施的维护和运营；负责农村生活垃圾处理的相关部门的管理费用；用于农村生活垃圾处理的应急处理资金(虞维，2013)；用于农村生活垃圾相关的环保教育、宣传资金等。

此外，从技术扶持的角度出发，可以制定沼气和生物质发电优惠上网价格，允许企业就近售电，或发电上网，执行可再生能源电价，从而打通农村有机(生活)垃圾沼气发电和焚烧发电的产业链和盈利途径，提高系统经济效益(令狐荣科，2009)。

B. 坚持政府主导，全民参与的投入模式

在现阶段农村生活垃圾处理处置过程中，应建立政府投入为主、农村居民个人投入为辅的垃圾处理费投入模式。

首先，主要通过上级政府的转移支付来提供资金，建立"自上而下"的开源机制。中央政府应加大对这一领域农村公共服务的转移支付，省级政府应建立与公共服务筹资相联系的财政保障体系，并出台相关政策和法规，确保这一公共服务有稳定的资金来源，如用法规的形式规定农村环境治理资金在转移支付或政府财政经常性预算中的比例等(魏欣等，2007)。

其次，垃圾填埋场、环卫设施建设由政府负责，垃圾收运处置费用由政府和农村居民共同负担，分担比例可视当地经济实力确定(乔茂先，2010)。

2)加大税收优惠

市场的根本动力在于经济利益，市场动力源的培养是农村生活垃圾处理市场化运作的前提。由于农村垃圾治理市场化难、风险大、投资大、经济效益低，资本的趋利性决定了社会资本不愿意将资金投向不能或很难盈利的农村垃圾治理行业(汪国连和金彦平，2008)。因此，建议政府免除以农村生活垃圾中作为原料进行资源化利用的企业的增值税和营业税等税种，提高企业的投资热情(令狐荣科，2009)。

3)建立市场导入制度

公共服务供给效率问题上的失灵是客观存在的。因此应当根据不同农村环境公共服务的具体经济属性建立多元化的供给主体结构，在公共服务供给中引入竞争机制等。

虽然目前将农村垃圾处理完全导入市场比较困难，但可以将农村垃圾处理部分环节导入市场竞争机制，如将环境卫生的清扫权、垃圾初步处置权等向社会公开招标(汪国连和金彦平，2008)。在条件成熟的地区，建立市场运行机制。如创立由镇政府为主导的，村民积极参与的"两级物业双层管理"模式：镇政府成立物业公司，建成专业化队伍，村庄内则成立第三方物业化管护队伍，对村庄环卫设施进行有偿管理(乔茂先，2012)。

4)发展龙头企业，带动农村垃圾产业化

垃圾处理产业化就是要以市场为导向，把政府统管的公益性事业行为转变成政府引导与监督、非政府组织参与和企业运营的企业行为，把被分割成源头、中间和末端的垃圾处理产业链整合成一个完整的产业体系，以实现垃圾处理的社会效益、经济效益和处理效率最佳化(赵玉杰等，2011)。因此，应当结合农村生活垃圾的基本特征，充分利用"垃圾"原料，积极培育农村生活垃圾处理的下游产业，如鼓励企业参与废品的回收利用，培育贯穿市区及乡镇农村生活垃圾收集、分类、运输和处理全过程的产业链，培育和扶持地区龙头企业，带动农村垃圾处理产业化，发展循环经济(刘刚和潘鸿，2009)。

5) 积极引导农村地区经济发展

结合农村实际情况，积极引导农村地区发展特色区域经济，促进农村地区经济的发展，增加村庄镇的财政收入，提高人民的收入水平，使得村庄有更多的可支配资金用于生活垃圾治理工作，进而有效地进行生活垃圾治理公共物品的供给(朱洪蕊, 2010)。

6) 适当征收垃圾处理费

A. 收费制度

生活垃圾收费政策，一方面，通过收费制度的实施，促进生活垃圾的分类收集和回收，充分发挥经济杠杆的作用，另一方面通过收费弥补垃圾处理的资金，保证垃圾处理市场化运作的顺利开展(虞维, 2013)。因此，农村生活垃圾收费制度应作为环境管制的辅助手段，并结合其他经济手段复合使用。

国内外的垃圾收费制度主要有定额收费和按量收费两种，垃圾收费方式主要有自动缴费、上门收费和委托代收(戴晓霞, 2009)。

定额收费一般指以家庭为单位，向其收取固定的费用作为垃圾处理费，与每个家庭所排放的垃圾量无关，执行成本相对较低。按量收费指所收取的费用与家庭所排放的垃圾量有关，可按体积和按重量来收费(图 5.4)。相比定额收费，按量付费公平、经济信号明显、效率高、垃圾减量化效果好、实施速度快、更灵活、有更高的环境效益(Skumatz, 2008)，也更符合"谁污染谁付费"的原则。在按量收费下，家庭会根据垃圾处理的成本来调整自身的行为，如减少垃圾排放、增加垃圾回收等。但因为缺乏详细的环境分析和成本分析技术，政策制定者在制定垃圾处理费率时，往往没有充分的指导信息，垃圾按量收费所取得的收入多少取决于居民的对这一政策的行为反应，实施前很难预测政策效果(戴晓霞, 2009)。因此，征收垃圾处理费收益不确定，会增加大型家庭和贫困家庭的负担，增加行政管理负担和工作量，还可能会导致居民非法倾倒或焚烧垃圾以逃避付费的行为，产生外部成本(Skumatz, 2008)。

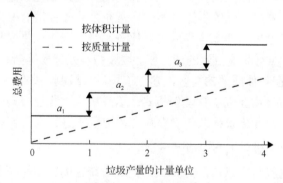

图 5.4　单一组分垃圾按量付费模型(Bilitewski et al., 2004)

$a_i$ 是垃圾箱/袋的费用，通过垃圾袋/箱的数量进行计量

B. 付费实施影响因素

按量付费实施的影响因素很多，包括以下四方面(Skumatz, 2008)。

(1) 人口统计方面：社区大小、城市/农村/郊区因素、平均收入、平均房屋价值等。

(2)程序功能方面：路边收集与投放回收、路边收集频率、回收利用计划实施的时间、可回收物料收集的数量、回收物流的数量和品质、垃圾和可回收物料的收集时间、容器的使用、回收项目是否是强制的等。

(3)垃圾收集特征：垃圾收集服务是否是强制的，收集频率。

(4)财政特性：是否按量付费、对于按量付费是否独立收费、当地填埋场的处置费用等。

在实践中，按量计费主要包括三个要素(Reichenbach，2008)：识别垃圾产生者作为实现问责的工具；垃圾产生或获得服务的度量，以此来确定个人对处置费用的贡献尺度(单位)；单位价格，以此将个人排放的垃圾转化为相应的资费。用于防篡改电子识别应答器二维码，手机 App 等电子技术使垃圾收集服务变得更加可行，能够开发高效的按量付费方案，使其能够在没有单独设置废物收集容器的人口密集的地区实施。

农村实行生活垃圾处理收费能否起到高效的筹资作用，关键在于资金的有效管理。首先，收取的生活垃圾处理费应当严格遵守专款专用原则，杜绝任何形式的资金挪用。其次，应当明确规定该笔资金的使用权限，使用主体为农村生活垃圾处理服务的供给方(虞维，2013)；最后，付费政策的合理性和透明性也很重要(Bilitewski et al.，2004)。

我国农村生活垃圾收费制度还处于起步阶段，存在垃圾征收费率标准偏低，征收费用的成本高；居民的认知度不高，征缴率偏低等问题。尽管如此，在条件成熟地区，可以尝试向农村居民征收垃圾处理费，并通过垃圾收费补偿垃圾处理成本(戴晓霞，2009)。

C. 农村生活垃圾处理定价模型

a. 成本构成

(1)收集成本：垃圾收集成本主要是指从农村居民家门口到垃圾站房或直接到垃圾中转站所发生的全部费用，包括材料费、设备折旧、维修费、人员费用等。

(2)运输成本：垃圾运输成本是指生活垃圾从垃圾站房运送到垃圾中转站，然后被统一运送到垃圾处理厂，或者从垃圾站房直接运送到垃圾处理厂过程中所发生的全部费用，包括材料费、设备折旧、维修费、油料消耗、人员费用等。

(3)处理成本：这里的处理成本是指狭义的处理成本，是指生活垃圾在处理厂进行无害化处理时所发生的全部费用，包括材料费、设备折旧、运行费用、人员费用等。

以上三个环节的成本共同构成了农村生活垃圾处理费用的价格基础(虞维，2013)。目前，部分农村地区已开始实行农村生活垃圾处理市场化供给，但是，各个环节的市场化程度有所不同。已实行市场化供给模式的大多数地区，生活垃圾的收集、运输由多家企业竞争供给，而无害化处理则由一家或少数几家供给，甚至是由政府供给。由于供给主体或者供给方式的不同，生活垃圾处理的价格基础也会有所变化。

(4)利润率：随着农村生活垃圾处理的市场化发展，收费定价模型必须考虑利润因素，但是利润率的大小取决于供给模式的选择。如果采用政府单一供给模式，那么利润率应为零；如果采用完全市场化供给模式，那么利润率为社会平均投资回报率，一般高于银行长期贷款利率；如果采用公私合作供给模式，那么利润率应结合市场供给状况，在零与社会平均投资回报率之间，一般微高于银行长期贷款利率。

(5) 税金: 与农村生活垃圾处理相关的税金主要包括营业税、教育费附加税和城市维护建设税。

(6) 收费制度的推进程度: 农村生活垃圾处理的准公共品特征决定其资金来源由公共财政和生活垃圾处理费共同提供。但是, 随着农村生活垃圾处理收费制度的不断完善, 公共财政与处理费在垃圾处理费用中所占比例会发生变化, 并且垃圾处理费的收缴率和征收比例会不断提高, 这会直接影响垃圾收费的定价, 所以应该考虑将这个因素加入到收费定价模型中。

b. 构建收费定价模型

结合上述准公共品的定价方法, 并借鉴已有生活垃圾处理收费定价模型, 建立以平均成本定价为基础的农村生活垃圾处理收费定价模型:

初始收费定价模型:

$$P = \lambda[C \times (1+R) + T] \qquad (5.1)$$

调整后的收费定价模型:

$$P' = P \times (1 + \text{CPI} - X) + Q \qquad (5.2)$$

式中, $P$ 为收费价格; $C$ 为生活垃圾平均处理成本; $R$ 为合理利润率; $T$ 为法定税金; $X$ 为垃圾处理行业的非价格效率的提高; $Q$ 为不同质量系数的差额; $\lambda$ 为垃圾处理收费制度的推进程度 $(0 \leqslant \lambda \leqslant 1)$; CPI 为消费物价指数。

在农村生活垃圾收费定价模型的实施过程中, 还需要注意以下几个问题: 第一, 稳固政府财政补贴的重要地位, 通过制定费用分摊机制, 由公共财政来弥补实际价格和收费价格之间的差额部分, 同时要对农村低收入居民实施补贴或减免; 第二, 要合理制定收费价格的调整周期, 充分考虑垃圾收费制度的推进程度和经济发展水平; 第三, 由于农村居民在生活垃圾处理缴费问题上自觉性不高, 在实行收费时可以选取适当的收费载体, 以提高生活垃圾处理费的收缴率。

c. 案例分析——德清农村生活垃圾处理供给模式

(1) 德清县概况。德清县位于浙江北部, 东望上海、南接杭州、北连太湖、西枕天目山麓, 处长三角腹地, 总面积 936km², 辖 11 个乡镇、1 个开发区、151 个行政村, 总人口 43 万。2011 年全县实现生产总值 278.9 亿元, 城镇居民人均可支配收入 29710 元, 农村居民人均纯收入 15776 元。自 2007 年开始, 共建成村级垃圾收集房 292 座, 设置垃圾箱 (桶) 36323 只, 投入资金约 600 余万元; 建成垃圾中转站 35 座, 投入资金 4000 余万元; 配备镇级以上各类环卫专用车辆 712 辆, 投入资金 3500 余万元。全县 151 个行政村公开招标确定保洁单位, 市场化运作达到 96.03%, 目前全县保洁员 2097 人, 其中农村保洁员 1000 余人, 有效提高了农村生活垃圾保洁效率。另外, 2008~2009 年建成德清县佳能垃圾焚烧发电厂, 于 2009 年 3 月 31 日投入运行, 投资 1.2 亿。政府与投资企业签订《浙江省德清县佳能垃圾焚烧发电项目特许经营协议》, 特许经营年限为 30 年。德清农村生活垃圾处理基本已形成 "户集、村收、乡镇运、县处理" 的格局, 在此基础上不断创新推进环卫事业的发展, 拓宽投融资渠道形成多元投入机制。

（2）处理费测算。

①德清县农村生活垃圾处理成本。2011 年德清农村生活垃圾处理总量达 71836t，月均处理量为 5986t，人均月处理量约 13kg。生活垃圾处理成本主要由固定成本和可变成本两部分组成。2011 年德清农村生活垃圾处理的收集和运输环节固定资产折旧为 1047 万元，卫生处理环节固定资产折旧为 400 万元，共计 1447 万元。收集和运输环节的可变成本共支出 419 万元，其中，收集环节成本为 235 万元，人员工资按照 2011 年德清最低工资标准 1060 元/月计算；运输环节成本为 184 万元，农村垃圾处理按 1 元/(t·km)计算。卫生处理环节的可变成本为 611 万元，其中每吨卫生处理费用以德清县政府签订的《浙江省德清县佳能垃圾焚烧发电项目特许经营协议》为依据，生活垃圾卫生处理费为 85 元/t。通过以上分析可以得出德清农村生活垃圾处理的总成本，详见表 5.1。

根据 2011 年德清农村生活垃圾处理量，计算得出每吨生活垃圾处理成本为 345 元。

表 5.1　2011 年度德清农村生活垃圾处理的总成本

| 处理环节 | 固定资产折旧/万元 | 可变成本/万元 | 总成本/万元 |
| --- | --- | --- | --- |
| 收集 | 1047 | 235 | 1466 |
| 运输 | | 184 | |
| 卫生处理 | 400 | 611 | 1011 |
| 共计 | 1447 | 1030 | 2477 |

②收费定价计算。根据式(5.1)，设定生活垃圾处理利润率为 8%，法定税金选取 5.2%。同时，政府给予适当财政补贴并积极推进农村生活垃圾处理收费制度，可得：

$$P = \lambda \left[ 345 \times (1 + 8\%) + P \times 5.2\% \right]$$

可见，在没有公共财政支持的情况下，即 $\lambda = 1$ 时，得 $P = 393$，人均月支付额约为 5.1 元。由于农村生活垃圾处理的费用由公共财政和处理费共同提供，当 $\lambda = 2/3$ 时，得 $P = 257$，则农村居民需要缴纳生活垃圾处理费约为 3.3 元/(人·月)，而政府需要投入公共财政约为 1.8 元/(人·月)；当 $\lambda = 1/2$ 时，得 $P = 191$ 元/t，农村居民需要缴纳生活垃圾处理费约为 2.5 元，而政府需要投入公共财政约为 2.6 元/(人·月)；当 $\lambda = 1/3$ 时，得 $P = 126$，农村居民需要缴纳生活垃圾处理费约为 1.6 元，而政府需要投入公共财政约为 3.5 元/(人·月)。

2011 年德清农村人均可支配收入为 1315 元/月，那么，根据上述计算所得的生活垃圾收费比例均低于德清农村人均可支配收入的 0.25%。因此，收费标准在德清农村居民的经济可承受范围之内。但是，目前德清并不向农村居民收取生活垃圾处理费，仅象征性地收取 1 元/(人·月)的清扫保洁费。显然，农村地区有必要对生活垃圾收费作出及时的调整。结合当地农村的经济发展水平，选择合适的生活垃圾处理供给模式，并在该模式下分阶段逐步推进生活垃圾处理收费制度，确保农村生活垃圾处理高效、平稳地运作。

7）建立和完善农村垃圾分类/回收体系和处理补偿机制

垃圾回收处理补偿机制涉及产品的生产和消费环节，核心体系是通过对产品征收处理税费，以征收的税费为财政基础对垃圾回收进行补偿，利用这一项经济杠杆对消费者的垃圾回收行为进行调节,促进垃圾回收的效度和精度。垃圾回收补偿机制重点解决的是提高垃圾自觉回收,并通过垃圾分类回收中心进行系统的分类回收,以科学分类为基础,集中交付垃圾分类处理中心进行精细处理。垃圾回收处理补偿机制的运转流程以产品为发端,以垃圾精细处理为终端,以经济杠杆为核心,目标是以经济利益的强大驱动力全面推进垃圾科学分类和精细处理,详见图5.5(孙钰,2011)。

首先加大对固体废物回收利用行业的支持力度。我国的垃圾回收再生行业历史悠久,但发展速度慢、水平低,规模化、产业化程度不高,利润率低。因此,各级政府应充分利用我国丰富的农村劳动力资源优势和经济杠杆,在政策、财政、税收、金融、技术、人才等方面予以全方位扶持和倾斜,法律、行政、经济等多重手段并举,合力推动全国城乡垃圾的科学分类收集和回收,力促这一新兴、绿色、环保的"朝阳产业"在市场机制下尽快发展壮大。这是建设"资源节约型和环境友好型社会"的内在要求,也是化解垃圾危机问题的最佳策略和根本出路(杨曙辉等,2010)。

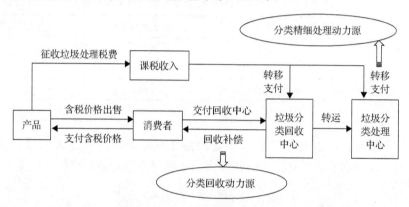

图 5.5　垃圾回收处理补偿机制示意图(孙钰,2011)

其次在目前的条件下,可以先将农村生活垃圾中的回收价值较高的垃圾,纳入征收垃圾处理税费的目录,建设专业的回收处理中心,建立回收补偿机制,从而降低这些垃圾对农村环境,如土壤、水体等造成的危害。同时,也通过这样的机制促进环保型替代产品的研发,形成新的上游产业。在取得经验的基础上,扩大征税产品的目录,逐步完善垃圾回收补偿机制。

8)和回收商或大宗商品经销商合作

当需要和回收商或大宗商品经销商合作时,为了能够更好地组织,需要解决如下问题:

(1)公司回收哪些垃圾原料?这些垃圾必须如何准备?

(2)买家需要哪类合约?

(3)谁负责运输?

(4)什么时候收运?

(5)垃圾最大允许污染程度是什么?如何处理被拒收的垃圾?

(6)是否有最低数量的要求?

(7)回收物料在哪里称量?

(8)谁提供垃圾回收容器?

(9)能否在合约中包括例外条约?

(10)确认检查相关参考资料。

同时,为保证收集的垃圾有通畅的销售渠道,环保部门可根据当地的实际情况以及各行政村的分布情况,合理地分布废品回收点;根据各类可回收垃圾的数量,考虑是否建立回收垃圾再利用工厂或是将回收的可再生垃圾销售到有条件再利用的工厂。此外,对从事废品回收的人员或企业给予一定的奖励政策(马香娟和陈郁,2005)。

**3. 宣传教育对策**

解决农村垃圾问题,首先要在农村普及环保知识,提高农村居民的环保意识,可以从以下四方面入手。

1)加强宣传与教育,提高农村居民环保意识

通过不同方式的教育、舆论去树立公众的公共环境意识。如充分利用广播、电视、报刊、网络等各种媒介,以及采用政府职员下乡宣传等手段加大农村生活垃圾危害、垃圾分类、垃圾管理等知识的宣传力度,从而提高农村居民对生活垃圾危害的认识与处理能力,充分意识到生活垃圾污染防治的重要性,掌握垃圾分类、收集清运和处理的方法,鼓励农村居民积极参与生活垃圾的管理和监督,不断提高村民的环境意识,积极引导农村居民践行绿色消费,改变不良的生活习惯和生活方式,从源头上减少农村生活垃圾的产生量(胡艳玲和李东,2013;杨金龙,2013;朱亚娟,2013)。

同时,环保生态教育要从孩子抓起,因此,将环保教材纳入义务教育体系和农村职业教育体系,在各级学校开展农村生活垃圾资源化利用教育(耿保江,2009),在此基础上,通过学生带动家长积极参与到农村生活垃圾资源化利用的行动中(梁厚宽,2013)。

此外,还可与当地拾荒者与私人废品收购商进行合作,对其进行教育,加强废品回收(张静等,2009)。

2)加强公众参与,提高群众的积极性

在农村,需最大程度地鼓励农村居民参与到生活垃圾的管理中。首先,在建立相关财政资金使用"自下而上"的决策机制,在具有"准政府"性质的村集体成为农村真正的自治组织后,应引导广大农村居民参与到环保工作中来,并在工作中保障农村居民的知情权,接受当地群众的意见和监督(孟银萍等,2012);同时应通过村民代表大会民主地决定农村环境公共服务项目建设的优先顺序和相关服务费的收取标准等,确保财政资金最高效地满足农村居民的消费者支付意愿(任伟方,2006)以此充分调动群众的积极性。

3)多样化的垃圾分类宣传

在农村,应通过通俗易懂,形式多样的环保宣传,达到最佳的宣传效果。例如,可以通过分类宣传册、宣传海报与小卡片、宣传牌、宣传墙来进行宣传。鉴于大部分农村为留守老人,文化水平低,因此,生活垃圾分类会议与培训,以及农村生活垃圾分类主

题参观活动也是必要的(蔡传钰，2012)。

4)充分重视民间组织在环保中的地位和作用

民间组织可以分为官方性民间组织(即准政府组织,如妇联、工会等)、纯民间组织(如义工协会、环保类民间组织、打工者服务部等)、准民间组织(如民办学校等民办非企业单位)、俱乐部式民间组织(如各种农业经济合作协会)等。社会团体和民间组织是利益的表达者与汇集者，在农村环保组织宣传中，可以充分依托我国体系最为完善、影响范围最为广泛的社团组织——妇女联合会(耿保江，2009)，并降低民间环保组织登记注册门槛(燕盛斌，2013)，在村民和学校积极组建环保志愿者团队或协会，大力扶持环保公益组织，鼓励引导民间环保组织在农村环卫工作中发挥作用，鼓励更多的村民、学生等社会成员参与到农村生活垃圾的宣传、实施和监督中，协助村委会进行垃圾处理的宣传工作，同时对村委会的环保工作进行监督，维护村民自身的利益。

4. 科学技术对策

1)加大调研力度，完善基础工作

政府相关部门应组织科研力量对农村生活垃圾污染与管理现状、产生、特性等进行广泛而深入的调研工作，并建立数据库和数据网络平台，向社会公开，为建立一个完善的农村生活垃圾管理的政策法规和处理机制提供参考(王伦辉和薛志飞，2005)。

2)严格规范环保设施和工程建设

在不断建立和完善环境(工程)标准体系，以及科学规划与设计的前提下，将城乡垃圾填埋场、堆肥厂、焚烧处理厂(炉)等相关的环保工程、项目、设施、设备真正全面地纳入标准化、规范化建设的正轨显得尤为重要、必要和迫切；同时"亡羊补牢"，努力排除现有垃圾处理场所的安全隐患，加强对垃圾填埋场、堆肥厂、焚烧处理厂等一切已建、在建环保项目工程质量的监管、检查(杨曙辉等，2010)。

此外，针对生活垃圾分类处理，其关键技术包括有机垃圾堆肥和厌氧消化、可燃垃圾焚烧、筛上物和惰性垃圾填埋等，尽管原理上与城市生活垃圾的同类处理技术相似，但实施技术方法却有较大差异，应在集成示范的基础上进行专项的规范化建设，以形成我国村镇生活垃圾处理的技术支柱(何品晶等，2010)。

3)推动科技创新与技术开发

加大农村生活垃圾相关领域的科学研究、技术创新与开发力度，推进无害化处理、资源化利用技术的应用与普及。在积极推广垃圾人工初级分类收集、回收基础上，加强机械化系统分类技术研究、创新与推广；强化有机生活垃圾、畜禽粪便、作物秸秆等有机生物垃圾综合循环利用和生物、生态、能源化处理技术研究与开发；加快废弃塑料、农地膜等回收循环再利用技术和可降解塑料膜的研究与应用；深化适合不同农村地区的垃圾无害化焚烧、填埋、堆肥设施、设备研究与技术创新，以及其沼气、渗滤液、灰渣和热能等综合利用技术研究(杨曙辉等，2010)。

同时，加强对外交流与合作，积极引进、学习和借鉴国外先进技术、装备和经验，进行不断的消化、吸收再创新，以科技创新、管理创新为支撑和动力，构筑起既与国际接轨，又符合国情和各地实际的科学化、规范化的中国特色农村垃圾污染治理技术体系和技术指南，从而指导生活垃圾管理体系的构建和处理设施的设计、建设和运行。

4) 因地制宜地构建农村垃圾处理方法和模式

结合农村住房改造政策，因地制宜，建设和配备相应的垃圾收运和处理设施，构建合理的处理体系。针对村庄不同地域环境，采取不同的垃圾集中收集方式，加快临时堆放场、垃圾房、垃圾箱等垃圾收集基础设施的建设；同时依据人口密度和运输半径，加快建设乡镇中转站等垃圾转运设施建设，合理增建农村垃圾焚烧厂(炉)和乡镇垃圾填埋场等处理处置设施(祝美群，2011)。在富裕的人口密集地区，将农村的垃圾处理纳入城市垃圾处理范围；在人口比较稀少地区或牧区，建议建设沼气池(汪国连和金彦平，2008)；在以种植业为主的地区，还可以考虑有机垃圾的就地消纳。从而因地制宜地推进农村生活垃圾处理。

5) 关注资源化利用与存量垃圾治理

对农村生活垃圾的管理，既要关注垃圾清扫、清运、无害化处理等治理措施，也要关注垃圾减量化、资源化问题(乔茂先，2010)。同时，针对当前农村生活垃圾，首先在要求停止农户自行堆埋、燃烧、大量堆积行为的同时，也应尽快清除当前堆积的存量垃圾(GHD，2012)，并进行场地修复。

6) 加强农村生活垃圾管理信息化建设

为适应农村生活垃圾集中处理工作的开展，使得环卫设施运行管理能够随时随机、垃圾和垃圾渗滤液溢满信息能够及时准确、清运车辆调度能定时合理、运行中的问题能够及时发现，以及运转体系能够常态化，在今后条件成熟时，可以建设垃圾中转站运行管理视频监控系统，垃圾压缩箱、污水池溢满报警系统，车辆运行 GPS 定位调度系统，环卫设施的地理信息系统，运行绩效考核信息分析系统，垃圾量的月度信息分析系统，短信平台信息发布系统，语音、短信、Web 百姓问题信息投诉系统等，从而确保农村生活垃圾集中处理收运体系高效、顺利、快捷、规范运转(陈军，2007)。

5. 社会对策

1) 加快美丽乡村建设步伐，引导农户集中居住

一直以来农村居民的分布都处于分散无序的状态，这给生活垃圾治理带来了极大的困难，不利于在有限的财力范围内实现生活垃圾治理公共物品的高效供给。为了美丽乡村建设的需要，也为了实现农村生活垃圾治理公共物品的良性供给，这需要各个村庄根据当地的实际情况因地制宜地做好村庄规划，选取适宜地区作为集中居住区，引导村民进行集中居住(朱洪蕊，2010)。

2) 建立试点，推广连片整治

在示范过程中，应试点先行，分类指导。选择 2～3 个不同情况的镇开展试点，在试点过程中改进不足、总结经验、逐步推广。选择的试点镇要在经济实力、行政区位、农

村居民历史传统等方面有所区别(乔茂先，2010)。有代表性地选择中心村、镇、县市建立试点，并派驻工作队伍指导村镇试点工作，进行典型建设和治理。在试点过程中改进不足，总结经验，以典型示范点带动周边村镇和县市，确保网络系统运行的成效，再通过示范带动，推广连片，逐步扩大农村垃圾的治理成果，确保农村环境保护和环境治理全面展开，为建立农村垃圾处理的长效机制打好基础(翟兰英，2013)。

3)重视垃圾管理计划的发展和实施中的社会因素

大量研究表明，垃圾管理计划的发展和实施如果忽略了社会因素，注定会失败。社会关键因素包括决策的透明度、关系网络、合作与集体行动、沟通与讯息、公众参与、授权与许可等，这些均能够促进公众对垃圾管理的接受性。因此，如果要想生活垃圾管理项目或策略具有可持续性，就必须考虑社会、经济和环境因素。如果群众无法参与到决策过程或者主要的行动计划设计中，这很有可能会威胁到项目或策略的可持续性(Zarate et al.，2008)。

### 6. 建立健全农村环卫管理体系

1)建立生活垃圾一体化管理的体制

从生活垃圾的产生、收集、运输、处理、最终处置等全过程，从管理、运行、技术支持、人员培训等各方面，从农业、环保、建设、财政等各部门，建立综合性的解决方案。包括加强生活垃圾处理设施的管理，完善运行管理制度，提高运行管理人员的业务水平，并加强环境监测，完善监测手段，健全监测体系等(贾韬，2006)。

2)建立农村环卫监督考核机制和问责制度

首先，政府在与企业签订农村生活垃圾处理合作协议时，就应当针对合作企业的服务质量制定标准，并进行量化，从而形成对企业有效的评价考核体系。政府应当严格按照合作协议上的要求对合作企业进行考评，通常可采用定量与定性、定期与随时，以及全面与随机相结合的办法进行综合考评(虞维，2013)。

其次，村庄和农村集镇可建立农户、保洁员、村(居)理事会 3 方监督机制，组织制定并实施好农村住户垃圾分类分拣、门前三包、生活区清洁卫生分块分段包干的制度，包括督促农村住户分类分拣垃圾和维护公共卫生；制定并实施好针对农村住户卫生和保洁员工作的组织、指导、监督和评比的制度(李鹏，2011)。

3)选择合理的村镇生活垃圾处理运营模式

农村生活垃圾处理可以采用服务外包、建设-经营-转让(BOT)、建设-移交-经营(BTO)、建设-拥有-经营(BOO)、转让-运营-移交(TOT)等多种公私合作供给模式。

鉴于农村生活垃圾收集环节排他性和竞争性适中，沉没成本比较低，有较强的竞争性，比较适合多家企业竞争经营，因此收集、运输环节宜采用服务外包模式，充分利用民营企业在生活垃圾处理方面的专业技术，并通过招投标形式促进竞争，进而提升农村生活垃圾处理的效率；而运输和卫生处理环节都具有较高的规模经济性，沉没成本也相对要高，还要求有较高的协调性，因此，这些因素均要求具有一定规模的少数甚至是独家企业进行产业化运作(虞维，2013)，故农村生活垃圾处理宜采用服务外包和 BOT 相结合的公私合作供给模式。

在东部经济较发达，人口密集，交通便利的农村地区有必要建立延伸至收集环节的村镇生活垃圾处理全过程专业化运营体系；可建立以县(市)为单元的专业运营机构，统一设备和设施配置，统一人员管理与培训，成为村镇生活垃圾处理的专业运营骨干，为村镇生活垃圾处理提供运营保障(何品晶等，2010)。在西部经济欠发达，人口分散，交通不便的地区，可以根据实际情况，以自然村、行政村或镇为单元，设置运营机构；在条件不成熟的地区，不宜开展。

4) 加强村镇生活垃圾处理物流管控

目前，在已开展村镇生活垃圾处理的农村地区，均不同程度地存在村镇工业废弃物及农业生产废弃物进入生活垃圾收集处理体系的情况。这种情况既存在有害废物通过生活垃圾处理途径污染环境的风险，也具有同性质废物合并处理的合理性。因此，应建立村镇工业和农业废物与生活垃圾混合处理的管理和技术准则，有效控制村镇生活垃圾处理的衍生污染风险(何品晶等，2010)。

5) 健全市场化准入和退出机制

农村生活垃圾处理是一项投资回报周期较长的准公共品，企业为实现自身的经济利益往往会降低技术和资金的投入，甚至会降低服务质量。因此，政府必须制定相应的标准实行市场准入和退出机制，这样才能保障农村生活垃圾处理市场公平、有序的竞争，也能更好地保障公共利益。政府应当对拟进入企业的资金、技术和经营能力等方面进行严格审查，同时要提高审批效率，消除不必要的进入壁垒，使有资质的投资企业能更方便地进入农村生活垃圾处理领域。农村生活垃圾处理不同环节的市场准入标准应当有所不同。对于竞争性环节，采用公开招投标的竞争形式选择投资企业，同时要求对进入企业的数量进行把关，避免重复建设和过度竞争；对于有显著自然垄断性质的处理环节如焚烧填埋处理等环节，由于规模经济性的存在，需要政府适当设置进入壁垒，为高效实现规模经济效益，严格控制进入企业的数量，在农村一定区域范围内由独家企业投资经营，也可以将几个区域联合起来由独家企业投资经营。

政府除了制定和健全农村生活垃圾处理市场准入政策，还应当制定和健全相应的市场退出政策。为确保农村生活垃圾处理的稳定性，政府应当明确有关市场退出的程序和应对的措施。如果原有农村生活垃圾处理企业缺乏相应能力无法继续胜任提供服务时，政府应当通过规范程序让原有企业平稳退出，并选择新的有能力提供农村生活垃圾处理服务的投资企业，从而确保农村生活垃圾处理服务的稳定供应(虞维，2013)。

6) 健全农村物业管理制度

随着农村环保市场的日益成熟，在今后农村环卫基础设施完善后，如果条件许可，可以借鉴城市社区物业管理模式，对农村生活垃圾的收集、运输环节，开展物业管理。也就是把一个村庄当做一个社区来运行，根据城市垃圾管理中的物业公司、业主和市政部门之间的关系来确立物业管理者、村和镇之间的关系，由村庄负责选聘物业管理者，并负责对本村的物业管理者进行监督和管理。考虑到现实中一个村由若干村民小组组成，且村的规模较小，单独的村民小组选聘物业管理者负担较大，而且浪费人力。因此，可以将附近的村民小组联合起来，作为一个整体，共同选聘一个物业管理者。当政府和农村居民以及物业管理者之间的关系理清之后，物业管理依据的问题也就迎刃而解了。政府的行政文件只负责对农村生活垃圾管理行为进行规制。物业管理依据则是农村居民和物业管理者之间的合同，而不是原来的政府文件(熊明强，2011)。

### 5.2.2　政策法规

#### 1. 建立完整的法律法规体系

1) 确立环境公平立法指导理念，使环境权法定化

环境公平关注的是环境利益和环境风险在不同个人或人群之间的分配。而环境正义，不仅强调环境保护成果与环境风险的公平分配，还强调环境政策中的公众参与。但是，无论是环境公平还是环境正义，都表明有关环境利益与风险分配的代内正义问题是关注的核心问题(房豪殿，2011)。当前，农村居民经常承受过重的环境负担，承担了过多环境成本不平等的份额，因此在农村固废管理上，公平正义就体现在打破固废管理在城乡上资源分配的巨大差异，并"反哺"历史遗留问题。

首先，在宪法中明确规定环境权。环境权的明确，才能使环境权的基本人权属性得以凸显，使环境保护获得更为具体、明确、直接的宪法依据，弥补生存权作为环境保护直接依据的缺憾(魏佳容，2012)，这样可以使生活垃圾处理作为公民享有良好环境权的一个方面，为公民提起有关环境的诉讼和请求国家赔偿提供依据，才可以为其他下位法细致地规定公民在生活垃圾处理方面的权利和义务提供指导(赵盼盼，2011)；同时还为环境法、民法等有关部门执法提供依据。

其次，在环境基本法和单行法中将环境权具体化。在民法中增加环境权，赋予它与人身权、财产权同等的法律地位；在各种环境保护的单行法中对公民享有的各类环境权做列举性的规定，完善公民环境权利系统(魏佳容，2012)。

2) 进一步建立健全和完善现有的环保法律法规体系和环境标准体系

针对我国现阶段农村面源污染、垃圾污染的新特点、新情势和发展动态，应以循环经济理念为基本原则，适时增补、充实和修订相关的法律法规章节、条文或有关政策，对已经涉及和涵盖农村垃圾污染问题的《固体废弃物污染环境防治法》中的相应部分、内容或条款，也应作进一步的细化和完善，使其具有更强的可操作性；同时还需进一步增强各相关法规、标准之间的协调性、一致性；加强地方性立法，建立"乡(村)规民约"等，力保农村垃圾污染治理的有法可依、有章可循和有法必依、违法必究。

在建立"乡(村)规民约"实行村民自治的过程中，应鼓励广大群众共同参与制订村规民约，并选拔本村有威望的人担任村容监督人员或"村容形象大使"，协助本村做好垃圾处理和环境保护工作(王宇娟和赵映诚，2013)。但提高农村环境约定标准是否有助于提高整个社会的福利，取决于三方面的影响：整个社会环境水平的提高、整个社会的时间成本以及个人形象的效用变化。只有当环境收益大于时间成本和个人形象成本时，提

高环境法规标准才有利于整个社会福利水平的提高(程远，2004)。

3)针对农村各种固废污染源制定专门性法规，增强可操作性

由于我国农村固废污染防治立法分散，缺乏系统性和完整性，因此，有必要在国务院或者全国人大常委会的层面上，协调有关部门制定一部关于农村固体废物污染防治的规范。在该规范中，首先，应确立循环经济的指导思想和可持续发展的立法原则，注重农村的生态平衡，在经济发展与环境保护发生冲突时，优先保护环境；第二，明确政府在农村环境保护中的主导作用；第三，完善各项环保制度，包括环境污染治理和自然资源保护两个方面，除了要规定环境影响评价制度、排污许可证制度等制度外，还要将资源许可制度、生态补偿制度纳入该法；四是全面规定农村各种污染源的治理，对污染突出领域如农村生活垃圾污染、农村饮用水污染、农药化肥污染、农用薄膜污染、农户改厕、畜禽粪便污染等，要重点加以规定；五是对农村居民环境权益进行规定，如环境知情权、参与权和监督权；六是严格法律责任，对于违法行为，应规定严格的法律责任(赵慧斌和刘硕，2010)。

4)引导生活垃圾的减量化、资源化与无害化

从立法的内容看，不仅需要制订针对垃圾处理的具体内容和规范，还应当从垃圾减量化、危险垃圾源头控制的角度出发，以法律法规的形式，控制农村高危产业的发展，引导生态环保型产业的发展。在当前低碳呼声越加强烈的背景下，也应当通过立法明确产品的环境标准，从而减少高危产品进入农村日常生活中，缓解高危垃圾对环境造成的压力。

### 2. 强化环保执法队伍建设

强化环保执法队伍建设主要是要着力强化队伍建设和农村环保执法，以及相关政策的落实，严厉打击和有效遏制环境违法行为，严惩相关责任部门、企业、个人，把农村固体废弃物污染治理真正纳入法治化轨道。具体可以从以下六个方面开展。

1)健全执法管理体制

各地区应积极探索建立农村环保执法机构，完善农村环境监管体系。可以下移环境执法权，健全乡镇乃至村级环保机构执法系统。

在解决农村垃圾问题时，政府要强化环保监管责任，加强对相关部门在环保监管及执法的监督，使环保管理和执法部门能真正做好本部门负责的工作。同时，通过不同的途径，推动当地政府及环保部门认真落实国家制定的相关法律法规及当地政府制定的环保条例(朱亚娟，2013)。

2)提高执法人员的工作素质

首先要尽快改变乡镇环保执法机构和人员普遍缺位的现状，着力强化队伍建设和农村环保执法；然后在健全执法体制的过程中，加强农村环境保护执法人员的工作素质。农村干部需定期进行环保法培训，强化管理人员对垃圾危害的认识，改善其对环境保护的知识结构；不断提高农村环境执法人员的文化素质、执法能力，让他们能够真正做到

在其位谋其事，为农村居民服务(朱亚娟，2013)。

3)加大惩罚力度

由于农村居民文化水平普遍偏低，因此对于环境保护认识不足，法律意识淡薄。在法律规定许可的范围内，农村环境执法人员可对环境污染制造者进行一定的惩罚，并进行宣传教育。这样就可以让农村居民对环境违法有一个清醒认识，从而对自己的行为进行约束，减轻对环境的污染(朱亚娟，2013)。

4)确立垂直统一执法模式，整合涉农机构的环保职能

在中国环境行政实行统一管理和部门分工负责管理相结合的体制中，各部门之间存在着相互勾连、制约或重叠的关系，能否理顺这些关系，将直接影响行政权力的实现。因此须改革环保部门双重领导管理机制，建立以环保部门统一执法为主导，其他行政部门密切协助的环保机构统一执法模式(刘慧，2013)。

5)建立"一主多翼"模式，健全多元环保执法监督体系

"一主多翼"公众参与模式指在农村环境保护执法过程中，建立以农村居民参与为主、以大众传媒和环保组织等力量参与为辅的公众参与模式。这种新模式的运行逻辑是"参与＋合作"，不同于传统执法模式下的"权威＋依附"。农村居民为大众传媒和环保组织参与环保提供线索、素材和人员支持，大众传媒和环保组织为农村居民参与环保执法提供知识、途径和舆论支撑(刘慧，2013)。

6)健全环保执法问责制及国家赔偿制度

环保执法问责制度应包括对两类主体的行政不作为或违法行为问责：环保执法机构和环保执法协助义务主体。问责机制要明确追责程序的启动主体、不作为行为认定的构成要件以及责任承担方式。同时还应包含以下配套机制或制度：一是环境执法信息强制公开制度，将环境执法主体、执法人员、行政程序以及对违法行政的举报方式向公众公开；二是内部自我约束和制衡机制，环保系统内部以及各机构内部相互监督评估，定期考核，建立约束制衡机制；三是建立环境行政公益诉讼制度，我国农村居民法律意识普遍薄弱、法律知识欠缺，当环境行政主体的不作为乃至违法行为对农村居民群体性环境权益造成侵害，应当允许具有一定专业知识和资质的无直接利害关系的单位和组织向法院提起环境行政公益诉讼。当环境行政主体的违法行为给公民、法人及其他组织的合法权益造成损害时，应由国家承担赔偿责任，国家赔偿受害主体之后，有权向相关工作人员进行追偿(刘慧，2013)。

3. 畅通农村居民对垃圾污染等方面的法律救济途径

1)农村垃圾污染纠纷的调解救济制度

环境纠纷的调解救济制度(alternative dispute resolution，ADR)制度，是指诉讼、仲裁以外的解决纠纷的方式、方法。ADR 容纳了调解、谈判、仲裁等的众多特征。在立法中，首先应用调解这一方式(李晓敏，2012)，包括：

A. 民间 ADR

农村垃圾污染所引起的民间调解也就是民间 ADR，主要是村民在邻里之间因为生活垃圾的堆放等问题产生的纠纷，可由村民委员会或是当地有威望的村民进行调解，虽然参与调解的人员都没有专业的环境保护知识，但是，这样的程序简单且没有费用的消耗，是完全遵从当事人的意志进行。例如，在美国，设立有"近邻司法中心"，该中心就是与居民居住与生活联系紧密的法律援助中心，为居民提供调解、讲授法律知识的组织，并取得了良好的效果。因此，借鉴国外经验，可以在农村建立人民调解委员会，并对组成人员进行专业的培训，并使该组织独立于乡镇政府开展工作。

B. 行政 ADR

农村垃圾污染的行政调解即行政 ADR，即民间调解已无法奏效时，政府的环卫部门针对邻里间、乡镇企业与村民间的环境纠纷进行调解。其程序是由当事人进行申请、环卫部门受理、通知被申请人、实施调解、达成协议。在调解过程中，可引入法院的法官协助调解，如同民间调解员的角色，这样也有助于法律知识的传播，也可以提高调解的效率。

2) 农村垃圾污染的诉讼解决途径

诉讼解决途径是最常用、也是村民最为了解的解决途径，可以从以下两个方面构建。

A. 村民关于环境污染的"绿色诉讼通道"

这里的绿色是指受损害的村民能够便利的、毫无阻碍的对自己的环境权利进行捍卫。这里主要指解决诉讼费用问题，环境纠纷的案件往往涉及的标的额都比较大，据我国现行的规定，诉讼费用将是一个大的数目，这往往是受损害的村民放弃诉讼的重要原因。因而，在立法中应大幅度降低环境污染所引起的诉讼费用，在地方立法中应该尽可能地扩大村民免交或是缓交诉讼费用的范围，充分降低村民捍卫环境权利的成本，为村民开创"绿色诉讼通道"。

B. 引入公益诉讼制度

公益诉讼制度是指在农村遭遇到因农村的生产生活垃圾引起严重的环境污染的情况下，任何组织或是个人根据法律的规定或者是授权，对违反法律规定、侵犯村民环境权益或是威胁到国家、集体环境安全的当事人，可以向法院提起诉讼追究违法者的法律责任的诉讼制度。公益诉讼涉及的范围极其宽泛。在当今社会，有很多个人为了追求经济利益，舍弃了环境权利，但是，这些被个人所舍弃的环境权利却是关乎集体利益的，并且在发生了较大的污染性事件后，大多数公众通常不愿费时费力地去通过司法途径进行权益的维护，而是在等待他人的劳动成果，这样也常常会导致案件的搁置。然而，公益诉讼的引入突破了以往的诉讼案件中原告都是与案件有着直接利害关系的束缚，扩大了当事人的范围，这样为更好地维护集体、国家的利益提供了更多的司法途径。新环保法颁布后，环境污染公益诉讼得到加强，但是仍需要进一步扩展和完善。

### 5.2.3　国外发达国家的管理经验

发达国家在农村垃圾管理上，走过了一条从无序到有序、从无章可循到建章立制、逐步走上法治化的道路。20 世纪 50 年代以前，世界各国对生活垃圾的管理几乎没有系统的法律条文，个别国家虽然有此规定，但大多不够完善。70 年代以后，随着经济社会的发展，一些发达国家日益认识到，有必要将农村垃圾的处理纳入城乡管理机制，并用法律的形式把农村垃圾的管理一并纳入城市垃圾的管理中，列入城市的建设规划中(程宇航，2011)。由此可见，发达国家小城镇垃圾管理经历了从单一管理到综合管理，从地方分散管理到国家相对集中管理的过程。

### 1. 管理经验归纳

#### 1) 生活垃圾源头分类是垃圾回收利用的关键

A. 美国

在美国农村，每个家庭都要将垃圾分类，装进不同颜色的垃圾桶里，在规定的时间内把垃圾桶推到大门外的马路旁，等待环卫公司将分类的垃圾运走。另外，在一些地区，在厨房装有厨余粉碎机，将可降解的垃圾粉碎后冲入下水道。庭院的杂草与落叶由每个家庭负责收集，可自行堆肥处理，也可以委托垃圾处理公司处理。针对公共区域，市政部门也会派工具车去割草、清扫路边的树叶、修整树枝。割下的草当场粉碎，可作饲料；截下的树枝，由粉碎机粉碎，将之用在公共场所，如放到树根周围，防止水分蒸发，并可防止泥土直接暴露在大气中，产生扬尘污染环境(李威，2014)。

B. 瑞典

瑞典垃圾分类收集系统在垃圾产生、转运、处理的各个环节都设有配套的基础设施。例如，在每户家庭中都有多个垃圾桶，用于分类回收诸如可直接回收利用的废物、可燃性废物、可降解性废物及有害废物等各种废物。在瑞典的居民小区中通常设有专门的垃圾房，每个垃圾房中都会有 8～10 个不同的箱子，分别针对普通纸(报纸、打印纸等)、纸包装(牛奶、果汁包装纸等)、塑料、玻璃、旧药品、危险品及环境污染物品、电子垃圾、粗垃圾、厨余垃圾、植物等不同种类的垃圾进行回收(周是今，2010；赵玉杰等，2011)。

C. 德国

德国非常重视发展循环经济，"资源-产品-再生资源"模式背后依靠的是德国严密高效的垃圾管理体系。德国的垃圾处理公司负责当地的垃圾分类与标准制定，如德国著名的绿点公司，专门收集包装废弃物。德国农户每个家庭备有 3 个垃圾桶，一般用黄色、棕色和灰色区分。黄色垃圾桶放置有"绿点"标志的包装类废弃物，棕色垃圾桶放置剩饭剩菜等厨余垃圾，灰色垃圾桶放置不能回收利用的垃圾，如白炽灯泡、煤渣等。德国的垃圾公司负责给居民发放宣传小册，指导生活垃圾分类收集，并且会定期派人来收集、清理垃圾并收取清运费用。由一些环境保护协会的会员或小区志愿者进行监督，没有遵守分类回收等规定的家庭将会被罚款(唐艳冬等，2014)。

#### 2) 市场化运作是生活垃圾处理行业可持续发展的重要手段

A. 瑞典

从 20 世纪 70 年代开始，一种全新的地区性的政府间合作与政企合作股份制垃圾处理公司运营模型在瑞典产生，在这一新型的垃圾处理运营模式下政企间各自的权责利益均得到合理的强化和优化，而且也使环境目标规划、垃圾处理投资、设施建设运营，以及全过程动态管理实现了有机的协调与互补(赵玉杰等，2011)。

B. 美国

美国农村的大多数人不住在市镇，比我国农户的居住分散程度更高。为降低垃圾处理的成本，20 世纪 80 年代以来，美国就开始普遍采用招投标制度将垃圾服务承包出去，现在已拥有完善的农村垃圾收集运输网络，其中收集运输工作一般由规模不大的家庭公司承担，基本能够覆盖到每家每户。

对于垃圾处理厂的运营，实行"公共投资、私人经营"，即有关部门在建好垃圾处置厂后，先核算处理每吨垃圾的最低费用，然后将处置厂的运营权向社会公开招标，在达到环保标准的前提下，出价最合理的公司即获得运营权。

美国曾经对大约 315 个地方社区的固体垃圾收集的调查显示，私营机构承包要比政府直接提供这种服务便宜 25%的费用。2012 年由独立的研究组织提供的报告显示私营机构承包使街道清扫费用节约 43%。

3)垃圾服务付费是农村生活垃圾运营管理的经费基础

在发达国家多采用按量付费，包括可变的容器或捐赠的容器计费、垃圾袋付费计划、标识牌或标签计划、混合方式、按质量计费系统、其他变型方式等。

在美国，按量付费的方式包括强制实施、如果没有达到目标再强制实施、采用菜单策略对城市和农村采取不同的要求，其他还包括财政刺激、通过教育和研讨会等积极推广、各州自愿建议，还有按量付费的法令等，对回收利用的嵌入式费用、容器尺寸或服务增值、激励方式、教育和报道均做了规定(Skumatz，2008)。在美国，垃圾费占家庭收入的 0.15%~0.5%；在瑞士、德国、奥地利等欧洲国家，其垃圾费占家庭收入的 0.3%；在新加坡，所有单位和居民都要缴纳每月每户 5~10 新元的垃圾收集与处理费(程宇航，2011)。2003 年，在日本实行按量付费的社区已达到 30%，如图 5.6 所示，在实施按量付费后，能够实现垃圾减量化 20%~30%(Sakai et al.，2008)；美国的西雅图市政府规定，每月每户居民的四桶垃圾，需交纳 13.25 美元的费用，每增加一桶垃圾，加收 9 美元，

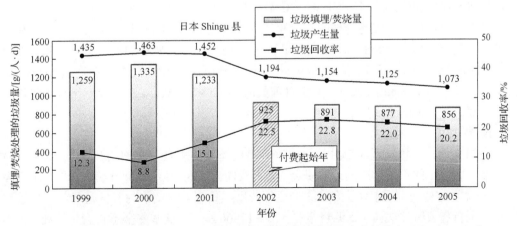

图 5.6　日本实施垃圾服务付费前后生活垃圾产量和回收率的变化趋势(Sakai et al., 2008)

这一规定实施以后，西雅图市的垃圾量减少了 25%以上(李威，2014)。其他研究表明，按量付费计划能够减少大约 17%的剩余垃圾的处置量，有 8%～11%的可回收垃圾和庭院垃圾被分流，另外有 6%的减少量是来自源头减量化。而且在实施按量付费的社区，家庭每月支付垃圾服务的费用相比没有实施按量付费的社区并没有明显增高，平均每月支付费用为 2.5～20 美元(Skumatz，2008)。

西班牙农村生活垃圾付费管理经验表明：在人口密度低，社区规模小的地方，门前收集和按收集频率、收集量及收集距离的变化收费，更适合(Puig-Ventosa，2008)。

捷克的生活垃圾付费研究发现，系统费用水平是影响垃圾产生量的主要因素；收费并分类收集的市政部门比未收费的市政部门产生更少的混合垃圾；固定费用收费不能促进市民开展垃圾分类并减少混合垃圾的体积，根据垃圾产量收费能够更大程度地促进市民进行垃圾分类收集，从而减少垃圾体积；增加分类垃圾的出售费用，能提高垃圾分类收集率；如果垃圾桶及时清空，会促进群众持续投放和分类生活垃圾(Petr Šauer et al.，2008)。

在希腊的案例分析中表明，按丢弃量付费模式能够减少管理部门以及居民们的花费。其中运行费用将会减少 5.4%(59000 欧元/a)；收集、运输和处置费用将会减少 13.9%(235000 欧元/a)；垃圾管理费用总计将会减少 10.6%(294000 欧元/a)。其中垃圾袋付费模式具有最大的激励效果，这种模式具有最高的可变费用比例，垃圾减量化将减少 11.55%的垃圾费(46 欧元/a)；而贴环保标签模式能实现最低的垃圾费(Karagiannidis et al.，2008)。

4) 政府补贴与贷款是农村生活垃圾管理经费的重要来源

A. 美国

美国政府对农村垃圾治理的资助主要是由联邦政府农村发展部负责，重点是对农村公用设施的资助，而非提供全部建设资金。例如，美国政府每年从农业联合税中拿出几十亿美元,专门用于开展农业面源污染治理和资源保护工作,对治理项目投入补贴 70%～80%。各州政府也都将农业面源污染治理列入专项开支。为了解决垃圾处理服务供给中的经费问题，美国设立专门的理事会或基金会，管理环卫资金。资金不仅包括政府的投入，也包括居民支付的垃圾费(李威，2014)。

美国针对农村固体废物管理的基金和贷款主要包括(Gillibrand.，2014)：农村水和固废处置计划(rural water and waste disposal program account)、水和固废处置贷款和担保贷款(water and waste disposal direct and guaranteed loans)、水和固废处置担保贷款(water and waste disposal guaranteed loans)、固废管理资助(solid waste management grants)等，详见扫描封底二维码见附录 5.1。

B. 加拿大

在加拿大，农村社区大部分垃圾管理项目的资金都来自市政部门(72%)，超过 1/4 的有 2 个或以上的不同层次的政府资金。资金资助范围在 100～25000 美元，平均水平为 7800 美元，这些资金覆盖了大约 2/3 的运行费用，只有 44%的农村社区运行的垃圾管理项目是来自省或联邦层面，资助资金在 500～17800 美元。这些资金不具有可持续性，因此通常作为启动资金。运行项目主要依靠志愿者和雇佣人员，其中 22%的完全雇佣，

39%的两者均有，只有 1 个农村社区完全依靠志愿者，每周的平均工作时间约为 15h（Haque and Hamberg，1996）。

5）充分的公众参与，调查与论证是制定垃圾收集服务计划的群众基础

A. 新西兰

在新西兰，全国 16 个行政区中，只有两个没有制定垃圾的地方法规和实施细则，但缺乏对农村固废的管理细则。在这些细则中针对农村地区固废管理的只有农业化学容器收集计划（agrecovery programme）、青储饲料包装收集计划（plasback programme）、包装减量化项目等（GHD，2014）。

根据新西兰农村固体废物的管理经验，农村市场是受限制甚至不存在的，因此尽可能回收和回用塑料垃圾是很重要的；最好的管理实践建议包括：对垃圾储存点的指导；构建评分卡报告系统；讨论最佳的或可接受的处理处置技术；发展农村指导手册并做示范；提供示范资金；提高环保意识的方法和教育——开展环保运动；数据收集——环境审计和检查计划；管理工具——各方代表的圆桌会，讨论数据的收集与管理、趋势分析、可行的产品、技术等；与大型的组织商讨，如何开展行动影响并改变供应链；通过示范帮助当地农村开展固废管理（GHD，2012）。

B. 美国

美国在制订环境相关法律、计划时，或者在准许建造废物处理设施前，都需要邀请农村居民广泛参与，而不仅仅是征求意见。

例如，美国威斯康星州在构建资源回收体系时，管理委员会首先建立了行动的三条原则：公众健康和安全是最重要的；在能够保护公众健康和安全的前提下，垃圾管理系统费用尽可能低；公众被广泛通告并邀请参与计划实施。在每月的例会上，管理委员会和市民顾问委员会、垃圾管理运营商和专家都被邀请来讲解不同的系统和相应程序，包括系统的安全性、费用以及可靠性。几位回收专家也被要求来分享他们的经验和看法。参观和比较了很多运行系统后，该县最后决定建立回收处理厂来处理和出售纸、瓦楞纸板、玻璃、金属、铝、油和电池。公众参与在这个发展阶段迅速增长，于是管理委员会委派了一个由地质专家、环保生物专家和工程师组成的技术委员会审查收集的相关数据信息，随后该技术委员会建议管理委员会应该首先考虑综合回收处理系统，包括源头分类、回收利用、有机物堆肥，取得了良好的效果（Johnson，1990）。

6）社区和市政部门的联动与合作是农村生活垃圾管理的有效手段

农村或小型社区的市政部门内部合作，第一，可以通过引入外来的垃圾收集和处理服务对私人公司形成竞争，从而增加公众采购的竞争；第二，通过合作和重新市政化，增加垃圾数量和优化收集路径，可以提高垃圾的收集效率，节约费用；第三，通过合作还可以提高市政部门的管理效率（Põldnurk，2015）。因此，在农村社区，市政部门合作与服务费用呈负相关，能够减少人口较少区域的垃圾服务费用，但是在人口超过 20000人后，社区合作带来的服务费用的减少已不明显。因此可见市政部门合作能够帮助小型市政部门在不增加费用的情况下提供更优质的服务，是一种农村生活垃圾管理中非常好的替代方式，尤其是对人口密度低的农村小型市政部门（Bel and Mur，2009）。

在加拿大，通常社区间的合作主要是在收集中心、填埋场选址和建设时开展(Haque and Hamberg，1996)。

7) 教育优先，提高全民环境保护意识，激发居民自治组织作用是农村生活垃圾管理的关键

瑞典政府非常注重对全民族的教育，小学三年级便开始学习垃圾分类处理的相关知识，使民众从小就认识垃圾的危害性，了解各种垃圾的不同用途。此外，政府还编制了垃圾收集及基础处理宣传册发给居民，使居民便于掌握相关知识，从而在源头上减少垃圾产生(赵玉杰等，2011)。根据法律，农村居民可以申请组成类似于非政府组织的农村社区自治体，这是最基层、最贴近民众的社会管理单位，是广大民众活动的基本场所。自治体主要负责宣传、推广废物循环利用知识和家庭简单易行的再利用、资源化方法，或者直接开展废物回收。政府一般不干预社区管理，只是负责制订社区发展规划，提供财政支持，并对社区运行进行监督。像农村垃圾治理项目的选址、设计和规划等活动，是由当地居民自己组织、自愿参加的(李威，2014)。

8) 完善的法律法规和技术标准体系是垃圾管理的根本保障

A. 瑞典

加强农村废弃物管理，通过立法规范管理行为，已成为瑞典环境法的重要组成部分，日益完善的法律法规体系为瑞典的垃圾管理提供了强有力的保障。并发挥着重要作用。瑞典的垃圾处理法律共分为三个层次(赵玉杰等，2011)。

第一层次为欧盟法，如欧盟《关于报废电子电气设备的指令》(WEEE)等。

第二层次为瑞典环保法典。该法典规定了瑞典垃圾处理的一些基本概念、市政府的责任、处理垃圾的总原则等；法典授权市议会制订自己的垃圾管理、收费等规定，并同时对市议会制订规章制度的程序做了详尽的规定；为了使法典得到认真执行，还专章规定了监督机制，对其目的、执行部门、执行程序及相互配合等都作了规定。

第三层次为市政府的实施细则。瑞典的各个城市都根据国家法律，结合实际情况制订本市的实施细则，以利于实际操作。

除法律外，瑞典还制订了诸如"押金回收"制度、生态环保标志制度、生活垃圾收费制度、第三方机构评估制度、垃圾收集与处置技术方案与标准等一系列有关减少垃圾产生，提高回收利用率与消减垃圾处理过程中造成二次污染的制度。2011年瑞典国家检察院宣布，从2011年7月10日起，警察将有权对在公共场所乱扔垃圾者直接处以罚款，并还规定凡在公共场所丢弃含有污染环境的化学物质的民众，不仅将受到罚款惩罚，情节严重者将受到起诉，甚至获刑1年。

瑞典除了完善的垃圾收集及处置法规制度外，其垃圾处理的体制也较为完善，如哥德堡市在长期实践中形成了立法机构(市议会)、执行机构(哥德堡市再生中心)、监督机构(市环保局)与协助监督机构(警察局)协同管理垃圾的体制，各机构之间职责权利的明晰，保障了垃圾处理的规范化与高效化。

B. 美国

美国政府与议会于 1965 年通过了《固体废弃物法》。为促进垃圾回收利用，美国政府在 1976 年就制定和颁布了《资源保护和回收法》，1980 年又通过《综合环境对策、赔偿与责任法》，前者对当前和未来固体废物的管理进行了若干规定；后者主要是为解决垃圾场遗留的旧废物堆积问题。1978 年以来，美国国家环保局(USEPA)给各州提供 4500 多万美元资金，鼓励各州制定并执行固体废物管理条例，还制订了一个三年计划，以取缔露天堆放废物的做法。1984 年美国国会又通过"资源保护和回收法"修正案，称作《有害废物控制和强化法》，规定了有害废物控制条例的适用范围，禁止填埋处理，并提高了永久存放处理设施的标准，从而加强了各州政府管理固体废物的权利，既可清除遗存的污染物，也可防止新的污染源。

除了联邦政府颁布的法案包含对农村垃圾治理相关规定外，有些州还颁布了专门针对农村垃圾处理的专项法规。例如，美国的俄克拉荷马州和肯塔基州，就对农村地区路边倾倒垃圾的问题颁布了法规，对非法倾倒垃圾的行为有详细的条文加以管理。美国加利福尼亚州于 1989 年通过《综合废弃物管理法令》，要求在 2000 年以前，50%的废弃物通过再循环的方式进行处理，未达到要求的城市和农村将被处以每天 1 万美元的行政罚款(胡静静，2007；李威，2014)。

C. 日本

由于受到环境和本身资源条件的限制，日本政府一直高度重视废弃物的综合利用，其农村固体废物的污染防治和回收利用是紧密联系在一起的。早在 20 世纪初，日本就提出了建立"循环社会"的构想。1970 年颁布了《农用地土壤污染防治法》和《废弃物处理和清扫法》，1984 年底制定并颁布了《净化槽(农村粪便处理设施)法》。90 年代以来，循环经济理念开始深入人心。1997 年日本通产省产业结构协会提出循环型经济构想，并于该年正式公布了《废弃物处理法》，其中强调公众对包括废弃农用塑料制品在内的所有农业废物处理应当履行义务。该法要求，对农业废物的处理，从运输单位到废弃物处理公司，农户必须一一加以确认。2000 年，日本政府颁布《推进形成循环型社会基本法》，将"循环社会"定义为"限制自然资源消耗，环境负担最小化的社会"，将"垃圾"定义为"可循环物资"并促进其回收利用。其主要内容有：

(1)明确政府、地方主管、企业和公众的责任，鼓励每个人为建立循环社会而做出努力，特别是明确企业和公众作为"垃圾产生者"的责任并增加"生产者责任"，即工厂对他们生产的产品从产出到处理负有主要责任。

(2)政府制定"促进建立循环社会的基本规则"。首先在中央环境委员会颁布的指导原则下，由环境部拟定规划草案，通过相关部委和内阁的讨论，并对规划作出决定后报告议会，《推进形成循环型社会基本法》一旦颁布就会作为政府制定其他规划的基础。

(3)明确建立"循环社会"的政府措施。这些措施主要包括：减少垃圾产生量；以法规形式明确"垃圾产生者责任"；在产品回收利用的整个过程中增加"生产者责任"，鼓励使用再循环产品，对妨碍环境保护、产生污染的企业征收环境补偿费。

21 世纪初提出"环境立国"战略，即创建循环型社会的国家目标。到 2001 年，日本就已颁布实施了七部关于促进循环经济发展和固体废物污染防治的法律法规，形成了一个比较完整的法律体系。

D. 德国

德国的《废弃物处理法》最早于 1972 年制定，1986 年修改为《废弃物限制处理法》，从以怎样处理废物转向避免产生废物为中心。德国于 1994 年公布并于 1998 年修改了《循环经济和废物清除法》，其第一条开宗明义的指出：本法律的目的是促进循环经济，保护自然资源，确保废弃物按照有利于环境的方式清除。1996 年又颁布《循环经济和废物管理法》，确立产生废弃物最小化、污染者承担治理义务，以及政府与公民合作三原则。1998 年又颁布了《农业和自然保护法》，把生活垃圾分离出来的有机物做成肥料用于农业生产。德国的家庭废弃物利用率从 1996 年的 35%上升到 2003 年的 60%。其中玻璃、塑料、纸箱等包装回收利用率超过 90%；废旧汽车经回收、解体，循环利用率达 80%；废旧电池回收循环率从 1998 年的零上升到 2003 年的 70%（胡静静，2007）。

9）加大技术研发，实现垃圾资源化利用、无害化处理，是农村生活垃圾管理的基础

A. 瑞典

瑞典对待生活垃圾的另一个办法是通过不断改进废物处理技术来减少污染，提高回收效率。瑞典垃圾处理按难易程度分为四个层次，分别为再生利用、生物处置、焚烧技术及填埋等。由于在废弃物回收、生物处理、垃圾焚烧领域科技先进，最后填埋处理的比例并不高，据统计瑞典全国每年要处理 200 多万吨不可回收的生活垃圾，其中大部分被焚烧，产生 0.9 亿 kW·h 电力，10.2 亿 kW·h 的热能，可为瑞典提供 20%的集中供热。约 40 万 t 的生活垃圾被生物处理，产生 16 万 MW·h 的生物气体，以及 30 万 t 左右的残渣（其中 98%用于农业生产，其余的脱水或做堆肥，用于改良土壤）。先进的垃圾处理技术也带动了瑞典垃圾处理产业的发展，据统计瑞典环保产业产值已近 400 亿美元，其中垃圾处理和再生循环产值占到 40%以上（赵玉杰等，2011）。

B. 德国

德国高度重视垃圾处理绿色技术的研发和应用。近年来，德国生活垃圾填埋场数量逐渐减少，垃圾处理绿色技术得到广泛应用和好评，包括生物降解有机垃圾热处理技术、机械生物处理加焚烧的新技术、干燥稳定技术等。为加快垃圾处理绿色技术的研究，德国很多大学新开设了有关垃圾处置的专业与课程，并为学生和技术人员提供系统培训，培养了大批垃圾处理产业技术和管理人才（唐艳冬等，2014）。

2. 案例分析

1）加拿大——垃圾袋标牌计划

A. 基础信息

加纳诺克（Gananoque）位于加拿大魁北克的安大略省，属于偏远农村地区，人口约 5000 人（UMA Environmental，1995）。

B. 计划简介

由于当地填埋场封场，外运处理使运费激增，该镇实施了垃圾袋标牌计划（bag tag program）。市政部门只收集专用垃圾袋收集的垃圾，因此住户需要购买有标牌的垃圾袋，每个袋子售价 1 美元，每周不超过 4 个袋子。该镇同时实施"二换一"的回收激励计划，

即每 70L(2 bushels)的可回收垃圾可以换取 1 个免费标牌的垃圾袋。

C. 管理措施

该镇制订了地方法规,赋予了该镇清扫垃圾并收费的权利。

垃圾袋标牌计划通过双周刊的报纸宣传,以及采取了在回收点设置公告宣传牌、报纸广告、宣传册、集会宣传等多种方式。

D. 方案效果

项目实施后,该镇生活垃圾处置量减少了 35%,垃圾减量化主要归功于该镇的二换一可回收垃圾计划,同时增加了庭院堆肥,但将垃圾堆积到后院导致了少量的抱怨。

E. 案例经验

(1)减量化和再使用措施的费用要比回收堆肥、再利用和残余物处理的费用低。

(2)减量化和再使用在任何社区或区域均可实施。

(3)教育激励是计划成功的基础。公众必须知道所需支付以及所应获得的效益。在小型社区,入户教育和激励是最普遍的方式。

(4)很多社区都发展了志愿团体和市政部门合作的模式,其可持续主要取决于市政部门的"买入"措施,即整个垃圾管理过程应由市政部门运行。

(5)垃圾管理必须便于群众参与,包括什么时候以及如何参与的教育,计划要易于理解和参与,能提高效益。

(6)解决垃圾运输是可回收物收集计划可持续发展的根本。有合作的市场、当地运输商的合作、压实功能等均是可回收物收集的重要因素。

(7)合适的设备。

(8)区域合作能节约收集、运输,以及可回收物的销售、堆肥的费用。

2)斐济——垃圾付费中试

A. 基本情况

斐济共和国是位于南太平洋上的岛国,由 332 个岛屿组成,其中 106 个有人居住。国土面积 18272km$^2$,人口 84.9 万,2016 年人均 GDP 4780 美元(Lal et al.,2007)。

B. 垃圾付费项目中试概述

在斐济的中试试点中(扫描封底二维码见附录 5.2),Vunisinu 村居民每月支付的费用包括垃圾箱租赁费 FJD1.5/d,垃圾收集和处理费 FJD3.93/(户·月)。垃圾每两月收集一次,需要支付费用 FJD95,约合 FJD1.7/(户·月),该费用由村发展委员会从其每年筹款运动的收入中支付。

C. 垃圾管理模式

在斐济农村生活垃圾管理中,包括:以全成本回收为基础的农村-城市城乡串联的垃圾收集处理模式,部分补助的农村-城市城乡串联的垃圾收集处理模式,当地中转站连接城市填埋场的垃圾收集处理模式和当地小型填埋场服务附近村庄或聚居地集群的垃圾收集处理模式。

D. 中试经验

无论哪一种模式,在设计时均需保证财政经济的可行性,并考虑操作的实际性,

包括:

(1)在不断衰退的城乡串联体系、中转站及小型填埋场系统中,生活垃圾、可回收垃圾收集和中转到垃圾箱的可行性。

(2)当地垃圾收集费和支付体系建设的可行性。

(3)对当地生活垃圾分类、回收的监督和执行的可行性。

此外,还需完善农村生活垃圾管理的法律,以及垃圾管理的策略与激励政策;乡村公约应鼓励垃圾的回用、减量化和回收;发展有机垃圾堆肥;去除或处置剩余垃圾。

## 5.3　农村居民环保意识与参与意愿

农村居民是解决当地生活垃圾污染问题的主体,其观念和行为的改变成为解决农村垃圾污染问题的关键因素。在美丽乡村建设中,要有效解决垃圾污染问题,离不开对农村居民行为转变规律的研究和探讨,因此,积极改变农村居民观念和行为,提高农村居民素质,是农村生活垃圾治理的重要内容之一。

表 5.2 是对我国西部 6 省(区)(四川、云南、贵州、西藏、甘肃、新疆)59 个村 811户农村居民的社会经济特征的统计结果。结果显示,与东部农村地区相比,在我国西部农村地区,大部分年轻人进城务工,留守人员以中老年为主,文化程度和收入普遍偏低。在西部调查的农村地区,超过一半的受访者只有小学及以下文化程度,只有 15.6%的有高中及以上文化程度;农村居民生活用能主要以电(76.1%)、柴和秸秆(65.6%)、沼气和天然气(33.3%)为主;有 77.1%的受访家庭的年收入低于 30000 元,收入主要来自种植(53.3%)和务工(33.5%)。总体而言,我国农村居民的环保意识普遍较弱,即使在东部浙江,也有近半的农村居民认为自身环保意识处于"较差"和"很差"水平(董瑞和杨沈山,2014)。

**表 5.2　西部农村居民社会经济特征**

| 影响因素 | 类别 | 有效样本 | 西部农村比例/% | 统计描述[1] | 东部农村比例/%[2] | | 全国统计量[3] |
|---|---|---|---|---|---|---|---|
| 性别 | 男 | 241 | 45.99 | (1) | 56.8 | | 50.48 |
| | 女 | 283 | 54.01 | (0) | 43.2 | | 49.52 |
| 示范工程 | 有示范工程 | 151 | 61.86 | (1) | | | |
| | 无示范工程 | 134 | 38.14 | (0) | | | |
| 环保宣传 | 有环保宣传 | 352 | 57.89 | (1) | | | |
| | 无环保宣传 | 256 | 42.11 | (0) | | | |
| 年龄($A$) | $A<30$ | 92 | 13.12 | 22(0) | $A\leq25$ | 25.7 | 27.25 |
| | $30\leq A<40$ | 85 | 12.13 | 35(1) | $26\leq A\leq35$ | 22.0 | 17.57 |
| | $40\leq A<50$ | 164 | 23.40 | 44(2) | $36\leq A\leq45$ | 20.8 | 21.08 |
| | $50\leq A<60$ | 144 | 20.54 | 54(3) | $46\leq A\leq60$ | 23.7 | 15.57 |
| | $60\leq A<70$ | 142 | 20.26 | 63(4) | $A>60$ | 7.7 | 10.42 |
| | $A\geq70$ | 74 | 10.56 | 74(5) | | | 8.11 |

续表

| 影响因素 | 类别 | 有效样本 | 西部农村比例/% | 统计描述[1] | 东部农村比例/%[2] | 全国统计量[3] |
|---|---|---|---|---|---|---|
| 教育水平 | 文盲 | 167 | 20.98 | 0(0) | | 7.25 |
| | 小学 | 259 | 32.54 | 6(1) | 10.6 | 38.06 |
| | 初中 | 246 | 30.90 | 9(2) | 40.7 | 44.91 |
| | 高中 | 91 | 11.43 | 12(3) | 22.4 | 7.73 |
| | 大专及以上 | 33 | 4.15 | 16(4) | 26.2 | 2.06 |
| 收入(*I*)/[1000 元/(户·a)] | $I<10$ | 235 | 33.57 | 5(0) | 10.4 | 10.489[4] |
| | $10 \leqslant I < 20$ | 174 | 24.86 | 15(1) | 20.7 | |
| | $20 \leqslant I < 30$ | 131 | 18.71 | 25(2) | 22.4 | |
| | $30 \leqslant I < 45$ | 91 | 13.00 | 37.5(3) | 11.0 | |
| | $45 \leqslant I < 80$ | 47 | 6.71 | 62.5(4) | 35.5 | |
| | $I \geqslant 80$ | 22 | 3.14 | 100(5) | | |

1)相关性分析取值(逻辑回归分析标识);2)Zeng 等(2016),调研区域包括黑龙江、山东、江苏、浙江、福建、广东、湖南、湖北、安徽、河南、陕西、重庆、贵州,样本量518;3)中华人民共和国国家统计局农村统计数据(2010 年);4)2014 年中国农村居民人均可支配收入,单位:1000 元/(人·a)。

### 5.3.1　环保认知分析

#### 1. 对环境污染的感知

农村居民对农村环境污染的认知差异较大,认为环境污染严重或环境质量差的比例为24%~68%(王慧,2015;朱明贵,2014;王莎等,2014)。在我国西部农村,40.5%的受访者认为生活垃圾污染严重,其次是地表水污染(36.9%)和大气污染(36.1%)(表5.3)。在我国中东部农村,受访者同样认为生活垃圾污染是当前最严重的环境污染(Zeng et al.,2016)。在云南普洱(Wang et al.,2014)和陕西富平(王莎等,2014),甚至有高达70%和 86.5%的农村居民认为垃圾问题是当前最迫切需要解决的社会问题。这是因为一方面,传统的散户养殖逐渐被规模化养殖替代,很多农村家庭不再饲养畜禽,使厨余垃圾作为畜禽饲料的途径受阻;另一方面,越来越多的塑料和橡胶制品,以及其他商品进入农村居民的日常生活,因缺乏收运和处理而堆积,从而导致农村生活垃圾污染日益凸显。

当前,生活垃圾污染已成为导致农村居民对居住环境不满意的主要原因之一。在我国中东部农村,有 38.5%的受访者对垃圾处理现状不满意,只有 23.8%的表示满意,这主要是由于当地政府在这些农村地区投资建设了垃圾收集设施。在我国其他农村地区,情况更严重,不满意率在 35.24%~74.3%(唐崟等,2013;燕盛斌,2013)。不满意的主要原因主要包括:"垃圾围村",没有专门的工作人员收集和清扫垃圾;垃圾房距离农户太近,造成二次污染。

**表 5.3　西部农村居民对环境污染的感知**

| 影响因素 | 类别 | 环境污染感知比例/% | | | | | | |
|---|---|---|---|---|---|---|---|---|
| | | 地表水污染 | 噪声 | 生活垃圾污染 | 大气污染 | 地下水污染 | 土壤污染 | 无污染 |
| 性别 | 男 | 37.89 | 22.91 | 40.97 | 38.77 | 11.01 | 15.42 | 10.57 |
| | 女 | 31.72 | 25.75 | 38.81 | 37.69 | 14.93 | 5.97 | 14.18 |
| 示范工程 | 有示范工程 | 49.85 | 21.23 | 24.62 | 38.46 | 10.46 | 8.62 | 15.69 |
| | 无示范工程 | 35.68 | 10.81 | 57.30 | 36.76 | 5.95 | 2.70 | 12.97 |
| 环保宣传 | 有环保宣传 | 39.76 | 22.85 | 27.60 | 40.06 | 12.46 | 10.09 | 14.84 |
| | 无环保宣传 | 32.77 | 22.13 | 44.26 | 32.77 | 10.21 | 8.09 | 15.74 |
| 年龄($A$) | $A<30$ | 32.95 | 17.05 | 60.23 | 42.05 | 6.82 | 12.50 | 5.68 |
| | $30\leqslant A<40$ | 42.11 | 23.68 | 47.37 | 39.47 | 15.79 | 7.89 | 10.53 |
| | $40\leqslant A<50$ | 38.73 | 19.01 | 44.37 | 38.73 | 9.86 | 9.86 | 14.79 |
| | $50\leqslant A<60$ | 33.09 | 19.12 | 47.79 | 36.03 | 7.35 | 6.62 | 12.50 |
| | $60\leqslant A<70$ | 26.15 | 20.77 | 33.85 | 34.62 | 6.15 | 4.62 | 20.77 |
| | $A\geqslant70$ | 39.13 | 27.54 | 33.33 | 26.09 | 14.49 | 5.80 | 17.39 |
| 教育水平 | 文盲 | 36.24 | 17.45 | 32.89 | 29.53 | 6.71 | 1.34 | 21.48 |
| | 小学 | 39.65 | 19.38 | 37.44 | 42.73 | 7.93 | 6.61 | 11.89 |
| | 初中 | 37.18 | 20.94 | 45.30 | 32.48 | 12.39 | 7.26 | 15.81 |
| | 高中 | 28.89 | 21.11 | 43.33 | 40.00 | 4.44 | 12.22 | 11.11 |
| | 大专及以上 | 43.33 | 10.00 | 70.00 | 40.00 | 16.67 | 23.33 | 10.00 |
| 收入($I$)/[1000 元/(户·a)] | $I<10$ | 38.25 | 18.43 | 49.77 | 40.09 | 12.90 | 7.37 | 10.60 |
| | $10\leqslant I<20$ | 31.25 | 20.63 | 43.13 | 31.25 | 5.63 | 8.13 | 18.75 |
| | $20\leqslant I<30$ | 34.23 | 22.52 | 44.14 | 35.14 | 9.01 | 3.60 | 12.61 |
| | $30\leqslant I<45$ | 37.21 | 19.77 | 40.70 | 39.53 | 10.47 | 3.49 | 12.79 |
| | $45\leqslant I<80$ | 38.64 | 22.73 | 31.82 | 34.09 | 15.91 | 20.45 | 11.36 |
| | $I\geqslant80$ | 36.36 | 22.73 | 40.91 | 45.45 | 9.09 | 13.64 | 18.18 |
| 合计 | | 36.88 | 19.11 | 40.51 | 36.07 | 8.88 | 7.13 | 15.61 |

　　根据 Pearson 卡方检验，在不同的环境污染感知之间具有显著的相关性，如地表水污染与地下水污染($r=0.558$, sig.=0.006)，土壤污染与地下水污染($r=0.416$, sig.=0.049)，无污染与生活垃圾污染($r=-0.559$, sig.=0.006)，无污染与空气污染($r=-0.536$, sig.=0.008)等，这也再次验证了生活垃圾污染和空气污染在农村被普遍感知，其中大气污染主要源自生活垃圾堆积和畜禽养殖排放；同时，也间接验证了地下水污染主要来自地表水和土壤污染。

**2. 对生活垃圾性质的认知**

**1)污染特性**

表 5.4 显示，在我国西部农村，大部分农村居民认识到了生活垃圾会污染空气和地

表水，影响景观和环境卫生的污染特性，这主要是因为即使当地居民没有相关知识，这些生活垃圾的污染特性也能被直观感知。但是生活垃圾侵占土地不易被关注，污染地下水的特性也不易被感知，因此农村居民对其认知较弱。

表 5.4　西部农村居民对生活垃圾污染特性的认知

| 影响因素 | 类别 | 生活垃圾污染特性认知比例/% | | | | | |
| | | 污染地表水 | 污染空气 | 侵占土地 | 影响景观 | 污染地下水 | 影响环境卫生 |
|---|---|---|---|---|---|---|---|
| 性别 | 男 | 51.64 | 65.26 | 23.47 | 53.99 | 23.00 | 57.28 |
| | 女 | 38.11 | 63.02 | 26.04 | 52.45 | 17.36 | 58.11 |
| 示范工程 | 有示范工程 | 60.00 | 66.80 | 28.80 | 60.40 | 22.40 | 55.20 |
| | 无示范工程 | 39.52 | 49.52 | 26.19 | 63.81 | 20.48 | 50.48 |
| 环保宣传 | 有环保宣传 | 48.66 | 66.67 | 20.31 | 56.70 | 22.22 | 51.72 |
| | 无环保宣传 | 39.35 | 61.11 | 30.09 | 49.07 | 17.59 | 65.28 |
| 年龄（$A$） | $A<30$ | 52.22 | 53.33 | 17.78 | 43.33 | 26.67 | 53.33 |
| | $30\leqslant A<40$ | 41.46 | 65.85 | 28.05 | 65.85 | 23.17 | 63.41 |
| | $40\leqslant A<50$ | 45.03 | 64.24 | 25.83 | 62.25 | 23.18 | 56.95 |
| | $50\leqslant A<60$ | 42.42 | 56.82 | 35.61 | 58.33 | 23.48 | 55.30 |
| | $60\leqslant A<70$ | 31.71 | 61.79 | 21.95 | 60.16 | 8.94 | 51.22 |
| | $A\geqslant70$ | 47.14 | 68.57 | 27.14 | 61.43 | 12.86 | 47.14 |
| 教育水平 | 文盲 | 32.00 | 56.00 | 24.80 | 59.20 | 10.40 | 52.80 |
| | 小学 | 47.79 | 59.29 | 27.88 | 55.31 | 17.70 | 51.77 |
| | 初中 | 43.13 | 64.45 | 26.54 | 63.03 | 23.22 | 57.35 |
| | 高中 | 43.42 | 67.11 | 19.74 | 53.95 | 26.32 | 53.95 |
| | 大专及以上 | 63.33 | 46.67 | 26.67 | 46.67 | 50.00 | 70.00 |
| 收入（$I$）/[1000 元/(户·a)] | $I<10$ | 43.58 | 60.55 | 33.49 | 59.17 | 22.48 | 57.34 |
| | $10\leqslant I<20$ | 43.48 | 59.63 | 22.98 | 55.28 | 18.63 | 56.52 |
| | $20\leqslant I<30$ | 39.50 | 54.62 | 23.53 | 55.46 | 14.29 | 47.90 |
| | $30\leqslant I<45$ | 38.37 | 65.12 | 16.28 | 53.49 | 17.44 | 50.00 |
| | $45\leqslant I<80$ | 59.09 | 59.09 | 18.18 | 65.91 | 36.36 | 65.91 |
| | $I\geqslant80$ | 54.55 | 63.64 | 27.27 | 77.27 | 40.91 | 54.55 |
| 合计 | | 43.82 | 60.80 | 25.78 | 57.68 | 20.42 | 54.69 |

在我国其他农村地区，农村居民对生活垃圾污染地表水（10.6%～63.1%）和大气（15.0%～36.2%）、影响景观（24.5%～47.1%）和环境卫生（19.4%～63.6%），以及侵占和污染土地（11.7%～24.0%）的污染性认知也不足（武攀峰等，2006；武攀峰，2005；张明玉，2010；周颖，2011；允春喜和李阳，2010；翟兰英，2013；谷中原和谭国志，2009；王莎等，2014），而且我国农村居民对生活垃圾污染特性的认知地区差异显著。虽然生活垃圾对环境的危害性在太湖流域（93%）（武攀峰等，2006）、广东、江西和广东（超过 80%）（丁逸宁等，2011）、安徽合肥（98%）（褚巍，2007）等农村均能被普遍认知；但是在河南新郑

市有 59.3%的农村居民未能认知；在云南富源县农村地区，甚至绝大部分农村居民(97%)没有认识到生活垃圾对环境的污染性(亢金富，2015)。

2) 有毒有害性

表 5.5 所示，在我国西部，农药和杀虫剂包装的有毒有害性被农村居民普遍认知，而且有超过一半的农村居民认为废电池和过期药品是危险废物，但是农村居民对废日光灯管和其他化学品包装的有毒有害性认知较弱。这是因为农村居民经常使用农药和杀虫剂，这些物质的有毒有害特征，农村居民认识较清楚。在我国其他地区，农村居民对有毒有害垃圾的认知也较弱，大部分农村居民(45.0%～78.7%)不能认知废电池、灯管，以及废旧家电的有毒有害性(允春喜和李阳，2010；耿燕礼等，2007；田飞和方文琳，2012)。

表 5.5　西部农村居民对生活垃圾有毒有害性的认知

| 影响因素 | 类别 | 对有毒有害垃圾认知比例/% | | | | |
|---|---|---|---|---|---|---|
| | | 废电池 | 废日光灯管 | 农药包装瓶 | 化学品包装瓶 | 过期的药 |
| 性别 | 男 | 66.98 | 21.86 | 87.91 | 26.98 | 53.49 |
| | 女 | 62.17 | 21.72 | 81.65 | 20.22 | 46.07 |
| 示范工程 | 有示范工程 | 64.33 | 19.82 | 85.67 | 18.60 | 46.04 |
| | 无示范工程 | 61.43 | 22.86 | 90.95 | 23.33 | 63.81 |
| 环保宣传 | 有环保宣传 | 63.72 | 17.68 | 85.67 | 18.90 | 44.51 |
| | 无环保宣传 | 59.73 | 23.01 | 83.63 | 23.01 | 49.56 |
| 年龄($A$) | $A<30$ | 76.09 | 15.22 | 85.87 | 21.74 | 46.74 |
| | $30 \leqslant A<40$ | 68.67 | 30.12 | 95.18 | 30.12 | 55.42 |
| | $40 \leqslant A<50$ | 58.71 | 23.87 | 87.74 | 25.16 | 57.42 |
| | $50 \leqslant A<60$ | 58.96 | 24.63 | 88.81 | 23.88 | 59.70 |
| | $60 \leqslant A<70$ | 62.40 | 20.80 | 88.80 | 18.40 | 52.00 |
| | $A \geqslant 70$ | 54.55 | 10.61 | 81.82 | 13.64 | 51.52 |
| 教育水平 | 文盲 | 51.72 | 13.10 | 84.14 | 15.17 | 50.34 |
| | 小学 | 55.19 | 22.82 | 89.21 | 20.75 | 57.26 |
| | 初中 | 66.09 | 22.32 | 86.70 | 24.03 | 51.07 |
| | 高中 | 75.86 | 22.99 | 88.51 | 24.14 | 47.13 |
| | 大专及以上 | 81.82 | 21.21 | 96.97 | 27.27 | 51.52 |
| 收入($I$)/[1000 元/(户·a)] | $I<10$ | 57.21 | 16.28 | 89.30 | 20.47 | 65.12 |
| | $10 \leqslant I<20$ | 61.96 | 25.77 | 87.12 | 25.15 | 49.08 |
| | $20 \leqslant I<30$ | 62.10 | 16.94 | 87.90 | 24.19 | 51.61 |
| | $30 \leqslant I<45$ | 76.74 | 30.23 | 82.56 | 17.44 | 47.67 |
| | $45 \leqslant I<80$ | 73.91 | 30.43 | 89.13 | 30.43 | 54.35 |
| | $I \geqslant 80$ | 65.00 | 20.00 | 90.00 | 40.00 | 55.00 |
| 合计 | | 61.68 | 20.43 | 87.58 | 21.36 | 52.20 |

3) 可回收性

在我国农村，可再生资源回收商是可回收垃圾的唯一收购者，他们的收购行为，促进了农村居民自发的生活垃圾分类收集，也是农村居民对可回收垃圾认知的核心渠道。因此，如表 5.6 所示，在我国西部，由于废纸、废金属、废旧家的回收价值较高，故大部分农村居民认为是可回收的，但是对一些不被收购或价格很低的垃圾，如塑料袋、农用地膜、玻璃、电瓶电池的可回收性认识很弱。

表 5.6　西部农村居民对生活垃圾可回收性的认知

| 影响因素 | 类别 | 对可回收垃圾的认知/% | | | | | |
| --- | --- | --- | --- | --- | --- | --- | --- |
| | | 废纸 | 塑料袋 | 废金属 | 农用地膜 | 废电池 | 废家电 |
| 性别 | 男 | 86.38 | 43.83 | 74.89 | 38.30 | 11.06 | 66.38 |
| | 女 | 81.79 | 37.14 | 72.14 | 31.43 | 8.93 | 69.64 |
| 示范工程 | 有示范工程 | 89.60 | 45.66 | 74.86 | 27.17 | 6.36 | 67.34 |
| | 无示范工程 | 84.72 | 56.48 | 92.59 | 4.63 | 1.39 | 11.57 |
| 环保宣传 | 有环保宣传 | 85.67 | 50.43 | 71.06 | 35.24 | 8.88 | 69.34 |
| | 无环保宣传 | 83.40 | 32.39 | 72.06 | 29.96 | 9.31 | 65.18 |
| 年龄($A$) | $A<30$ | 83.52 | 35.16 | 70.33 | 13.19 | 10.99 | 57.14 |
| | $30{\leqslant}A<40$ | 87.06 | 58.82 | 90.59 | 35.29 | 11.76 | 52.94 |
| | $40{\leqslant}A<50$ | 87.20 | 51.83 | 81.10 | 27.44 | 6.10 | 41.46 |
| | $50{\leqslant}A<60$ | 80.85 | 50.35 | 79.43 | 27.66 | 5.67 | 53.90 |
| | $60{\leqslant}A<70$ | 84.29 | 48.57 | 79.29 | 24.29 | 4.29 | 45.00 |
| | $A{\geqslant}70$ | 81.94 | 38.89 | 72.22 | 19.44 | 6.94 | 52.78 |
| 教育水平 | 文盲 | 85.09 | 39.13 | 79.50 | 16.15 | 3.73 | 38.51 |
| | 小学 | 79.84 | 46.90 | 75.97 | 19.38 | 5.04 | 46.12 |
| | 初中 | 87.24 | 53.09 | 75.72 | 31.28 | 10.29 | 55.56 |
| | 高中 | 84.62 | 52.75 | 74.73 | 36.26 | 8.79 | 64.84 |
| | 大专及以上 | 96.97 | 51.52 | 78.79 | 30.30 | 6.06 | 66.67 |
| 收入($I$)/[1000 元/(户·a)] | $I<10$ | 80.95 | 50.22 | 80.95 | 20.35 | 3.90 | 42.42 |
| | $10{\leqslant}I<20$ | 83.24 | 49.71 | 77.46 | 26.01 | 11.56 | 54.34 |
| | $20{\leqslant}I<30$ | 88.46 | 46.15 | 76.92 | 27.69 | 8.46 | 48.46 |
| | $30{\leqslant}I<45$ | 87.64 | 35.96 | 82.02 | 17.98 | 2.25 | 46.07 |
| | $45{\leqslant}I<80$ | 91.49 | 46.81 | 80.85 | 40.43 | 12.77 | 65.96 |
| | $I{\geqslant}80$ | 77.27 | 45.45 | 72.73 | 36.36 | 9.09 | 59.09 |
| 合计 | | 84.71 | 48.12 | 76.69 | 33.00 | 9.00 | 67.50 |

在我国其他地区，也存在类似的情况，如在江西兴国县高兴镇，废金属(32.4%)、塑料瓶(26.5%)、废纸(23.7%)是可再生资源回收的主要部分，废玻璃(10.2%)、废布(4.6%)和其他类固废(2.6%)占的比例最小(周颖，2011)。在太湖流域，农村居民普遍认为铁铜等金属制品(71%)是可回收垃圾，其次是玻璃瓶(60%)、易拉罐(42%)、废旧报纸和纸箱

等(33%)。由于量轻、分散、回收难度大、收购价格低等因素限制了对塑料袋的回收利用(武攀峰，2005)，因此废塑料制品的回收，主要以经济价值较高的 PET 瓶(可乐瓶等)、PP、PE 中空容器等为主，这导致了只有很少的受访者认为塑料是可回收垃圾。

### 3. 对生活垃圾处理必要性的认知

由于农村生活垃圾的污染日益突出，以及广大农村居民对生活环境的关切，因此，在我国西部农村，有 83.9%的受访者认为生活垃圾的处理是必要的，这与我国其他农村地区，包括浙江余杭区潜桥村(蔡传钰，2012)、湖南衡阳(付美云，2008)、安徽合肥(褚巍，2007)、山东招远(陈军，2011)等的调查结论一致(76%~83.2%)，在河北石家庄(陈军，2011)和新疆库尔勒市英下乡(耿燕礼等，2007)，甚至有超过 90%的受访者迫切希望当地政府或村委会对生活垃圾进行处理。

但就改善生活环境的主动性来看，农村居民的参与意愿还比较弱，如在河北曲周县，虽有 30%的农村居民认识到个人和政府在改善环境方面均负有责任，仍有 42%的农户表示了"等待政府解决"的消极被动态度，只有 15%左右的表示会"靠个人的努力来改善生活条件"(于晓勇等，2010)。

综上所述，我国农村居民对生活垃圾的特性认知不足，需要加强环保宣传教育，增强广大群众的环保意识，从而提高农村居民在生活垃圾管理上的参与意愿。

### 5.3.2　参与意愿分析

#### 1. 生活垃圾分类收集意愿

1)分类收集认知

表 5.7 显示，在我国农村，了解生活垃圾分类收集的受访者不足 1/3，不了解的达到 17.1%~90%。即使在我国中东部发达的农村地区，也有 10.4%的受访者没有意识到垃圾分类收集的重要性，75.0%的受访者认为垃圾分类收集能减少环境污染和对健康的影响，44.1%的受访者知道垃圾分类能减少垃圾的处置量，节约运输费用(Zeng et al.，2016)。但是，不少农村居民对垃圾分类认识存在误区，认为废品等同于可回收垃圾(夏欢和王文林，2014)。

在很多农村地区，虽然设有分类垃圾桶，但是由于缺少分类指导，公众并不知道该如何分类，大部分环卫工人也不清楚分类标准，仍然混合收集，严重打击了农村居民分类收集的积极性(夏欢和王文林，2014)。尽管如此，在我国西部农村，基于畜禽饲养和废品变卖，很多农村居民能自发将剩饭菜、易拉罐、饮料瓶、包装纸等生活垃圾进行分类收集，而且受废品回收商收购行为的影响明显。基于沈晓峰(2012)在浙江大岚镇的调研发现，有 44%的农村居民对现行有机和无机垃圾的区别并不清楚，但对易腐烂和不易腐烂垃圾的区别相对清楚(61.2%)。因此，可在农村地区充分依托和扶持当地的废品回收商开展可回收垃圾的收运工作，并先试行不易腐烂和易腐烂垃圾(即干、湿垃圾)的分类收集。

表 5.7　我国农村居民对分类收集认知的统计

| 地区名称 | 分类收集认知/% | | | 备注 | 文献来源 |
|---|---|---|---|---|---|
| | 了解 | 了解一些 | 不了解 | | |
| 西部农村 | 23.9 | 38.1 | 38.0 | 受垃圾回收商的收购行为影响明显 | 调研 |
| 浙江杭州市潜桥村 | 15 | 65 | 20 | | 蔡传钰，2012 |
| 浙江宁波市大岚镇 | 38.9 | 44 | 17.1 | 对有机和无机垃圾的认知 | 沈晓峰，2012 |
| 浙江瑞安市塘下镇 | 9.54 | 25.13 | 63.33 | 对循环利用含义的认知 | 戴晓霞，2009 |
| 浙江瑞安市塘下镇 | 26 | | | | 戴晓霞和季湘铭，2009 |
| 浙江杭州市苕溪流域 | | | 36～84 | | 张明玉，2010 |
| 浙江衢州市后贻村 | 0 | 75 | 25 | | 李超，2011 |
| 江苏宜兴市渭读村 | | 40 | >60 | 从电视、广播等媒体听说 | 武攀峰，2005 |
| 山东青岛市 | 4 | 39 | 57 | | 夏欢和王文林，2014 |
| 江西兴国县高兴镇 | 5.9 | 70.6 | 23.5 | | 周颖，2011 |
| 湖南衡阳市 | | | 80 | | 付美云，2008 |
| 安徽合肥市 | 11 | 23 | 66 | | 褚巍，2007 |
| 河南 | 12 | 24 | 64 | | 燕盛斌，2013 |
| 辽宁鞍山市 | 10 | | 90 | | 张恒毅等，2014 |

2) 分类收集意愿

由表 5.8 可知，我国农村居民的分类意愿较积极，约有 2/3 的受访者愿意分类收集生活垃圾，还有约 1/3 的受访者持无所谓的态度。在农村地区，广大群众仍然保留着垃圾分类收集并回收利用的习惯，如即使在广东佛山市这样发达地区的农村，也有高达 60%的农村居民保留着这样的习惯(王慧，2015)。可见，在加强教育和相关激励措施后，在我国农村地区开展分类收集具有较好的群众基础。

表 5.8　我国农村居民分类收集的意愿统计

| 地区名称 | 分类收集意愿/% | | | 备注 | 文献来源 |
|---|---|---|---|---|---|
| | 愿意 | 无所谓 | 不愿意 | | |
| 西部农村 | 78.7 | | 21.3 | | 调研 |
| 中东部农村 | 61.3 | 25.0 | 13.7 | | Zeng et al.，2016 |
| 江苏宜兴市分水村 | 46.78～80.26 | | | 46.78%的受访者愿意将有毒有害垃圾分类，有80.26%的愿意按"可回收和不可回收"分类 | 张后虎等，2010 |
| 江苏南通市 | 90 | | | | 乔启成等，2008 |
| 江苏南部农村 | 83 | | 5 | | 王晓，2010 |
| 浙江衢州市 | 75 | 25 | 0 | | 李超，2011 |
| 浙江瑞安市塘下镇 | 51.6 | | | | 戴晓霞和季湘铭，2009 |
| 浙江省农村 | 95 | | | 76%的愿意收集可回收垃圾，67%的愿意收集有毒有害垃圾 | 马香娟和陈郁，2005 |
| 浙江宁波市大岚镇 | 66 | | | 如果政府有奖励，还有19.7%的表示愿意 | 沈晓峰，2012 |

续表

| 地区名称 | 分类收集意愿/% | | | 备注 | 文献来源 |
|---|---|---|---|---|---|
| | 愿意 | 无所谓 | 不愿意 | | |
| 山东省<br>往平县 | >90 | | | 78%的愿意收集可回收垃圾，69%的愿意收集<br>有毒有害垃圾 | 允春喜和李阳，2010 |
| 河北曲周县<br>农村 | 39 | | | 愿意回收利用 | 于晓勇等，2010 |
| 江西兴国县<br>高兴镇 | 64.7 | 21.6 | 13.7 | | 周颖，2011 |
| 湖北十堰市<br>营子村 | 90 | | | 86%的愿意收集可回收垃圾，58%的愿意收集<br>有毒有害垃圾 | 裴亮等，2011 |
| 广东佛山市 | 74 | 24.51 | 1.56 | | 王慧，2015 |
| 广东东莞市 | 100 | | | 23%的愿意强制分类，　65%的愿意自愿分类 | Chung and Poon，2001 |

在中东部农村，64.9%的受访者认为缺乏分类认知和意识是垃圾分类收集的主要障碍；其次为抱怨、不方便和设施不足，各占 53.7%；还有受访者是因为在源头分类后又混合收运(18.5%)和受其他不分类邻居的影响(16.5%)而不愿分类收集(Zeng et al.，2016)。

3)分类收集的经济激励分析

在我国西部农村，在问及是否愿意将可回收垃圾(纸、塑料、金属等)分类收集后出售时，高达 78.7%的受访者表示愿意，21.3%的表示不愿意，其不愿意的主要原因包括：分类收集比较麻烦(25.7%)，没有分类收集的习惯(21.0%)，可回收垃圾的回收价格太低(12.9%)，分类收集浪费时间(6.4%)以及其他原因(8.8%)。

由图 5.7 所示，在西南地区，当可回收垃圾的售价达到 1 元/kg 时，62.4%的农村居民愿意将生活垃圾分类收集后送往可再生资源回收站出售，当售价达到 4 元/kg 时，高达 88.2%的农村居民愿意，价格再增加后，意愿比例增加不明显。因此，农村居民分类收集的经济驱动力较高。在偏远，交通不便，可再生资源回收商较少的农村地区，可以通过补贴提高可回收垃圾的回收价格，激励农村居民自行分类收集后送往集镇可再生资源回收中心进行回收，售价可根据可回收垃圾的类型与品质，定价在 1~4 元/kg。

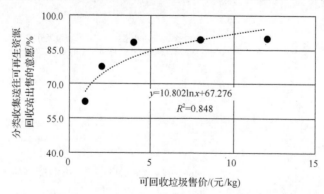

图 5.7　农村居民分类收集送往可再生资源回收站出售的经济驱动

4) 分类收集的限制因素

加拿大在 20 世纪 90 年代初的邮件调查显示,生活垃圾占垃圾流的 40%～100%,只有 44%的反馈有垃圾回收项目,主要依托回收中心开展(占 67%),然后是中心仓库(17%)和垃圾收集箱(6%)(Haque and Hamberg, 1996)。构建回收系统的主要原因包括:

(1) 减少当地的填埋场处理量(56%)。

(2) 居民的关注与压力(28%)。

(3) 省和联邦政府的资助(22%)。

(4) 市政议员的促进和激励(28%)。

(5) 其他原因(11%)。

当地公众垃圾回收的参与率在 15%～90%,平均参与率为 50.4%。有 55%的农村社区认为回收项目非常或某种程度的成功,有 45%的认为不成功。缺乏稳定的市场(67%)是限制实现垃圾回收计划目标的主要因素,此外还有资金缺乏(50%),市场价格低(50%)、公众参与不足(33%)、对固废问题的关注不足(16.7%)、农村人口的下降(11.1%)等原因。

**2. 生活垃圾收集与投放意愿**

1) 收集设备选择

在我国西部农村,高达 90.6%的受访者均支持在村里统一使用垃圾桶/池来收集生活垃圾,略高于我国其他农村地区,如太湖流域 81%(武攀峰等, 2006)、浙江临安区苕溪流域 46%～85%(张明玉, 2010)、江西省兴国县高兴镇 76.5%(周颖, 2011)、衢州 43%(李超, 2011)等,有约一半的农村居民认为 4～6 户合用 1 个垃圾收集设施比较合适(武攀峰, 2005;付美云, 2008;乔启成等, 2008),但在江苏丹阳市,约 32%的农村居民对设置垃圾分类收集装置持消极态度(单华伦等, 2006)。

2) 收集投放意愿

在我国西部,93.3%的农村居民均愿意将生活垃圾投放到垃圾收集设施中;在海南,甚至所有农村居民均愿意规范垃圾投放行为(张静等, 2009)。但是在东部经济发达地区,农村居民的投放意愿相对更低,如浙江宁波市大岚镇 64.1%(沈晓峰, 2012)、江苏南通市 67.5%(乔启成等, 2008)、浙江衢州 50%(李超, 2011)、广东 57%(宋欢, 2013)。除此之外,农村居民的投放意愿受投放距离的影响十分明显。如图 5.8 所示,在相对较远的距离范围内,随着距离的增加,农村居民的投放意愿呈指数降低,当投放距离达到 400m 时,只剩下一半的受访者愿意投放;在江苏丹阳市,农村居民投放垃圾的容忍距离只有 100m,超过这一距离,居民容易随意弃置垃圾(单华伦等, 2006)。但在较近的距离范围内(100m),居民的投放意愿随距离的增加而加强,当距离超过 100m 时,有 40.8%～75.4%的受访者愿意投放,这主要是因为距离太近,可能会产生异味等二次污染,因此公众不愿将垃圾投放到影响自己生活的距离范围内。综上所述,建议农村生活垃圾收集点的设计不但要考虑投放距离的影响,还要注意二次污染防护,宜设置在 50～400m 的范围内。

在国外也存在类似的现象，如在美国明尼苏达州农村，当生活垃圾投放距离超过16km(10mile)时，居民的投放意愿从 100%迅速下降到 35%，投放车程所需时间在 4～60min 较合适，但是 69%的受访者并不认为处置场所距离更近，使用会更频繁[Zenith Research Group(ZRG)，2010]。

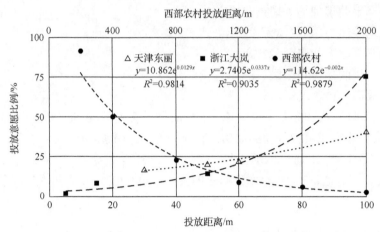

图 5.8　投放距离与投放意愿的关系

天津东丽数据来源：任蓉(2011)；浙江大岚数据来源：沈晓峰(2012)

### 3. 生活垃圾处理意愿

#### 1)处理模式

在我国西部农村，有 69.3%的受访者更愿意村镇统一处理生活垃圾，剩余 30.7%的受访者更愿意自行处理。在江西省兴国县高兴镇的调查显示，55.8%的村民都愿意配合村镇集中收集垃圾(周颖，2011)。在"村收集、镇转运、县(市)处理"模式运行较早的农村地区，其效果得到了广大农村居民的认可与支持，如在浙江宁波大岚镇，80.4%的农村居民对现行的垃圾处理方法表示支持(沈晓峰，2012)，在太湖流域，农村居民对现有的政府免费清运的垃圾集中处理模式满意程度甚至高达 94%以上(张后虎等，2010)。

可见，在我国东部经济发达地区，"村收集、镇转运、县(市)处理"得到了较好的运行，也取得了良好的效果，可继续推进。但在我国西部地区，应结合具体实际情况以及农村居民的意愿，综合选择。

#### 2)处理技术

丁逸宁等(2011)对广西、江西和广东 3 省的调查显示，约 70%的人只知道堆肥和简易焚烧两种处理技术，而对卫生填埋和焚烧发电处理了解甚少。其中有 67%的农村居民能认识到有机肥在维护地力和提高作物品质上的作用，认为有机肥施用或有机肥与化肥搭配比单纯用化肥更好，因此有超过 82%的农村居民表示会使用生活垃圾生产的堆肥。在江苏南通市(乔启成等，2008)、安徽合肥地区(褚巍，2007)以及西南地区农村，也有接近或超过 80%的农村居民愿意使用堆肥。

但农村居民堆肥使用意愿的地区差异较大，尤其是在城乡一体化发展较快的地区，

如在浙江宁波市大岚镇，愿意使用堆肥的只占 18.2%，不愿意的占 46.5%的，还有 35.3%
的人表示经过试验后再定(沈晓峰，2012)；在四川成都，也只有约 1/3 的农村居民(23%～
35%)愿意用生活垃圾生产的堆肥种植绿色农产品(曾秀莉，2012)。

　　农村居民选用堆肥的态度非常理性(褚巍，2007)，影响农村居民使用垃圾堆肥的主
要因素包括堆肥品质、肥效、价格、使用的方便性，以及对作物的影响等方面(丁逸宁等，
2011)，在价格合理、堆肥品质优良的情况下，可以促进农村居民选用有机生活垃圾堆肥。

　　此外，焚烧处理因为其减量化效果好，也在一些地区被农村居民接受，如在江西省
兴国县高兴镇，有超过半数的村民(54.8%)同意使用垃圾焚烧炉(周颖，2011)；在湖南省
武陵山区，53.1%的农村居民也选择焚烧发电的方法处理垃圾，但由于认知局限，只有
24.5%的农村居民选择卫生填埋的方法处理垃圾(谷中原和谭国志，2009)。

　　沼气池在我国很多农村地区推广，但由于家庭种养结构的变化，以及后续维护管理
体系的缺乏，并未发挥应有的效用。尽管如此，在湖南衡阳市，仍有 42%的村民认识到
沼气池的环保作用，并愿意建沼气池(付美云，2008)。

　　综上所述，农村居民对生活垃圾处理技术的认知与选择意愿较多元化，但是目前农
村生活垃圾处理技术的供给相对单一，而且缺乏适宜农村生活垃圾处理的小微型处理技
术与设备，亟待进一步的研发。

#### 4. 生活垃圾管理的参与意愿

#### 1) 管理责任主体分析

　　由表 5.9 可知，农村居民普遍认为生活垃圾的管理责任主体是村委会以及政府部门，
这表明农村居民希望国家和当地政府帮助自己改善周围环境，但也有不少农村居民愿意
一起承担相关的管理责任。因此，政府应该在农村环保工作中肩负起最为重要的职责(刘
刚和潘鸿，2009)，尤其是在农村生活垃圾管理的基础设施建设中；在农村生活垃圾的运
行管理中，也可以鼓励广大农村居民积极参与。

**表 5.9　我国农村居民对生活垃圾管理责任主体的认知**

| 区域名称 | 责任主体认知/% | | | | 备注 | 文献来源 |
|---|---|---|---|---|---|---|
| | 农村居民 | 村委会 | 政府部门 | 其他 | | |
| 西部农村 | 29.6 | 59.6 | 22.6 | | 部分受访者多选 | |
| 江苏省宜兴市和盐城市 | 15.5～19.2 | 23.4～37.9 | 27.7～32.8 | 12.1～19.2 | 其他指社会各界 | 朱洪蕊，2010 |
| | 19.7～27.3 | 40.1～47.2 | 21.7～31.9 | 6.4～37.4 | 其他指企业 | |
| 贵州省 | 24 | | | 60 | 其他指政府与村民共同承担 | 张震等，2011 |
| 山东省 | | | | 90 | | |
| 河南省 | 8 | 15 | 77 | | | 燕盛斌，2013 |
| 广东佛山市 | 9.34 | 60.70 | 12.45 | 11.67 | 其他指保洁公司 | 王慧，2015 |
| 广西岑溪市 | 22 | 16 | 50 | 12 | 其他指民间组织 | 朱明贵，2014 |
| 湖南岳阳市 | 10.4 | | 32 | | | 金力，2013 |
| 安徽合肥市 | | | 45 | 36.6 | 其他指政府与村民共同承担 | 褚巍，2007 |

2) 保洁参与意愿

在我国西部农村，有 62.5%的受访者愿意参与保洁工作，剩余 37.7%的受访者不愿参与保洁工作的主要原因包括：

（1）保洁工作时间较长（16.2%）。

（2）工作环境较差（13.5%）。

（3）报酬偏低（8.4%）。

（4）职业地位较低（2.7%）。

（5）其他原因，包括身体不好、没有时间等（38.7%）。

工作报酬和工作时间是影响农村居民参与保洁的主要因素之一。图 5.9 表明，农村居民的保洁参与意愿随报酬期望的增加呈对数增长，但随工作时间的延长呈线性下降。因此，要鼓励农村居民积极参与当地的环卫保洁工作，需要合理设置保洁时间和报酬，并改善工作环境。其中保洁时间宜设置在 4h/d 以内，报酬在西部农村宜不低于 1000 元/月，东部宜不低于 2000 元/月，这样才能确保有超过一半的农村居民愿意参与保洁工作。

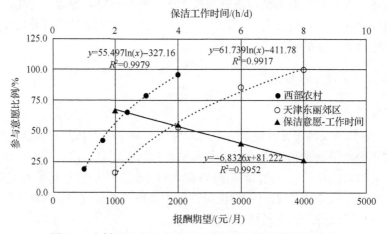

图 5.9　农村居民保洁意愿与工作时间和报酬期望的关系

3) 监督参与意愿

在我国农村，尽管社会人情较重，不少居民碍于情面，不愿参与监督，但是大多数农村居民仍然有监督的热情。例如，在云南普洱，有 94%的愿意参与监督（Wang et al.，2014）；在浙江宁波大岚镇，有 48%的受访者表示会反映保洁员工作不认真、不按时收垃圾的情况，而且有 29.5%的受访者表示已经向村里反映过这样的情况（沈晓峰，2012）；在青岛城阳区农村，有 26.2%的受访者曾经利用信息平台进行投诉咨询，有大约 86%的受访者认为这是一个有效的监督平台（刘睿智，2014）；在浙江苕溪流域，有 50%~73%的农村居民表示愿意规劝不规范投放垃圾的邻居（丁湘蓉，2011）。可见，在农村地区，多数群众会主动规范他人的垃圾投放行为，积极地参与到农村生活垃圾的治理工作中，因此在今后的农村生活垃圾管理中，应积极引导和鼓励公众参与监督的热情。

5. 生活垃圾管理的支付意愿

支付意愿是指被调查者对某一项改善环境或防止环境恶化措施费用的支付意向，它表明人们是否愿意投资于环境保护(刘睿智，2014)。

1) 收集设备支付意愿

在西南地区，愿意支付堆肥设备费用的农村居民占 50%，但是随着设备费用从低于每套 100 元增加到高于每套 1500 元，农村居民的支付意愿也从 48.4% 降低到 0.5%。不过随着农村居民收入水平的提升，以及对自身生活环境改善的渴望，对于农村生活垃圾基础设施的投资捐助意愿也在提升。例如，在青岛城阳区农村，随着收入的增加，对基础设施的支付意愿从 43.8% 逐渐提升到 88.0%，平均也有 62.6% 的受访者愿意支付(刘睿智，2014)。

2) 堆肥产品支付意愿

农村居民选用有机肥的态度非常理性，在西南地区农村，当有机生活垃圾堆肥的价格低于 0.6 元/kg 时，有高达 76% 的受访者愿意支付，但是当超过这一价格后，迅速下降到 29.0%。不过在价格合理、堆肥制品品质优良的情况下，会促进农村居民选购。因此，在当前社会经济水平下，建议农村生垃圾堆肥的价格定价宜不高于 0.6 元/kg。

3) 处理费用支付意愿

在我国农村，有 27.8%～99.7% 的受访者愿意支付生活垃圾处理费(表 5.10)，总体上约 2/3 的农村居民愿意支付，可见在农村，生活垃圾处理费的支付基础良好。

表 5.10　我国农村居民生活垃圾处理费的支付意愿统计

| 地区名称 | 愿意支付/% | 不愿意支付/% | 不确定/% | 备注 | 文献来源 |
|---|---|---|---|---|---|
| 西部农村 | 73.7 | 26.3 | 27.0 | 72% 的愿意支付≤5 元/(户·月) | 调研 |
| 中东部农村 | 62.5 | 10.4 | | | Zeng et al.，2016 |
| 江苏宜兴市渭渎村 | 71 | 18 | 11 | 45% 以上的愿意支付 2～5 元/(户·月)，主要集中在 20～55 岁 | 武攀峰等，2006；方少辉等，2012 |
| 江苏南通市 | 37.4 | | | 平均 4 口人的家庭，每户愿意支付 24 元/a | 乔启成等，2008 |
| 江苏无锡市郊区 | 27.8 | 72.2 | | 25% 的愿意支付 0～10 元/(人·月)，2.8% 的人愿意支付 10 元/(人·月)以上 | 鞠昌华等，2015 |
| 江苏南京市郊县 | 53.52 | 46.48 | | 40.73% 的愿意支付 1～3 元，11.56% 的愿意支付 4～6 元，1.23% 的愿意支付 6 元以上 | 程花，2013 |
| 浙江杭州市苕溪流域 | 62.95 | | | | 张明玉，2010 |
| 浙江瑞安市塘下镇 | 52.37 | 9.05 | 37.68 | | 戴晓霞，2009 |
| 广西、江西和广东 | 63 | | | | 丁逸宁等，2011 |
| 辽宁鞍山市 | 75 | 25 | | 71% 的愿意支付 5 元/月 | 张恒毅等，2014 |
| 湖南衡阳市 | 65 | 23 | 12 | 42% 以上的愿意支付 2～5 元/(户·月) | 付美云，2008 |

续表

| 地区名称 | 愿意支付/% | 不愿意支付/% | 不确定/% | 备注 | 文献来源 |
|---|---|---|---|---|---|
| 湖南省武陵山区 | 61.2 | 10.2 | 28.6 | | 谷中原和谭国志，2009 |
| 江西兴国县高兴镇 | 27 | 17.7 | | 55.3%的愿意支付部分垃圾管理费用 | 周颖，2011 |
| 河北石家庄市 | | 86.4 | | | 耿燕礼等，2007 |
| 安徽合肥市 | 83.2 | 16.8 | | | 褚巍，2007 |
| 河南省淅川县 | 72.4 | 27.6 | | 平均最多愿意支付 6.38 元/(户·月) | 邹彦和姜志德，2010 |
| 三峡库区 | 99.7 | 0.3 | | 21.3%的愿意支付 1~2 元/月，45.9%的愿意支付 3~4 元/月，20.8%的愿意支付 5~6 元/月，8.9%的愿意支付 7~8 元/月，2.7%的愿意支付 9~10 元/月 | 梁增芳等，2014 |

虞维等(2013)基于浙江省农村地区的调查问卷，得出农村生活垃圾处理缴费意愿的 Logistic 回归模型如下：

$$\text{Log}P = -0.7468 - 0.0926t + 0.2795jy + 0.1811sr + 0.2095gl \tag{5.3}$$

式中，$jy$ 为教育水平；$sr$ 为家庭收入；$gl$ 为管理满意度；$t$ 为处理费用。

计算得出，农村生活垃圾处理的居民缴费意愿为 3.27 元/人，其中家庭收入、教育水平和管理满意度三者均与缴费意愿呈正相关。此外，社区人口变化与垃圾管理费用呈显著的正相关，对费用起决定性作用；垃圾管理员工的薪水水平也与垃圾管理服务呈正相关；但私人垃圾服务、人口密度与垃圾费用无显著的相关性(Bel and Mur，2009)。

式(5.3)还表明，农村居民的缴费意愿与生活垃圾处理费呈负相关，而且受访者缴费意愿随生活垃圾处理费的增加呈指数衰减(图 5.10)。相比西部地区，天津东丽区城郊农村收入水平更高，因此农村居民的支付意愿更强烈。此外，垃圾处理费的支付，不但具有较好的经济效益，还具有更大的社会效益，如在云南洱源，当农村居民愿意支付家庭收入大约 1%的费用时，内部收益率达到 5%，其社会效益比经济效益更高。而且在没有

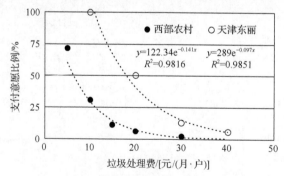

图 5.10　农村居民支付意愿与垃圾处理费的关系

天津东丽城郊农村数据来源：任蓉(2011)

垃圾服务的地区，最贫困的家庭不但愿意支付占家庭收入更高比例的费用，而且支付的绝对费用也不少于富裕的家庭(Wang et al.，2014)，这与表 5.10 中显示西部农村居民的支付意愿强于中东部农村的情况相似。

因此，在开征农村生活垃圾处理费时，应该制定合理的处理费费率。研究发现，影响住户垃圾费用接受率的关键因素是垃圾费用占家庭收入的比例，而不是垃圾费用的绝对数量(Chung and Poon，2001)，固废管理服务支付意愿占家庭收入的 1%～3%能够被普遍接受。

对于收费方式，在江西省兴国县高兴镇的调查显示，54.2%的农村居民倾向于按户缴纳费用，31%的愿意按垃圾量来缴纳(周颖，2011)；在安徽合肥地区，46.1%的愿意按户收费，37.2%的愿意按量收费(褚巍，2007)。

综上所述，农村经济发展为生活垃圾处理收费制度的实施提供了基础条件，鉴于当前农村环卫工人工资水平相对偏低，因此，宜于在人口规模相对较大的农村地区开展生活垃圾处理收费的试点工作，无论是以政府主导还是市场主导均可。垃圾处理费不宜大于 5 元/(月·户)，宜采取按户收费方式。同时，政府加大对生活垃圾处理的宣传教育力度，并提供高效的垃圾处理服务，能更好地保证农村生活垃圾处理收费制度的顺利实施。

### 6. 宣传教育分析

#### 1)环保宣传现状

在西部农村，有 57.9%的受访者表示当地已有关于环境保护的宣传与政策，有 47.7%的受访者认为政策实施较好，但还有近一半的受访者不知道或者认为当地没有相关的环保宣传与政策，也有超过一半的受访者认为相关政策没有执行或执行效果不好。在东部农村，也存在类似的情况，如在广东佛山市，80.93%受访者没有经常受到垃圾分类的教育，也未在村里看到垃圾分类管理的相关宣传信息(王慧，2015)；在浙江省瑞安市塘下镇，73.88%的受访者表示不了解关于农村生活垃圾管理等方面的法律、法规，因此有64.82%的受访者认为有必要制定相关法规，这说明大部分农村居民迫切需要政府制定相关政策来规范生活垃圾的管理(戴晓霞，2009)。部分农村地区的环保宣传工作起步较早，但效果欠佳，在云南富源县，高达 99%的受访者收到政府或环保团体发放的环保宣传单，但认真读过、学习过的人数只占 1.5%。

由此可见，在西部农村，政府在有关固废管理的政策、法律法规、环保常识和行为等方面的宣传教育工作上，还有很大的提升空间。

#### 2)宣传教育途径分析

对我国农村地区的环保宣传途径调研显示(表 5.11)，农村居民主要通过电视获取环保知识。此外，政府和村委会组织的大会、讲座、宣传栏，以及杂志、报纸、传单等也是农村环保宣传的主要途径，网络也是年轻人(<35 岁，17%)获取环保知识的主要途径之一，但社会教育机构如学校等的作用并不显著。可见，大众媒体和村委会的宣讲在今后的环保工作中仍将起到积极的作用，电视、广播等最好能开辟专栏来宣传环境保护的重要性，提高环境保护公益广告的播出量，以及农村生活垃圾的危害、分类收集等信息；

同时，应加强在农村中小学中的环保教育，通过"小手牵大手"，由学生带动家长，促进农村生活垃圾相关环境保护知识的宣传与普及。

表5.11　我国农村地区环保宣传途径　　　　　　（单位：%）

| 宣传途径 | 西部 | 中东部 | 浙江 | 山东省往平县 | 广东佛山市 | 广西岑溪市 | 湖南岳阳市 |
|---|---|---|---|---|---|---|---|
| 电视 | 76.9 | 71.8 | 82 [1] | 79 [1] | 31.1 | 22 | 58.5 |
| 广播 | 27.1 | 12.9 | | | | | 49.6 |
| 宣传栏(黑板报) | 25.2 | | | | | | |
| 网络 | 16.7 | 23.2 | | | | 3 | |
| 大会、讲座 | 16.1 | | | 38.9 [2] | 66 [2] | | |
| 杂志、报纸、传单 | 14.6 | 31.3 | | | 16 [3] | | |
| 环保组织 | 11.9 | | | | | 1 | |
| 书籍 | 10.6 | | | | | | |
| 流动宣传车 | 9.5 | | | | | | |
| 亲人朋友 | 5.9 | | 9 | 9 | | 8 | |
| 免费小产品 [4] | 5.9 | | | | | | |
| 社会教育机构 | 5.3 | 18.5 | 9 | 12 | 12 | | |
| 其他 | 3 | 18.5 | | | 13.6 | | |
| 文献来源 | 调研 | Zeng et al.，2016 | 马香娟和陈郁，2005 | 允春喜和李阳，2010 | 王慧，2015 | 朱明贵，2014 | 金力，2013 |

1) 媒体宣传；2) 村委、政府部门举办的宣传活动；3) 报纸杂志、网络宣传；4) 如扇子、环保购物袋上的宣传。

### 5.3.3　村民认知、意愿、行为的影响因素分析

基于西部农村居民对生活垃圾特性的认知、参与生活垃圾管理的意愿和行为的调查研究，采用逻辑回归分析(详见扫描封底二维码见附录5.3、附录5.4)，并结合国内其他学者的研究，讨论农村居民认知、意愿、行为的影响因素。逻辑回归公式如下：

$$\text{Log}\frac{P_i}{1-P_i} = \beta_0 + \beta_i X_i + e \tag{5.4}$$

式中，$P$ 为事件发生的概率，如果农村居民能够认知，愿意参与，$P_i=1$，反之，$P_i=0$；$\beta_0$ 为常数；$\beta_i$ 为影响因素独立变量系数；$X_i$ 为影响因素独立变量；$e$ 为随机误差。

#### 1. 性别

在农村生活垃圾管理中，性别常被作为一个影响因素考虑。Mukherji 等(2016)研究表明，女性对固废管理的认知比男性更好(Mukherji et al.，2016)，因为在家庭中，生活垃圾的管理主要由女性负责(Babaei et al.，2015)。但是，张明玉(2010)在苕溪流域农村的研究中并未发现性别对生活垃圾分类收集认知程度有明显影响。在对西部农村的研究也同样表明，除了男性在对土壤污染的感知，垃圾污染地表水的特性以及化妆品包装的

毒害性认知显著强于女性外，性别对其他环境污染感知、生活垃圾特性以及处理必要性认知无显著影响。

在西部调研村，男性愿意支付生活垃圾处理费的可能性是女性的 1.71 倍，显著强于女性的支付意愿，但性别对群众参与生活垃圾管理的其他意愿影响不显著，这与在浙江瑞安市塘下镇（戴晓霞，2009）、河南省淅川县（邹彦和姜志德，2010）、云南洱源县（Wang et al.，2014）的农村地区的研究结论相似。根据社会角色理论可以推断，男女在社会生产和家庭生活中的角色行为有所差别。一般情况下，男性在社会生产中的工作能力较强，在家庭生活中通常担任决策者，所以表现为男性更愿意承担较多的社会性事物，支付意愿比女性强（戴晓霞，2009）。尽管如此，在国内外其他的一些研究中，受访者性别对生活垃圾处理费支付意愿的影响不显著（梁增芳等，2014；Jones et al.，2010），甚至相反（Bartelings and Sterner，1999）。

### 2. 示范

农村生活垃圾收运与处理示范工程的建设与运行，在农村居民对地表水环境污染的感知，家电的可回收性，以及一些易于感知的生活垃圾污染特性（如污染地表水、污染空气、侵占土地）等方面的认知上，具有显著的影响。在有示范工程的农村，受访者对生活垃圾污染特性认知的优势比是没有示范工程农村受访者的 3.7～5.3 倍，认知显著更强。尤其是对于地表水，虽然大多数的受访者并不确定地表水污染是源自生活污水还是生活垃圾，但是农村居民对当地地表水污染和生活垃圾污染的感知加强了他们对生活垃圾污染地表水的认知；此外，示范工程开展后，伴随由生活垃圾造成的地表水和大气污染，以及侵占土地等现象的明显改善，也进一步强化了农村居民对生活垃圾污染特性的认知。

农村生活垃圾收运与处理示范工程的建设与运行，还显著影响农村居民的生活垃圾处理费支付意愿、收集设施使用意愿、垃圾分类收集意愿、垃圾投放意愿和垃圾处理选择意愿。在有示范工程的农村居民具有更强烈的意愿，其优势比是没有示范工程农村居民的 1.83～9.11 倍。尤其是在收集设施使用意愿上，示范工程的建设，使农村地区具有足够的生活垃圾收运设施，极大地促进了当地居民对这些收集设施的使用。值得一提的是，即使在考虑多因素综合影响后，示范工程对农村居民的垃圾分类收集意愿和垃圾处理选择意愿仍然具有显著的影响。

由此可见，生活垃圾收运与处理示范工程对加强农村居民的认知和意愿具有显著的正效应，我国农村生活垃圾的管理应通过建设示范工程，由点及面渐次推进和普及。

### 3. 环保宣传

通常情况下，环保宣传能提高公众的环保意识。但是在西部农村的调查中发现，在有环保宣传和无环保宣传的农村，受访者在对环境污染的感知以及对生活垃圾污染特性的认知上均无明显差异，环保宣传并未对其造成显著影响。分析原因，只有 57.9% 的受访者知道村里有环境保护宣传活动，37.8% 的受访者认为宣传活动并未很好地开展，还有 12.8% 的受访者认为根本就未开展环保宣传活动。可见，当前各地政府和村委会在农村开展的环保宣传活动的效果欠佳，这限制了环保宣传活动对农村居民环保意识的促进作用。

尽管如此，环保宣传活动仍能显著提高农村居民对生活垃圾处理必要性的认知。在开展环保宣传活动的农村，受访者认为有必要处理生活垃圾的优势比是没有开展环保宣传活动农村居民的 3.1 倍。同时，环保宣传活动也能显著促进农村居民生活垃圾处理费的支付意愿和生活垃圾管理的参与意愿，除参与保洁工作的意愿外，有环保宣传农村居民的参与意愿优势比是没有环保宣传农村居民的 2.0～3.7 倍，但是当考虑多因素的综合影响后，环保宣传活动促进农村居民的支付意愿和参与意愿的显著性消失。此外，在福建省农村，环境卫生宣传在农村居民选择生活垃圾处置方式上具有显著影响(OR＝0.42，95% CI=0.3～0.6)(卢翠英等，2014)。

因此，在推进农村生活垃圾管理的工作中，各地政府应加强农村环境保护的宣传工作，可采用农村居民喜闻乐见的宣传方式，通俗易懂的表达方法，扩增宣传渠道、增加宣传频次、提高农村居民的参与度，从而达到高效的环保宣传效果，促进农村居民环保意识和参与意愿的提高。

### 4. 年龄

由表 5.12 可知，在我国西部农村，受访者年龄与无环境污染的感知呈显著的正相关，但是与生活垃圾污染、空气污染和土壤污染的感知，以及生活垃圾污染地下水、电池危害性、垃圾分类、垃圾处理必要性的认知呈显著的负相关。尽管如此，根据多因素逻辑回归分析，年龄除了对垃圾处理必要性认知有显著影响(随着年龄增加，必要性认知减弱)外，对农村居民的其他认知无显著影响。

在浙江临安区苕溪流域的调研也有类似发现——年龄对垃圾分类收集认知程度的影响明显，对垃圾分类收集有所了解的村民年龄主要集中在 50 岁以下(张明玉，2010)。这主要是因为年轻人文化程度更高，与外界接触更多，获得的环保知识更为广泛。

一些学者研究表明，虽然年轻人比老年人具有更高的环保认知，但是在广大农村，由于老年人始终保持"物尽其用"的节俭传统和习惯，还有大量的空闲时间，因此更愿意参与垃圾分类和回收(Barr and Gilg，2007；Triguero et al.，2016)。

在西部农村，年龄与受访者的支付意愿呈显著的负相关($y = -0.6232x + 102.1$，$R^2 = 0.9662$)，在显著水平上优势比小于 1，而且随着年龄的增加，优势比逐渐降低，可见年龄对支付意愿的影响十分显著——随着年龄的增加，支付意愿减弱，这与在河南省淅川县农村的调查结果一致(邹彦和姜志德，2010)，但是与在三峡库区(梁增芳等，2014)和中东部(Zeng et al.，2016)部分地区农村的调查结果相反。

此外，与年轻人相比，老年人在使用垃圾收集设备意愿、参与保洁意愿，以及垃圾处理选择意愿上的优势比只有 0.24～0.51，说明年纪越大，参与意愿越低，这主要是因为农村大量的留守老人环保认知水平很低，而且由于年纪太大，身体条件限制了他们参与到如清洁、运输等需要体力的保洁劳动中。在国外，位于农村环境的房子越大，年纪越大的受访者也更愿意使用投放设施($P＜0.10$)(Blaine et al.，2001)。

表 5.12　农村居民认知与影响因素的相关性分析

| 认知 | | 年龄 | | 教育 | | 收入 | |
|---|---|---|---|---|---|---|---|
| | | 相关系数 | Sig. | 相关系数 | Sig. | 相关系数 | Sig. |
| 对环境污染的感知 | 地表水污染 | −0.2 | 0.7 | 0.2 | 0.8 | 0.3 | 0.6 |
| | 噪声污染 | 0.6 | 0.2 | −0.4 | 0.5 | 0.7 | 0.1 |
| | 垃圾污染 | **−0.9** | $9.2×10^{-3}$ | 0.9 | 0.1 | −0.6 | 0.2 |
| | 空气污染 | **−0.9** | $7.2×10^{-3}$ | 0.6 | 0.3 | 0.6 | 0.3 |
| | 地下水污染 | 0.1 | 0.8 | 0.6 | 0.3 | 0.2 | 0.8 |
| | 土壤污染 | **−0.9** | $2.4×10^{-2}$ | **0.9** | $2.0×10^{-2}$ | 0.6 | 0.2 |
| | 无污染 | **0.9** | $2.2×10^{-2}$ | −0.9 | 0.1 | 0.4 | 0.5 |
| 对生活垃圾特性的认知 | 污染性 | | | | | | |
| | 污染地表水 | −0.5 | 0.4 | 0.9 | 0.1 | 0.7 | 0.1 |
| | 污染空气 | 0.6 | 0.2 | −0.2 | 0.8 | 0.4 | 0.4 |
| | 侵占土地 | 0.4 | 0.5 | −0.1 | 0.8 | −0.2 | 0.7 |
| | 影响景观 | 0.5 | 0.3 | −0.7 | 0.2 | **0.9** | $2.3×10^{-2}$ |
| | 污染地下水 | **−0.8** | $4.0×10^{-2}$ | **0.9** | $2.8×10^{-2}$ | **0.9** | $3.2×10^{-2}$ |
| | 影响环境卫生 | −0.6 | 0.2 | 0.8 | 0.1 | 0.2 | 0.7 |
| | 毒害性 | | | | | | |
| | 电池 | **−0.9** | $2.3×10^{-2}$ | **1.0** | $9.0×10^{-3}$ | 0.4 | 0.4 |
| | 荧光灯管 | −0.4 | 0.5 | 0.7 | 0.2 | 0.2 | 0.7 |
| | 农药包装 | −0.4 | 0.4 | 0.8 | 0.1 | 0.3 | 0.6 |
| | 化学品包装 | −0.7 | 0.1 | **1.0** | $3.6×10^{-3}$ | **0.9** | $3.2×10^{-2}$ |
| | 过期药 | 0.2 | 0.7 | −0.2 | 0.7 | −0.1 | 0.8 |
| | 可回收性 | | | | | | |
| | 纸类 | −0.4 | 0.4 | 0.7 | 0.2 | −0.2 | 0.7 |
| | 橡塑 | 0.0 | 0.9 | 0.9 | 0.1 | −0.3 | 0.6 |
| | 金属 | −0.2 | 0.8 | −0.3 | 0.7 | −0.6 | 0.3 |
| | 农膜 | 0.0 | 0.9 | 0.8 | 0.1 | 0.7 | 0.1 |
| | 电池 | −0.8 | 0.1 | 0.5 | 0.4 | 0.3 | 0.5 |
| | 家电 | −0.3 | 0.6 | **1.0** | $5.1×10^{-3}$ | 0.7 | 0.1 |
| 垃圾管理认知 | 垃圾分类 | **−0.9** | $6.2×10^{-3}$ | **0.9** | $2.5×10^{-2}$ | 0.6 | 0.2 |
| | 处理必要性 | **−1.0** | $1.6×10^{-3}$ | **1.0** | $5.8×10^{-3}$ | **0.9** | $1.8×10^{-2}$ |

注：黑体表示显著相关。

　　但是考虑多因素综合影响后，年龄对农村居民支付意愿以及其他参与意愿影响的显著性消失，这主要是因为其他一些更显著的影响因素如示范工程和生活垃圾处理必要性认知等因素削弱了年龄的影响。

### 5. 教育

　　表 5.12 显示，教育年限(水平)对部分环境污染认知(土壤污染)和生活垃圾特性(污染地下水、电池和危化品包装危害性、家电可回收性)，处理必要性和垃圾分类等认知具有显著的相关性。逻辑回归分析显示，教育水平对农村居民的环境污染感知(生活垃圾污

染、空气污染、地下水污染），垃圾特性的认知（影响景观、污染地下水、电池和农药包装等有毒有害垃圾及纸类、塑料薄膜和家电等可回收垃圾），垃圾分类的认知有显著影响。在太湖流域（张后虎等，2010）、浙江临安区苕溪流域（张明玉，2010）等农村地区的调研也得到了相似的结论。这主要是因为随着教育水平的提高，农村居民的环保意识也逐渐增强。尤其是在地下水污染的感知、生活垃圾污染地下水的认知方面，与文盲相比，受过大专及以上教育的受访者的优势比分别达到了 12.5 和 27.7，这是因为地下水无法直观感知，需要有相关的专业知识，高水平的教育能够促进农村居民对相对复杂的环境问题的理解和认知。

而且从表 5.12 可知，初中和高中教育对一些常识性的认知（如环境污染感知、电池和农药包装等有毒有害垃圾的认知等）具有显著影响，但是对于相对更复杂的认知（如荧光灯管和过期药等有毒有害垃圾识别），即使受过更高教育的受访者，也没有显著性。这主要是在整个教育过程中，缺乏详细和深入的环保教育所致。

国内外针对农村居民的大量研究表明，公众接受教育越多，就越愿意支付垃圾处理费用并参与垃圾分类回收和定点倾倒（Triguero et al.，2016；Danso et al.，2006；De Feo and De Gisi，2010；戴晓霞，2009；梁增芳等，2014；邹彦和姜志德，2010；Wang et al.，2014；卢翠英等，2014）。在西部地区，农村居民的受教育程度与垃圾处理费支付意愿、收集设施使用意愿、垃圾分类收集意愿、垃圾投放意愿、垃圾处理选择意愿等呈显著正相关（图 5.11），而且与文盲相比，在显著水平下受教育不同组间的优势比为 1.77～11.80，这主要是因为教育能提高公众的环保意识和社会责任感。

由于收入、教育水平和年龄等因素交互影响，因此，在考虑多因素影响时，教育影响的显著性消失。

总体而言，农村居民受教育水平越高，环保意识越高，社会责任感越强，支付意愿和参与意愿越强，因此，在农村生活垃圾管理工作中，不但要强化从小学到高中的各年级青少年的环保教育，同时还要强化对农村居民和干部的环保教育，从而促进农村生活垃圾管理的有序开展。

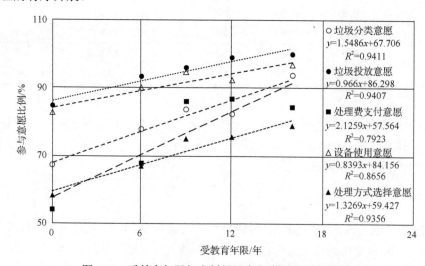

图 5.11　受教育年限与农村居民参与意愿的回归分析

6. 收入

在我国西部农村，家庭年收入与受访者对生活垃圾特性(影响景观、污染地下水、日化包装危害性)和生活垃圾处理必要性认知显著相关。在多因素逻辑回归中，家庭年收入对生活垃圾污染的感知，生活垃圾特性(污染空气、侵占土地、农药与日化品包装的危害性，以及纸、橡塑和家电的可回收性)认知，以及生活垃圾处理必要性认知等方面仍然具有显著影响。

其中收入最低的农村居民比收入更高的农村居民能更准确地认识生活垃圾的特性，这与 Mukherji 等(2016)在印度的研究相似；中等收入水平的农村居民在环境污染感知和生活垃圾特性认知方面受影响最显著；高收入的农村居民在生活垃圾污染空气的认知，纸、橡塑和家电可回收性认知等方面的优势比最低，尤其是在对橡塑可回收性的认知上，随着收入的增加，优势比从 0.4 下降到 0.1，但对生活垃圾处理必要性的认知水平更高。值得一提的是，较低收入水平($1.5 \leqslant I < 3.0$)对农村居民在生活垃圾处理必要性认知的影响最显著。收入对农村居民认知的影响可能有以下六个方面的原因。

(1)相比较高收入水平的农村居民，低收入的农村居民在改善自身生活环境方面的能力更弱，因此，对于生活垃圾产生的空气污染、土地侵占等影响感受最深刻。

(2)低收入农村居民的主要收入来源是种植，在种植过程中接触农药、杀虫剂等最频繁，因此对农药包装物的危害性认识也最清楚。

(3)对于高收入农村居民而言，分类收集并出售可回收垃圾带来的收益太少，但这一收益对于低收入农村居民的意义更大，低收入公众也更愿意回收，因此对可回收垃圾的认知也更清楚。

(4)收入最高的农村居民受教育的水平更高，因此相比低收入农村居民，他们对诸如生活垃圾影响景观、污染地下水的特性，以及生活垃圾处理必要性的认知能力也更强。

(5)收入最高的农村居民购买和使用日化品的概率更高，因此他们对日化品包装的特性认知也最清楚。

(6)对于大多数中等收入水平的农村居民来说，一方面，与低收入农村居民相比，更少从事种植活动；另一方面，与高收入水平的农村居民相比，受教育程度又相对偏低，因此，他们对生活垃圾特性的认知要低于低收入和高收入水平的农村居民。

可见，收入水平对农村居民认知的影响相对复杂，这主要是收入水平影响着公众的收入来源、受教育水平等。

西部农村调查显示，受访家庭年收入与生活垃圾处理选择意愿呈正比($y = 3.4881x - 207.57$，$R^2 = 0.7731$)，但是没有显著影响。相比家庭年收入在 2 万~3 万和 3 万~4.5 万的受访者，收入低于 1 万的最贫困家庭的受访者更愿意使用生活垃圾设备和参与保洁工作，这是因为社会经济条件更差的农村居民与生活垃圾管理接触更紧密(Matter et al.，2013)，而且参与保洁工作的收益对其吸引力更大。虽然国内外的一些研究表明，居民收入与生活垃圾回收行为呈负相关(Barr and Gilg，2007；Ferrara and Missios，2005；Chung and Poon，2001)，但是在西部农村调研中，两者并没有显著的相关性。

虽然在三峡库区，家庭总收入对生活垃圾处理费支付意愿的影响不显著(梁增芳等，

2014)，在中东部地区，家庭年收入甚至与支付意愿呈负相关(5%的置信水平)(Zeng et al.，2016)，但是根据单因素和多因素逻辑回归分析，西部农村居民生活垃圾处理费支付意愿受收入的影响显著，与收入最低的农村居民相比，收入更高的农村居民支付意愿更强，这与很多在国内外农村开展的调研结果一致(刘睿智，2014；卢翠英等，2014；戴晓霞，2009；Rahji and Oloruntoba，2009；邹彦和姜志德，2010)。在云南洱源县农村，家庭收入每增加 1%，支付意愿大约增加 0.29%(Wang et al.，2014)。

总体而言，随着收入的增加，农村居民参与生活垃圾管理的意愿降低，但是支付意愿增强。因此，在经济欠发达地区，可以充分依托当地农村居民进行生活垃圾的管理，并加强当地经济发展，提高农村居民的收入水平；在经济发达地区，可以由政府或企业提供垃圾管理的有偿服务。

### 7. 环境污染的认知与满意程度

#### 1)环境污染认知对生活垃圾特性和处理必要性认知的影响

在西部农村，受访者对环境污染的感知能够显著促进对生活垃圾特性的认知。例如，与未感知地表水污染的受访者相比，能感知地表水污染的受访者能够认识到生活垃圾会污染地表水、污染空气和影响景观的优势比分别为 3.6、2.4 和 2.4；能够感知地表水污染、噪声污染、生活垃圾污染和空气污染的受访者，能够认知生活垃圾影响景观的优势比分别为 2.4、2.8、3.2 和 2.7；能够感知土壤污染的受访者，能认识到生活垃圾会污染地下水的优势比为 4.0；能够感知空气污染的受访者，能显著促进对生活垃圾侵占土地、影响环境卫生的认知，也能够显著促进对生活垃圾处理必要性的认知。这是因为一方面，农村居民对部分不同环境污染的感知之间存在极显著的相关性，而且水污染、生活垃圾污染、空气污染都主要来自相同的污染源，包括日常生活、畜禽饲养等；另一方面，农村居民对环境污染的感知和生活垃圾污染特性之间存在不同的因果关系，如生活垃圾能够造成地表水和空气污染、地表水污染能够造成空气污染、地表水和土壤污染能够造成地下水污染等，而且上述这些污染均能够影响景观，所以受访者对环境污染的感知能够显著影响对生活垃圾特性的认知。

#### 2)环境污染和垃圾处理必要性认知对参与意愿的影响

公众的环保认知是影响其环保行为的关键因素(Dhokhikah et al.，2015)，提高环保认知能够促进公众践行更好的环保行为(Mukherji et al.，2016)。因此，在西部农村，能够感知当地环境污染的受访者参与生活垃圾管理意愿的比例要高于那些未能感知环境污染的受访者。单因素逻辑回归分析显示，农村居民对环境污染的感知能够显著促进其对生活垃圾处理费的支付，但是考虑多因素的影响后，显著性消失。能够认识到生活垃圾处理必要性的农村居民和不能认识到的农村居民相比，在支付意愿、垃圾收集设备使用意愿、分类收集意愿、生活垃圾投放意愿上存在显著差异，而且支付意愿和参与意愿更高，其优势比在 1.87～6.78。因此，对生活垃圾处理必要性的认知，是影响农村居民意愿的重要因素。

在国内其他农村地区的研究也表明，影响住户垃圾分类态度的主要因素为技术水平和现状。在 $P \leqslant 0.05$ 的显著水平上，信息水平、厨房垃圾分类情况、焚烧设备的使用情况、社区分类垃圾桶的设置、垃圾桶的使用情况、社区垃圾分类的主观认识、根据法律要求开展垃圾分类等因素，均显著影响住户垃圾分类的意愿(Petr Šauer et al.，2008)。在浙江瑞安市塘下镇，自变量对已有生活垃圾管理状态的满意与否的统计检验在 10%的显著性水平内，回归系数为负。因此，根据边际效用原则，居民对已有的生活垃圾管理越不满意，单位支付价格带来改进的效用会越大，因此居民的支付意愿会越强(戴晓霞，2009)。在云南洱源县，农村居民对当前环境和社会认识的加强对支付意愿有显著影响，认为垃圾污染是当前最严重的环境问题之一的公众，支付意愿更强；认为环境问题只是政府职责的公众，支付意愿更低；有垃圾收集服务经历的公众会增加支付意愿，对垃圾处理项目有信心的公众支付意愿更强(Wang et al.，2014)。

因此，在农村生活垃圾的管理过程中，应提高公众的环保认知，考虑公众的满意程度等社会因素。

8. 国外农村相关研究

1) 与生活垃圾相关的认知、意愿和行为的研究

在国外，公众的认知、习惯、道德观念，家庭结构、收入等社会因素也会影响公众在生活垃圾管理中的行为。例如，在埃及，家庭小孩数量、收入、对垃圾问题的认识程度、对垃圾管理的参与需求等对支付意愿具有显著的影响(在 1%或 5%的显著水平上)(Mohamed，2008)；在墨西哥，回收和回用行为受到生活节俭习惯和保护环境的伦理道德观念影响，但是如果对垃圾回收征收费用，即使有强大的环境道德，也会急剧减少参与率(Hilburn，2015)；相信能够产生足够多的可回收物确保回收效益的家庭、有足够存储空间的家庭、认为回收所需时间不长的家庭更乐意回收，如果受访者有朋友在开展垃圾回收或者随着年纪增大，也会更乐意回收垃圾，但是收入增加促进回收行为而减少的垃圾量可能会抵销因收入增加而增长的可回收垃圾产生量，而且，随着回收净成本的增加，时间的机会成本也会增加(Jakus et al.，1997)。

2) 生活垃圾处理设施选址的社会影响因素研究

A. 韩国垃圾填埋场选址

在韩国，公众对垃圾填埋场选址在自家附近的态度非常消极，85.3%的受访者反对将垃圾处理设施选址在自己的社区，只有 5.1%的支持；超过一半的受访者认为政府的决策是不民主也希望是不合法的，只有约 1/5 的受访者认为公众应该被允许参与决策；超过 80%的受访者并不认为垃圾处理处置工程会给个人和社区带来经济发展；超过 90%的受访者认为会承受不可预测的风险，这之中 60%的人不相信政府，因此超过 70%的受访者认为他们的权利受到剥夺，家园受到损害，并且接近 60%的受访者将可能搬离建有垃圾处理设施的社区(Kim，2009)。

研究表明，政府越是单方面决策选址，就会有越多的人反对；对公众有越多的经济或利益补偿，就越能降低公众的反对；公众对家园毁坏的关注得越多，反对越多；觉得会遭受的风险越大，反对越多。但是对政府缺乏信任这一因素对公众反对选址没有影响，

这与其他一些研究相似，虽然公众与政府的关系取决于对政府、联邦或州某种水平的信任，但是即使信任政府，公众也会反对。

B. 美国填埋场选址

在美国农村，受垃圾影响的社区居民比没有受垃圾影响的社区居民更易接受垃圾处理厂的选址。在有垃圾处理和处置场址的社区，分别有 36.9%和 48.4%的居民更易接受垃圾场址，但是在没有垃圾处理和控制的社区，只有 14.7% 和 19.9%（Murdock et al.，1998）。

参与废物选址过程的居民普遍认为冲突水平最为严重。可预见在选址期间，在各群体之间会发生最激烈的冲突，但是在有垃圾处理运行的社区，冲突的比例并不比没有垃圾处理的地区高，这说明冲突只是暂时现象，会随着时间减弱甚至消失。

此外，选址风险的认知对选址的喜好起关键的决定性作用。经济影响对选址的影响与风险影响相当。因此，公众对相关技术以及风险的认知、项目如何选择、经济影响、有争议选址争论的经历均对公众对选址的喜好有重要的影响。

C. 启示

由于经济补偿会降低对政府单方面决策的反对，因此，在政府单方面决策后，会认为只要提供足够的补偿和额外的利益，公众就不会反对，故这一手段常被推荐作为政府政策实施和推进选址的建议。但是这样的策略太过简单，而且从以往经验来看，也常常会失败。因为如前所述，公众反对选址的原因是多方面的，经济上的补偿并不能简单解释这一现象。对场址建设和运行所带来的风险的认知和评估，以及对家园毁坏的担忧，都会显著影响公众的反对行为。因此，虽然经济补偿的刺激作用不能忽视，但是并不能以此解决所有问题，还必须考虑公众对选址带来的社会影响的担忧，才能取得公众的支持。这也是选址通常会带来群体性反对事件的原因（Kim，2009）。

3）焚烧处理行为的研究

在美国明尼苏达州的农村调查显示，在 2010 年，23.5%的人使用焚烧桶、焚烧坑、焚烧场地、炉灶、焚烧器焚烧垃圾。选择焚烧的主要原因是方便（22.7%），只有焚烧的选择（15.2%），昂贵的垃圾服务费和节约费用（14.2%），焚烧隐私文件（11.2%），没有垃圾收集服务（10.9%），垃圾减量化效果好（10.2%），还有小部分原因是因为个人习惯（6.7%）、供热（5.5%）、投放距离（2.0%）等原因。降低收集费用和提供收运服务能更容易让人放弃焚烧。此外，提供其他的处理处置方式（34.2%）、法律限制（16.8%）、环境关切（18.9%）是让人放弃焚烧的主要原因 [Zenith Research Group（ZRG），2010]。

综上所述，农村居民的个体行为受到其年龄、性别、地域习惯、经济条件、教育水平、环保认知、示范工程、环保宣传，以及家庭背景等社会因素的影响，导致在生活垃圾的管理中，农村居民的支付和参与行为的表现和改变有很大差异。鉴于个体行为的多样性和普遍性规律，在研究引导农村居民行为改变时，需要尊重农村居民个体行为特征，这样可以减少行为改变阻力和难度。通常情况下，农村居民个人行为改变的动力有两种，即农村居民经济需要引起的内驱力和社会环境改变对农村居民的推动力。在农村生活垃圾管理中，可以采取示范、宣传、奖励、培训与教育等手段，来影响和改变农村居民的行为模式。同时，农村居民群体行为是以多数农村居民的行为为基础，可以通过改变风俗习惯、改变知识结构、制定政策法律等来改变农村居民的群体行为。此外，积极引导、鼓励和支持农村产业经济的发展，吸引更多的年轻人回乡创业。随着农村的人口和知识结构的改变，农村居民家庭收入的增长，农村居民的需求层次也会越高，接受新技术、新理念的可能性也越高，其行为也越容易改变，从而促进生活垃圾管理在农村的开展(陈军，2011)。

## 5.4　农村生活垃圾全过程管理模式探讨

### 5.4.1　处理模式现状

#### 1. 国内现状

我国各地在推动农村环境保护及生活污染控制的工作中，不断践行"城乡统筹，以点带面"路线，从主体责任出发，逐渐摸索出政府直接管理模式、村民自发(市场)管理模式、合作管理模式①。当前，我国农村普遍推行的生活垃圾处理模式是以政府为主导的"户集-村收-镇转运-县处理"模式，以及其改进和变型模式，其物流特征是以县域(部分地区也有多县合为 1 个处理区，或 1 个县分为几个处理区的情况)为 1 个处理单元区，设置 1 个生活垃圾处理终端，区内所有聚居点产生的生活垃圾通过收集运输网络，汇集至终端集中处理(处置)(何品晶等，2014)。这种模式便于获得处理终端的规模效应，其处理工艺一般为卫生填埋与焚烧，无害化达标率较高，但对基础设施质量(含处理能力和处理水平)要求高，而且运输成本高，极大地增加了城市生活垃圾处理设施的运行负荷。实践证明，集中处理模式难以在西部农村地区和经济欠发达农村地区推广。

为此，不少学者从理论上探讨了农村生活垃圾处理的多种模式，主要集中在三个方面：一是以不同的生活垃圾分类收集为基础的分类处理处置模式(表 3.9)；二是以不同的收运方式为基础的处理处置模式(城乡一体化/集中处理、连片处理、分散处理)；三是将上述两种方式相结合的处理模式。

分散处理又可分为镇域单元和村域单元两种。镇域单元的处理由户/村收集、村镇间运输和镇处理构成，绝大部分的处理方式为填埋，但受到规模效应的限制，通常难以达到卫生填埋的无害化标准；村域单元的处理，收集和就地处理直接衔接，此种方式目前应用不多，但通过示范性工程证明，采用分类收集与堆肥结合时可以达到无害化的要求(何品晶等，2010)。

基于分类处理的协同处理模式，其国内发展的推动力主要在于改善全分散模式不规范处理的环境影响，同时避免全集中模式成本过高的问题。目前，国内应用此模式的物

---

① 《农村生活垃圾分类、收运和处理项目建设与投资技术指南》编制组. 农村生活垃圾分类、收运和处理项目建设与投资指南(试行)编制说明(征求意见稿)[Z]. 2012-03.

流特征为：村镇处理渣土、厨余和植物残余这 3 类垃圾，另集中处理"废品"组分(何品晶等，2014)。

2. 国外现状

目前，发达国家普遍实现了"城乡一体化"的生活垃圾处理，其主导物流模式为"全集中"。即使是在部分已实现生活垃圾源头分类(分类收集)处理的区域，分类后的生活垃圾也通过收集运输网络集中至类似我国的县级处理终端进行处理与利用(何品晶等，2014)。

发达国家形成现行生活垃圾处理模式的推动力主要是生活垃圾处理标准的提高和其选址的困难。标准的提高使处理生活垃圾的技术复杂性增加，处理设施的经济规模相应上升，为维持处理设施的经济性，需要扩大服务范围以增加处理规模。选址困难同样推动扩大处理设施的服务范围，以避免一定区域内多处布点带来的重复建设和二次污染。

城乡一体化模式满足了较高的处理标准，但也带来了收集运输成本高等问题，发达国家非城市(rural)区域的垃圾收集运输成本普遍高于城市(urban)。面对城乡一体化模式存在的诸多问题，发达国家采取的主要措施是依托分类收集，开展可资源化组分回收和可降解组分的分流处理。另一方面，发达国家也在部分地区开展了可降解组分分散(就地)处理的实践，较有代表性的是庭园堆肥。

3. 我国农村生活垃圾处理模式探索性分析

从收运方式出发，收集运输是农村显著区别于城市的一个环节，其中的关键因素是人口居住密度和村镇分布密度。通常密度越大，单位生活垃圾量的收集运输成本越低。因此，我国农村地区目前较适宜采用"城乡一体化"模式处理的省级政区，主要是各直辖市，以及华东和中南大区的各省(何品晶等，2014)。

从第 2 章对我国农村生活垃圾特性的分析可知，首先，农村生活垃圾组分回收价值十分有限，其中主要组分为回收价值低的塑料、织物、玻璃类，回收价值高的金属类比例很低，纸类主要是卫生纸和包装废纸，可回收比例也较低；其次，可燃性差异较大，有超过一半以上的农村地区混合收集的生活垃圾无法满足自持燃烧，但将惰性组分和餐厨垃圾分离后，可明显提高生活垃圾的热值；第三，可生物转化组分比例高，但生物处理需以分类为前提。

此外，根据何品晶等(2014)对我国村镇生活垃圾物流模式的适用性分析可知：

(1)不同集中规模的处理模式，其环境影响排列一般为全集中＜镇县集中≈镇县分别集中＜全分散；协同处理模式的环境影响排列一般为村镇县协同＜镇县协同。

(2)物流模式与其处理经济效应关系的基本特征是：处理集中水平越高则运输和转运成本比例越大，村庄垃圾收集成本高于镇区；而以分类处理为基础的协同处理模式，可以有效削减运输和转运费用。

(3)生活垃圾分类可选择的方法有：居民分类(分类收集)、收集人员分拣和机械分选
3 种。从可实施性比较，居民分类≈机械分选<收集人员分拣；而经济成本则是，居民
分类<收集人员分拣≈机械分选。我国农村生活垃圾混合收集，机械分选技术尚不满足
分选要求。

(4)就地处理可选择的技术方法有：堆放(简易填埋)、标准化(卫生)填埋、生物处理
和小型焚烧炉。从村镇处理规模的可实施性比较，堆放>生物处理>标准化(卫生)填埋≈
小型焚烧炉；从实际的环境影响比较，堆放>小型焚烧炉>标准化(卫生)填埋>生物处
理；而经济成本排序则为，小型焚烧>标准化(卫生)填埋>生物处理>堆放。

综上所述，考虑不同地域社会经济发展水平、农村居民的认知水平和参与意愿、人
口和村镇分布、垃圾特性、技术可行性等因素，基于源头分类、就地利用原则和减量化、
资源化、无害化原则，以及可持续发展原则(具体模式上，要能够可持续运行；技术上，
要科学、实用；推广上要简单可行；经济成本上要合理)，广泛参与原则(李鹏，2011)，
提出了基于收集和处理技术的农村生活垃圾集中、分散、组团和流动处理相结合的农村
生活垃圾全过程管理模式。

## 5.4.2　全过程集中管理模式

### 1. 混合收集-无害化处理模式

如图 5.12，为农村生活垃圾混合收集-无害化集中处理模式示意图，包括表 5.13 中的
4 种形式。该模式主要是依托既有的城市生活垃圾焚烧厂和卫生填埋场，对农村生活垃
圾进行集中处理，是当前主要的农村生活垃圾处理模式。该模式易形成规模化效益，但
是收运费用大，极大地增加了城市生活垃圾处理设施的负荷。

表 5.13　我国农村生活垃圾混合收集-无害化集中处理模式

| 序号 | 处理模式 | 序号流程图 | 备注 |
|---|---|---|---|
| 1 | 户收集-区/县处理 | (1)→(7)<br>(1)→(6)→(7) | 适合于生活垃圾处理处置设施附近的农村地区 |
| 2 | 户收集-村集中/转运-区/县处理 | (1)→(3)→(7)<br>(1)→(3)→(6)→(7) | 适合于近郊区，城乡结合部的农村地区；半城镇化的、经济发达的农村地区 |
| 3 | 户收集-户投放-村集中/转运-区/县处理 | (1)→(2)→(3)→(7)<br>(1)→(2)→(3)→(6)→(7) | |
| 4 | 户收集-村集中-镇转运-区/县处理 | (1)→(3)→(4)→(7)<br>(1)→(3)→(4)→(6)→(7) | 适合于人口密度较大、经济较发达和发达的平原农村地区；人口密度大、经济发达，聚居程度高的其他农村地区 |

### 2. 混合收集-资源化利用模式

如图 5.12，为农村生活垃圾混合收集-资源化集中处理模式，包括表 5.14 中的 4 种形

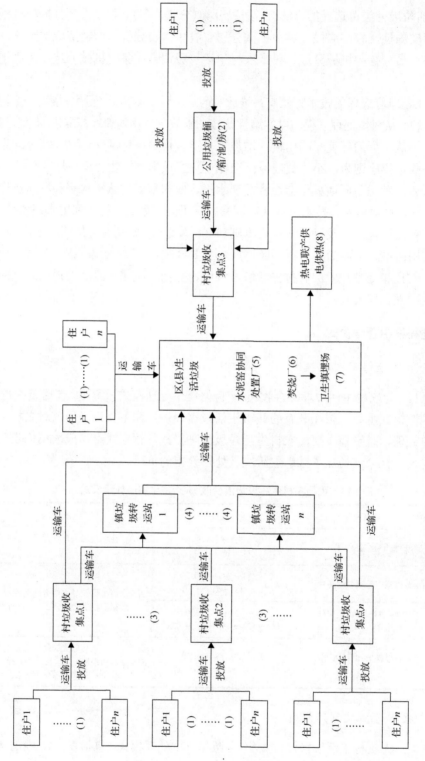

图5.12　农村生活垃圾混合收集-无害化资源化集中处理模式

式。该模式也是主要依托既有的城市生活垃圾热电联产焚烧厂和水泥窑协同处置厂，对农村生活垃圾进行处理，同时回收热能，实现资源化利用，也是当前主要的农村生活垃圾处理模式之一。该模式易形成规模化效益，尤其适宜于当前在市级及以下地区已建的焚烧厂(不少这类焚烧厂原料供应不足)，但是收运费用高。

表 5.14　我国农村生活垃圾混合收集-资源化集中处理模式

| 序号 | 处理模式 | 序号流程图 | 备注 |
|---|---|---|---|
| 1 | 户收集-区/县处理 | (1)→(5)<br>(1)→(6)→(7)→(8) | 适合于在生活垃圾热电联产焚烧厂或水泥窑协同处置厂附近的农村地区 |
| 2 | 户收集-村集中/转运-区/县处理 | (1)→(3)→(5)<br>(1)→(3)→(6)→(7)→(8) | 适合于已建生活垃圾热电联产焚烧厂或水泥窑协同处置厂城市的近郊区，城乡结合部的农村地区，半城镇化的经济发达农村地区 |
| 3 | 户收集-户投放-村集中/转运-区/县处理 | (1)→(2)→(3)→(5)<br>(1)→(2)→(3)→(6)→(7)→(8) | |
| 4 | 户收集-村集中-镇转运-区/县处理 | (1)→(3)→(4)→(7)<br>(1)→(3)→(4)→(6)→(7) | 适合于已建生活垃圾热电联产焚烧厂或水泥窑协同处置厂、人口密度较大、经济较发达和发达的平原农村地区；或人口密度大、经济发达，聚居程度高的其他农村地区 |

### 3. 分类收集-源头减量化模式

农村生活垃圾分类收集-源头减量化集中处理模式是基于不同处理技术(堆肥、生物反应器、厌氧发酵、焚烧)对生活垃圾特性的要求，对生活垃圾进行源头分类和过程分流，并最终将不可分流的垃圾进行资源化利用或集中处理处置。相对混合收集，分类收集-源头减量化集中处理模式能有效减少垃圾的运输量，降低垃圾收运频率，从而减少收运费用，但未分流的垃圾仍然需要集中收集处理。其中基于生物处理技术的农村生活垃圾分类处理模式，适宜于有机物含量较高，非高寒的农村地区；基于热处理技术的农村生活垃圾分类处理模式，适宜于经济发达的农村地区，但焚烧灰渣仍需要处置。因此，不同的处理模式适宜性不同，应根据当地的实际情况进行选择。

1) 基于堆肥/生物反应器处理技术

图 5.13 为基于堆肥/生物反应器处理技术的分类收集-源头减量化集中处理模式示意图，包括表 5.15 中的不同组合形式。

2) 基于厌氧发酵处理技术

图 5.14 为基于厌氧发酵处理技术的分类收集-源头减量化集中处理模式示意图，包括表 5.16 中的不同组合形式。

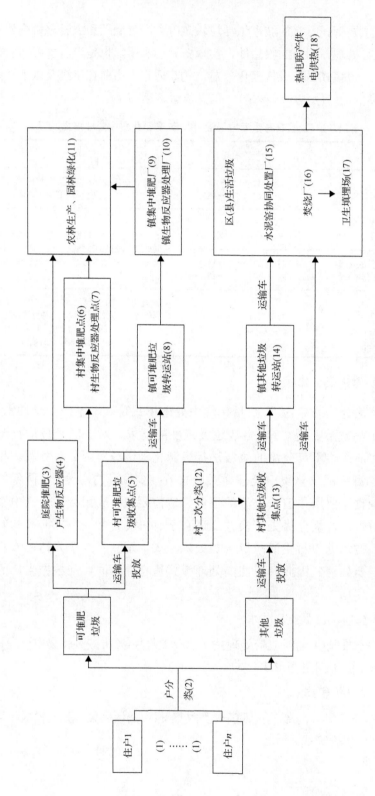

图5.13 基于堆肥/生物反应器处理技术的分类收集-源头减量化集中处理模式

表 5.15　基于堆肥/生物反应器处理技术的分类收集-源头减量化集中处理模式

| 序号 | 处理模式 | 序号流程图 | 备注 |
|---|---|---|---|
| 1 | 户分类-户分流-县处理 | 可堆肥垃圾<br>(1)→(2)→(3)→(11) 或<br>(1)→(2)→(4)→(11)<br>+<br>其他垃圾<br>村集中-镇转运-区/县处理　或<br>村集中/转运-区/县处理　或<br>村二次分类-村集中-镇转运-区/县处理　或<br>村二次分类-村集中/转运-区/县处理 | 户分流是最高效、经济的生活垃圾集中处理模式，适宜于住宅有庭院的农村地区 |
| 2 | 户分类-村分流-县处理 | 可堆肥垃圾<br>(1)→(2)→(5)→(6)→(11) 或<br>(1)→(2)→(5)→(7)→(11)<br>+<br>其他垃圾<br>村集中-镇转运-区/县处理　或<br>村集中/转运-区/县处理　或<br>村二次分类-村集中-镇转运-区/县处理　或<br>村二次分类-村集中/转运-区/县处理 | 村分流适宜于农村居民对分类收集认知和参与意愿不足的农村，需得到更高品质资源化产品或废品的农村，以种植业为主的农村 |
| 3 | 户分类-镇分流-县处理 | 可堆肥垃圾<br>(1)→(2)→(5)→(8)→(9)→(11) 或<br>(1)→(2)→(5)→(8)→(10)→(11)<br>+<br>其他垃圾<br>村集中-镇转运-区/县处理　或<br>村集中/转运-区/县处理　或<br>村二次分类-村集中-镇转运-区/县处理　或<br>村二次分类-村集中/转运-区/县处理 | 镇分流也适宜于农村居民对分类收集认知和参与意愿不足的农村；需得到更高品质资源化产品或废品的农村；以种植业为主的农村。镇分流相对村分流易形成更好的规模效应，但会增加垃圾的收运成本 |
| 4 | 其他垃圾的集中处理 | 村集中-镇转运-区/县处理<br>(1)→(2)→(13)→(14)→(15) 或<br>(1)→(2)→(13)→(14)→(17) 或<br>(1)→(2)→(13)→(14)→(16)→(17) 或<br>(1)→(2)→(13)→(14)→(16)→(17)→(18)<br>村集中/转运-区/县处理<br>(1)→(2)→(13)→(15) 或<br>(1)→(2)→(13)→(17) 或<br>(1)→(2)→(13)→(16)→(17) 或<br>(1)→(2)→(13)→(16)→(17)→(18)<br>村二次分类-村集中-镇转运-区/县处理<br>(1)→(2)→(12)+(13)→(14)→(15) 或<br>(1)→(2)→(12)+(13)→(14)→(17) 或<br>(1)→(2)→(12)+(13)→(14)→(16)→(17) 或<br>(1)→(2)→(12)+(13)→(14)→(16)→(17)→(18)<br>村二次分类-村集中/转运-区/县处理<br>(1)→(2)→(12)+(13)→(15) 或<br>(1)→(2)→(12)+(13)→(17) 或<br>(1)→(2)→(12)+(13)→(16)→(17) 或<br>(1)→(2)→(12)+(13)→(16)→(17)→(18) | 未分流的其他垃圾处理模式的选择，详见表 5.13 和表 5.14 |

注：垃圾的具体分类如表 3.9 所示。

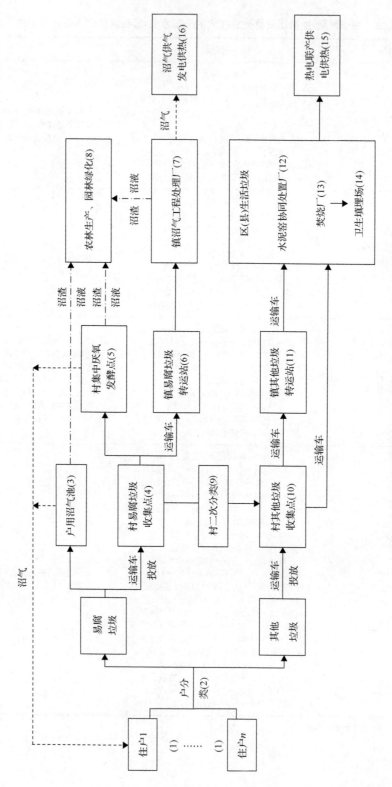

图5.14　基于厌氧发酵处理技术的分类收集-源头减量化集中处理模式

表 5.16　基于厌氧发酵处理技术的分类收集-源头减量化集中处理模式

| 序号 | 处理模式 | 序号流程图 | 备注 |
|---|---|---|---|
| 1 | 户分类-户分流-县处理 | 易腐垃圾<br>(1) → (2) → (3) → (8) (1)<br>+<br>其他垃圾<br>村集中-镇转运-区/县处理 或<br>村集中/转运-区/县处理 或<br>村二次分类-村集中-镇转运-区/县处理 或<br>村二次分类-村集中/转运-区/县处理 | 户分流是最高效、经济的生活垃圾集中处理模式，适宜于住宅有庭院的农村，户用沼气池较普及的农村 |
| 2 | 户分类-村分流-县处理 | 易腐垃圾<br>(1) → (2) → (4) → (5) → (8) (1)<br>+<br>其他垃圾<br>村集中-镇转运-区/县处理 或<br>村集中/转运-区/县处理 或<br>村二次分类-村集中-镇转运-区/县处理 或<br>村二次分类-村集中/转运-区/县处理 | 村分流适宜于农村居民对分类收集认知和参与意愿不足的农村，需得到更高品质资源化产品或废品的农村，以种植和养殖业为主的农村 |
| 3 | 户分类-镇分流-县处理 | 易腐垃圾<br>(1) → (2) → (4) → (6) → (7) → (8) (16)<br>+<br>其他垃圾<br>村集中-镇转运-区/县处理 或<br>村集中/转运-区/县处理 或<br>村二次分类-村集中-镇转运-区/县处理 或<br>村二次分类-村集中/转运-区/县处理 | 镇分流也适宜于农村居民对分类收集认知和参与意愿不足的农村；需得到更高品质资源化产品或废品的农村；以种植业和养殖业为主的农村。镇分流相对村分流易形成更好的规模效应，但会增加垃圾的收运成本 |
| 4 | 其他垃圾的集中处理 | 村集中-镇转运-区/县处理<br>(1) → (2) → (10) → (11) → (12) 或<br>(1) → (2) → (10) → (11) → (14) 或<br>(1) → (2) → (10) → (11) → (13) → (14) 或<br>(1) → (2) → (10) → (11) → (13) → (14) → (15)<br>村集中/转运-区/县处理<br>(1) → (2) → (10) → (12) 或<br>(1) → (2) → (10) → (14) 或<br>(1) → (2) → (10) → (13) → (14) 或<br>(1) → (2) → (10) → (13) → (14) → (15)<br>村二次分类-村集中-镇转运-区/县处理<br>(1) → (2) → (9) + (10) → (11) → (12) 或<br>(1) → (2) → (9) + (10) → (11) → (14) 或<br>(1) → (2) → (9) + (10) → (11) → (13) → (14) 或<br>(1) → (2) → (9) + (10) → (11) → (13) → (14) → (15)<br>村二次分类-村集中/转运-区/县处理<br>(1) → (2) → (9) + (10) → (12) 或<br>(1) → (2) → (9) + (10) → (14) 或<br>(1) → (2) → (9) + (10) → (13) → (14) 或<br>(1) → (2) → (9) + (10) → (13) → (14) → (15) | 未分流的其他垃圾处理模式的选择，详见表 5.13 和表 5.14 |

注：垃圾的具体分类如表 3.9 所示。

3）基于焚烧处理技术

图 5.15 为基于焚烧处理技术的分类收集-源头减量化集中处理模式示意图，包括表 5.17 中的不同组合形式。

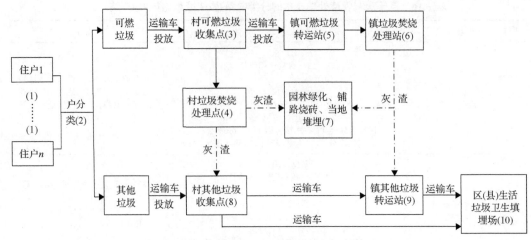

图 5.15　基于焚烧处理技术的分类收集-源头减量化集中处理模式

**表 5.17　基于焚烧处理技术的分类收集-源头减量化集中处理模式**

| 序号 | 处理模式 | 序号流程图 | 备注 |
|---|---|---|---|
| 1 | 户分类-村分流-县处理 | 可燃垃圾<br>(1)→(2)→(3)→(4)→(7) 或<br>(1)→(2)→(3)→(4)→(8)→(10) 或<br>(1)→(2)→(3)→(4)→(8)→(9)→(10)<br>+<br>其他垃圾<br>村集中-镇转运-区/县处理 或<br>村集中/转运-区/县处理 或<br>村二次分类-村集中-镇转运-区/县处理 或<br>村二次分类-村集中/转运-区/县处理 | 适宜于城镇化水平相对较高、土地相对缺乏的农村，以及交通不便、相对隔离的岛屿或腹地的农村 |
| 2 | 户分类-镇分流-县处理 | 可燃垃圾<br>(1)→(2)→(3)→(5)→(6)→(7) 或<br>(1)→(2)→(3)→(5)→(6)→(9)→(10) 或<br>(1)→(2)→(3)→(4)→(8)→(9)→(10)<br>+<br>其他垃圾<br>村集中-镇转运-区/县处理 或<br>村集中/转运-区/县处理 或<br>村二次分类-村集中-镇转运-区/县处理 或<br>村二次分类-村集中/转运-区/县处理 | |
| 3 | 其他垃圾的集中处理 | 村集中-镇转运-区/县处理<br>(1)→(2)→(8)→(9)→(10)<br>村集中/转运-区/县处理<br>(1)→(2)→(8)→(10) | 未分流的其他垃圾处理模式的选择，详见表 5.13 和表 5.14 |

注：垃圾的具体分类如表 3.9 所示。

### 5.4.3　全过程分散管理模式

众所周知，农村是典型的受高运输费用限制的地区。农村或者小型乡镇，尤其是在人口密度低而且相对封闭的地区，由于距离港口、集散中心和人口中心更远，所以无论是进口所需资源还是出口产品，都需要长距离的运输。但是一个例外就是当原材料来自当地时，就会部分抵消进口一侧的费用同时不影响出口一侧的回报（Johnson and Altman，2014）。

虽然生物经济要比生物能源的范围大很多，但是生物能源始终是一个关键部分，在大力发展农村经济中会发挥特殊的作用。当农村地区成为净生物能源生产地时，就会意识到其优势：首先，当地的运输费用比区域运输费用便宜，那么在进口侧，由本地供应商提供并运输的能源就会比城市更具竞争力；更重要的是，大部分生产型能源消费者（如某些制造商、农场主和某些需要大量大气环境容量的公司）会发现农村地区因为价格更低，因此比现有的石油经济更具吸引力。

无论是什么来源的能源，其价格都会随着其他日用品价格的增加而增长。全球经济的增长，石油化石燃料供应的减少，以及工业和日用品能源消耗的增加，从长远来看，能源的实际价格都会随着其他产品一起上涨。在石油经济中，大多数农村地区，尤其是以农业为主的地区，通常使用的能源比生产的更多，而且能源价格的增长会直接影响到当地经济。在生物经济中，农村地区可以生产的能源比消耗的能源更多，会获得更多的利润，获得可持续的经济增长，因为总体来说，会生产出相对更有价值的产品。

鉴于农村地区生物经济降低了生产成本，同时产品具有更高的价值，因此，相比传统的石油经济，更具优势。但是在此过程中，农村必须找出减少使用能源，增加生产能源的途径，并且找到当地生产能源比进口能源更廉价的经济可行的方法。而且生物经济只有在具有可再生资源保障和回报能平衡投资的机制保障的情况下，以及在允许发展效率和优化分配模式的情况下，才能具有上述效益。

在农村地区存在巨大的废物资源，而且将废物能源化利用会有更多的环境效益。虽然不能确定当前生物能源技术是否具有净环境效益，但是公众都知道将废物转化为能源一定能带来积极的环境效益。因此，在农村，实施生活垃圾分散式的能源化利用（包括厌氧发酵产沼气、生物反应器产沼气、焚烧、热解），具有一定的可行性。

综上所述，为了克服集中处理收运费用高，城市处理设施负荷高的困难，在偏远地区农村、人口密度小且分散的农村、与外界相对隔离的海岛、内陆、深山农村，以及西部广大山区农村，可采用分散处理模式。虽然分散处理模式受限于规模效应，在完全的市场经济下难以实现更好的经济效益，但是分散式的能源化利用可以满足当地的部分能源供给与需求，故本书构建的分散处理模式，主要是基于在当前农村地区相对可行的资源化处理技术。

**1. 基于混合收集的农村生活垃圾分散处理模式**

图 5.16 为农村生活垃圾混合收集分散处理模式，主要是基于小微型的焚烧炉、填埋场和生物反应器填埋场等生活垃圾处理设施，包括表 5.18 中的不同组合形式。

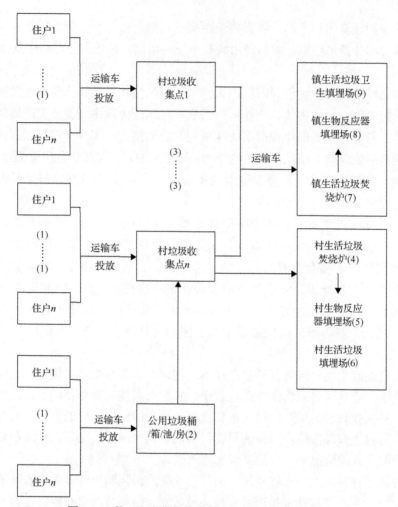

图 5.16　基于混合收集的农村生活垃圾分散处理模式

表 5.18　基于混合收集的农村生活垃圾分散处理模式

| 序号 | 处理模式 | 序号流程图 | 备注 |
|---|---|---|---|
| 1 | 村集中处理 | (1) → (3) → (5) 或<br>(1) → (3) → (6) 或<br>(1) → (3) → (4) → (5) 或<br>(1) → (3) → (4) → (6) 或<br>(1) → (2) → (3) → (5) 或<br>(1) → (2) → (3) → (6) 或<br>(1) → (2) → (3) → (4) → (5) 或<br>(1) → (2) → (3) → (4) → (6) | 适宜于封闭和住户分散的山地、海岛、高原地区的村庄 |
| 2 | 镇集中处理 | (1) → (3) → (8) 或<br>(1) → (3) → (9) 或<br>(1) → (3) → (7) → (8) 或<br>(1) → (3) → (7) → (9) 或<br>(1) → (2) → (3) → (8) 或<br>(1) → (2) → (3) → (9) 或<br>(1) → (2) → (3) → (7) → (8) 或<br>(1) → (2) → (3) → (7) → (9) | 适宜于封闭和住户分散的山地、海岛、高原地区的村镇 |

**2. 基于焚烧处理的农村生活垃圾分散处理模式**

图 5.17 为基于焚烧处理的农村生活垃圾分散处理模式示意图，主要是基于小微型焚烧炉、卫生填埋场等生活垃圾处理处置设施，包括表 5.19 中的不同组合形式。

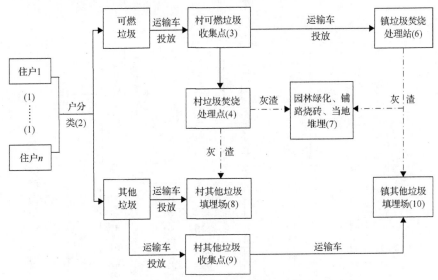

图 5.17  基于焚烧处理的农村生活垃圾分散处理模式

**表 5.19  基于焚烧处理的农村生活垃圾分散处理模式**

| 序号 | 处理模式 | 序号流程图 | 备注 |
|---|---|---|---|
| 1 | 户分类-村分散处理 | 可燃垃圾<br>(1)→(2)→(3)→(4)→(7) 或<br>(1)→(2)→(3)→(4)→(8)<br>+<br>其他垃圾<br>村分散处理或<br>镇分散处理 | 适宜于城镇化水平相对较高、土地相对缺乏的农村，以及交通不便、相对隔离的岛屿或腹地的农村 |
| 2 | 户分类-镇分散处理 | 可燃垃圾<br>(1)→(2)→(3)→(6)→(7) 或<br>(1)→(2)→(3)→(6)→(10)<br>+<br>其他垃圾<br>村分散处理或<br>镇分散处理 | |
| 3 | 其他垃圾的集中处理 | 村分散处理<br>(1)→(2)→(8)<br>镇分散处理<br>(1)→(2)→(9)→(10) | 村分散处理适宜于自然村或行政村分布分散的农村；<br>镇分散处理适宜于自然村或行政村分布相对集中的农村 |

**3. 基于生物反应器处理技术的农村生活垃圾分散处理模式**

图 5.18 为基于生物反应器处理技术的农村生活垃圾分散处理模式示意图，主要是基于生物反应器，以及小微型焚烧炉、卫生填埋场和生物反应器填埋场等生活垃圾处理处置设施，包括表 5.20 中的不同组合形式。该模式与基于厌氧发酵处理技术的农村生活垃

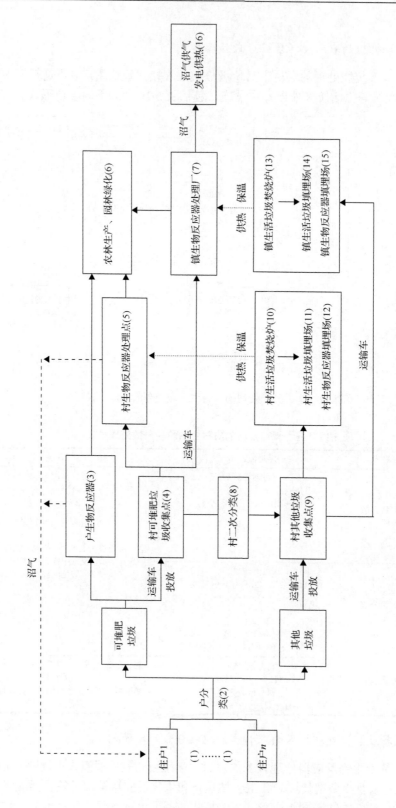

图5.18 基于生物反应器处理技术的农村生活垃圾分散处理模式

圾分散处理模式的区别在于垃圾分类不同(表 3.9),且为固体发酵,无沼液产生,所以更高效便捷。

4. 基于厌氧发酵处理技术的农村生活垃圾分散处理模式

图 5.19 为基于厌氧发酵处理技术的农村生活垃圾分散处理模式示意图,主要是基于户用沼气池和沼气工程,依托小微型焚烧炉、卫生填埋场和生物反应器填埋场等生活垃圾处理处置设施,包括表 5.20 中的不同组合形式。

5. 基于堆肥处理技术的农村生活垃圾分散处理模式

图 5.20 为基于堆肥处理技术的农村生活垃圾分类收集分散处理模式示意图,主要是基于堆肥处理工艺,依托小微型焚烧炉、卫生填埋场和生物反应器填埋场等生活垃圾处理处置设施,包括表 5.21 中的不同组合形式。

根据江苏宜兴渭渎村的分散处理示范工程经验表明:农村生活垃圾处理设施因规模小,分散,因此建设和运行费用均较高,尚不具备营利模式。因此,需要制定合理的政府投资和补贴政策,尤其是保障农村生活垃圾资源化利用产品的价格补贴,并鼓励农村居民积极参与和支持。

### 5.4.4 全过程组团管理模式

农村生活垃圾组团处理模式是将分散和集中处理模式结合,以地理位置分布为基础,相邻村镇之间协同处理生活垃圾的一种模式。相比传统分散处理模式具有以下优点(魏俊,2006):

(1)有利于克服单个村镇生活垃圾总量小的缺点,可实现处理设施一定程度的规模效益。

(2)有利于集中控制污染,克服分散处理模式下污染源多的缺点;有利于更好的实施管理,降低区域内发生环境事故的风险;同时也有利于防止分散处理模式下污染的外部化,减少因污染迁移而造成的行政纠纷。

(3)有利于优化配置区域内环卫资源,实现更好的经济性;有利于实施各种相关政策,如对资源化利用企业实施政府贴补,推行环卫有偿服务等。

(4)可减弱单个村镇生活垃圾产量组分的强波动性,有利于资源化设施运行;也有利于推行分类收集,实现村镇生活垃圾资源化利用。

但组团处理模式下容易引发环境冲突,主要有:代表污染区际迁移的不同的镇政府之间;同一村镇内部政府、企业、居民三方主体之间;同一固体废物管理涉及的不同部门之间;不同类型固体废物管理部门之间。

从显性成本考虑,组团处理模式由于存在转运环节和镇间运输环节,总成本上高于分散处理模式,但如果考虑隐性成本,组团处理模式的社会总成本小于分散处理模式。通常人口密度高、村镇分布密度高的区域适宜组团模式;平原地区相比山谷、丘陵地区,经济发达地区相比经济贫困地区更适宜组团模式。

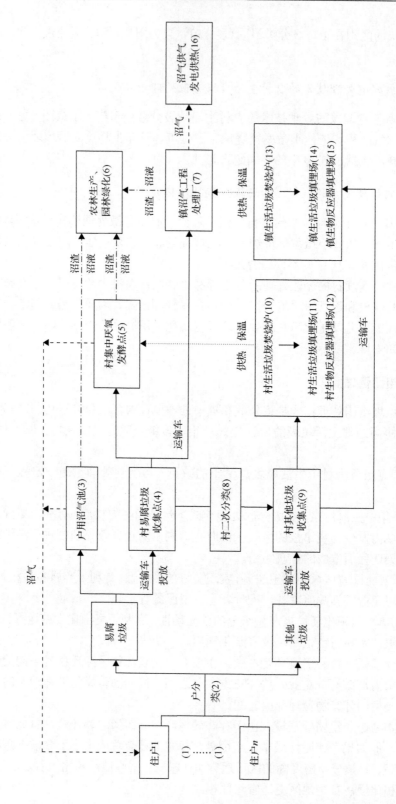

图5.19 基于厌氧发酵处理技术的农村生活垃圾分散处理模式

表 5.20　基于生物反应器/厌氧发酵处理技术的农村生活垃圾分散处理模式

| 序号 | 处理模式 | 序号流程图 | 备注 |
|---|---|---|---|
| 1 | 户分类-户分散处理 | 易腐垃圾/可堆肥垃圾<br>(1)→(2)→(3)→(6)→(1)<br>+<br>其他垃圾<br>村集中-村处理或<br>村集中-村二次分类-村处理或<br>村集中/转运-镇处理或<br>村集中-村二次分类-镇处理 | 适宜于以种植业和养殖业为主的、封闭和住户分散的、拥有家庭庭院的山地、海岛、高原地区的村庄,其中厌氧发酵还适合于户沼气池较普及的农村 |
| 2 | 户分类-村分散处理 | 易腐垃圾/可堆肥垃圾<br>(1)→(2)→(4)→(5)→(6)→(1)<br>+<br>其他垃圾<br>村集中-村处理或<br>村集中-村二次分类-村处理或<br>村集中/转运-镇处理或<br>村集中-村二次分类-镇处理 | 适宜于以种植业和养殖业为主的、封闭和住户分散的山地、海岛、高原地区的村庄 |
| 3 | 户分类-镇分散处理 | 易腐垃圾/可堆肥垃圾<br>(1)→(2)→(4)→(7)→(6)→(16)<br>+<br>其他垃圾<br>村集中-村处理或<br>村集中-村二次分类-村处理或<br>村集中/转运-镇处理或<br>村集中-村二次分类-镇处理 | 适宜于以种植业和养殖业为主的、封闭和住户分散的山地、海岛、高原地区的村镇 |
| 4 | 其他垃圾分散处理 | 村分散处理<br>(1)→(2)→(9)→(11) 或<br>(1)→(2)→(9)→(12) 或<br>(1)→(2)→(9)→(10)→(11) 或<br>(1)→(2)→(9)→(10)→(12) 或<br>村分散-村二次分拣<br>(1)→(2)→(8)+(9)→(11) 或<br>(1)→(2)→(8)+(9)→(12) 或<br>(1)→(2)→(8)+(9)→(10)→(11) 或<br>(1)→(2)→(8)+(9)→(10)→(12) 或<br>村分散-焚烧-生物反应器协同处理<br>(1)→(2)→(9)→(10)→(5)→(11) 或<br>(1)→(2)→(9)→(10)→(5)→(12) 或<br>村分散-村二次分拣-焚烧-生物反应器协同处理<br>(1)→(2)→(8)+(9)→(10)→(5)→(11) 或<br>(1)→(2)→(8)+(9)→(10)→(5)→(12) 或<br>镇分散处理<br>(1)→(2)→(9)→(14) 或<br>(1)→(2)→(9)→(15) 或<br>(1)→(2)→(9)→(13)→(14) 或<br>(1)→(2)→(9)→(13)→(15) 或<br>镇分散-村二次分拣<br>(1)→(2)→(8)+(9)→(14) 或<br>(1)→(2)→(8)+(9)→(15) 或<br>(1)→(2)→(8)+(9)→(13)→(14) 或<br>(1)→(2)→(8)+(9)→(13)→(15) 或<br>镇分散-焚烧-生物反应器协同处理<br>(1)→(2)→(9)→(13)→(7)→(14) 或<br>(1)→(2)→(9)→(13)→(7)→(15) 或<br>镇分散-村二次分拣-焚烧-生物反应器协同处理<br>(1)→(2)→(8)+(9)→(13)→(7)→(14) 或<br>(1)→(2)→(8)+(9)→(13)→(7)→(15) | 村分散处理适宜于自然村或行政村分布分散的农村地区;<br>镇分散处理适宜于自然村或行政村分布相对集中的农村地区;<br>村二次分拣适宜于农村居民分类认知和意愿不足,户分类效果欠佳的农村地区;<br>采用焚烧炉处理(10)(13)适宜于土地受限,填埋场选址困难的农村地区;在此情况下,推荐采用焚烧-生物反应器协同处理,也可以采用焚烧-厌氧发酵协同处理,以充分利用热能 |

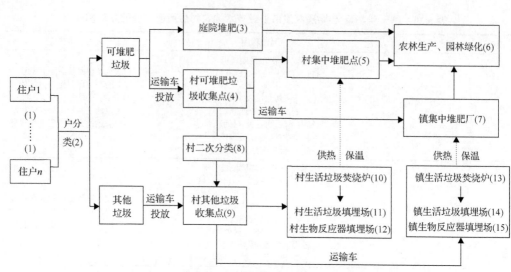

图 5.20 基于堆肥处理技术的农村生活垃圾分类收集分散处理模式

表 5.21 基于堆肥处理的农村生活垃圾分散处理模式

| 序号 | 处理模式 | 序号流程图 | 备注 |
|---|---|---|---|
| 1 | 户分类-户分散处理 | 可堆肥垃圾<br>(1) → (2) → (3) → (6)<br>+<br>其他垃圾<br>村集中-村处理或<br>村集中-村二次分类-村处理或<br>村集中-转运-镇处理或<br>村集中-村二次分类-镇处理 | 适宜于以种植业为主的、封闭和住户分散的、拥有家庭庭院的山地、海岛、高原地区的村庄 |
| 2 | 户分类-村分散处理 | 易腐垃圾/可堆肥垃圾<br>(1) → (2) → (4) → (5) → (6)<br>+<br>其他垃圾<br>村集中-村处理或<br>村集中-村二次分类-村处理或<br>村集中-转运-镇处理或<br>村集中-村二次分类-镇处理 | 适宜于以种植业为主的、封闭和住户分散的山地、海岛、高原地区的村庄 |
| 3 | 户分类-镇分散处理 | 易腐垃圾/可堆肥垃圾<br>(1) → (2) → (4) → (7) → (6)<br>+<br>其他垃圾<br>村集中-村处理或<br>村集中-村二次分类-村处理或<br>村集中-转运-镇处理或<br>村集中-村二次分类-镇处理 | 适宜于以种植业为主的、封闭和住户分散的山地、海岛、高原地区的村镇 |
| 4 | 其他垃圾分散处理 | 村分散处理<br>(1) → (2) → (9) → (11) 或<br>(1) → (2) → (9) → (12) 或<br>(1) → (2) → (9) → (10) → (11) 或<br>(1) → (2) → (9) → (10) → (12) 或 | 村分散处理适宜于自然村或行政村分布分散的农村地区;<br>镇分散处理适宜于自然村或行政村分布相对集中的农村地区;<br>村二次分拣适宜于农村居民分类认知和意愿不足,户分类效果欠佳的农村地区; |

续表

| 序号 | 处理模式 | 序号流程图 | 备注 |
|---|---|---|---|
| 4 | 其他垃圾分散处理 | 村分散-村二次分拣<br>(1) → (2) → (8)+(9) → (11) 或<br>(1) → (2) → (8)+(9) → (12) 或<br>(1) → (2) → (8)+(9) → (10) → (11) 或<br>(1) → (2) → (8)+(9) → (10) → (12) 或<br>村分散-焚烧-厌氧发酵协同处理<br>(1) → (2) → (9) → (10) → (5) → (11) 或<br>(1) → (2) → (9) → (10) → (5) → (12) 或<br>村分散-村二次分拣-焚烧-厌氧发酵协同处理<br>(1) → (2) → (8)+(9) → (10) → (5) → (11) 或<br>(1) → (2) → (8)+(9) → (10) → (5) → (12) 或<br>镇分散处理<br>(1) → (2) → (9) → (14) 或<br>(1) → (2) → (9) → (15) 或<br>(1) → (2) → (9) → (13) → (14) 或<br>(1) → (2) → (9) → (13) → (15) 或<br>镇分散-村二次分拣<br>(1) → (2) → (8)+(9) → (14) 或<br>(1) → (2) → (8)+(9) → (15) 或<br>(1) → (2) → (8)+(9) → (13) → (14) 或<br>(1) → (2) → (8)+(9) → (13) → (15) 或<br>镇分散-焚烧-厌氧发酵协同处理<br>(1) → (2) → (9) → (13) → (7) → (14) 或<br>(1) → (2) → (9) → (13) → (7) → (15) 或<br>镇分散-村二次分拣-焚烧-厌氧发酵协同处理<br>(1) → (2) → (8)+(9) → (13) → (7) → (14) 或<br>(1) → (2) → (8)+(9) → (13) → (7) → (15) | 采用焚烧炉处理(10)(13)适宜于土地受限,填埋场选址困难的农村地区 |

1) 基于混合收集的农村生活垃圾组团处理模式

图 5.21 为基于混合收集的农村生活垃圾组团处理模式,主要是基于小微型的焚烧炉、填埋场和生物反应器填埋场等生活垃圾处理设施,包括表 5.22 中的不同组合形式。

表 5.22　基于混合收集的农村生活垃圾组团处理模式

| 序号 | 处理模式 | 序号流程图 | 备注 |
|---|---|---|---|
| 1 | 村组团处理 | (1) → (2) → (3) ← (2) ← (1) | 适宜于在地理位置上相邻的分布较集中的村庄 |
| 2 | 镇组团处理 | (1) → (2) → (4) → (5) ← (4) ← (2) ← (1) | 适宜于在地理位置上相邻的分布较集中的村镇 |

2) 基于不同处理技术的农村生活垃圾组团处理模式

基于不同处理技术的农村生活垃圾分类收集组团处理模式是以焚烧(图 5.22)、生物反应器(图 5.23)、厌氧发酵(图 5.24)和堆肥(图 5.25)等资源化利用技术,辅以卫生填埋场处置设施,在分布相对集中的多个村或镇域之间构建的一种生活垃圾处理模式,具体如表 5.23 所示。

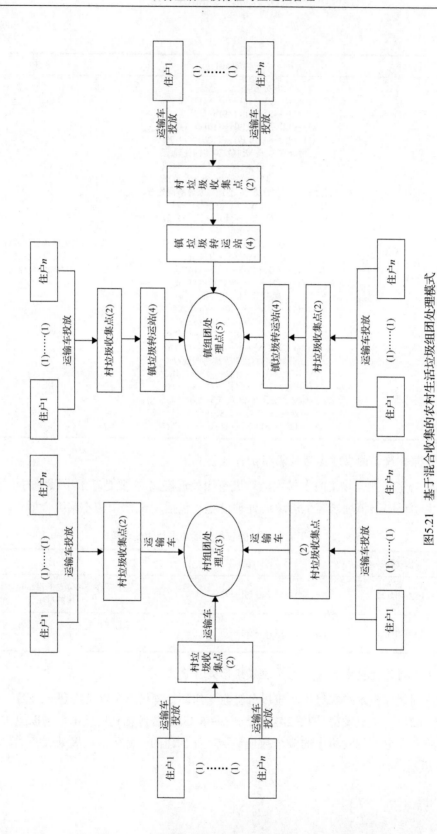

图5.21 基于混合收集的农村生活垃圾组团处理模式

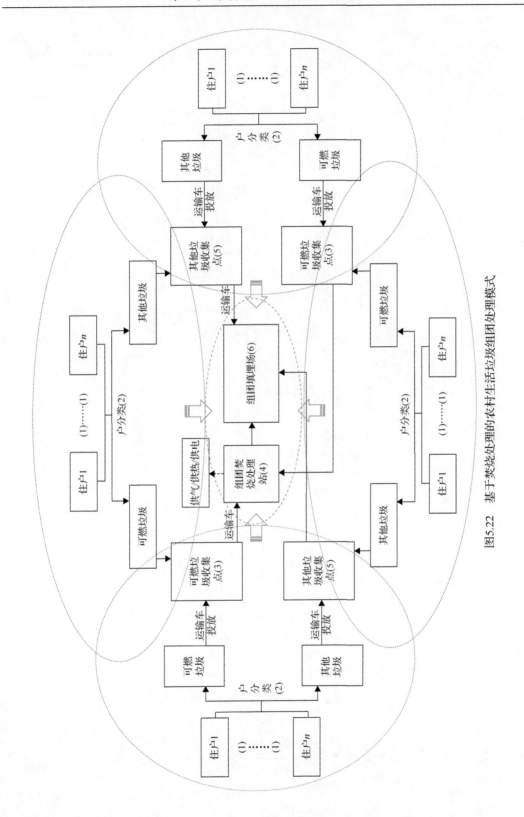

图5.22 基于焚烧处理的农村生活垃圾组团处理模式

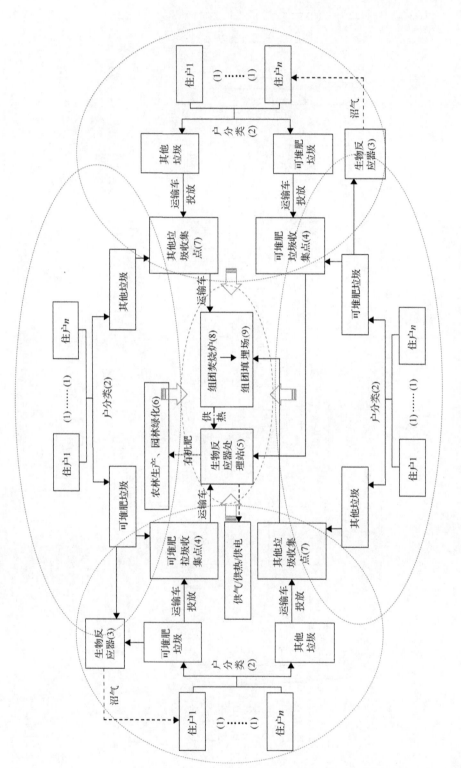

图 5.23 基于生物反应器处理的农村生活垃圾组团处理模式

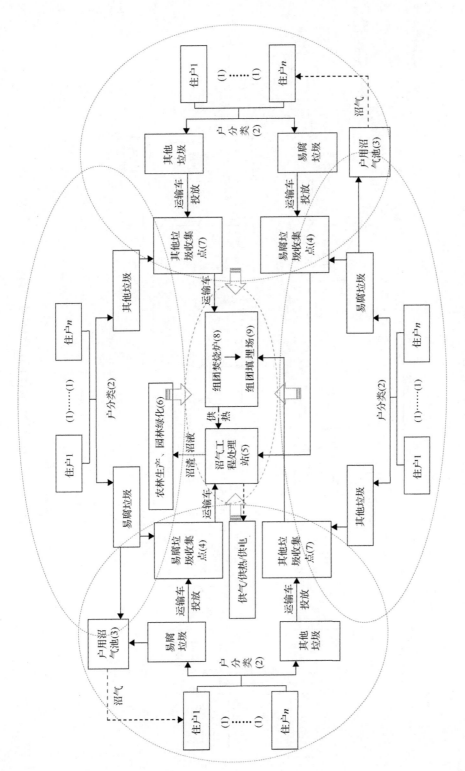

图 5.24　基于厌氧发酵处理的农村生活垃圾组团处理模式

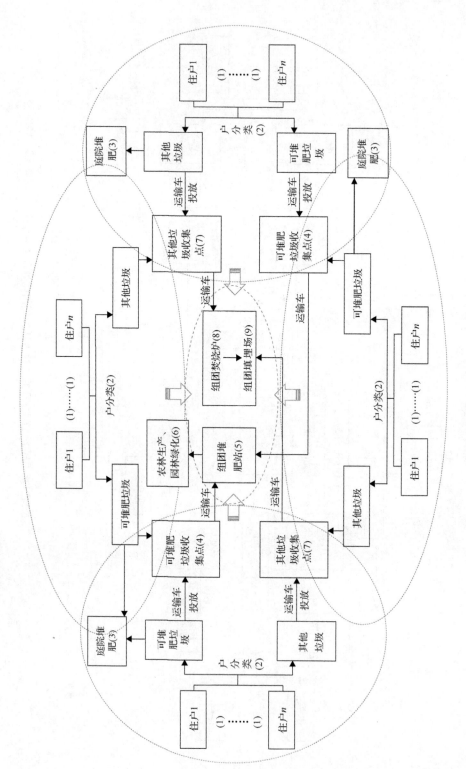

图 5.25 基于堆肥处理的农村生活垃圾组团处理模式

**表 5.23　基于不同处理技术的农村生活垃圾组团处理模式**

| 序号 | 处理模式 | 序号流程图 | 备注 |
|---|---|---|---|
| 1 | 基于焚烧处理的户分类-组团处理 | (1) → (2) → (3) → (4) ← (3) ← (2) ← (1)<br>↓<br>(1) → (2) → (5) → (6) ← (5) ← (2) ← (1) | 主要是基于小微型焚烧炉、卫生填埋场等生活垃圾处理处置设施，适宜于城镇化水平相对较高、土地相对缺乏的、分布相对集中的多个村镇之间，如图 5.23 |
| 2 | 基于生物反应器/厌氧发酵处理的户分类-组团处理 | 可堆肥垃圾/易腐垃圾<br>(1)　　　　　　　(1)<br>↑　　　　　　　　↑<br>(3)　　　　　　　(3)<br>↑　　　　　　　　↑<br>(1) → (2) → (4) → (5) ← (4) ← (2) ← (1)<br>↓<br>(6)<br>其他垃圾<br>(1) → (2) → (7) → (9) ← (7) ← (2) ← (1) 或<br>(1) → (2) → (7) → (8) ← (7) ← (2) ← (1)<br>↓<br>(9) | 基于生物反应器/厌氧发酵处理技术，辅以焚烧和卫生填埋场等生活垃圾处理处置设施，适宜于以种植业和养殖业为主的、分布相对集中的多个村镇之间，如图 5.24 和图 5.25 所示 |
| 3 | 基于堆肥处理的户分类-组团处理 | 可堆肥垃圾<br>(3)　　　　　　　(3)<br>↑　　　　　　　　↑<br>(1) → (2) → (4) → (5) ← (4) ← (2) ← (1)<br>↓<br>(6)<br>其他垃圾<br>(1) → (2) → (7) → (9) ← (7) ← (2) ← (1) 或<br>(1) → (2) → (7) → (8) ← (7) ← (2) ← (1)<br>↓<br>(9) | 基于堆肥处理技术，辅以焚烧和卫生填埋场等生活垃圾处理处置设施，适宜于以种植业为主的、分布相对集中的多个村镇之间，如图 5.26 所示 |

### 5.4.5　全过程流动管理模式

农村生活垃圾流动处理模式，是将小微型热处理设备由固定式改为车载流动式，由处理责任主体定时定点到各村的临时存储场，将临时存储的垃圾进行处理。其中处理责任主体可以是政府，也可以是企业。如果是政府，直接由政府负责设备的采购、运行和维护，费用由政府财政支付；如果是企业，由企业负责设备的采购、运行和维护，同时通过计量处理生活垃圾，由政府向企业支付垃圾处理费。流动处理模式主要有以下优势：

(1)减少分散处理设施重复建设，为分散处理主体节省了处理设备的采购费用，以及运行、维护和人工费用，一台设备可以处理若干分散点。

(2)由固定的专业人员操作运行，克服了农村生活垃圾设施无专业技术人员维护，运行效率低，易造成二次污染等问题。

(3)采用定时定点到临时存储场地处理生活垃圾，克服了农村生活垃圾因产量小，分散，难以维持热处理设备持续稳定运行的问题。

(4)节省了大量的运输中转成本。

由此可见，流动式处理模式适用范围较广，不但宜于在山区、丘陵、高原等较分散的农村地区实施，也宜于在居住较集中的平原地区，但因热处理技术和处理规模的限制，不适宜于生活垃圾热值较低的农村地区，以及生活垃圾处理量较大的农村地区。

图 5.26 和图 5.27 分别为农村生活垃圾混合收集流动处理模式和分类收集流动处理模式，主要是基于车载移动式小微型的焚烧炉，辅以填埋场、堆肥场、生物反应器等生活垃圾处理设施，包括表 5.24 中的不同组合形式。

**表 5.24 农村生活垃圾流动处理模式**

| 序号 | 处理模式 | 序号流程图 | 备注 |
|---|---|---|---|
| 1 | 混合收集 | (1)→(2)→(6) | 适宜于热值较高，农村居民分类认知和意愿较低的村 |
| 2 | 分类收集 | 可燃垃圾(1)→(2)→(6)<br>其他垃圾(1)→(2)→(3)或(4)或(5) | 适宜于热值较高，农村居民分类认知和意愿较高的村 |

通常，采用不同的处理方式和模式，其社会、环境和经济效益也各不相同。以宁波市大岚镇为例(沈晓峰，2012)，现行的垃圾处理为无机垃圾县集中填埋处理与有机垃圾太阳能堆肥镇分散处理相结合的模式。相较之现行的生活垃圾处理模式，有机和无机垃圾均采用"村收集-镇转运-县处理"完全集中处理的模式。虽然省去了分散处理装置占地和运行成本，但每年需要多处理 1092t 有机垃圾，而且需每天将各村收集的垃圾运往垃圾填埋场，增加了运输成本和垃圾处理成本。集中处理年运输成本为 436800 元，年处理成本 174720 元，有机垃圾的集中处理年运行总成本为 826260 元，总生态足迹为 118.724hm$^2$，而现行垃圾处理方式的总生态足迹为 88.1567hm$^2$，减小了 25.7%。如果将生态足迹还原成社会经济效益，那么现行处理方式相较之完全集中处理，为大岚镇每年节约成本 219510 元(节约成本 40%)。如果大岚镇完全分散处理无机和有机垃圾，那么将省去庞大的运输费，只需 388350 元/a 的运行成本，而且完全分散处理模式的实际生态足迹只有 56.7753hm$^2$，不到完全集中处理的一半，从生态环境效益上看，有效减少了垃圾处理对于生态环境资源的消耗。

同时，Guan 等(2015)在浙江农村的研究表明，与混合收集+简易填埋(90%)+室外焚烧(10%)和村集-镇运-县卫生填埋处理(能源回收)相比，分类收集+堆肥(42.9%)+回收利用(13.6%)+卫生填埋处理(43.3%)所需能耗和原料更少，占地更小，污染物排放也更少，而且具有更好的环境效益。

综上所述，源头分类收集和分散处理，在我国农村生活垃圾处理中，具有较好的经济、社会和环境效益，但如果要开展分类收集，无论是集中处理模式、分散处理模式、组团处理模式还是流动处理模式(朱慧芳等，2014)，首先，要提升生活垃圾源头分类水平。其次，要推进村镇或家庭尺度关键技术的规范化。关键技术主要包括小微型的生活垃圾的高效分类技术、有机成分的生物处理技术、无机成分的资源化、车载式小微型焚烧处理技术和无害化处理技术等。这些技术方法具有简单易行、经济实用和管理方便等特点，应在典型农村开展示范的基础上，进行技术库的规范化建设。再次，加强生活垃圾处置基础设施建设。基础设施建设主要包括生活垃圾资源化或最终处置过程中设计的各类设施，如堆肥或厌氧消化设施、中转站设施，以及填埋或焚烧处理终端设施等，不包括生活垃圾源头减量、清扫、分类收集等过程中涉及的垃圾桶、汽车(电瓶车)等设施。政府应该通过资金支持，对基础设施建设进行一次性投入，确保基础设施的完整性，

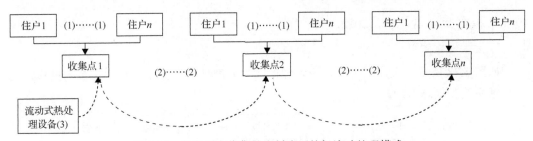

图 5.26 基于混合收集的农村生活垃圾流动处理模式

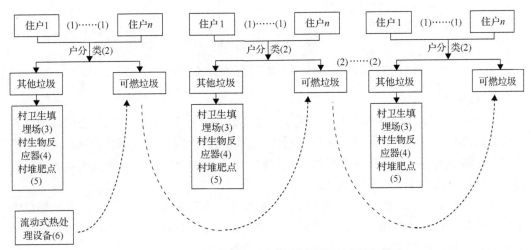

图 5.27 基于分类收集的农村生活垃圾流动处理模式

其他的如垃圾桶、汽车(电瓶车)等设施可由承担农村保洁的运营公司进行建设。最后,需革新农村生活垃圾处置运营模式。对于集中处置模式,应加强城市环卫体系在纳入城乡一体化农村地区的覆盖。由于城市环卫体系已运营相对完善,只需增加经济投入,即可形成完善的处置运营模式;但是对于分散、组团和流动处置模式,可按照村镇区域为单位,以保洁服务公司管理为主的运营模式,推行物业化管理模式管理,包括镇域内行政村的生活垃圾分类收集、运输处置及设施管理等活动。

# 5.5 案 例 分 析

## 5.5.1 国内案例分析

1. 案例一:浙江宁波大岚镇农村生活垃圾"村分类收集-资源化处理"模式

1) 大岚镇概况

大岚镇位于宁波市四明山区,平均海拔 550m,全镇为山地地貌,区域总面积 63.4km²。全镇辖 14 个行政村,1 个居委会;126 个村民小组,58 个自然村;总户数为 4456 户,总人口 1.3 万左右,其中农业人口占到 90%以上。截止到 2010 年,全镇劳动力人口 7889 人,其中外出劳动力 3067 人,占总劳动力的 38.9%。大岚镇社会经济主要以林业为主,人均纯收入 6173 元/a(沈晓峰，2012)。

2) 生活垃圾管理模式

如图 5.28 所示，大岚镇生活垃圾处理模式为分散处理和集中处理相结合的模式，包括收集系统和处理系统。

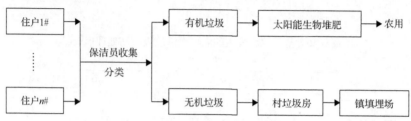

图 5.28　大岚镇农村生活垃圾分类收集模式(沈晓峰,2012)

A. 收集系统

大岚镇农村生活垃圾的收集主要采取"村收集"的方式。由村、居委会的保洁员负责垃圾的清扫与收集，并将垃圾运至各村统一的垃圾收集点。在收集过程中，由保洁员将生活垃圾分为有机垃圾和无机垃圾，在村收集点保洁员将有机垃圾投入到太阳能处理器中，无机垃圾放置在垃圾收集点。

垃圾收集系统是定点容器系统。每天由镇环卫工人驾驶压缩式垃圾车到各村的垃圾中转点收集，待垃圾装满后，运送至镇填埋场。相比城市垃圾收集系统，这种系统相对更灵活、方便，车辆可大可小，但装卸工作卫生条件差。

大岚镇现有 74 名保洁员，1 名垃圾收集车司机，1 名装卸工，1 辆垃圾收运车，保洁员的生产工具(手拉车、扫帚、畚箕)由保洁员自行负责。

B. 处理系统

大岚镇日产垃圾 6t，垃圾分拣率 50%，年产有机垃圾和无机垃圾各 1092t。有机垃圾投入到太阳能处理器(14 座)中进行堆肥，无机垃圾在镇填埋场(1 座)填埋。

3) 生活垃圾管理经验

A. 从宣传教育入手，培养不乱扔垃圾的习惯

垃圾管理是一项社会性很强的系统工作，通过利用广播、报纸、传单等媒介进行大量宣传，可促使广大村民了解、理解和支持垃圾收集处理工作。

B. 从源头出发，合理设置垃圾桶位置

大岚镇要求各行政村合理设置垃圾桶/箱的位置，通常在主干道两旁的居民，几户住户共用一个较大的垃圾箱；在一些地势较高、道路较窄的地区，每家设置一个小垃圾桶；但也有相反做法的村庄，以方便、不增加农村居民倾倒垃圾的工作量为原则，从而提高农村居民的投放积极性；同时，还需保证垃圾桶日产日清，基本无异味。

C. 健全管理制度，完善考核机制

a. 基础设施建设管理

各村太阳能垃圾处理器由镇统一划拨资金，统一建设。通过招投标，选择有相应资质的施工队，根据设计图纸，规范建设，完工后由镇政府统一验收，验收合格交由村里

使用。这样可避免各村因资金问题而偷工减料，同时也可避免由于村领导对建设的重视程度不同而导致处理器的质量参差不一的问题。

b. 保洁员管理

大岚镇按常住人口 5‰的比例配置了 74 名卫生保洁人员。保洁人员的日常管理由村委会负责，各村村委会通过与保洁员签订保洁作业协议书，规定保洁人员的日常工作内容、工作区域、管理要求和职责、工资及福利待遇、考评措施等。镇里每年举办 1~2 次保洁员上岗培训，以增强保洁员的业务能力，纠正其工作中的不足。年末，一方面由村民代表和村干部对保洁员进行打分考核，不达标准按规定扣除奖金；另一方面，召开先进评比表彰大会，对村庄卫生考核前三名的村庄保洁员给予奖金奖励，通过"以奖促效"的方式激励保洁员。

c. 制度建设管理

大岚镇针对村庄环境卫生管理，因地制宜地制订村规民约，包括《村庄卫生公约》《门前屋后三包管理制度》《洁美家庭评选制度》等，要求每位村民自觉保持庭院清洁，不乱丢弃垃圾。同时制定环境卫生管理工作年度达标综合考核制度，各村的考核结果直接与镇下拨专项补助挂钩，具体规定如下：

镇政府对每个村的保洁补助基数为 4000 元，年度考核在 90 分及以上的村，按照户籍人口数再给予人均 8 元的补助；年度考核在 80~90 分的村，再给予人均 6 元的补助；年度考核在 70~80 分的村，再给予人均 4 元的补助；每月考核平均在 70 分以下的村不再给予补助。并将环境卫生考核纳入到对各行政村的目标责任制考核中，综合得分 90 分及以上、80~90 分、70~80 分、70 分以下四个档次，分别给予目标责任制考核加 5 分、不加分、减 3 分、减 5 分的处理。

4) 村民自行进行垃圾分类的可能性

大岚镇现行的垃圾分类方式是将垃圾分成有机和无机，调查问卷显示，只有 38.9%的人清楚分类，44%的不是很清楚，17.1%的完全不清楚；但是有 61.2%的人知道易腐垃圾，34.2%的不是很清楚，只有 4.6%的完全不知道。显然，相比有机和无机分类，大部分农村居民对易腐烂和不易腐烂垃圾的区别更加清楚。而且 66%的人表示如果政府要求，愿意配合垃圾分类，还有 19.7%的人表示政府如果有奖励，也愿意进行垃圾分类。

根据问卷调查，在大岚镇让农户投放垃圾时自行分成易腐和不易腐垃圾更有可行性，这样可以大大减少保洁员的工作量，而且分类效果也比由保洁员收集后再分类更好，还可以提高堆肥的效率。

5) 存在的问题

A. 垃圾清理问题

大岚镇对于各村的基本要求是垃圾桶中的垃圾日产日清，垃圾箱保持清洁的基础上隔日倾倒，但实际调查显示每天倾倒的比例只有 38.9%，隔天倾倒的有 23.7%，尚有 37.4%的区域达不到垃圾及时倾倒的要求。因此，在夏季，一周倾倒 3 次、2 次甚至 1 次的区域都不能满足农村居民的需求，在大岚镇农村，有 61.2%的地区垃圾清理存在问题。

B. 处理器建设选址问题

距离远是处理器建设选址的主要问题。大岚镇每个保洁员平均负责 2 个自然村的垃圾收集运输，保洁员每天平均要走 6km 以上的路程，从而导致垃圾清理不及时；垃圾运输距离远，垃圾车简陋，山区坡度大，不但增加了人工收运难度，而且运输过程中也容易造成二次污染。

C. 保洁人员管理问题

第一，保洁员工资为每月 500～600 元，工资普遍偏低。

第二，由于工资低，而且工作时间较长，工作环境差，保洁员工作实际已变成了一份兼职，而且都是一些 60 岁左右留守在家的老年人在任职，保洁员年龄结构老化。

第三，保洁工作不到位。保洁员工资低、年龄大导致垃圾分拣程度不高。大岚镇目前的垃圾分拣率基本在 60%左右，剩下 40%的垃圾一部分被直接填埋，还有一部分被直接堆肥。分拣度低的有机垃圾中夹杂塑料等无机物，不但影响了垃圾堆肥效果，而且当地居民因担心堆肥的品质和毒害作用，愿意使用堆肥的村民只有 18.2%，有 46.5%的不愿意使用，这导致发酵仓内垃圾腐熟后不能及时清理，后续产生的垃圾只能全部填埋，没有起到分类收集堆肥的效果。

第四，没有专门的管理组织。大岚镇的垃圾管理工作没有统一的管理部门，由镇社会事务办、村镇建设办、农办等部门共同管理。村镇建设办负责处理器的建设管理，社会事务办负责宣传、制度建设、考评等，农办负责培训，各保洁员的日常管理由各村自行管理。因为各部门都有各自的日常业务，垃圾管理工作只是一项"副业"，因此所花的时间和精力相对较少，而且多部门共同管理导致责权不清，管理效果不佳。

第五，对保洁员的工作缺乏有效的监督。监督主要有镇上的季检、抽检，村里的年终考核，村民日常监督、反映问题。村民日常监督能直接改善保洁工作，但保洁员都是本村村民，人情关系导致只有 29.5%的人表示曾经向村里反映过收运中存在的问题。

6) 堆肥处理管理模式的改进建议

A. 做好宣传工作，统一投放

宣传包括垃圾收集和垃圾分类两方面，初期以宣传垃圾收集为主，通过召开村民会议和发放垃圾收集处理宣传单，先让当地居民了解太阳能处理器的作用和基本的运行流程，然后在村民家门口、村道旁放置垃圾桶，要求公众将垃圾倒入垃圾桶中，慢慢培养不乱扔垃圾的习惯。同时辅以垃圾分类的宣传，分类方式为易腐烂和其他垃圾为宜。宣传时可以将村民可能产生的易腐烂垃圾制成图片形式的宣传板、宣传册，宣传板放置于村信息栏，宣传册每户一本，这样村民可以多途径了解垃圾分类，促进其认识到垃圾收集处理的重要性，为后续进行的垃圾分类宣传打下基础。

B. 科学、合理设置垃圾箱/桶，统一收集

以方便村民就近倾倒和保洁员收集为原则，按每户或多户设置垃圾桶/箱，此外，在村委会、老年活动室、村口等公共活动的地方也设置垃圾箱。

C. 加强太阳能垃圾处理器选址和建设管理，统一处理

处理器选址应尽量选在村内或离村近(缩短保洁员收集运输路程)，隐蔽性好(减少对

村民生活的影响），有一定坡度且地势较路高（方便保洁员倾倒）的地方，以降低保洁员工作量，减少二次污染。考虑到农村村域面积大，建议自然村相聚较远（500m 以上）的可以每个自然村建 1 个垃圾处理器，将垃圾处理器设置在村中无居民居住的地方，同时建造一面围墙将处理器阻挡在公众的视线范围内。其他相邻较近（500m 以下）的自然村，可以沿用将处理器建在两个自然村之间的设置。

D. 成立专门的直属管理机构，统一管理

乡镇应设立环卫所或者环卫办公室，统一管理农村生活垃圾处理。为避免管理机构臃肿，人员可以参照大岚镇的设置，并进行相应调整：镇政府环卫办公室设 2～3 人，其职责包括制订乡镇环卫发展规划与战略，建立保洁人员管理条例，使乡镇的垃圾处理工作有序展开；每个村设置 1 名环境卫生负责人，其职责是对保洁员的日常工作进行管理和监督。村庄保洁员人数按照人口的 5‰ 设置，同时划定各自保洁区。

保洁人员管理条例是重点，主要包括工资及福利待遇、人员准入机制、日常工作准则、末位淘汰机制。首先要提高保洁员工资和待遇，达到一般城镇保洁员工资水平，使保洁工作成为全职；其次要提高保洁员准入机制，招收年龄、能力等条件适合的人员从事保洁工作；再次，划分保洁包干区，规定保洁员的日常工作内容和要求；最后，加强对保洁员工作的监督，每周检查保洁情况，对于没有达到工作要求的进行整改，同时引入末位淘汰制度，对连续两年工作考核排名垫底的人员予以辞退。此外，鼓励村民对保洁不到位的情况进行匿名反映，对提出重要建议的村民给予奖励。

2. 案例二：北京市农村生活垃圾"城乡一体化"治理模式

1）北京概述

北京市位于华北平原北部，背靠燕山，毗邻天津市和河北省。北京辖 16 个区，共147 个街道、38 个乡和 144 个镇。北京市山区面积约 10200km²，约占总面积的 62%，平原区面积约 6200km²，约占总面积的 38%。北京市平均海拔 43.5m，其中平原的海拔在20～60m，山地海拔为 1000～1500m。截至 2017 年年末，北京市常住人口 2170.7 万人，城镇人口 1876.6 万人，乡村人口 294.1 万人。2017 年北京市地区生产总值（GDP）28000.4亿元，人均生产总值约 12.899 万元人民币（城市管理与科技编辑部，2009；宋薇等，2013；北京市城市管理委员会，2018①）

2）北京市农村生活垃圾治理概述

A. 推进垃圾密闭化建设

针对农村地区垃圾暴露环境脏乱的状况，2002 年以来，北京市开展了垃圾密闭化建设工作，目标是在农村地区建立垃圾收集系统，解决垃圾暴露问题，使农村垃圾有正常消纳渠道，为规范农村地区垃圾管理创造条件。按照由内向外、先平原后山区，先人口稠密地区后人口分散地区的原则，先后在五环路内、六环路内、六环路外开展了垃圾密闭化建设工作，建立了由收集容器、收集车辆、小型中转站、转运车辆组合的垃圾收集

---

① 北京市城市管理委员会. 关于《北京市生活垃圾管理条例》实施情况的报告（书面）[DB/OL]. http://www.bjrd.gov.cn/zdgz/zyfb/bg/ 201710/t20171009_176715.html. 2018-2-21.

系统，基本形成了从垃圾产生、收集到运输至垃圾处理设施的垃圾收集体系。

2006 年以来，北京市先后制定了《北京市垃圾密闭化建设指导意见》《北京市垃圾密闭化建设工作程序》《北京市垃圾密闭化建设标准》《北京市垃圾密闭化建设工作程序》和《2007 年北京市垃圾密闭化建设专项补助资金管理暂行规定》等规范性文件，保证了垃圾密闭化建设工作有序开展。

2008 年开始，北京市发展改革委与北京市市政市容委联合下发《关于印发 2008 年重点镇垃圾转运站及配套设施建设和管理工作方案的通知》，在 39 个重点镇规划建设垃圾转运站 16 座，配置垃圾转运车 121 辆，同步完善了垃圾压缩设备、小型吸粪车等相关设施。截至 2008 年年底，全部平原地区的 3049 个行政村完成了密闭化建设工作，占到了全市行政村总数的 77%，总投入近 2.5 亿元。全市共新建改建垃圾站 4000 余座，配置各种垃圾车近 7000 辆，配置密闭垃圾容器 20 多万只。

2009 年以来，北京市在山区行政村开展垃圾密闭化建设，市政府安排补助资金，截止到 2017 年，北京市农村生活垃圾治理基本实现全覆盖。

B. 推进农村保洁员队伍建设

2008 年，北京市制定出台了《北京市农村地区环境卫生责任区责任标准(试行)》，明确了农村地区环境卫生责任制和责任标准。

2009 年，将农村地区环境卫生日常运行管理补助经费纳入到《北京市市容环境卫生划转事项暂行管理办法》，按照"不低于每 250 人配备 1 名保洁员"的标准，每名保洁员每月补助 500 元，每年下划农村地区环境卫生运行市级补助资金 1.77 亿元，实现村村"保洁有队伍，管理有标准，服务上水平"。同时，研究制定了《关于加强北京市农村地区环境卫生日常运行管理工作的指导意见》，从责任制、职责、任务、标准、资金等方面指导农村地区环境卫生工作的开展，推进农村日常保洁制度的建立。

C. 开展农村地区"户分类"工作

2007 年，北京市在门头沟区王平镇、平谷区熊儿寨乡等地开展了农村生活垃圾"户分类"试点，大力探索农村地区垃圾减量化、资源化的做法与经验，用经济激励手段调动村民积极性，最大限度实现可回收物再利用，灰土及厨余等有机垃圾就地处理，最大限度减少垃圾排放量。

2009 年，按照《北京市新农村"五项基础设施"建设规划》，遵循"减量化、资源化、无害化"原则，北京市市政市容委同市农委、市商务委、市环保局及市财政局等部门，研究制定印发了《关于做好北京市农村地区生活垃圾减量化资源化无害化工作的指导意见》(以下简称《指导意见》)。《指导意见》明确了农村地区生活垃圾减量化资源化无害化工作的指导思想、基本原则、主要目标和任务，以及分类投放、收集、运输及处理的技术标准和要求。其主要目标和任务是：力争两年使垃圾分类工作覆盖所有行政村和户，并为每个乡镇、村庄、农户配备相应的垃圾分类设备。到 2010 年年底，全市初步形成农村地区生活垃圾分类投放、分类收集、分类运输及分类处理的管理和运行体系；逐步建立健全相关的管理政策和标准体系；逐步建立部门之间协作配合、运转有效的管理和监督检查体系。

D. 夯实政策基础，优化工艺，提升农村生活垃圾治理能力

《北京市生活垃圾管理条例》实施后，根据法规规定，结合全市生活垃圾管理实际情况，依托首都科技优势，以调研、座谈、课题等多种形式，研究制定了一系列具体制度、标准和规范，包括《生活垃圾处理社会监督员制度(试行)工作方案》(京政容函〔2012〕452 号)《北京市生活垃圾新建、改建(扩建)项目工艺审核管理办法》(京政容函〔2013〕90 号)《北京市非正规垃圾填埋场筛分治理工程施工要求及监管办法》(京政容发〔2012〕49 号)等多项配套管理制度规范和标准。2013 年，市委、市政府印发《北京市生活垃圾处理设施建设三年实施方案(2013～2015 年)》，明确了各区生活垃圾处理设施建设任务和投运时限，以及生活垃圾粪便处理设施运行检查考评办法。深入贯彻《生活垃圾分类制度实施方案》(国办发〔2017〕26 号)，征求、吸纳了 38 家相关单位意见，制定了《关于进一步推进垃圾分类工作的实施意见》，以市政府办公厅名义印发实施，为北京市"十三五"时期垃圾分类工作指明了方向。

同时，先后制定发布了《全面推进农村生活垃圾治理工作的意见》和验收办法等系列文件，编制农村垃圾治理技术导则，优化农村垃圾治理工艺和技术路线，探索开展农村有机垃圾就地处理、垃圾中转站分选技术试点工作。并将农村垃圾治理工作，纳入市政府与各区政府签订的生活垃圾处理目标责任书。

2017 年 3 月 27 日，住房城乡建设部、国家发展改革委、环保部等 10 部门联合印发《关于认定北京市农村垃圾治理验收结果的通知》，同意北京市农村垃圾治理工作通过国家级验收，认定北京市农村生活垃圾治理基本实现全覆盖。为不断提高本市农村生活垃圾治理水平和质量，按照住房城乡建设部《关于推广金华市农村生活垃圾分类和资源化利用经验的通知》的要求，从 2017 年起，在门头沟区、怀柔区、延庆区开展农村生活垃圾分类和资源化利用示范工作。

3)北京市农村生活垃圾分类管理模式

A. 北京市农村垃圾分类管理及分类试点情况

北京市市政市容委和市农委是全市农村垃圾分类工作的行业主管部门，负责农村生活垃圾分类工作任务部署，实施计划、考核标准制定，以及监督指导、检查验收等工作。区县市政市容委、农委及下辖各乡镇是农村地区垃圾分类工作的责任主体，其中区县市政市容委、农委负责实施方案制定、明确职责分工、加强宣传动员，各乡镇和村委会负责组织开展实施、完善日常运行机制建设、落实分类标准、健全信息报送、建立达标试点台账等工作。

从 2006 年开始，在门头沟区王平镇进行了试点探索，此后不断扩大试点规模。2009～2010 年，由市政管委和市农委牵头组织，在全市 13 个区县的 1254 个村推行了农村垃圾分类收集试点。

B. 北京市农村生活垃圾分类管理现状

北京市农村生活垃圾分类管理系统如图 5.29 所示，补充照片可见扫描封底二维码见附录 5.5。

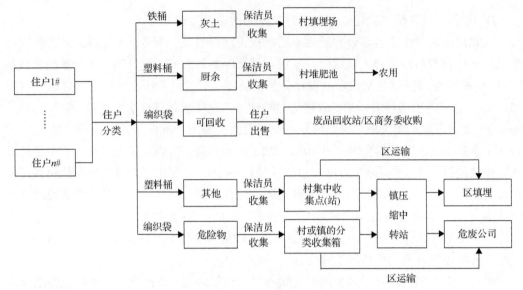

图 5.29　北京市农村生活垃圾分类收集模式

a. 分类方式

考虑到北京市农村生活垃圾的特点，2009 年，由北京市市政管委、市农委、市环保局等联合制定的《关于做好北京市农村地区生活垃圾减量化资源化无害化工作的指导意见》中，将北京市农村垃圾分类方式确定为 5 分类：灰土、可堆肥垃圾、可回收垃圾、有害垃圾和其他垃圾，如表 5.25 所示。目前北京农村地区生活垃圾成分中灰土所占比例最大，其次是其他垃圾和厨余垃圾，可回收垃圾和有害垃圾所占比例相对比较小。

表 5.25　北京市农村生活垃圾分类方式

| 序号 | 类别 | 垃圾名称 |
| --- | --- | --- |
| 1 | 灰土 | 主要包括炉灰、扫地(院)土、拆房(墙)土等 |
| 2 | 可堆肥垃圾 | 主要包括日常生活中的厨余垃圾、家畜粪便、废弃农作物、秸秆、树叶等；垃圾中适宜于利用微生物发酵处理并制成肥料的物质 |
| 3 | 可回收物 | 主要包括废金属、废纸张、纸制品包装物、废塑料、废玻璃、废橡胶等废旧物品 |
| 4 | 有害垃圾 | 主要包括废农药及其沾染废农药的容器、包装物等 |
| 5 | 其他垃圾 | 在垃圾分类中，按要求进行分类以外的所有垃圾 |

b. 分类投放

在 1254 个分类试点中，为每户农户配备了一套分类收集容器，包括"3 桶 2 袋"，3 桶包括 1 个铁桶(装灰土)和 2 个塑料桶(分别装厨余垃圾和其他垃圾)，2 个编织袋分别装可回收垃圾和有害垃圾。

为方便村保洁员上门收集垃圾，住户一般将分类垃圾桶摆放在门前。除户用分类垃圾桶外，每村一般还在主要道路两旁配有一些公用垃圾桶，容积通常为 240L，主要用于收集其他垃圾，这些公用垃圾桶同时也起到了垃圾收集点的作用。

c. 分类收集

村环境卫生保洁员负责村庄内垃圾的分类收集作业工作。户分类后的"灰土、可堆肥垃圾、其他垃圾",一般采取每日定时巡回收集方式,由村保洁员采用人力收集车、电动三轮车等小型收集车辆,将灰土收集至村级灰土填埋场,将厨余垃圾收集至村级堆肥场,其他垃圾运到垃圾收集点或收集站暂存,等待运往镇转运站或直接运往区县垃圾处理设施。村级垃圾分类收集点一般采用公用垃圾桶形式,在道路两旁或村出入口摆放多个 240L 的公用垃圾桶。村级垃圾分类收集站形式主要有地坑式、垃圾房式与移动厢式三种。

除以上几种垃圾外,对可回收垃圾,一般由农户储存后出售给废品回收站,直接丢弃的量较少;电池、农药瓶等有害垃圾的量也较少。这两类垃圾通常由村保洁员运到村垃圾房或镇转运站的分类箱中暂存,再运往区县集中处理。

d. 分类运输

北京市农村生活垃圾运输的原则为:灰土厨余不出村、可回收物质专业回收,其他垃圾及危险废物市/区县集中处置,因此需要运往区县集中处理的垃圾主要是分类后的其他垃圾。目前主要有两种运输模式,一种是"压缩转运"模式,收运流程为"村收集→镇转运→区县处理",由镇(或乡)建设压缩式转运站,转运站前端配备 3～5t 的收集运输车,去各村巡回收集其他垃圾,运到转运站压缩后,再用大型勾臂式转运车运到区县垃圾处理设施进行集中处理。这种模式适用于运距较远或垃圾量较大的乡镇。另一种是"直运"模式,收运流程为"村收集→区县运输→区县处理",即不建设镇级压缩转运站,每村建设一座垃圾收集站(或垃圾房、收集点),收集暂存农户分类后的其他垃圾,待存满后由区县环卫部门派车将其他垃圾直接运往区县垃圾处理设施处理。这种运输模式主要适用于离区县垃圾处理设施较近的乡镇。

目前北京大部分区县农村垃圾收运以"压缩转运"方式为主。

e. 分类处理

对分类后的灰土及渣土垃圾,通常在村边周围寻找远离水源和居住地、利用价值较低的废弃坑塘、低洼地带等作为灰土填埋场,对灰土进行填坑造地处理。

厨余垃圾一般运到村边的堆肥池或堆肥场进行堆肥处理,为减轻堆肥过程中的臭气外溢和蚊蝇滋生现象,通常会在厨余垃圾表面覆盖一层灰土,待堆成熟料后运到地里作为肥料或土壤改良剂使用。

户分类后的"可回收物",一般由农户自行出售给废品回收站,部分地区由区商务委统一收购。

户分类后电池、废旧灯管、农药瓶等"有害垃圾",一般先收集至村级或镇级的有害垃圾储存点,再由区县委托具备专业技术条件的企业,采取电话预约或定期巡回收集方式,从村级或垃圾房或镇转运站的分类箱中暂存,再运往区县集中处理。

f. 分类宣传

把垃圾分类的科学知识编写成农村居民喜闻乐见、通俗易懂的知识,通过广播宣传、召开各级动员会、印制宣传挂历和手册、举办垃圾分类讲座和开展垃圾分类专题知识竞赛等多种形式,开展长期宣传。如今,在示范点王平镇,垃圾分类已家喻户晓(扫描封底二维码见附录 5.6)。

4) 经验总结

A. 创新体系, 建立长效运行机制

a. 加强规章建设, 落实政策措施

以北京市王平镇为例, 当地镇政府遵循和依照北京市《北京市新农村五项基础设施建设规划》等相关法律法规, 明确了主要目标和任务, 并根据分类投放、收集、运输及处理的技术标准和要求, 逐步建立健全适合本镇生活垃圾治理的相关制度规章, 主要有《王平镇垃圾分类标准》《王平镇分类保洁员管理办法》《王平镇垃圾分类考核奖励办法》等 10 余个大大小小的制度规章。个别村根据实际情况制定了更为具体的规定, 使得垃圾治理整个过程都有章可循, 这是北京实现农村生活垃圾治理有法可依的制度保障(关健, 2016)。

同时, 制定区域生活垃圾排放核定和限额管理制度, 超过核定清运量的部分将执行限排和加价等措施, 修订完善生活垃圾跨区域处理环境补偿制度, 降低"邻避效应"和社会稳定风险。完善垃圾分类工作鼓励政策, 研究出台与垃圾分类密切相关的减量化、资源化政策。加大财政对垃圾分类的资金支持力度, 通过 PPP(政府和社会资本合作)和政府购买服务等方式, 撬动社会资金投入, 引导社会企业和社会组织参与垃圾分类。

b. 建立健全组织机构, 明确责任分工

从镇级层面建立健全管理机构, 成立环境科, 全面行使村镇环境职能, 并将工作重点放在完善垃圾治理法规、编制垃圾治理专项规划和建立垃圾治理监督评价体系、环境卫生的日常检查等方面。同时, 收集环节主要由村一级负责, 垃圾转运环节由村级和镇级共同负责, 垃圾处理环节主要由镇级负责, 镇无法进行处理的垃圾运送到区里进行焚烧处理。

c. 建立了检查、监督、奖励和考核四项机制

将垃圾管理纳入专项督查和绩效评价指标体系, 落实属地政府管理职责, 细化责任人主体责任, 加大日常综合协调和监督指导力度, 强化生活垃圾全过程监管。严格落实执法责任, 强化部门联动, 实现管理与执法有效对接。进一步明确执法规范, 统一执法标准, 细化违法行为处罚办法, 贴近市民群众关切执法, 提高监管执法实效。统筹部署垃圾分类、餐厨垃圾、建筑垃圾等专项执法工作。严厉查处违法行为, 高限执法, 形成整治合力。

以王平镇为例, 从前期规划到中期实施再到后期的检查、监督与考核, 该镇建立了一套顺畅长效的运行机制。例如, 发动村级组织, 各村结合实际, 建立党员骨干联系户指导制度、分时段家庭卫生检查评比制度、表彰制度、统一运输管理制度等, 用制度、标准来改变村民旧的日常生活习惯, 从一家一户开始, 营造农村健康文明的新环境。建立监督机制, 建立环保监督热线, 村民有任何环境问题可及时拨打电话反馈至镇政府环境科。同时, 建立公众奖励机制。镇政府按照每人每年 10 元标准对每个村进行补助, 用于各村白色污染物的收集对居民的物质奖励。按照每户每年 120 元标准, 由各村居委会以"小票"(每个小票约合 0.3 元)形式在垃圾分类收集过程中进行下发, 各户每月凭小

票数量到村居委会兑现不同生活用品。

但是利用奖励手段是否具有可持续性有待检验。有一半的村民认为奖励是促使他们分类的最主要因素，因此，如果这种奖励停止后，村民是否还有垃圾分类的动力，还有待检验(关健，2016)。

B. 积极开展垃圾源头分类实践

北京市农村经济研究中心成立了"农村垃圾源头分类资源化利用模式的课题组"，按照循环经济理念，科学发展观的要求，利用系统和统筹的方法，设计垃圾分类。根据北京市农村地区垃圾产生特点及前期分类试点过程中各区县反馈意见，建议在原有 5 分类方式的基础上作适当简化为四分类或三分类方式。四分类是在原有五分类的基础上取消有害垃圾，适用于传统的以农业生产为主的乡镇；三分类是在原有五分类的基础上取消有害垃圾和可堆肥垃圾，适用于已基本完成城区化改造，耕地较少的近郊乡镇。

C. 发挥村民主体作用，构建各尽其责的垃圾分类公共治理机制

在发挥村民主体作用方面：第一，农村居民参与制定垃圾治理相关规定计划；第二，调动公众参与热情，注重宣传和动员；第三，发挥核心人员的作用。

例如，以"三有"为抓手，实现"每个街道有培训站点"、"每个家庭有指导手册"和"每个桶站有专人指导"。落实垃圾分类楼门长、指导员、分拣员、监督员和宣传员的"一长四员"源头分类人员和机制保障。普遍上门入户开展分类宣传，增强居民意识，加强习惯引导，形成良好氛围。实施垃圾分类宣传"五个一"工程，推出一套垃圾分类系列宣传片，开展垃圾文明一日游系列主题教育活动，建设一批垃圾分类社会实践基地，建成一批垃圾分类示范校园，树立一批垃圾分类先进典型。组织开展垃圾分类进社区、进农村、进学校、进园区系列活动，把垃圾分类知识纳入中小学、幼儿园教育内容，从娃娃抓起，通过"小手拉大手"，提高全民垃圾分类素养，真正变"要我分类"为"我要分类"。

D. 政府主导，从处理向治理转变

北京在解决农村生活垃圾问题时不是传统认识上仅对垃圾进行消纳和处置，而是在各个环节采取相应的措施，在垃圾管理各个环节中政府与市场、社会公众，以及各公私部之间的合作互动，各主体间合作、共赢以促进垃圾管理的体系化，促进行政在公共事务中的转型，从垃圾简单处理、强制管理到垃圾治理，使垃圾治理为资源环境保护、经济社会发展与和谐社会建设服务真正成为社会治理不可分割的组成部分。

E. 从城乡一体化、统筹发展的角度解决农村垃圾处理问题

改变郊区农村地区垃圾管理力量薄弱的现状，在农村乡镇一级，配备落实垃圾管理人员，提高他们垃圾管理方面专业化知识水平，加强农村地区垃圾管理组织保障体系建设，做好农村地区垃圾减量化资源化工作。在一些经济条件较好的农村或城近郊区，可以借鉴城市垃圾处理方式，建设城乡统一的垃圾收集中转处理网络等基础设施，加快实施城乡环保一体化。

3. 案例三：四川丹棱县"户分类-村收集-乡运输-县处理"模式

1) 丹棱县概况

丹棱县隶属四川省眉山市，位于 103°E，30°N，辖区面积约 449km²，辖 5 镇 2 乡，总人口 16.5 万人。丹棱县位于成都平原西南边缘，地处成都一小时经济圈，2013 年全县城镇居民人均可支配收入 19257 元，农民年人均纯收入 9519 元(尚晓博，2012)。

丹棱县农业经济蓬勃发展，果、桑、茶、林"一县四品"基地面积达 33 万亩，并形成了齿轮机械、陶瓷建材、钾钠化工和农副产品加工四大支柱产业。丹棱县是全国第一个农村生态文明家园建设试点县，国家可持续发展实验区、国家级生态示范区，四川省整县推进社会主义新农村建设县，省级生态县。

2) 丹棱县农村生活垃圾处理模式

图 5.30 为丹棱县农村生活垃圾收集处理模式图。

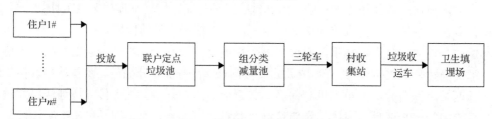

图 5.30　丹棱县农村生活垃圾收集处理模式

丹棱县农村环境连片整治项目属 2012 年度中央级农村环境连片整治示范项目，截至 2014 年，已建成省级生态村 13 个，市级生态村 35 个，省级农业生态园区 8 个，该县 85% 的乡镇建成了省级生态乡镇。

全域推进垃圾处理"丹棱模式"——"户分类、村收集、乡运输、县处理"，根据现场调研，丹棱县调研村人均生活垃圾产生率 146g/(人·d)，生活垃圾主要组分为厨余 (73.7%)，其次为纸类(8.9%)、橡塑类(7.8%)和纺织类(5.3%)，其他垃圾含量很低，无灰土和砖瓦陶瓷，农村生活垃圾管理的具体措施如下：

A. 合理修建垃圾池

在丹棱县，每 3～15 户联建 1 个联户倾倒池，每 1～3 个组建一个组分类池，1～2 个村建一个收集站。总计投入 600 余万元，新、改建垃圾池 7000 多个，新、改建村级垃圾收集站 58 个，集中站 11 个，配套清运车辆 42 辆，全域生活垃圾无害化处理率达 90% 以上(扫描封底二维码见附录 5.7)。

B. 两次分类，减量处理

户先分类收集，然后村民组再二次分拣。

C. 村民自治，市场运作

采取市场运作方式，公开竞标确定垃圾收集和常态保洁承包人，由承包人组建保洁清运队伍，着力破解垃圾处理运作难题。

建立农村生活垃圾处理经费保障机制，采取"户集、社筹、县(镇)补"的办法，农户每人每月缴纳 1 元钱，财政每年每村补贴 3000 元用于支付承包费。

D. 无害化处置

四川省丹棱县农村生活垃圾最终运输到眉山市垃圾填埋场进行无害化处理，无害化处理率达 90%以上。

3)示范村建设

丹棱县针对财力不足、但农村居民收入较高、农村基础条件较好的客观实际，确定了"全域、节俭、实用、可持续"的建设原则，在龙鹄村开展农村生活垃圾的示范建设。龙鹄村辖 5 个村小组，共 402 户，人口 1512 人，采取"因地制宜、村民自治、项目管理、市场运作"的方式，着力解决农村生活垃圾分类处理投入难、减量难、监督难、常态保持难的问题，取得了初步成效。

龙鹄村的生活垃圾处理工作经验主要有以下三点。

A. 因地制宜，合理布局

全村打破村民小组的界线，根据道路和农户分布状况，按"方便农村居民、大小适宜"的原则，修建联户定点倾倒池、组分类减量池；通过统一布局，共建村收集站 1 个、组分类减量池 3 个、联户定点倾倒池 58 个。村收集站建在能通行压缩式垃圾车的村道旁，垃圾直接转运处理。相比以村民小组为单元建设垃圾池，该村共少建联户定点倾倒池 42 个，组分类减量池 2 个，加之村上不再购置垃圾转运车，投入节省 60%以上。

B. 农户初分，源头减量

生活垃圾管理部门制定村规民约，印发农村生活垃圾分类彩色宣传画，指导村民正确分类处理垃圾。首先要求农户按四类进行初分类处理：一是烂水果等有机垃圾倒入沼气池；二是建筑垃圾就近处理；三是可回收垃圾自行出售；四是不可回收垃圾就近倒入联户定点倾倒池。承包保洁的人员将联户定点倾倒池中的垃圾转运到就近的组分类减量池中进行二次分类，按可回收、不可回收、堆肥处理等方式进行变卖、转运、堆肥处理。村垃圾收集站摆放 5～6 个垃圾桶、1 个塑料桶，垃圾桶用于收集从组分类减量池集中的不可回收垃圾，由县压缩式垃圾车转运处理。塑料桶用于收集可回收垃圾。经过测算，该村日产垃圾约 400kg，农户初分处理约 200kg，经过承包人二次分类处理后，可回收和堆肥垃圾约 120kg，最后，转运到村收集站的垃圾约 80kg，两次减量约 80%。

C. 村民自治，市场运作

按照村民自治的有关规定，通过召开村民大会，采取公开竞标的形式，确定全村的垃圾收集和常态保洁承包人。龙鹄村有 4 人参与竞标，标底一年 5 万元，竞标结果为 3.64 万元。中标人与村委会签订承包协议，明确工作职责、费用支出、安全保障、社会保险、违约责任等。承包所需费用采取"一事一议"方式，按照"谁受益，谁负担"原则，由全体村民按每人每月 1 元收取，差额部分由村集体收入解决。

4)经验与借鉴

A. 强化领导，部门联动

丹棱县成立了以县长任组长，副县长任副组长，县级相关部门及乡镇主要负责人为成员的丹棱县农村面源污染治理工作领导小组，负责对农村面源污染治理工作进行协调指导。县、乡、村、组层层召开了农村面源污染治理工作推进会，形成了部门各司其职、密切配合工作机制，合力推进丹棱县农村面源污染治理工作。

B. 多方"取经"，制定制度

丹棱县政府邀请省政府参事、省环保厅专家对丹棱县农村面源污染进行了专题会诊，县级相关部门及乡镇主要负责人多次到周边市县进行考察，学习好的经验做法，并形成了相应的规章制度和管理办法。

C. 广泛宣传，营造氛围

县、乡、村层层召开动员会，利用电视播放农村面源污染治理宣传片、广播室广播环保法律法规、宣传栏张贴标语、发布县政府通告等方式，广泛宣传动员群众参与农村面源污染治理工作。在面源污染重点区域，逐户开展宣传，并发放宣传手册 10000 份，营造了面源污染治理的浓厚氛围。

D. 因地制宜，科学治理

按照"丹棱模式"开展面源治理工作，完善全县生活垃圾收运基础设施，并根据村民自治，市场运作，成立"一支专业服务队伍"，负责生活垃圾的收运工作。

E. 落实目标，强化管理

细化农村面源污染治理各阶段工作内容、工作要求。丹棱县政府督查室会同县级相关部门实行半月一督查，半月一通报，加大对农村面源污染治理工作进展情况的督促检查。对工作成效明显的，给予通报表扬，对工作不到位、进展慢、成效不明显的，责令限期整改。

5) 存在的问题

尽管丹棱县在农村生活垃圾管理工作中取得了巨大的成效，但是在实际运行过程中，由于很多规章制度落实不到位，经费缺乏等困难，仍然存在一些问题，这些问题也是我国在西部农村推行"户分类、村收集、镇运输、县处理"生活垃圾处理模式过程中，普遍存在的典型问题：

(1) 虽然处理模式设计为"户分类、村收集、乡运输、县处理"，按生产垃圾、生活垃圾和建筑垃圾进行分类，但由于农民对生活垃圾分类认知不足，未能实现"户分类"，仍然是混合收集。而且部分村民垃圾倾倒不入池，或大量生产、农业、建筑垃圾入池，增加了垃圾收运工作量和难度。

(2) 垃圾处理经费不足，户处理费收费困难，当前采取从政府下发农村居民的其他费用中直接扣除，存在执行违规风险。

(3) 对于生活垃圾管理，村委会基层人员有限，待遇低，工作量和工作压力大，工作积极性不足，加上认识不到位，即使制定了相关政策也难以落实到位。

(4) 一个村 3000 余人，只有 1 人收运，工作时间约 10h/d，工作量大、工作时间长、工资低，环卫人员不易聘用。

(5) 生活垃圾收运存在层层分包现象，即 1 个镇 1 个承包商，承包商再转包给各个村，导致收运经费挤压，收运不能及时高效运转。

(6) 收运设备损耗较快，而且收集车为电动三轮改装，不符合环保规范，收运能力不足，尤其是春节以及水果收获季节明显不足，垃圾积压现象普遍。

（7）部分生活垃圾收集池和中转站无防雨设施、未能及时清运，焚烧现象偶有发生。

（8）已建污水处理站缺乏运行资金，未正常运行，污水直接排放。

（9）由于存在原料不足、维护不够、检修费用低、技术人员收入低等问题，导致沼气池老化后无法运行的现象普遍。

上述问题，在农村生活垃圾管理工作中普遍存在，应引起相应的重视，并逐步改进和解决。

### 5.5.2　国外案例分析

1. 案例一：美国明尼苏达州生活垃圾堆肥工程

1）收集设计

A. 物料

物料包括庭院有机垃圾和商业有机垃圾（扫描封底二维码见附录 5.8），由于商业堆肥物料需要大量的树叶、木屑、秸秆等含碳高的物料，以便满足含氮高的有机物的碳需求，因此商业垃圾不超过总量的 25%（Marcus et al.，2008；Marcus and Kellie，2012）。

B. 收集设备和方法

当地市政部门与固废管理公司合作，由固废管理公司提供 114L（30gal①）、227L（60gal）、340L（90gal）的带轮垃圾桶（该垃圾桶与自动垃圾收集车配套），同时为参与项目的家庭提供 7.5L 的厨房垃圾桶（图 5.31），收集厨余垃圾。其中室内垃圾桶的选择遵循如下四个原则。

(a) 生活垃圾、庭院垃圾/有机垃圾、可回收垃圾

(b) 室内垃圾桶

(c) 可降解垃圾袋

图 5.31　垃圾收集设备（Marcus et al.，2008）

---

① 1gal（US）= 3.78543L

(1)使用友好性：卵形造型，更适合盘碟倾倒。

(2)美观性：柔和的线条与现代性外观。

(3)易清洁性：造型适合任何台面；圆角不留死角，方便清洗；高矮大小适合水龙头清洗。

(4)安全性：7.5L 能够收集 2～3 周的垃圾，盖子采用咬合锁定和 360°双边封设计，有效阻止蚊虫和臭味。

最终选择了如图 5.31 所示的室内垃圾桶。

政府部门鼓励当地居民使用可降解塑料袋或者不用垃圾袋，为居民提供室内有机物收集容器、可降解垃圾袋和环保教育材料。市政部门通过大量比选，选择了 Indaco Marketing 制造的 Bag-to-Nature™牌可降解垃圾袋。住户每周将收集的有机物垃圾倒入收集庭院垃圾的垃圾桶里；垃圾收集公司采用侧装和后装垃圾车收集垃圾，夏季每周收运一次，冬季每两周收集一次。

2)收运设计与发展

(1)收集与预运行。Carver 县的生活垃圾堆肥收运路线如图 5.32 所示。2006 年，固废收集公司同意两条收集路线，这两条路线包括了 Chanhassen 80%的住户。同时当地政府同意对额外的服务进行补贴。

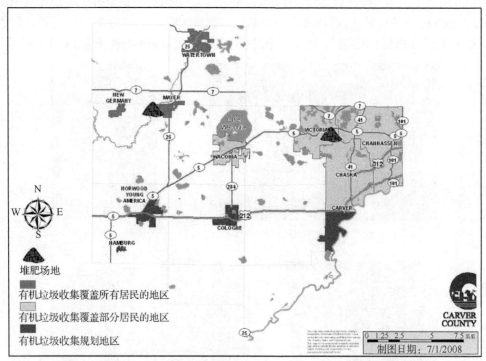

图 5.32　Carver 县的生活垃圾堆肥收运路线(Marcus et al.，2008)(扫描封底二维码见附录)

2007 年，当地市政部门要求修订项目计划，同意将 Arboretum 纳入收运范围。

2007 年 10 月，Carver 县和 Hennepin 县合作，在 Hennepin County's Source Separated Organics (SSO) 项目中进行物料负荷测试，表明预处理有助于有聚涂层包装材料的降解。

2007 年 11 月至 2008 年 3 月，开始测试冬季堆肥，表明在一年最冷的季节，当温度达到 76.7℃ (170F) 时，物料能够持续堆肥。

2008 年 4 月，固废收运公司同意开辟第三条收运路线，并开展 Carver 县第三条收运路线上的部分商业有机物的收集工作。

2008 年 5 月，Carver 县在该县的环境中心提供免费的有机物倾倒服务，主要服务于没有路边收运服务地区群众产生的有机物的回收。

2008 年 5 月，该县与 Barthold 农场达成协议，测试收集的学校和商业有机物作为猪饲料的可行性。但一周之内收集了 36t 的食物垃圾，导致该地区无法消纳。

(2) 在项目运行过程中，确保符合当地固废管理的规章制度。

(3) 征集职员对该计划的支持。Carver 县建立了支持堆肥计划的联盟，并和固体废弃物协调委员会有机物委员会保持工作上的密切联系，共同推进堆肥作为有机物管理的途径。此外，还获得了明尼苏达州的众议员支持，在两次会议上进行项目介绍。

(4) 调查当地居民参与项目的积极性并决定服务的需求。通过网络调查 (35% 的返回率)，88% 的人认为分类收集家庭有机物是一种很好的废物回收方式，82% 的人愿意同时使用可降解垃圾袋和现场堆肥计划，78% 的人有兴趣只参与家庭有机物的现场堆肥计划。

(5) 与运输者最终达成协议，在现有的庭院垃圾收集系统中，参与食物垃圾和不可回收垃圾的收运。针对其他物料，达成收运合同。

3) 场地选择与建设

通过多方比选，最终明尼苏达景观树木园同意将他们的堆肥场地用于示范项目，随后 RW 农场的 Russ Leistiko 作为第二场址。

在确定场址后，在厂址最南侧修建堆肥护堤收集和过滤场址渗流的污水；在护堤的北侧和南侧铺设 76mm 厚的堆肥接种毯以吸收径流；横穿场址以及在堆肥垛底部设置 10 个陶瓷收集吸管，监测渗滤液和暴雨径流；建立针对特殊指标的渗滤液和雨水监测制度；设立防护网防止垃圾吹扬；堆肥前粉碎物料 (图 5.33)。

场址 1 有 15291m³ 的堆肥规模，年处理 45873m³ 的有机垃圾。由于场址 1 接收的商业有机物太多，而且堆肥垛太大，没有调配合理的含碳有机物料，因此产生了臭味。为此，在 SET 场址，设定了更低的年处理量，堆肥规模只有 9939m³，而且只有 20% 的有机垃圾物料，同时采用强制通风，24h 内及时处理收集的垃圾。

堆肥场基础铺设：38mm 石灰石 +114mm (6in) V 级砾石。安装通风系统：设置两根 12m 长的塑料通风管，通风间隔根据物料量进行调节，通常每 15min 运行 30s，在干燥的情况下，不持续运行。场址的建设情况可扫描封底二维码见附录 5.9。

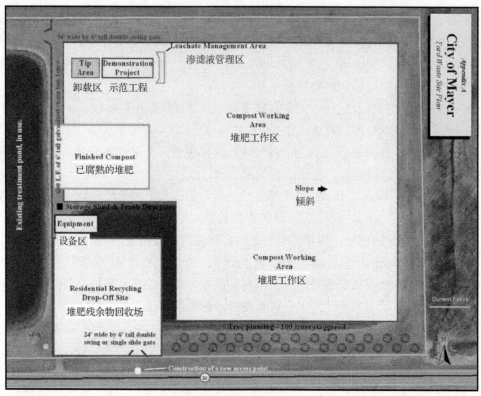

图 5.33　堆肥场址平面布置图(Marcus et al., 2008)

4) 实施和监管

(1)与运输业者、市政职员以及堆肥管理者一起编写环保教育材料，发放传单和小册子。同时鼓励当地居民进行有机物分类收集，并配合收集服务；在商业场所宣传相关信息。宣传资料中包含如下信息：项目如何实施；有哪些垃圾是堆肥接受的，哪些是不接受的；提供关于项目常见的问题回答；提示能接受可降解袋子，当市政部门提供的垃圾袋用完后在哪里可以购买。

(2)选择适合的可将降解垃圾袋以及室内收集容器。

(3)收运工作人员开始收集和运输有机物：包括回应居民的问题和有关项目的关切；强调收集和处理有机物的相关注意事项；对不采用可降解垃圾袋的住户贴标签提醒；同时让职员得到更好的培训；更新项目信息，让当地居民能够知晓项目的进展。

(4)不接收的物料包括：当受污染的物料超过10%时，不予接收；不满足ASTM D6400标准的垃圾袋均不接收。

5) 调查与分析方法

在项目开展前以及完成后对居民开展调查，以评估居民的接受程度、参与程度和认知，包括对居民可接受性和参与性进行调研；收集和分析数据，评估项目的参与性、收集原料的数量、整个项目的效益(包括收集和处理费用)；分析调研结果，确定堆肥项目在营养物负荷、水分调节等方面的效果，从而更好地进行生活垃圾的处置。

6) 二次污染监测

在整个场地和堆肥垛下设置了 10 个监测点，并在 2007 年 5 月 25 日和 2008 年 7 月 10 日开展了两次监测。监测表明，渗滤液产生量很少，堆肥垛有较好的吸水性，很多降水可能被原料吸收或蒸发。渗滤液各项指标均满足 HRL 标准，重金属绝大部分未检出；此外，地下水没有受到超标影响。

土壤监测表明，个别点砷超标，这是由于当地土壤高背景值造成的。地下水监测表明，无重金属污染，但是个别点硝酸盐超标。雨水中砷和铅超标，这是由于土壤背景和砾石含砷造成的。

雨水容易将氮、磷、钾等营养物质淋滤出来进入土壤介质，因此，在堆肥场，需关注和加强降水的管理。同时需要进行垃圾的日常清理，尤其是在下大雨和冬季刮风时。

7) 堆肥质量分析

在筛分之前，堆肥会被堆存 60~90d，堆存期间，会翻垛 2 次。

2007 年，在 RW 农村堆肥场地，大约产生 $3058m^3$ 堆肥，包括 $1376m^3$(45%)堆肥，$765m^3$(25%) 木质覆盖物，$917m^3$(30%) 的腐熟混合有机物堆肥(扫描封底二维码见附录 5.10)。混合有机物堆肥满足一级堆肥标准(扫描封底二维码见附录 5.11)。根据二氧化碳和氨浓度，堆肥腐熟度分别为 7 和 6，满足官方 6 以上的标准。

8) 案例借鉴

根据明尼苏达州生活垃圾堆肥工程的建设和管理经验，在我国农村生活垃圾管理中可从以下几个方面进行借鉴：

(1) 充分的公众参与和调查，并考虑公众的意愿和意见，及时向公众反馈。

(2) 垃圾收运和处理公司的市场化运行。

(3) 市政管理部门、企业、研究单位的通力合作。

(4) 因地制宜、循序渐进地推进分类收集、收运和堆肥预实验工作。

(5) 前期公众的宣传教育、运行过程的监督管理，以及全过程的持续评估。

(6) 场地二次污染的常规监测和防护。

2. 案例二：美国俄亥俄州农村生活垃圾回收计划

1) Huron 市沿路庭院垃圾堆肥项目

A. 概述

该市在 2009 年启动了沿路堆肥项目，2011 年，已有超过 486t 的有机垃圾被分流处理，占垃圾总量的 1/3 (UMA Environmental，1995)。

B. 项目简介

项目分流垃圾：486t 的有机垃圾。

目标垃圾：残余食物和庭院废物。

物主：Huron 市与 Fultz and Son，Inc.(FSI)签订了垃圾收集合同；

起始年：2009 年。

人口：7149 人(3100 户)。

Erie 县垃圾分流率：29.57%。

C. 财政分析(2011 年)

每人每年花费 80 美元，FSI 处置花费每吨 25 美元。

D. 关键伙伴

Huron 市与 Fultz and Son，Inc.(FSI)签订了垃圾收集合同。合同约定所有的庭院垃圾均由 FSI 负责收集，并送往 Erie 县的堆肥和庭院垃圾处理厂进行处理，Barnes 苗圃和堆肥公司与 FSI 合作超过 15 年。

E. 推广与教育

Erie 县固废管理区向公众提供宣传手册和教育材料，同时也在学校和社区团体中开展教育项目。

F. 管理

Huron 市与 Fultz and Son，Inc.(FSI)签订了垃圾收集合约，负责收运所有垃圾、有机物和可回收物。公众每 5 年投票是否续约。市民作为志愿者参与项目，中途不能退出，直到下一个投票选择期。

G. 材料收集

除了日常产物，所有庭院垃圾和食物残渣均被收集。市民用购买的纸袋盛装垃圾，购买经费作为垃圾收集费。

H. 基础设施建设和投资

该市每户垃圾的回收、堆肥项目总费用每年 220 美元，比垃圾单独处理堆肥要少大概 100 美元。这主要是由于堆肥处理场距离较近以及运输人员费用由项目支付。FSI 需要购买专用卡车收集有机物，而且针对可回收垃圾、有机物和其他垃圾，要收集三次。

在项目启动时，Ohio 环境保护局资助 FSI、Barnes 苗圃和堆肥公司 260000 美元，其中一半的费用用于补贴 FSI 处置公司购买专用卡车(扫描封底二维码见附录 5.12)，另一半补贴 Barnes 苗圃公司购买堆肥设备。

2) Lawrence-Scioto 县防止非法倾倒项目

A. 概述

Lawrence-Scioto 县是一个在农村防止非法倾倒非常成功的案例。该计划由当地政府已强制实施了 6 年，这一方面使该地区更加清洁，另一方面，也改变了公众的观念。该项目成功的关键之一是州政府的全权委托以及给予当地充分的司法权和管辖权，当地监察大队通过艰苦努力和多方合作，维护和执行当地法律。

B. 项目简介

项目案件分流：2011 年，有 136 件案子被调查，其中 64 件诉诸法庭，72 件在庭外成功和解；

目标对象：非法倾倒垃圾。

提供工作岗位：1。

协调单位：Lawrence-Scioto 固体废物管理区办公室。

起始年：2006 年。

人口：139078 人(两个县 14 个镇区)。

垃圾分流率：12.07%。

C. 财政分析

在 2011 年，农场主每年支付 12 美元用于垃圾回收服务，包括非法倾倒监察项目；非法倾倒监察年财政计划 70000 美元，包括办公人员薪水、福利和补给。

D. 关键伙伴

法律体系的完善、法律的执行，以及社区群众都是该项目成功的基础。该项目设置了全职的监察人员，并得到地区主管的支持。经过 6 年的实施，得到了州长、地区举报者以及法官的支持。

E. 推广与教育

地区办公室雇佣全职的教育人员在学校开展环保教育。大概有 50%的教育人员致力于讨论预防垃圾产生、非法倾倒和焚烧。通过对学生的教育，希望在涉及到垃圾的回收和处置时，他们能正确判断并能采取恰当的行为。同时学生们也在积极参与到周围垃圾的清理活动中，以此引起当地居民对垃圾管理相关事宜的关注。

F. 管理

监察办公室人员受两个县的州长委任，受雇于固体废物管理办公室，并且依靠当地协调人的权威。监察人员主要是监督和管理垃圾非法倾倒，他们被县非法律部门授权，允许登陆当地包含个人信息的法律网站，获取包括车牌号、逮捕担保等信息，通过利用这些高敏感性的信息来对抗违法者。

G. 基础设施建设和投资

配备一辆警车(扫描封底二维码见附录 5.12)，配置警报器和灯，便携式的无线电通信设备，便于和州政府部门和地方办公室联系；同时还有 3 个移动侦察器，无线摄像机、望远镜、防爆武器。监察人员通常不会主动巡逻，常常是接到当地居民的投诉电话再出车，每天大概会接到 2~3 个电话。

H. 其他

在当地，非法倾倒和焚烧垃圾均被视为重罪，会被起诉。一个典型的非法倾倒，会收到 250~500 美元的罚单，200 美元的法庭费用，以及 106.32 美元的赔偿，该赔偿直接支付给地区固废管理办公室，还会有 12d 的监禁或 30~60d 的社区服务，以及 1 年的缓刑。社区服务通常会安排地区垃圾控制服务。如果违反者被起诉并被判为非法倾倒，除了高额罚款、监禁和社区服务外，还必须要清理倾倒场地，直到符合相关要求。

在 Ohio 修订的法律中，公众可以处置产生在自己所有权区的垃圾。例如，种植蔬菜等，但是其他被丢弃的物品均被认为是垃圾。如果其他人将垃圾丢弃到别人的所有权区内，即使该所有权人没有倾倒，也需要负违法责任。

3) Logan 县有毒有害生活垃圾和难回收垃圾回收项目

A. 概述

Logan 县固体废物管理中心成立了一个回收中心用于回收难回收的垃圾(扫描封底二维码见附录 5.13)。中心提供了一个免下车的方便的出口回收有毒有害生活垃圾和其他难回收垃圾，相比临时的大范围的收集，免下车出口成为一个更加可行和高效的方式，因为这可以降低农村地区回收整年的难回收垃圾的维修成本，而且工作时间更少，费用更低。虽然有毒有害生活垃圾弃置点有限，但是难回收垃圾有很多收集点，包括小的商业点、学校、农场、非营利团体、教堂，以及政府部门代理等。

在 2007 年，Logan 县通过了一个决议，预计到 2020 年实现垃圾零排放计划，这意味着要分流 90%的垃圾，在扩大建设弃置点、回收设施和难回收垃圾中心之前，Logan县的垃圾分流率只有 18%，在 2011 年，分流率达到了 41.77%。

B. 项目简介

目标对象：有毒有害生活垃圾，包括电子产品、电池、废弃轮胎、油基废油漆、汽车废油、含汞的设备。

物主：Logan 县固体废物管理中心。

起始年：2009 年。

人口：46582 人。

2010 年垃圾分流率：41.77%。

C. 财政分析

该项目 2011 年的财政分析详见扫描封底二维码见附录 5.14，总收益 8280.80 美元，总支出 15663.59 美元，净支出 7382.79 美元。

D. 关键伙伴

该计划获得成效的最关键因素是和地区及合约回收公司之间的联系。一开始有几家公司共同提供服务，但是由于市场价格波动，以及政府和基金变动，一些公司退出。R&R轮胎处置公司允许地区回收中心根据轮胎大小变动价格，使其价格只有当地市场价的一半；Halo of Springfield 公司按每加仑 20 美分的价格回收废机车油；Warehouse Energyof Columbus 公司回收废电池；Green Star Recycling of Indiana 提供收集、运输和储存设备与场地，并按每磅 1.5 美分回收废电子产品。中心在实施电子产品回收的前 8 个月，就收集了超过 100000 磅的电池产品；同时地区部门储存建筑材料并为消费者不能接受的物品寻找出路。

E. 推广与教育

在学校充分开展垃圾回收教育；设置数字建议箱，员工经常与公众互动并发放传单；在项目启动时，通过广播广告向住户介绍项目的重要性，并持续开展；辖区还在网站上开辟关于垃圾回收的互联网信息；并确保宣传册能满足居民分类回收的需求；同时，尽可能使回收工作安全愉快。

F. 管理

在 2011 年，固体废物管理中心以 14d 为一周期，每周期周三的 16:00～19:00 和周六的 9:00～12:00 提供收集服务，并且全年开展，这是与其他辖区固废管理部门每年只提供1～2 次大型回收服务最大的差别，而且该计划也比每天回收要便宜。

G. 废物回收

根据 Ohio 环境保护局的规定，有毒有害物质只能从家庭回收，包括清洁和园艺产品，化学品以及健康护理产品，回收价格为每磅 0.25 美元。电子产品在固体废物管理中心收集周期的时间内，每天都能收集，只有电视机会按每台 10 美元的回收价格支付；所有的电池都免费回收；轮胎回收价格按尺寸从每个 1.5～25 美元；油漆按每磅 0.25 美元回收，废油免费回收，含汞器材也免费回收。同时雇佣全职人员 1 人，并由志愿者协助。在 2011 年，共计需要 392h 的工作时间。

H. 基础设施建设和投资

免下车收集服务为露天独立设施，不受天气影响，不用预约，极为方便。该设施占地约 2500ft$^2$(1ft$^2$=9.290304×10$^{-2}$m$^2$)。公众只需沿着标识道路，交给工作人员称量，然后工作人员支付费用。另外，如拖车和集装箱均由合约公司提供，根据美国环境保护部门规定，辖区需用 55gal 的聚丙烯桶、纤维质地的桶、集装架，以及防渗的盒子运输。

2006 年，辖区报告有毒有害生活垃圾支出超过 46000 美元，并且只是收集了一小部分可获得的废物。随着该计划在 2009 年实施，到 2011 年，该部分费用下降到 7382.79 美元。

4) Van Wert 县农村固废综合回收项目

A. 概述

Van Wert 是 Ohio 州最典型的农村，也是该州最综合性的垃圾回收项目，包括沿街回收项目、回收点回收项目、免下车回收项目、庭院垃圾堆肥厂，以及一个规模小但有效的物资回收厂。

B. 项目简介

目标对象：可回收生活垃圾、庭院废物和难回收垃圾。

堆肥产量：1200t/a。

就业：15 个工作岗位，包括 4 个全职和 11 个兼职。

物主：Van Wert 县固体废物管理局。

起始年：1992 年。

2010 年人口：26081 人。

2010 年生活和商业垃圾分流率：40.06%，每天有 8t 垃圾被物资回收设备处理。

C. 财政分析

该项目 2011 年的财政分析详见扫描封底二维码见附录 5.15，总收益 661492 美元，总支出 484237 美元，净收益 177255 美元。

D. 关键伙伴

辖区政策委员会负责反映回收计划中最大的失察问题，并给县委员会委员提供相应的建议。当地的 City Waste Paper 公司也是该计划的合作伙伴，收集纸板，运行转运站，以及收集可回收垃圾(无论是否开展可回收垃圾的分类收集)，如收集塑料送往辖区物资回收中心。为了给相邻的 Allen 和 Putnam 县农村提供经济的垃圾减量化服务，辖区当局也提供垃圾收集点回收和处理服务。

E. 推广与教育

辖区当局关注物资的收集，其推广与教育主要面向普通民众，包括信息网站宣传(由志愿者维护)、广播宣传、挂横幅、新闻公告等。在每年的"地球日"，主持家庭招待会，赠送树苗并宣传垃圾回收对居民的影响；同时还向当地居民和学校团体开放垃圾处理厂，组织参观活动。

F. 管理

平衡所有的项目是一个挑战，但是辖区当局有 1 个全职协调员，1 个办公室人员(如果现场需要也去支持)，2 个全职沿街收集人员，11 个兼职人员收集垃圾点垃圾以及在物资回收厂处理垃圾。物资回收厂每天运行 4～5h。

G. 废物回收

辖区当局尽可能收集可回收垃圾，包括塑料等家庭可回收垃圾；也接收庭院废物，堆肥生产有机肥和木屑护根；同时接收难回收物，如机车废油，用于物资回收厂加热。回收人员服务态度友好，经常会向公众解释为什么有些物质不能接收等问题。收集的可回收物，大部分售给最高的出价人，因此价格会持续变动。

H. 项目资金

辖区项目有 3 个资金来源：有机物回收生产的有机肥出售收入、改良房产的评估费收入和垃圾指定费用收入。公众每年支付沿途回收费用 28.66 美元/单元，或每年支付收集点回收费用 6 美元/单元。对于垃圾指定费，辖区部门指定了 7 个垃圾处理厂作为美国在该地区唯一接收垃圾的处理厂，因此每个处理厂按 5.30 美元/t 的费用标准支付给辖区部门。

对于农村地区的垃圾回收项目来说，小型的物资回收厂可以减少回收费用和运输费用，并减少中间代理。如果辖区部门没有经费建设垃圾回收厂，可以从相邻县寻求服务。

辖区部门正在考虑运行单一物流收集，这对消费者来说更加便利，但是需要改造垃圾回收厂和增加更多的工作人员，其花费大概要 300000 美元。

5) 案例借鉴

根据美国俄亥俄州农村生活垃圾回收计划的经验，可从以下五个方面进行借鉴。

(1) 充分的市场化运营——政府与垃圾收运企业稳定合作，并为企业提供补贴。

(2) 生活垃圾分类收集，庭院垃圾分流处理，可回收垃圾的回收利用。

(3) 重视对公众宣传与教育，鼓励公众参与。

(4) 州政府的全权委托以及给予地方充分的司法权和管辖权，以及当地监察大队严格高效地维护和执行当地法律，严惩垃圾非法倾倒行为。

(5) 重视对有毒有害垃圾的收集和管控，通过便捷的自投递方式收集难回收和有毒有害垃圾；和地区及合约回收公司建立密切的合作与联系，为回收的难回收和有毒有害垃圾寻找出路。

3. 案例三：加拿大偏远、隔离的农村小规模管理模式

1) 垃圾减量化案例

A. Bridgetown，Nova Scotia 绿色乡村计划

基本情况：1200 人，获得资金资助。

计划简介：免费提供路边垃圾箱，住户将可回收的垃圾投放到住宅旁路边的垃圾箱

中，由签订合约的垃圾回收人对可回收垃圾进行收集、处理和变卖。公众参与的激励对计划的成功起重要作用。该计划分流了大约 50% 的生活垃圾（UMA Environmental，1995）。

管理方式：自愿参与。

促进与教育：环保教育是首要环节。首先是一个持续 10 周的环保鼓励课程，在课程中，每周都可竞争性的获取 10 美元的奖励；其次，在该镇入口处，开展美化工程。

项目经费：活动资金资助。

B. Boulder，Colorado 商店回收教育

基本情况：90000 人。

计划简介：在商铺开展店内或付现时的环保教育，这种方式能够普及大多数的居民并影响他们的消费行为，具体操作：在可回收的和被回收的包装上贴标签或凸显包装可回收的产品；在商店里张贴"请批量节约购买""你记住带你的购物袋了吗"；培训销售员并要求穿戴"请向我询问关于'预循环'的疑问"；志愿者向购物者提供宣传回收利用和堆肥的小册子，小册子上凸显"少产生垃圾的一周"的宣传语。

回访发现 84% 的购物者知道了该活动，74% 的受访者认为该活动帮助他们减少了垃圾。

管理方式：由非营利组织在社区商店实施，受市政部门资助。

项目经费：一年 45000 美元，其中 27000 美元用于宣传人员费用，18000 美元用于设计和印刷宣传材料。

2）垃圾回用案例

A. Redding，California 填埋场收集可回用垃圾

基本情况：Redding 有 75000 人，20000 个家庭，以及 8000 个公寓单元。

计划简介：1981 年，一个非营利组织在 Benton 填埋场设置了可回用垃圾回收中心，对可回用的垃圾进行收集。1989 年政府将该中心接管，现在该中心回收可回收的建筑材料、器具、衣物和各类家庭用品。

管理方式：未知。

促进与教育：通过当地的报纸、实时通信等方式进行宣传，同时在学校和商业区开展宣传垃圾减量化和回收利用的教育。

项目经费：中心雇佣一个全职人员，其余依托志愿者开展。

B. Georgetown，Ontario 仓库收集可回用垃圾

基本情况：Georgetown 镇有大概 20000 人。

计划简介：垃圾回收在一个 12000ft$^2$ 的仓库开展，接受当地居民捐赠的可回用垃圾，垃圾打包由 IC&I 支持，维修由志愿者完成，回收物品售价每磅 0.1～0.2 美元。

管理方式：由非营利组织实施。

促进与教育：通过当地的报纸进行宣传。

项目经费：该计划有 3 名全职人员，5 名兼职学生和大约 60 名志愿者。每年的运行费用约 255000 美元，其中省政府捐赠 88000 美元，联邦政府捐赠 44000 美元，出售可回用物品 35000 美元。

3) 有毒有害垃圾回收案例

A. Region of Freisland，Germany 销售点回收

基本情况：Region of Freisland 有 95622 人。

计划简介：总计 500 个零售点被邀请参与有毒有害垃圾销售点回收计划，其中 115 个商店同意参与，具体如下：加气站和汽车销售店回收废油和汽车电池；油漆销售商回收油漆和有机溶剂；药店回收过期的药和破损的温度计；苗圃和农业方面的销售商回收肥料和除草剂；超市回收家庭洗涤剂和电池；灯店回收荧光灯。

管理方式：由政府负责实施。

促进与教育：在计划实施前召开强制参加的会议；在参与计划的商铺窗户上张贴标识；向每户发放宣传有毒有害物品种类，以及回收点位置的环保宣传册。

项目经费：无信息。

B. Regional municipality of Comte in Haut Tichelieu，Quebec 上门回收

基本情况：当地人口 61940 人，当地 21 个市政部门有 15 个参加了该计划。

计划简介：在该计划中，只有汽车电池和旧油漆两种物品被回收，每种物品配备一辆机动车，同时配备一个驾驶员和一个收运员去回收汽车电池；回收旧油漆时只有驾驶员 1 人，而且只有乳胶和醇酸树脂被回收，因为当地市场只回收这两类物质。每个市政部门安排 1 人负责与当地人联系并安排出车回收。

管理方式：由政府负责实施。

促进与教育：通过广播和报纸宣传，同时在学校设置环保教育活动，教学生如何辨识家庭有害物质。

项目经费：该计划只有 6%的参与率，总计回收油漆桶 10020 个，花费 33922 美元。汽车电池共计收集 438 个，并以每个电池 1 美元出售，因此未使用政府经费。项目总计花费 76225 美元。

4) 可回收垃圾收集、运输和市场案例

A. Gibson's，British Columbia 返程运输案例

基本情况：Gibson's 镇是英国一个偏远社区，有约 3200 人。

计划简介：这个回收计划由 Sunshine Coast Recycling and Processing 协会开展，同时由当地的 SuperValue 商店支付一半的费用。SuperValue 商店支付了建设费用并捐赠了打包机。运往该收集点的所有的垃圾首先需要在源头进行分类和清洗，然后由员工进行分类。蔬菜类垃圾用于养猪场作饲料，感兴趣的社区居民也可以用于自家堆肥。该计划主要通过商铺回收中心进行饮料包装回收，同时回收金属、玻璃、报纸、办公用纸等垃圾。

协会在商店的支持下，购买了拖拉机。为了节约运输费用，当地卡车运输司机为协会提供更好的运输，以此交换，在返程时，协会车辆装满可回收垃圾返回。

据估算，约减少 50%的垃圾。

管理方式：无。

促进与教育：无。

项目经费：协会和商店各分担一般的运行费用。

B. Pembina Valley，Manitoba 联合回收网络案例

基本情况：该回收网络服务约 25000 人，包括 Carmen，Morden 和 Winkler。

计划简介：三个相邻农村社区联合实施垃圾回收和堆肥项目。运输中心设置在 Winkler，虽然所有的回收垃圾均通过该中心运输和销售，但是参与的市政部门各自设计和管理各自的收集系统。例如，一些社区提供路边的庭院垃圾收集服务，而一些社区只提供夏季的堆放仓库。免费提供垃圾袋收集可回收垃圾，每月收集一次。该网络正在调研分享填埋场的可行性。

管理方式：自愿参与。

促进与教育：通过网络发布一些关于项目更新和回收场地的实时通信。

项目经费：支付每吨 10 美元的运输费用。

5) 庭院堆肥与工厂、商业和协会堆肥案例

A. Pickering，Ontario 庭院单户堆肥

基本情况：该区有 1121 户。

计划简介：学生、堆肥专业人员和顾问团成员到每一户去访问，介绍该计划，提供堆肥设施给愿意堆肥的住户，同时要求他们做好堆肥产量的记录。74%的家庭接收了堆肥设备。记录表明每月可转化 20.1kg 垃圾，相当于垃圾总量的 16%。

管理方式：自愿参与。

促进与教育：向每一户发放宣传小册子以及需要堆肥设备的回复卡。

项目经费：每个堆肥设备 59.35 美元，使用寿命为 10 年，能够转化垃圾 2.44t，在当地环保部门补贴之前，每吨垃圾处理费用为 24.32 美元。

B. Zurich，Switzerland 联户堆肥

基本情况：该区有 4775 户，大多数为多家庭住户。

计划简介：多户相邻住户共同购买堆肥设备，场地由住户提供，一组最少 3 个住户。1991 年，在 482 个堆肥设施中，3～30 户一组共同使用的堆肥设施占 66%，剩余的设备由大于 30 户一组的使用。所有的厨余包括肉、骨头、油脂，以及宠物垫草被用于堆肥。与市政部门签订协议后，在指定的时间里，破碎机免费提供。

管理方式：自愿参与。

促进与教育：市政部门向参与者提供教育课程和咨询，并提供堆肥热线，以及特殊的堆肥指导和建议。

项目经费：在三年内，堆肥咨询和教育花费 250000 美元，破碎服务花费 102000 美元。

C. Prince Edward Island 集中堆肥

基本情况：有 181 户。

计划简介：可回收和可堆肥的垃圾被分类收集。用专用的手推车收集可堆肥垃圾，该手推车采用液压提升和倾倒卡车收集车的垃圾。可回收物用蓝色塑料袋收集。有机物两周收集一次，集中到堆肥厂进行堆肥，可回收物由市场每四周收集一次并运输，剩余垃圾每四周收集一次运往填埋场处置。

在 1 年的中试中，有 68%的垃圾被收集，其中 54%的被堆肥，14%的被回收，只有 32%的垃圾被填埋。

管理方式：不详。

促进与教育：不详。

项目经费：该计划生活垃圾处理费用为每吨 60 美元，与当前处理收费水平相当。垃圾处理费每户 30～50 美元，手推车每辆 120 美元，使用期 10 年，其费用相当于每户 5 年的垃圾袋购买费用。

6) 案例借鉴

根据加拿大偏远、隔离的农村小规模管理模式的介绍，可从以下五个方面进行借鉴。

(1) 多种形式的公众参与、宣传和教育，包括环保课程、宣传美化工程、商店回收教育、报纸、实时通信、热线电话、依靠公众志愿者进行宣传等。

(2) 多途径的资金来源，包括政府提供相应的资金资助环保宣传和教育，以及垃圾的回收；商店、协会提供一定的资助。

(3) 采用多种方式回收垃圾，包括在填埋场设置回收中心，回收末端的可回收垃圾；设置回收仓库，提供捐赠场所；充分利用日常生活用品的销售网点进行有毒有害垃圾回收；市政部门上门回收有毒有害垃圾。

(4) 采用多种运输方式回收垃圾，包括汽车协会车主返程运输可回收垃圾；组团设置回收中心，缩短运输距离。

(5) 政府提供堆肥设施，采用多种方式进行有机垃圾堆肥，包括庭院单户堆肥、联户堆肥、集中堆肥等。

7) 国外经验

纵观这些成功的案例，各国大多是从以下三个方面展开农村生活垃圾治理和公共物品供给工作的(朱洪蕊，2010)。

(1) 镇村农村地区，制订相应的村庄规划或是新农村运动，进而全民系统地开展农村生活垃圾治理和公共物品供给工作，主要以日本、韩国和德国为代表。

(2) 完善生活垃圾的统一收集、运输和处理系统，实现生活垃圾的有效治理，主要以美国为代表。

(3) 将垃圾变废为宝，进行资源化处理，可降解的有机垃圾可以用于生产农家肥，不能降解的垃圾多用于焚烧发电，这主要以俄罗斯、英国、德国为代表。

上述这些措施，在我国农村生活垃圾的管理中均可以借鉴。

# 参 考 文 献

北京市城市管理委员会. 2018. 关于《北京市生活垃圾管理条例》实施情况的报告(书面)[DB/OL]. http://www.bjrd.gov.cn/zdgz/zyfb/bg/201710/t20171009_176715.html. 2018-2-21.

蔡传钰. 2012. 农村生活垃圾分类与资源化处理技术研究[D]. 杭州: 浙江大学硕士学位论文.

蔡娥. 2011. 新农村建设背景下的农村垃圾问题[J]. 农村经济与科技, 22(5): 78-80.

陈军. 2007. 农村垃圾处理模式探讨[J]. 江苏环境科技, 20(增刊 2): 96-97, 100.

陈军. 2011. 我国农村垃圾污染防治问题研究——以招远市金岭镇为例[D]. 青岛: 中国海洋大学硕士学位论文.

陈群, 杨丽丽, 伍琳瑛, 等. 2012. 广东省农村生活垃圾收运处理模式研究[J]. 农业环境与发展, (6): 51-54.

城市管理与科技编辑部. 2009. 扮靓美丽家园——北京新农村垃圾治理调查报告[J]. 城市管理与科技, (3): 11-17.

程花. 2013. 南京郊县农村生活垃圾分类收集及资源化的初步研究——以高淳县和溧水县农村地区为例[D]. 南京: 南京农业
　　大学硕士学位论文.

程宇航. 2011. 发达国家的农村垃圾处理[J]. 老区建设, (3): 55-57.

程远. 2004. 中国农村环境保护与垃圾处置经济学研究[D]. 上海: 复旦大学博士学位论文.

褚巍. 2007. 农村中生活垃圾管理与处理处置研究——基于合肥地区农村的调查[D]. 合肥: 合肥工业大学硕士学位论文.

丛艳. 2015. 农村生活垃圾治理的法律问题及消解对策分析[J]. 江西农业学报, 27(1): 139-142.

戴晓霞. 2009. 发达地区农村居民生活垃圾管理支付意愿研究——以浙江省瑞安市塘下镇为例[D]. 杭州: 浙江大学硕士学位
　　论文.

戴晓霞, 季湘铭. 2009. 农村居民对生活垃圾分类收集的认知度分析[J]. 经济论坛, (15): 45-47.

丁湘蓉. 2011. 强制通风堆肥技术处理农村生活垃圾的可行性研究[J]. 环境卫生工程, 19(1): 54-58.

丁逸宁, 何国伟, 容素玲, 等. 2011. 农村生活垃圾的处理与处置对策研究[J]. 广东农业科学, (17): 136-137, 143.

董瑞, 杨沈山. 2014. 浙江省农村环境污染状况调查[J]. 经营与管理, (1): 36-37.

方少辉, 席北斗, 杨天学, 等. 2012. 农村混合物料干式厌氧发酵物性变化中试研究[J]. 环境科学研究, 25(9): 1005-1010.

房豪殿. 2011. 农村垃圾处理法律问题研究[D]. 郑州: 河南大学硕士学位论文.

付美云. 2008. 衡阳市农村垃圾现状调查与处置对策[J]. 农业环境与发展, (5): 13-16.

耿保江. 2009. 农村固体废弃物污染防治对策研究[J]. 畜牧与饲料科学, 30(2): 81-84.

耿燕礼, 王道民, 李素峰, 等. 2007. 社会主义新农村建设中的垃圾处理问题初探——基于石家庄地区平原农村的调查[J]. 农
　　业环境与发展, (3): 39-41.

谷中原, 谭国志. 2009. 农村垃圾治理研究——以武陵山区 S 县 L 乡为例[J]. 湖南农业大学学报(社会科学版), 10(1): 34-39.

关健. 2016. 北京市王平镇农村生活垃圾治理机制研究[D]. 北京: 北京林业大学硕士学位论文.

何品晶, 张春燕, 康娜, 等. 2010. 我国村镇生活垃圾处理现状与技术路线探讨[J]. 农业环境科学学报, 29(11): 2049-2054.

胡静静. 2007. 农村固体废物污染环境防治立法研究[D]. 杨凌: 西北农林科技大学硕士学位论文.

胡艳玲, 李东. 2013. 盘锦市农村生活垃圾现状与处理对策[J]. 环境保护与循环经济, (12): 37-38, 57.

黄开兴, 王金霞, 白军飞, 等. 2011. 农村生活固体垃圾管理现状与模式分析[J]. 农业环境与发展, (6): 49-53.

黄招梅. 2011. 河源农村垃圾污染现状调查及其处理对策[J]. 北方环境, 23(9): 132-133.

贾韬. 2006. 中国西部小城镇生活垃圾处理技术指南研究[D]. 重庆: 重庆大学硕士学位论文.

金力. 2013. 岳阳农村垃圾处理的经济学分析[D]. 长沙: 湖南农业大学硕士学位论文.

鞠昌华. 新环保法为农村环保带来哪些契机[EB/OL]. http://www.cenews.com.cn/gd/llqy/201405/t20140514_774142.html.
　　[2014-05-14].

亢金富. 2015. 云南农村生活垃圾处理问题研究——富源县案例[D]. 昆明: 云南大学硕士学位论文.

赖志勇. 2014. 南沙新区农村生活垃圾管理研究[D]. 广州: 华南理工大学硕士学位论文.

李超. 2011. 农村生活垃圾管理与资源化研究——基于衢州柯城区后贻村研究[J]. 商品与质量, (7): 202-204.

李来木. 2010. 农村垃圾处理"小"事"大"做[J]. 老区建设, (9): 23-26.

李鹏. 2011. 沿江农村生活垃圾污染控制技术研究[D]. 南昌: 南昌大学硕士学位论文.

李威. 2014. 美国农村垃圾治理经验与启示[J]. 农村财政与财务, (3): 63-64.

李晓敏. 2012. 农村生产生活垃圾问题地方立法实证研究[D]. 沈阳: 沈阳师范大学硕士学位论文.

李亚玲. 2009. 我国农村公共产品供给存在的问题及对策探究[J]. 大众商务. (0): 262.

梁厚宽. 2013. 新时期广西农村生活垃圾资源化利用探索[J]. 广西城镇建设, (7): 121-124.

梁增芳, 肖新成, 倪九派, 等. 2014. 三峡库区农村生活垃圾处理支付意愿及影响因素分析[J]. 环境污染与防治, 36(9):
　　100-105, 110.

林在生, 陈松英, 郭剑炜. 2009. 福建省农村垃圾、污水现状及对策[J]. 中国预防医学杂志, 10(7): 607-610.

令狐荣科. 2009. 对农村垃圾处理方案的初步探讨[J]. 科技资讯, (25): 230.

刘富. 2011. 我国农村固体废物污染环境防治法律完善研究[D]. 杨凌: 西北农林科技大学硕士学位论文.

刘刚, 潘鸿. 2009. 农村垃圾处理现状调研[J]. 全国商情(经济理论研究), (9): 84-85, 97.

刘慧. 2013. 城镇化进程中农村环境保护执法改革研究[J]. 人民论坛, (11下): 40-42.

刘睿智. 2014. 青岛市城阳区农村生活垃圾治理调查研究[D]. 成都: 西南交通大学硕士学位论文.

卢翠英, 林在生, 詹小海, 等. 2014. 福建省农村居民生活垃圾处置方式相关因素调查[J]. 预防医学论坛, 20(11): 825-827, 832.

马曦. 2006. 三峡库区中小城镇生活垃圾处理技术政策研究[D]. 重庆: 重庆大学硕士学位论文.

马香娟, 陈郁. 2005. 农村生活垃圾资源化利用的分类收集设想[J]. 能源工程, (1): 49-51.

孟银萍, 李洁, 黄瑞平, 等. 2012. 湖北省农村环境污染现状及保护对策研究[J]. 可持续发展, (2): 132-137.

木坤坤, 燕盛斌, 凌奇. 2013. 农村生活垃圾处理的公共服务供给问题与对策研究[J]. 湖北第二师范学院学报, 30(4): 40-42.

裴亮, 刘慧明, 王理明. 2011. 基于农村循环经济的垃圾分类处理方法及运行管理模式分析[J]. 生态经济, (11): 152-155.

乔茂先. 2010. 关于农村生活垃圾收集处理的调查与思考[J]. 现代农业, (9): 80-81.

乔启成, 顾卫兵, 花海蓉, 等. 2008. 南通市农村生活垃圾现状调查与处理模式研究[J]. 江苏农业科学, (3): 283-286.

任伟方. 2006. 农村垃圾处理的实践与探索[J]. 宁波通讯, (11): 46-47.

单华伦, 朱伟, 张春雷, 等. 2006. 发达农村生活垃圾特性调查及治理技术探讨[J]. 江苏环境科技, 19(6): 3-5.

沈晓峰. 2012. 农村生活垃圾太阳能处理及其生态足迹研究——以宁波市大岚镇为例[D]. 宁波: 宁波大学硕士学位论文.

宋欢. 2013. 广东农村生活环境分析及对策研究策[J]. 广东农业科学, (8): 161-164.

宋薇, 徐长勇, 吴彬彬, 等. 2013. 北京市农村生活垃圾分类管理模式研究[J]. 建设科技, (4): 34-36.

孙凤海, 孙也淳. 2014. 农村生活垃圾排放管理研究[J]. 沈阳建筑大学学报(自然科学版), 30(2): 369-373.

孙钰. 2011. 农村垃圾处理的运营机制创新研究[D]. 天津: 天津商业大学硕士学位论文.

唐艳冬, 杨玉川, 王树堂, 等. 2014. 借鉴国际经验推进我国农村生活垃圾管理[J]. 环境保护, 42(14): 70-73.

唐鉴, 刘成峰, 程祥磊, 等. 2013. 江西省农村垃圾处理现状调查与分析[A]. 中国环境科学学会学术年会论文集(2013)[C]. 昆明, 5358-5361.

田飞, 方文琳. 2012. 中国农村蔬菜大棚种植区垃圾的环境污染问题及防治对策初探——以库尔勒市英下乡蔬菜大棚种植基地为例[J]. 环境科学与管理, 37(3): 61-64.

汪国连, 金彦平. 2008. 我国农村垃圾问题的成因及对策[J]. 现代经济, 7(10): 44-45, 51.

王慧. 2015. 工业化进程中农村固体生活垃圾问题探讨——以佛山市三水区乐平镇农村为例[J]. 佛山科学技术学院学报(自然科学版), 33(4): 58-62.

王金霞, 李玉敏, 黄开兴, 等. 2011. 农村生活固体垃圾的处理现状及影响因素[J]. 中国人口·资源与环境, 21(6): 74-78.

王伦辉, 薛志飞. 2005. 关于京郊农村生活垃圾管理工作的调查与思考[J]. 城市管理与科技, 7(5): 202-203, 209.

王宁娟, 赵映诚. 2013. 基于政府管制的新农村垃圾处理对策研究[J]. 安徽农业科学, 41(16): 7363-7366.

王莎, 马俊杰, 赵丹, 等. 2014. 农村生活垃圾问题及其污染防治对策[J]. 山东农业科学, 46(1): 148-151.

王维平. 2008. 论我国农村的垃圾管理[J]. 中国行政管理, (6): 44-47.

王骁. 2010. 苏南经济发达地区农村固体废物现状及对策分析[J]. 中国资源综合利用, 28(6): 46-48.

魏佳容. 2012. 环境公平理念下我国农村固体废物污染防治法律思考[J]. 法制与社会, (7中): 215-216.

魏俊. 2006. 小城镇生活垃圾区域联合处理规划与管理研究[D]. 上海: 同济大学硕士学位论文.

魏欣, 刘新亮, 苏杨. 2007. 农村聚居点环境污染特征及其成因分析——基于中国农村饮用水与环境卫生现状调查[J]. 中国发展, 7(4): 92-98.

魏星, 彭绪亚, 贾传兴, 等. 2009. 三峡库区农村生活垃圾污染特征分析[J]. 安徽农业科学, 37(16): 7610-7612, 7707.

武攀峰. 2005. 经济发达地区农村生活垃圾的组成及管理与处置技术研究——以江苏省宜兴市渭读村为例[D]. 南京: 南京农业大学硕士学位论文.

武攀峰, 崔春红, 周立祥, 等. 2006. 农村经济相对发达地区生活垃圾的产生特征与管理模式初探——以太湖地区农村为例[J]. 农业环境科学学报, 25(1): 237-243.

夏欢, 王文林. 2014. 关于农村生活垃圾分类处理的调研报告——走进青岛市经济技术开发区[DB/OL]. http://www.cn-hw.net/html/31/201209/35609_5.html. 2014-8-3.

燕盛斌. 2013. 农村固体生活垃圾处理的公共服务供给研究——基于河南十村的调查分析[D]. 郑州: 郑州大学硕士学位论文.

杨金龙. 2013. 农村生活垃圾治理的影响因素分析——基于全国 90 村的调查数据[J]. 江西社会科学, (6): 67-71.

杨曙辉, 宋天庆, 陈怀军, 等. 2010. 中国农村垃圾污染问题试析[J]. 中国人口·资源与环境, 20(3): 405-408.

于晓勇, 夏立江, 陈仪, 等. 2010. 北方典型农村生活垃圾分类模式初探——以曲周县王庄村为例[J]. 农业环境科学学报, 29(8): 1582-1589.

虞维. 2013. 基于准公共品视角的农村生活垃圾处理政策研究[D]. 杭州: 浙江财经大学硕士学位论文.

允春喜, 李阳. 2010. 农村垃圾处理与政府责任——以山东省往平县农村地区为例[J]. 南方农村, (3): 55-60.

曾秀莉. 2012. 成都市典型地区农村生活垃圾处理与利用的适宜性研究[D]. 成都: 西南交通大学硕士学位论文.

曾秀莉, 刘丹, 韩智勇, 2012. 等. 成都市典型地区农村生活垃圾调查及处理模式探讨[J]. 广东农业科学, (18): 211-214.

翟兰英. 2013. 邢台市农村垃圾处理现状与对策[J]. 邢台学院学报, 28(2): 13-15.

张恒毅, 林永超, 马明聪, 等. 2014. 鞍山城乡一体化农村生活垃圾问题调查[J]. 辽宁科技大学学报, 37(5): 516-521, 525.

张后虎, 胡源, 张毅敏, 等. 2010. 太湖流域分散农村居民对生活垃圾的产生和处理认知分析[J]. 安全与环境工程, 17(6): 13-17.

张静, 仲跻胜, 邵立明, 等. 2009. 海南省琼海市农村生活垃圾产生特征及就地处理实践[J]. 农业环境科学学报, 28(11): 2422-2427.

张明玉. 2010. 苕溪流域农村生活垃圾产源特征及堆肥化研究[D]. 郑州: 河南工业大学硕士学位论文.

张维娜. 2010. 农村垃圾治理服务: 第三部门介入供给的可行性研究——基于山东省 10 市 124 村的问卷调查[D]. 济南: 山东大学硕士学位论文.

张震, 刘建玲, 张云成. 2011. 基于新农村建设的农村垃圾管理的调查[J]. 广东农业科学, (19): 181-183, 198.

赵慧斌, 刘硕. 2010. 农村固体废物污染防治立法完善建议(二)[J]. 法制与社会, (2 中): 210-211.

赵盼盼. 2011. 小城镇生活垃圾处理的现状及对策——基于河南省沈丘县垃圾处理的调查研究[D]. 兰州: 兰州大学硕士学位论文.

赵玉杰, 师荣光, 周其文, 等. 2011. 瑞典垃圾分类处理对我国农村垃圾处理的借鉴意义[J]. 农业环境与发展, (6): 86-89.

周是今. 2010. 瑞典为何没有"垃圾围城"[J]. 世界有色金属, (6): 76-77.

周颖. 2011. 农村生活垃圾分类焚烧处理的环境效益分析——以江西省兴国县高兴镇为例[D]. 南昌: 江西农业大学硕士学位论文.

朱洪蕊. 2010. 基于 IAO 框架的农村生活垃圾治理公共物品的供给影响因素分析——以江苏省宜兴市和盐城市为例[D]. 南京: 南京农业大学硕士学位论文.

朱慧芳, 陈永根, 周传斌. 2014. 农村生活垃圾产生特征、处置模式以及发展重点分析[J]. 中国人口·资源与环境, 23(11 增刊): 297-300.

朱明贵. 2014. 农村居民生活垃圾的合作治理研究——基于广西岑溪市的个案分析[D]. 南宁: 广西大学硕士学位论文.

朱亚娟. 2012. 安徽新农村建设垃圾处理现状及问题研究[J]. 经济研究导刊, (22): 41-42.

朱亚娟. 2013. 安徽生态文明建设中农村垃圾处理现状及对策研究[D]. 合肥: 合肥工业大学硕士学位论文.

祝美群. 2011. 探索建立农村垃圾收集处理体系[J]. 建设科技, (5): 66-68.

邹贵阳. 2013. 关于贺州市农村城镇化生活垃圾处理的探讨[J]. 广西城镇建设, (5): 117-120.

邹彦, 姜志德. 2010. 农户生活垃圾集中处理支付意愿的影响因素分析——以河南省淅川县为例[J]. 西北农林科技大学学报 (社会科学版), 10(4): 27-31.

Babaei A A, Alavi N, Goudarzi G, et al. 2015. Household recycling knowledge, attitudes and practices towards solid waste management. Resources, Conservation Recycling, 102: 94-100.

Barr S, Gilg A. 2007. A conceptual framework for understanding and analyzing attitudes towards environmental behaviour. Geografiska Annaler: Series B, Human Geography, 89 (4): 361-379.

Bartelings H, Sterner T. 1999. Household waste management in a Swedish municipality: determinants of waste disposal, recycling and composting. Environmental and Resource Economics, 13 (4) : 473-491.

Bel G, Mur M. 2009. Intermunicipal cooperation, privatization and waste management costs: evidence from rural municipalities [J]. Waste Management, 29 (10) : 2772-2778.

Bilitewski B, Werner P, Reichenbach J. 2004. Handbook on the Implementation of Pay-As-You-Throw as a Tool for Urban Management, the Series of the Institute of Waste Management and Contaminated Site Treatment [M]. Dresden University of Technology, 39.

Chung S S, Poon C S. 2011. A comparison of waste-reduction practices and new environmental paradigm of rural and urban Chinese citizens[J]. Journal of Environmental Management, 62: 3-19.

Danso G, Drechsel P, Fialor S, Giordano M. 2006. Estimating the demand for municipal waste compost via farmers' willingness-to-pay in Ghana. Waste Management, 26: 1400-1409.

De F G, De Gisi S. 2010. Public opinion and awareness toward MSW and separate collection programmes: a sociological procedures for selecting areas and citizens with a low level of knowledge. Waste Management, 30 (6) : 958-976.

Dhokhikah Y, Trihadiningrum Y, Sunaryo S. 2015. Community participation in household solid waste reduction in Surabaya, Indonesia. Resources, Conservation and Recycling, 102: 153-162.

Emdad Haque C, Hamberg K T. 1996. The challenge of waste stewardship and sustainable development: a study of municipal waste management in rural manitoba [J]. Great Plains Research, 6 (2) : 245-268.

Ferrara I, Missios P. 2005. Recycling and waste diversion effectiveness: evidence from Canada. Environmental and Resource Economics, 30 (2) : 221-238.

GHD. 2012. Canterbury non natural rural waste regional assessment and guidance note development[R]. New Zealand: Environment Canterbury.

GHD. 2014. Rural waste surveys data analysis Waikato & Bay of Plenty[R].New Zealand: Environment Canterbury.

Guan Y D, Zhang Y, Zhao D Y, et al. 2015. Rural domestic waste management in Zhejiang Province, China: Characteristics, current practices, and an improved strategy [J]. Journal of the Air & Waste Management Association, 65 (6) : 721-731.

Hilburn A M. 2015. At Home or to the Dump? Household Garbage Management and the Trajectories of Waste in a Rural Mexican Municipio [J]. Journal of Latin American Geography, 14 (2) : 29-52.

Jakus M P, Tiller K H, Park W M. 1997. Explaining rural household participationin recycling [J].Journal of Agricultural and Applied Economics, 29 (1) : 141-148.

Johnson J R. 1990. Rural waste management through resourece conservation [J]. Bull. Sci. Tech. Soc., 10: 146-150.

Johnson T G, Altman I. 2014. Rural development opportunities in the bioeconomy [J]. Biomass and Bioenergy, 63: 341-344.

Jones N, Evangelinos K, Halvadakis C P, et al. 2010. Social factors influencing perceptions and willingness to pay for a market-based policy aiming on solid waste management. Resources, Conservation and Recycling, 54 (9) : 533-540.

Karagiannidis A, Xirogiannopoulou A, Tchobanoglous G. 2008. Full cost accounting as a tool for the financial assessment of Pay-As-You-Throw schemes: a case study for the Panorama municipality, Greece [J].Waste Management 28 (12) : 2801-2808.

Kim D S. 2009. Determinants of public opposition to siting waste facilities in Korean rural communities[J]. Korean Journal of Sociology, 43 (6) : 25-43.

Lal P, Tabunakawai M, Singh S K. 2007. Economics of rural waste management in the Rewa Province and development of a rural solid waste management policy for Fiji[R]. Samoa: Pacific Islands Forum Secretariat, Secretariat of the Pacific Regional Environment Programme and Government of Fiji.

Marcus Z, Kellie K. 2012. Continuation & expansion of the commercial & residential co-collected organics composting project [R]. Minnesota: Carver County Environmental Services.

Marcus Z, Kellie K, Anne L. 2008. Commingling residential organics with yard waste [R]. Minnesota: Carver County Environmental Services.

Matter A, Dietschi M, Zurbrügg C. 2013. Improving the informal recycling sector through segregation of waste in the household-the case of Dhaka Bangladesh. Habitat International, 38: 150-156.

Mohamed A A. 2008. Assessment of economic viability of solid waste service provisionin small settlements in developing countries: case study Rosetta, Egypt [J]. Waste Management, 28（12）: 2503-2511.

Mukherji S B, Sekiyama M, Mino T, et al. 2016. Resident knowledge and willingness to engage in waste management in Delhi, India. Sustainability 8, 1065: doi:10.3390/su8101065.

Murdock S H, Spies S, Effah K, et al. 1998. Waste facility siting in rural communities in the United States: an assessment of impacts and their effects on residents levels of support/opposition[J]. Journal of the Community Development Society, 29（1）: 90-118.

Petr Šauer, Libuše P, Alena H, et al. 2008. Charging systems for municipal Solid Waster: Experiewce from the Czech Republic[I]. Waste Management, 28（12）: 2772-2777.

Põldnurk J. 2015. Optimisation of the economic, environmental and administrative efficiency of the municipal waste management model in rural areas [J]. Resources, Conservation and Recycling, 97: 55-65.

Puig-Ventosa I. 2008. Charging systems and PAYT experiences for waste management in Spain [J]. Waste Management, 28（12）: 2767-2771.

Rahji M A Y, Oloruntoba E O. 2009. Determinants of households' willingness-to-pay for private solid waste management services in Ibadan, Nigeria. Waste Management & Research, 27: 961-965.

Reichenbach J. 2008. Status and prospects of pay-as-you-throw in Europe — A review of pilot research and implementation studies [J]. Waste Management, 28（12）: 2809-2814.

Sakai S, Ikematsu T, Hirai Y. 2008. Unit-charging programs for municipal solid waste in Japan [J]. Waste Management, 28（12）: 2815-2825.

Skumatz L A. 2008. Pay as you throw in the US: implementation, impacts, and experience [J]. Waste Management, 28（12）: 2778-2785.

Thomas C. 2009. Kinnaman. The economics of municipal solid waste management [J]. Waste Management, 29（10）: 2615-2617.

Triguero A, Alvarez-Aledo C, Cuerva M C. 2016. Factors influencing willingness to accept different waste management policies: empirical evidence from the European Union. Journal of Cleaner Production, 138: 38-46.

UMA Environmental. 1995. Small scale waste management models for rural, remote and isolated communites in Canada[R]. Saskatchewan: UMA Engineering Ltd.

Wang H, He J, Kim Y, et al. 2014. Municipal solid waste management in ruralareas and small counties: an economic analysis using contingent valuation to estimate willingness to pay for Yunnan, China [J]. Waste Management & Research, 32（8）: 695-706.

Ye C H, Qin P. 2008. Provision of residential solid waste management service in rural China [J]. China & World Economy, 16（5）: 118-128.

Zarate M A, Slotnick J, Ramos M. 2008. Capacity building in rural Guatemala by implementing a solid waste management program [J]. Waste Management, 28（12）: 2542-2551.

Zeng C, Niu D J, Li H F, et al. 2016. Public perceptions and economic values of source-separated collection of rural solid waste: A pilot study in China [J]. Resources, Conservation and Recycling, 107: 166-173.

Zenith Research Group（ZRG）. 2010. Garbage burning in rural Minnesota [R]. Minnesota: Zenith Research Group.